高等院校数字化建设精品教材

U0392840

# 大学物理实验

主　编　杨文星　姚　平　吴望生

主　审　戴玉蓉

北京大学出版社

PEKING UNIVERSITY PRESS

# 内 容 简 介

本书系为高等学校理工科各专业学生编写的大学物理实验教材,可作为高等学校理工科各专业的物理实验教学用书.全书共分为 4 个部分(9 个章节,共 50 个实验项目),其中第 1 部分为物理实验基础知识,主要阐述与物理实验相关的基础理论和方法,以及实验中需要注意的安全问题和实验项目的选择方法;第 2 部分为基础实验,主要是一些较为基础的验证性和综合性实验项目,所有学生均可选择本部分实验项目,同时为方便学生选择,我们按照力学、热学、光学和电磁学对实验项目进行了分类;第 3 部分为综合实验,主要是一些设计性实验,可作为学有余力、能力突出学生的选做实验;第 4 部分为近代物理实验,适用于与物理高度相关专业的学生作为选做实验.

**图书在版编目(CIP)数据**

大学物理实验/杨文星,姚平,吴望生主编.—北京:北京大学出版社,2022.8
ISBN 978-7-301-33289-4

Ⅰ.①大…　Ⅱ.①杨…②姚…③吴…　Ⅲ.①物理学—实验—高等学校—教材　Ⅳ.①O4-33

中国版本图书馆 CIP 数据核字(2022)第 153256 号

| | | |
|---|---|---|
| 书　　名 | 大学物理实验 | |
| | DAXUE WULI SHIYAN | |
| 著作责任者 | 杨文星　姚　平　吴望生　主编 | |
| 责 任 编 辑 | 顾卫宇 | |
| 标 准 书 号 | ISBN 978-7-301-33289-4 | |
| 出 版 发 行 | 北京大学出版社 | |
| 地　　址 | 北京市海淀区成府路 205 号　100871 | |
| 网　　址 | http://www.pup.cn | |
| 电 子 邮 箱 | zpup@pup.cn | |
| 新 浪 微 博 | @北京大学出版社 | |
| 电　　话 | 邮购部 010-62752015　发行部 010-62750672　编辑部 010-62754271 | |
| 印 刷 者 | 湖南省众鑫印务有限公司 | |
| 经 销 者 | 新华书店 | |
| | 787 毫米×1092 毫米　16 开本　18 印张　510 千字 | |
| | 2022 年 8 月第 1 版　2024 年 5 月第 3 次印刷 | |
| 定　　价 | 58.00 元 | |

# 前言

为贯彻党的二十大精神,着眼于实施科教兴国战略和强化现代化建设人才支撑的重要任务,落实推进基础教育高质量发展的要求,本书以建设教育强国、科技强国和人才强国为目标,以科教兴国、科技自立自强和人才引领战略为方针,主动适应当前教学改革的需求,根据理工科类大学物理实验课程教学基本要求并结合长江大学专业特色编写而成.同时本书也是长江大学物理实验教学示范中心近二十年学科建设与发展以及实验教学方法与教学仪器改进的经验总结.

全书系统地介绍了大学物理实验的课程任务与基本要求,同时对物理实验中常用的实验仪器以及测量方法进行了较为全面的阐述,所选实验项目注重学生实验技能的培养,并且兼顾了各个专业的不同需求.全书共分为4个部分(9个章节,共50个实验项目),其中第1部分为物理实验基础知识,主要阐述与物理实验相关的基础理论和方法,以及实验中需要注意的安全问题和实验项目的选择方法;第2部分为基础实验,主要是一些较为基础的验证性和综合性实验项目,所有学生均可选择本部分实验项目,同时为方便学生选择,我们按照力学、热学、光学和电磁学对实验项目进行了分类;第3部分为综合实验,主要是一些设计性实验,可作为学有余力、能力突出学生的选做实验;第4部分为近代物理实验,适用于与物理高度相关专业的学生作为选做实验.

大学物理实验是高等学校理工科各专业的基础实践课程,是培养学生科学思维能力,理论联系实际及分析和解决实际问题能力,特别是培养与科学技术发展相适应的综合能力和创新能力的重要实践教学环节.

为满足各个不同专业的教学需求,我们采取全开放式教学,学生可以自主选择实验项目,只要达到各个专业所需要的课时要求即可.

本书由杨文星、姚平、吴望生担任主编,刘孟思、蔡昌梅、苏海涛、代红权、任作为担任副主编,戴玉蓉担任主审,参与编写的老师还有杨长铭、田永红、雷达、陈一之、李林、黄春雄、王阳恩.沈辉、苏文峰、吴友成、邹杰提供了版式和装帧设计方案.此外,在本书的编写过程中,我们参考了许多其他院校的实验教材和资料,在此一并致谢!

由于编者水平有限,加之时间仓促,书中不足之处欢迎读者批评指正.

编　者

# 目录

# 第 1 部分　物理实验基础知识

# 第 2 部分  基础实验

# 第 3 部分　综合实验

# 第 4 部分　近代物理实验

# 第 1 部分
## 物理实验基础知识

# 第1章 绪 论

## 1.1 物理实验的地位与作用

理论物理和实验物理是物理学的两大分支.理论物理是从大量的自然现象中总结出规律,形成一系列的基本原理,并以数学公式的形式展示出来,然后将结果与观测和实验相比较,从而达到解释现象、预测未知的目的.实验物理是以观测和实验手段来验证理论物理的结论,同时还发现新的物理规律.物理学从本质上讲是一门实验科学,实验是物理学的基础,所有物理学的理论都必须以客观实验为基础,并用实验来验证理论的正确性,理论和实验相辅相成,缺一不可.当代最引人注目的诺贝尔奖,诺贝尔物理学奖获得者中因实验物理方面的发现或发明而获奖的人数占总获奖人数的三分之二以上,这些实验物理方面的发现和发明都是物理学发展史上伟大的成就.

物理实验是科学理论的源泉,推动了物理学的建立和发展.像万有引力定律、牛顿运动定律、热力学第一定律、库仑定律、毕奥-萨伐尔定律、电磁感应定律等的建立都离不开物理实验.到了近代,各种粒子的发现和研究更是离不开物理实验.例如,德布罗意提出物质波的假设并最终成为公认的物理规律,这也是通过电子的衍射实验来证实的.一系列的历史事实说明了物理实验在物理学概念的提出、定律的建立及定律被公认的过程中起着至关重要的作用.

物理实验也是工程技术的基础.例如,电子管、晶体管的发明是半导体技术、计算机等的诞生和发展的基础;X射线技术广泛用于现代医学成像、工业无损检测等领域;雷达技术在交通、军事上发挥着巨大的作用;无线电技术更是已融入我们的实际生活中.随着现代科学技术的高速发展,物理实验的方法和技术将渗透到更多的工程技术领域.

"大学物理实验"是理工科大学生必修的一门课程.系统地学习物理实验的基础知识、实验方法和测量技术,有助于培养学生实事求是的科学态度、严谨认真的工作作风、科学的思维方式和勇于开拓的创新精神,进而全面提高学生的科学素养.本书中的实验项目分为基础实验、综合实验、近代物理实验.其中基础实验和近代物理实验引导学生深入观察实验现象,建立物理模型,验证物质的变化规律,分析计算实验结果的不确定度.而综合实验提供综合性很强的基本实验技能训练,注重培养学生的实验设计能力,要求学生按照"对照原则""一致性原则""随机性原则""重复性原则"自行设计各类实验.

## 1.2 物理实验课的任务与要求

### 1.2.1 物理实验课的任务

在大学物理实验课上,学生不仅要学习物理实验知识,了解物理实验过程,还要掌握一些基本的实验方法和测量技术.大学物理实验的教学目标可归纳为以下几个方面:

(1)通过观察实验现象及进行相应的测量,让学生掌握物理实验的基础知识,练就扎实的物理实验基本功.

(2)通过基本实验技能的训练,使学生初步掌握实验科学的思想和方法,进而培养学生科学的思维方式和创新意识.

(3)培养和提高学生的科学实验能力.一方面,要求学生能够通过查阅资料掌握实验原理及方法,正确使用仪器完成实验内容,实验结束后撰写合格的实验报告,从而培养学生从独立实验到自主实验的基本能力.另一方面,要求学生能够对实验结果进行分析、判断,进而具有初步的分析与研究能力.实验中学生要善于发现问题、分析问题和解决问题,并逐步提高解决实际问题的能力.在以上两方面的基础上还要求学生能够完成符合要求的设计性实验,并逐步培养开展研究性实验需要的创新能力.

(4)全面培养和提高学生的科学实验素养.要求学生具有实事求是的科学态度,严谨认真的工作作风,刻苦钻研的探索精神,遵守纪律、团结协作和爱护公共财产的优良品德.

### 1.2.2 教学基本要求

本书的物理实验包括基础实验、综合实验、近代物理实验,其具体的教学基本要求如下:

(1)掌握测量误差和不确定度的基本概念,掌握有效数字的计算和修约,能用不确定度对测量结果进行评估.

(2)学会数据处理的一些常用方法,包括列表法、作图法、逐差法和最小二乘法等.

(3)掌握长度、角度、质量、时间、温度、压强、压力、电流、电压、电阻、光强、折射率、元电荷、普朗克常量、里德伯常量等物理量的测量方法.

(4)掌握常用的物理实验方法,如比较法、放大法、补偿法、模拟法、转换法、干涉法和衍射法等.

(5)了解常用仪器的性能,并能够正确使用,其中包括长度测量仪器、计时仪器、测温仪器、电源、电阻箱、变阻器、电表、电桥、示波器、信号发生器、分光计、迈克耳孙干涉仪和激光器等.

(6)掌握基本的实验操作技术.例如,零位调整、水平或竖直调整、光路的共轴和等高调整、消视差调整、逐次逼近调整,又如,电路接线、简单电路故障的检查与排除等.

(7)了解一些在当代科学研究与工程技术中广泛应用的现代物理技术,如激光技术、传感器技术、微弱信号检测技术、光电子技术、结构分析波谱技术等.

### 1.2.3 学生上课要求

物理实验课是学生在教师指导下独立进行的一种实践活动.为了圆满地完成实验,达到预期的效果,学生一定要提前了解实验过程,并完成预习、操作、撰写实验报告三个阶段的任务.

**1.预习**

学生课前预习时,首先要阅读教材和参考书,了解本次实验的实验原理,知道本次实验做什么,怎样做,为什么要这样做等问题;然后写好预习报告.预习报告写在正规的报告纸上,内容包括实验名称、实验目的、实验仪器、实验原理、实验内容及步骤.另外,在原始数据记录本上要预先画好表格,并准备正规表格一份.

**特别提醒**:进实验室,首先将预习报告给老师审阅,没写预习报告或预习报告书写得不合格都会影响接下来实验的顺利进行.

**2. 操作**

按老师安排的位置对号入座,一般情况下一人配一套仪器.进入任何实验室,都须谨记不要擅自动手操作,以免造成仪器损坏或发生事故.实验中重要的内容指导老师会写在黑板上或粘贴在墙上,可在上课前进行浏览.上课后,要仔细地听老师的讲解,认真地看老师的演示,在充分了解仪器的使用方法后才能进行实验操作.实验中注意仪器的布局要合理,操作姿势要正确.测量前小心细致地调整仪器的状态,使其达到测量要求.操作时要做到准确、敏捷,并仔细观察实验现象.对于操作过程中出现的一般故障要学会及时发现并试着排除,自己解决不了的及时报告老师,鼓励相互讨论.实验中要记录好原始数据.原始数据是测量时直接从仪器上读出的数据,要一边测量一边及时记录.数据记录要求真实、准确、规范、无遗漏.实验完毕及时断开电源,主动请老师检查数据,验收仪器.

**特别提醒**:数据要记录在数据记录本上,要求字迹清晰,不能用铅笔书写,涂改要规范.操作结束后,数据要经指导老师检查合格后,才能抄写到正规表格上,且正规表格需老师确认.数据检查不合格的,需要重做实验.数据经检查合格后,整理仪器并将其恢复到原来的陈列状态,做好清洁卫生然后离开实验室.

**3. 撰写实验报告**

做完实验后,应及时撰写实验报告.一份完整的实验报告主要包括下列内容:

(1)实验名称.

(2)实验目的.

(3)实验原理 —— 简要给出实验的理论依据、计算公式及推导过程,并附上原理图.

(4)实验仪器 —— 包括仪器名称、型号、规格及数量等.

(5)实验环境 —— 记录包括时间、地点、温度、气压等一些影响实验结果的因素.

(6)实验内容及步骤 —— 写下测量内容及具体详细的实验步骤.

(7)数据表格及数据处理 —— 粘贴正规且指导老师已确认过的数据表格,再算出实验结果及其不确定度,最后写出实验结果的表达式.

(8)分析与讨论 —— 说明一下实验结果是否达到预期,实验中有无异常现象.重点分析一下误差的来源.

(9)课后思考题的回答.

# 1.3 物理实验的选课方法

这里以长江大学为实例,提供一种选课的具体操作方法.

长江大学的大学物理实验选课系统,采用了计算机网络管理下的开放式教学模式,学生可自主地选择上课时间、地点和实验项目.选课预约系统的基本流程如下.

## 1.3.1 实验预约

所有做大学物理实验的同学,必须先预约实验,然后在预约的时间去做实验.预约系统仅支持校园网内预约(各院系机房、学校机房、办公室网络等),浏览器最好采用Chrome和Firefox浏览器.首次预约时,先访问长江大学物理实验中心的主页,输入学号、初始密码(12345678),进入实验预约系统,进入后应更改密码并妥善保管.

预约时,先核对个人信息,了解自己需预约实验项目的个数,然后点击界面左边菜单中的"添加预约实验",并在显示的窗口中选择实验项目及预约时间,最后点击"预约".预约完成后,点击菜单中的"我的实验预约",可查看你所预约的全部实验.单击"退出",可退出预约系统.预约完成后请认真记下预约的实验名称、地点、仪器号、周次等,以免忘记.预约系统还有开放实验项目的参考资料(包括教案和实验数据表格).

物理实验中心的主页地址为 http://psat.yangtzeu.edu.cn/phylab.htm.

预约系统地址为 http://10.10.16.16.

**特别提醒**:预约系统每学期大约第 2 周起开放,预约需提前一周以上,每人一周只能预约 1 个实验项目,10 周后开放每周预约多个实验项目,实验课程估计于第 15 周结束,预约中遇到的问题请及时询问管理员.

### 1.3.2 取消预约

取消预约需提前一周以上.取消时,先进入实验预约系统,然后点击菜单中的"取消我的预约",选中你要取消的实验并确认,最后还可点击菜单中的"我的实验预约",查询是否取消成功.

### 1.3.3 注意事项

(1)预约或取消预约必须提前一周以上,当天(或当周)的实验无法预约或取消.若有特殊情况,请提前找指导老师请假,以免被作为旷课处理.突发疾病产生的旷课,凭医院诊断证明,找指导老师取消旷课记录,并安排补做.

(2)预约完成后务必点"退出"来退出系统,以免他人无意之中改动你的预约.

(3)请及时更改初始密码并妥善保管,勿将密码告诉他人.

(4)密码遗忘、预约不上等问题,请加入预约首页上公布的 QQ 群,及时咨询管理员.

(5)在预约的时间未去做实验,将按旷课处理,旷课不予补做,该实验项目成绩为 0 分.

(6)实验全面结束后约一周,可以上网查询各实验项目的成绩,有错登或漏登的情况请及时联系指导老师.

(7)节假日不安排预约.如遇临时大型活动涉及调课的情况请留意实验中心网站上的通知.

## 1.4 实验室安全

实验室内存有大量的仪器设备、实验材料,涉及水源、电源、激光、高温、低温、放射源等,我们进入实验室学习一定要养成良好的实验习惯,严格执行下列实验室的操作规程和安全防护规则,确保人身安全和财产安全:

(1)了解实验室在整个建筑物中的位置,熟悉安全通道和消防器材的位置,如遇电线起火,应先立即切断电源,然后用沙或二氧化碳、四氯化碳灭火器灭火,禁止用水或泡沫灭火器等导电液体灭火.

(2)电学实验中切勿用潮湿的手接触电器,不得触摸带电接线柱.接入直流电路的仪表,必须注意极性,切勿接反.应先连接好电路后再接通电源,实验结束时,应先切断电源再拆线路.线路中各接点应牢固,电路元件两端接头不得互相接触,以防短路.

(3)热学实验中碰到高温或低温情况时,切勿直接触摸,以免烫伤或冻伤.

(4)光学实验中若有激光,切记激光器无论任何时候决不可指向自己或他人的眼睛,即使佩戴了激光防护镜,亦不可直视激光发射口;禁止在激光路径上放置易燃、易爆物品;严禁用手触摸光学元件表面,以免弄脏或损坏光学元件;擦拭光学元件表面时,必须使用镜头纸或专用丝绸.

（5）实验中若用到放射源,要特别注意防护,实验结束后应将放射源封装到铅盒之中,严格遵守安全防护规则.

（6）实验结束后,先关闭仪器电源再整理仪器并打扫卫生.

（7）实验室内禁止吃食,水杯要盖紧,衣着要得体,禁止穿拖鞋入内.

# 第2章
# 误差与数据处理基础知识

在物理实验中,我们都会使用仪器对一些物理量进行测量.在测量时,受到仪器的精度、测量的条件、测量的方法等诸多因素的影响,使得测量值与真值之间存在一定的差异.因此,实验除了要获得测量数据外,还需要对测量结果的可靠性进行合理的评价.本书中采用国际上通用的误差与不确定度理论来进行误差分析和对测量结果作可靠性评定.

## 2.1 误差的基础知识

### 2.1.1 误差的基本概念

**1. 绝对误差 $\delta$**

任何量在特定的条件下都有其客观的实际值,称为真值,记为 $\mu$.用实验手段测量出来的值,称为测量值,记为 $x_i$.测量值与真值的差称为绝对误差,简称误差,记为 $\delta$,即

$$\delta = x_i - \mu. \tag{2-1-1}$$

真值是不可知的,但下面四种情况我们可以用"相对真值"代替真值.

(1) 理论真值:理论公式计算值、公理值等.

(2) 计量约定值:国际计量大会规定的各种计量单位、基本常量值.

(3) 标准器件值:相对标准器件低一级或二级的仪表,标准器件值可作为相对标准值.

(4) 算术平均值:等精度多次测量的算术平均值.

用不同仪器测量同一被测量时,误差越小,测量准确度越高.误差可正可负,它的符号取决于测量值偏离真值的方向.

**2. 相对误差 $E$**

测量的误差与被测量的真值之比,称为相对误差,通常用百分数来表示,即

$$E = \frac{\delta}{\mu} \times 100\%. \tag{2-1-2}$$

相对误差 $E$ 能确切地反映测量的效果,相对误差越小,测量准确度越高.相对误差一定时,被测量的量值越小,测量允许的误差也越小.

**3. 偏差 $\Delta x_i$**

多次测量时,得到包含 $n$ 个测量值 $(x_1, x_2, \cdots, x_n)$ 的一个测量列,测量列的算术平均值为

$$\bar{x} = \frac{1}{n} \sum_{i=1}^{n} x_i. \tag{2-1-3}$$

测量列内任意一个测量值 $x_i(i=1,2,\cdots,n)$ 与测量列的算术平均值 $\overline{x}$ 的差称为偏差,即

$$\Delta x_i = x_i - \overline{x}. \qquad (2-1-4)$$

**4. 标准偏差 $S_x$**

在有限次测量中,测量列的标准偏差由贝塞尔公式给出,即

$$S_x = \sqrt{\frac{\sum\limits_{i=1}^{n}(x_i-\overline{x})^2}{n-1}}. \qquad (2-1-5)$$

显然,只有在 $n>1$ 时才能计算 $S_x$. 其统计意义是指当测量次数足够多(如 $n>5$)时,测量列中任一测量值的偏差落在区间 $[-S_x, S_x]$ 内的概率为 $0.683$. 标准偏差越小,则说明这一组测量值的重复性越好,精确度越高.

**5. 平均值的标准偏差 $S_{\overline{x}}$**

随着测量次数的增加,可以发现 $\overline{x}$ 也是一个随机变量,但是它的可靠性比测量列中任一测量值都要高. 由概率理论可以证明,算术平均值的标准偏差为

$$S_{\overline{x}} = \frac{S_x}{\sqrt{n}} = \sqrt{\frac{\sum\limits_{i=1}^{n}(x_i-\overline{x})^2}{n(n-1)}}. \qquad (2-1-6)$$

**6. 仪器误差限 $\Delta_{仪}$**

仪器误差限是指在正确使用仪器的条件下,测量结果和被测量的真值之间可能产生的最大误差,用 $\Delta_{仪}$ 表示. 对有刻度的量具和仪表,除另有说明外,仪器误差限一般按其最小分度值或最小分度值的一半估算. 例如,米尺、游标卡尺、螺旋测微器和水银温度计的仪器误差限按其最小分度值的一半估算;天平的仪器误差限按其最小分度值或最小分度值的一半估算;秒表的仪器误差限按其最小分度值估算.

电学仪器大多是按国家标准根据准确度大小划分其等级的,它的仪器误差限与准确度级别的关系为

$$\Delta_{仪} = \frac{准确度级别}{100} \times 量程. \qquad (2-1-7)$$

标准电阻、电阻箱的仪器误差限按不同标度盘(电阻箱的一种倍率对应一个标度盘)的允许误差限之和加上接触电阻来估算(标准电阻可看作特殊的电阻箱),即

$$\Delta_{仪} = \sum_i a_i\% \cdot R_i + (N+1)b, \qquad (2-1-8)$$

式中 $R_i$ 是第 $i$ 个标度盘的示值,$a_i$ 是相应标度盘中电阻的准确度级别,$N$ 是实际所用标度盘的个数,$b$ 是与电阻箱标度盘准确度级别相关的标度盘接触电阻,例如,对 ZX21 型 $0.1$ 级电阻箱,$b=0.005\ \Omega$.

直流电势差计的仪器误差限为

$$\Delta_{仪} = a\%\left(U_x + \frac{U_0}{10}\right), \qquad (2-1-9)$$

式中 $U_x$ 为标度盘的示值,$a$ 是准确度级别,$U_0$ 是基准值. 基准值 $U_0$ 规定为 $10$ 的不大于直流电势差计有效量程的常用对数的最大整数次幂. 例如,某直流电势差计的有效量程为 $0\sim200\ \mathrm{mV}$,则对应的基准值为 $10^{[\lg 0.2]}\ \mathrm{V} = 0.1\ \mathrm{V}$,其中的方括号为取整符号.

直流电桥的仪器误差限为

$$\Delta_{仪} = a\%\left(R_x + \frac{R_0}{10}\right), \qquad (2-1-10)$$

式中 $R_x$ 为标度盘的示值,$a$ 是准确度级别,$R_0$ 是基准值. 基准值 $R_0$ 是 $10$ 的不大于直流电桥有效量程

的常用对数的最大整数次幂.

**7. 仪器的标准误差 $\Delta$**

仪器的标准误差定义为

$$\Delta = \frac{\Delta_\text{仪}}{C}, \qquad (2-1-11)$$

式中 $C$ 为置信系数,与误差的分布有关.根据概率统计理论,对正态分布,有 $C=3$;对均匀分布,有 $C=\sqrt{3}$.

### 2.1.2 误差的分类

误差通常分为系统误差、随机误差和粗大误差三大类.

**1. 系统误差**

等精度多次测量时,若误差的符号和大小总保持恒定不变,或按某一确定的规律变化,这种误差称为系统误差.它具有确定性、规律性、可修正性的特点.

系统误差有确定的规律性,按其规律性可分为定值系统误差、线性系统误差、周期性系统误差和复杂规律系统误差.误差的大小和符号都保持恒定不变的叫定值系统误差;误差修正公式为线性函数的叫线性系统误差;误差修正公式是周期函数的叫周期性系统误差;误差修正公式是非线性函数的叫复杂规律系统误差.

系统误差有确定的规律性,但这规律并不一定确知,变化规律已确知的叫已定系统误差,变化规律未确知的叫未定系统误差.

系统误差按其来源又可分为仪器误差、调整误差、环境误差、理论误差、人员误差等.由于仪器不完善造成的叫仪器误差;由于仪器未调整到位造成的叫调整误差;由于测量的环境与所要求的不一致引起的叫环境误差;由于测量所依据的理论本身的近似性造成的叫理论误差;由于测量者的感觉灵敏性和反应快慢的不同而产生的叫人员误差.

以上各误差类型中,已定系统误差、定值系统误差、线性系统误差、仪器误差、调整误差、理论误差、环境误差等是可以通过理论或实验的方法加以修正的,未定系统误差一般只能估计它的变化范围.

**2. 随机误差**

等精度多次测量时,若误差的大小和符号及变化没有确定的规律性,这种误差称为随机误差.它的特点是具有随机性,服从统计规律,可利用概率论来研究.在单个的测量数据中,它表现出无规律性,在大量的测量数据中却表现出统计规律性.随机误差对结果的影响可以用统计的方法做出估计.

**3. 粗大误差**

粗大误差是由于测量人员的粗心、使用有明显缺陷的仪器等造成的,含粗大误差的数据判明后应剔除,不得使用.

**4. 系统误差和随机误差的关系**

在任何一次测量中,误差的类型其实无法准确判断,它既不是单纯的系统误差,也不是单纯的随机误差,通常是两者都有.两者之间也没有严格的界限,在一定条件下,两者还可以相互转化.例如,按照一定尺寸加工的一批工件,误差属于随机误差,但对其中一个而言,就是系统误差.

## 2.2 不确定度的基础知识

不确定度是计量学的基本内容之一,在科学研究、工农医商、国防等诸多领域都有广泛应用.本书采用国际上普遍使用的不确定度理论来评定测量结果的质量.

### 2.2.1　不确定度的定义

不确定度是指由于测量误差的存在而对被测量值不能确定的程度,它表征了测量结果的可靠程度. 在相同的置信概率下,不确定度越小,其测量质量越高,使用价值也越大.

### 2.2.2　不确定度的分类

按其来源和评定方法,不确定度分为 A 类不确定度和 B 类不确定度.

**1. A 类不确定度 $U_A$**

A 类不确定度是指由测量列的统计分析评定的不确定度,又称统计不确定度,用 $U_A$ 表示. A 类不确定度主要涉及随机误差,一般把测量列平均值的标准偏差作为 A 类不确定度,即

$$U_A = S_{\bar{x}} = \sqrt{\frac{\sum_{i=1}^{n}(x_i - \bar{x})^2}{n(n-1)}}. \tag{2-2-1}$$

**2. B 类不确定度 $U_B$**

凡是不符合统计规律的不确定度,统称为 B 类不确定度,又称非统计不确定度,用 $U_B$ 表示. B 类不确定度主要涉及未知系统误差,在物理实验中,一般用仪器的标准误差 $\Delta$ 表示,即

$$U_B = \Delta = \frac{\Delta_{仪}}{C}. \tag{2-2-2}$$

**3. 合成不确定度 $U$**

一般情况下,A 类和 B 类不确定度都有若干分量,当这些分量相互独立、置信概率相同时,合成不确定度 $U$ 按"平方和开根号"的方法求得,即

$$U = \sqrt{\sum_i U_{Ai}^2 + \sum_i U_{Bj}^2}. \tag{2-2-3}$$

## 2.3　测量结果评价

我们用合成不确定度 $U$ 评价测量结果的可靠程度,测量结果可写成

$$x = \bar{x} \pm U(\text{SI}), \tag{2-3-1}$$

式中 $x$ 代表待测量,$\bar{x}$ 为已修正的测量列的算术平均值,$U$ 是合成不确定度,SI 表示使用国际单位制. 式(2-3-1)表示待测量的真值以一定的概率落在 $[\bar{x}-U, \bar{x}+U]$ 范围内. 测量值、不确定度和单位称为测量结果的三要素.

### 2.3.1　直接测量结果评价

直接测量就是将待测量与标准量进行比较,得到待测量的大小. 例如,用尺子测长度,用秒表测时间,用天平称质量,用温度计量温度等.

**1. 单次直接测量的结果表达式**

由于是单次测量,A 类不确定度为零,因此只需要考虑 B 类不确定度,即

$$U = \frac{\Delta_{仪}}{C},$$

单次测量的结果表达式为

$$x = x_1 \pm \frac{\Delta_{仪}}{C}(\text{SI}).$$

**2. 多次直接测量的结果表达式**

等精度多次测量,测量列为$(x_1, x_2, \cdots, x_n)$,假定测量中已定系统误差已修正,粗大误差已剔除,则有

$$\overline{x} = \frac{1}{n}\sum_{i=1}^{n} x_i.$$

A 类不确定度为

$$U_A = \sqrt{\frac{\sum\limits_{i=1}^{n}(x_i - \overline{x})^2}{n(n-1)}},$$

B 类不确定度为

$$U_B = \frac{\Delta_{仪}}{C},$$

合成不确定度为

$$U = \sqrt{U_A^2 + U_B^2} = \sqrt{\frac{\sum\limits_{i=1}^{n}(x_i - \overline{x})^2}{n(n-1)} + \left(\frac{\Delta_{仪}}{C}\right)^2}.$$

多次测量的结果表达式为

$$x = \overline{x} \pm U(\text{SI}).$$

### 2.3.2 间接测量结果评价

间接测量是指被测量不是直接测得的,而是由直接测量量通过某种函数关系间接获得的.既然直接测量有不确定度,那么间接测量也必有不确定度.

**1. 间接测量的最佳值**

设间接测量量 $y$ 与各自相互独立的 $n$ 个直接测量量 $x_1, x_2, \cdots, x_n$ 之间的函数关系为

$$y = f(x_1, x_2, \cdots, x_n),$$

各直接测量量的结果表达式为

$$x_i = \overline{x}_i \pm U_i(\text{SI}) \quad (i = 1, 2, \cdots, n).$$

可以证明,间接测量量 $y$ 的最佳值为

$$\overline{y} = f(\overline{x}_1, \overline{x}_2, \cdots, \overline{x}_n), \tag{2-3-2}$$

式中 $\overline{y}$ 若存在已定系统误差,则应对其进行修正.

**2. 间接测量的不确定度**

将式(2-3-2)取全微分,可得间接测量量的不确定度 $U$,其表达式为

$$U = \sqrt{\sum_{i=1}^{n}\left(\frac{\partial f}{\partial x_i}\right)^2 \cdot U_i^2} \tag{2-3-3}$$

或

$$U = \overline{y} \cdot \sqrt{\sum_{i=1}^{n}\left(\frac{\partial \ln f}{\partial x_i}\right)^2 \cdot U_i^2}. \tag{2-3-4}$$

式(2-3-3)和(2-3-4)称为不确定度传递公式,式中 $U_i(i = 1, 2, \cdots, n)$ 为直接测量量 $x_i$ 的合成不确定度, $\frac{\partial f}{\partial x_i}$ 和 $\frac{\partial \ln f}{\partial x_i}$ 称为传递系数.可以看出,间接测量量的不确定度取决于各直接测量量的不确定

度及传递系数.式(2-3-3)适用于和差函数,式(2-3-4)适用于商积函数.表2-3-1列出了一些常用函数的不确定度传递公式.

表 2-3-1 常用函数的不确定度传递公式

| 函数表达式 | 不确定度传递公式 |
|---|---|
| $y = x_1 \pm x_2$ | $U = \sqrt{U_1^2 + U_2^2}$ |
| $y = x_1 \cdot x_2$ | $U = \overline{y} \cdot \sqrt{\left(\dfrac{U_1}{\overline{x_1}}\right)^2 + \left(\dfrac{U_2}{\overline{x_2}}\right)^2}$ |
| $y = \dfrac{x_1}{x_2}$ | $U = \overline{y} \cdot \sqrt{\left(\dfrac{U_1}{\overline{x_1}}\right)^2 + \left(\dfrac{U_2}{\overline{x_2}}\right)^2}$ |
| $y = kx$ | $U = \lvert k \rvert U_x$ |
| $y = k\sqrt{x}$ | $U = \dfrac{\overline{y}}{2} \cdot \dfrac{U_x}{\overline{x}}$ |
| $y = \dfrac{x_1^k \cdot x_2^m}{x_3^n}$ | $U = \overline{y} \cdot \sqrt{k^2\left(\dfrac{U_1}{\overline{x_1}}\right)^2 + m^2\left(\dfrac{U_2}{\overline{x_2}}\right)^2 + n^2\left(\dfrac{U_3}{\overline{x_3}}\right)^2}$ |
| $y = \sin x$ | $U = \lvert \cos \overline{x} \rvert \cdot U_x$ |
| $y = \ln x$ | $U = \dfrac{U_x}{\overline{x}}$ |

**3. 间接测量的结果表达式**

间接测量的结果表达式为

$$y = \overline{y} \pm U \,(\text{SI}).$$

间接测量量的结果表达式中,合成不确定度一般只取一位有效数字.

# 2.4 减小误差的方法

测量过程中,误差是不可避免的.我们在了解误差产生的来源后,可以有针对性地减小误差.下面介绍几种减小误差的方法.

**1. 粗大误差的处理**

等精度多次测量,得到测量列$(x_1, x_2, \cdots, x_n)$,假设测量随机误差服从正态分布.由正态分布理论可知,随机误差落在$[-3S_x, 3S_x]$范围内的概率为$99.73\%$,或随机误差的绝对值大于$3S_x$的概率仅为$0.27\%$.如果发现在测量列中有

$$\lvert \delta_i \rvert = \lvert x_i - \overline{x} \rvert \geqslant 3S_x \quad (1 \leqslant i \leqslant n),$$

就可认为对应的测量值$x_i$存在粗大误差,应将它剔除不用.

其实,只要做实验时认真仔细,注意保证测量条件的稳定性,是完全可以避免粗大误差的.

**2. 系统误差的处理**

测量中若有系统误差存在,通常我们可以从以下几方面入手查找原因:

(1)检查所用基准件、标准件是否准确,所用量具、仪器是否处于正常的工作状态,仪器的调整、测件的安装是否到位等.

(2)分析所采用的测量方法是否完善、计算方法是否有近似等.

(3)检查实验过程中测量条件(包括温度、湿度、震动、尘污、气流、外部的电磁场等)是否符合要求.

（4）检查是否存在视差、反应慢、个人不良习惯等.

只有找到了导致系统误差的主要原因,才有可能寻求减小系统误差的方法.下面介绍几种常用的减小定值系统误差的方法.

1）加修正值法.

加修正值就是将测量器具的系统误差测出来,取与误差大小相同但符号相反的值作为修正值,将测量值加上修正值得到测量结果,即

$$测量结果 = 测量值 + 修正值.$$

例如,米尺、游标卡尺、螺旋测微器、秒表等仪表在使用前,可读出其零点修正值,并在最终的测量结果上加零点修正值进行修正.

2）调零法.

像电流表、电压表这类仪表,使用前指针或示数不为零时,应将指针或示数调到零,这样即可消除由于零位偏移而产生的系统误差.

3）抵偿法.

抵偿法是指在改变某些条件的情况下进行两次测量,并要求两次测量结果中的系统误差值大小相等、符号相反,然后取其算术平均值作为最终的测量结果.例如,用冲击电流计测电量时,因光点零点调节不准会引入系统误差,两次测量时一次左偏,另一次右偏,取两次偏转的平均值作为测量结果,就可以消除该系统误差.

4）交换法.

将测量中的某些条件相互交换,使产生的系统误差相互抵消的方法称为交换法.例如,用天平称物体的质量 $m$. 单次称量时,$ml_2 = m_1 l_1$,$m = \dfrac{m_1 l_1}{l_2}$,但由于制造的原因,天平的臂长 $l_1 \neq l_2$,造成 $m \neq m_1$,故单次测量会产生定值系统误差. 如果我们将砝码和物体的位置交换再测一次,此时有 $m = \dfrac{m_2 l_2}{l_1}$,最后取两次测量结果的几何平均值 $m = \sqrt{m_1 m_2}$ 作为最终的测量结果,它与天平的臂长无关,这样我们就用交换法消除了不等臂的影响.这种方法也可用在电桥实验中.

5）替代法.

替代法是指进行两次测量,第一次测量达到平衡后,保持测量条件不变,用已知标准量替代被测量进行第二次测量,若第二次测量时仍能达到平衡,则被测量就等于已知标准量.如果不能达到平衡,调节使之平衡,可得到被测量与已知标准量的差值,此时

$$被测量 = 已知标准量 + 差值.$$

# 2.5　有效数字

我们的测量值和运算结果都是含有误差的数值,在不影响精确度的情况下,该如何对这些数值进行取舍呢?

## 2.5.1　有效数字的位数

我们把数据中从第一个非零的数字算起含有的数字个数称为有效数字的位数.测量精度越高,有效数字的位数越多;被测量越大,有效数字的位数也越多.例如 0.003 0 m,它的有效数字有两位,精度为 1 mm,这是用米尺测量的数据;2.978 mm,它的有效数字有四位,精度为 0.01 mm,这是用螺旋测

微器测量的数据;2.98 mm,它的有效数字有三位,精度为 0.02 mm,这是用游标卡尺测量的数据;2.978 2 m,它的有效数字有五位,精度为 1 mm,这是用卷尺测量的数据.

一般来说,有效数字由准确数字和存疑数字组成.例如 0.003 0 m,3 是由米尺刻度直接读出的,是准确数字,而后面的 0 是估读的,是存疑数字.2.978 mm 中,2.97 是准确数字,8 是存疑数字.

单位换算过程中有效数字的位数不变.过大或过小的数据常用科学记数法表示,具体形式为 $a \times 10^n (0 < a < 10)$.例如,$2.978 \text{ mm} = 0.297 8 \text{ cm} = 2.978 \times 10^{-3} \text{ m}$.

### 2.5.2 有效数字的修约规则

在数据处理过程中,我们通常采用"四舍、大于五入、逢五凑偶"的修约规则对数据尾数进行取舍.具体规则解释如下:

(1) 拟舍弃数字的最左一位数字小于 5 时则直接舍去.例如 3.142 506,取三位有效数字时,拟舍去 2 506,因 2 < 5,故四个数字全舍去,结果表示为 3.14.

(2) 拟舍弃数字的最左一位数字大于 5,或者等于 5 而其后跟有非全部为 0 的数字时,舍去,同时将保留数字的末位加 1.例如 3.142 506,取四位有效数字,结果表示为 3.143.

(3) 拟舍弃数字的最左一位数字为 5,右边无数字或者全为 0 时,舍去,保留数字的末位为奇数时加 1,为偶数时不变.例如 3.141 50,取四位有效数字,结果表示为 3.142;3.142 50,取四位有效数字,结果表示为 3.142.

(4) 合成不确定度一般只取一位有效数字,去掉多余位数时,只入不舍.例如 0.033 3,取一位有效数字,结果表示为 0.04.

### 2.5.3 测量结果的有效数字

测量结果的有效数字要保留几位呢? 有效数字的保留一般遵循如下原则:

(1) 一次直接测量结果的有效数字的保留取决于仪器的精度,根据精度保留所有的准确数字加一位存疑数字.例如,米尺的精度为 1 mm,用它测量的数据要保留到 0.1 mm 位.

(2) 多次直接测量结果的算术平均值的有效数字的保留取决于测量值的不确定度,末位与不确定度的有效位对齐.例如,测量的平均值 2.945 5 mm,不确定度为 0.003 mm,测量的平均值应写为 2.946 mm,测量结果为 $(2.946 \pm 0.003) \text{ mm}$ 或 $(2.946 \pm 0.003 \times 10^{-3}) \text{ m}$.

(3) 间接测量结果最佳值的有效数字的保留取决于间接测量量的不确定度,测量结果最佳值的末位与不确定度的有效位对齐.

(4) 合成不确定度的有效数字只取一位,不确定度的分量有时可以保留两位有效数字.

### 2.5.4 有效数字的运算

直接测量结果中有误差,通过运算得到的间接测量结果也有误差.为了不因运算而增大误差,同时使运算简洁,我们对有效数字的运算做如下规定.

**1. 加减运算**

先找出存疑数最大的数据,以该数的末位为标准位,将其余各数取舍到标准位的下一位,最后运算结果的有效数字的末位与标准位对齐.

**例 1**　　计算 $A = 1\ 234.5 + 0.432\ 9 + 721 - 3.58$.

**解**　先看表达式中 4 个数据的存疑数,其中存疑数最大的是 721,其存疑位出现在个位上,因此,最终结果的有效数字也应保留到个位.中间运算时其他 3 个数据均保留到十分位,算出结果后再向个位取齐,即

$$A = 1\ 234.5 + 0.4 + 721 - 3.6 = 1\ 952.$$

**2. 乘除运算**

先找出有效数字位数最少的数据,以该数的有效数字位数为标准,其余各数保留的有效数字比标准多一位,比常数或准确数多两位,最终结果的有效数字位数与标准相同.

**例 2** 计算 $1.563 \times 5.2$;$687.45 \div 131$;$1.005 \times 9.794 \times 0.016 \div 3.142$.

**解** $1.563 \times 5.2 = 8.1$,$687.45 \div 131 = 5.25$,$1.005 \times 9.794 \times 0.016 \div 3.142 = 5.0 \times 10^{-2}$.

**3. 其他运算**

(1) 乘方、开方的有效数字与原数的有效数字位数相同.

(2) 以 e 为底的自然对数,其计算结果中小数点后面的位数应与原数的有效数字位数相同;以 10 为底的常用对数,其计算结果中有效数字位数应比对应自然对数的有效数字位数多取一位. 例如, $\ln 33.6 = 3.515$,$\lg 33.6 = 1.526\ 3$.

(3) 指数、幂函数运算后的有效数字的位数可取比指数的小数点后的位数(包括紧接小数点后的"0")多一位. 例如,$10^{3.45} = 2.82 \times 10^3$,$e^{0.005} = 1.005$.

(4) 当角度的不确定度分别为 $1'$,$10''$,$1''$ 时,其三角函数的有效数字位数分别取四位、五位和六位. 例如,$\sin 30°00' = 0.500\ 0$.

(5) 参与运算的准确数或常数,不受制于运算规则,它们的有效数字位数一般取与被测量相同的位数.

# 2.6 数据处理的方法

我们将记录下来的原始数据进行整理、计算、分析,然后得到测量结果,这个过程叫数据处理. 只有经过数据处理后,才能验证已知规律的正确性,甚至发现未知的规律. 数据处理的方法有很多,有列表法、作图法、最小二乘法、差值法、逐差法、平均法、插值法等,下面介绍几种常用的数据处理方法.

## 2.6.1 列表法

列表法是把数据列入表格的方法. 它的特点是直观、简单明了. 用表格记录原始数据时,在表格中还可以列出相关物理量之间的关系,随时检查数据的合理性. 计算的中间值也可列入表中,这样不仅有助于发现运算中的错误,还可以提高处理数据的效率.

采用列表法时,要注意以下几点:

(1) 在表的上方要写出表名.

(2) 表格要简单明了,便于看出有关量之间的关系,同时也便于数据处理.

(3) 在标题栏中一定要标明表格中数据所对应的物理量、符号和单位.

(4) 表格中原始数据的记录要真实、科学、规范,尤其是数字仪表显示的数据要一字不漏地记录下来,末位的"0"不可随意删除或添加. 用有刻度的量具测出的数据要保留估读位,中间值的计算要忠实于原始数据,正确反映测量值的有效数字位数.

## 2.6.2 作图法

作图法就是将实验中测得的物理量之间的关系用各种图线表示出来. 用作图法不仅可以作出完整、连续的图线,而且还可以通过内插、外延等方法得到列表法中没有的中间值或测量范围外的数值,以弥补测量中的不足和发现测量中的失误.

为了保证获得的图线直观、清晰、简明、准确,作图时应注意以下几点:

(1) 图线要画在坐标纸上,并以自变量为横坐标、因变量为纵坐标.

(2) 要选用合适的坐标纸(坐标纸分方格纸、半对数纸、双对数纸、极坐标纸、概率纸等).

(3) 要标明各轴所代表的物理量名称及其单位.

(4) 要确定坐标比例和标度.定标时,坐标读数的有效数字位数应与实验数据的相一致,方便标点.比例选择要适当,做到能够直接读数,并尽量使图线跨越图纸的大部分区域.两坐标的分度不一定非得从零开始,两轴的比例也可不同.如果数据特别大或特别小,可提出乘积因子,放在坐标轴变量的右边.

(5) 根据测量值,在相应的位置用削尖的铅笔逐个描上"+""×""△"等较明显的标识符号,同一张图上同一曲线上的数据点符号相同,不同曲线的符号不同,此外还应在适当的位置注明各符号代表的含义.

(6) 将描出的数据点连成光滑的线.连线应尽可能通过或接近大多数测量数据点,并使数据点尽可能均匀分布于图线的两侧.延伸到测量数据范围之外的部分要依趋势用虚线画出,以示区别.

(7) 在图的下方写上简洁而完整的图名.

### 2.6.3 最小二乘法

用作图法处理数据虽然直观清晰,但人工拟合图线有一定的主观随意性,不同的人用同一组数据可能作出不同的图线,因而人工拟合的图线往往不是最佳的.怎样从实验数据中找出一条最佳的拟合图线呢? 常用的方法就是最小二乘法.用最小二乘法求得的方程称为回归方程,所以最小二乘法线性拟合亦称为最小二乘法线性回归.下面我们用最小二乘法讨论最简单、最基本的一元线性回归.

假设所研究的两个被测量 $x$ 和 $y$ 符合直线方程,即

$$y = a + bx, \tag{2-6-1}$$

实验测得的数据记为 $(x_i, y_i)(i = 1, 2, \cdots, n)$,现根据这组数据来确定系数 $a$ 和 $b$.

将数据点的测量值 $y_i(i = 1, 2, \cdots, n)$ 与拟合直线上相应点 $y = a + bx_i$ 之间的残差记为

$$\Delta y_i = y_i - a - bx_i, \tag{2-6-2}$$

令

$$S = \sum_{i=1}^{n} (\Delta y_i)^2 = \sum_{i=1}^{n} (y_i - a - bx_i)^2. \tag{2-6-3}$$

按最小二乘法原理,最佳的拟合直线上各相应点的值与测量值之残差的平方和应是最小的,即 $S = \sum_{i=1}^{n} (\Delta y_i)^2$ 应取最小值.当 $S$ 取最小值时,有 $\frac{\partial S}{\partial a} = 0, \frac{\partial S}{\partial b} = 0$,即

$$\begin{cases} \dfrac{\partial S}{\partial a} = -2\sum_{i=1}^{n}(y_i - a - bx_i) = 0, \\ \dfrac{\partial S}{\partial b} = -2\sum_{i=1}^{n}(y_i - a - bx_i)x_i = 0, \end{cases} \tag{2-6-4}$$

化简得

$$\begin{cases} \sum_{i=1}^{n} y_i - na - b\sum_{i=1}^{n} x_i = 0, \\ \sum_{i=1}^{n} x_i y_i - a\sum_{i=1}^{n} x_i - b\sum_{i=1}^{n} x_i^2 = 0. \end{cases} \tag{2-6-5}$$

令

$$\overline{x} = \frac{\sum\limits_{i=1}^{n} x_i}{n}, \quad \overline{y} = \frac{\sum\limits_{i=1}^{n} y_i}{n}, \quad \overline{x^2} = \frac{\sum\limits_{i=1}^{n} x_i^2}{n}, \quad \overline{y^2} = \frac{\sum\limits_{i=1}^{n} y_i^2}{n}, \quad \overline{xy} = \frac{\sum\limits_{i=1}^{n} x_i y_i}{n},$$

代入式(2-6-5)得

$$\begin{cases} \overline{y} - a - b\overline{x} = 0, \\ \overline{xy} - a\overline{x} - b\,\overline{x^2} = 0. \end{cases} \tag{2-6-6}$$

解方程组可得

$$\begin{cases} b = \dfrac{\overline{xy} - \overline{x} \cdot \overline{y}}{\overline{x^2} - \overline{x}^2}, \\ a = \overline{y} - b\overline{x}. \end{cases} \tag{2-6-7}$$

于是我们得到

$$y = (\overline{y} - b\overline{x}) + \left( \frac{\overline{xy} - \overline{x} \cdot \overline{y}}{\overline{x^2} - \overline{x}^2} \right) x.$$

上式就是用最小二乘法线性拟合得到的线性回归方程. 如果是通过测量值来寻找经验公式,则还应判断线性回归方程是否合理,此时就需要计算相关系数 $\gamma$. 一元线性回归的相关系数定义为

$$\gamma = \frac{\overline{xy} - \overline{x} \cdot \overline{y}}{\sqrt{(\overline{x^2} - \overline{x}^2)(\overline{y^2} - \overline{y}^2)}}. \tag{2-6-8}$$

$|\gamma|$ 的值介于 0 和 1 之间,当 $|\gamma| = 1$ 时,说明 $x$ 和 $y$ 完全线性相关,拟合直线通过全部数据点,用线性函数回归是合适的;当 $|\gamma| < 1$ 时,$x$ 和 $y$ 之间不是严格的线性关系,$|\gamma|$ 越小,线性程度越差;若 $|\gamma| = 0$,则表示 $x$ 和 $y$ 完全线性不相关,需进行其他的拟合.

对于指数函数、幂函数、对数函数的最小二乘法拟合,可以通过变量代换,将相关函数转换成线性函数后再进行拟合.

### 2.6.4　逐差法

当因变量与自变量之间呈线性关系,自变量又等间隔变化时,我们还可以采用逐差法进行数据处理.

例如,用拉伸法测金属丝的弹性模量实验中,每次加载质量相等的砝码,共测得 8 个标尺读数 $n_i(i = 0, 1, 2, \cdots, 7)$,每加一个砝码引起读数变化的平均值可以表示为

$$\overline{\Delta n} = \frac{\sum\limits_{i=1}^{7} (n_i - n_{i-1})}{7} = \frac{n_7 - n_0}{7}. \tag{2-6-9}$$

从式(2-6-9)可看出,这样逐项逐差仅用了 $n_7$ 和 $n_0$ 这两个数据,其余数据在求平均时被抵消掉了,这与一次性增加 7 个砝码的单次测量等价,完全失去了多次测量的意义. 为了充分平等地运用各次测量值,减小随机误差,保持多次测量的优点,可把所有测量数据分成两组 $(n_0, n_1, n_2, n_3)$ 和 $(n_4, n_5, n_6, n_7)$,依次取两组对应项之差:

$$\Delta n_1 = n_4 - n_0, \quad \Delta n_2 = n_5 - n_1,$$
$$\Delta n_3 = n_6 - n_2, \quad \Delta n_4 = n_7 - n_3,$$

再求平均值,即

$$\overline{\Delta n} = \frac{\Delta n_1 + \Delta n_2 + \Delta n_3 + \Delta n_4}{4} = \frac{(n_4 - n_0) + (n_5 - n_1) + (n_6 - n_2) + (n_7 - n_3)}{4}.$$

这样求出的 $\overline{\Delta n}$ 相当于每次增加 4 个砝码标尺读数变化的平均值. 这种处理方法就叫逐差法. 它同样

便于我们发现系统误差或实验数据的某些变化规律.

# 2.7 数据处理举例

## 2.7.1 单次直接测量的数据处理

**例3** 用米尺测物体的长度 $L$ 一次,测出的数据为 45.14 cm,零点修正值为 $-1.00$ cm,写出结果表达式.

**解** 单次测量,A 类不确定度为零. 米尺的最小分度值为 1 mm,其仪器误差限取最小分度值的一半,即

$$\Delta_{仪} = 0.5 \text{ mm},$$

其误差服从正态分布,$C = 3$,则有

$$U_B = \frac{\Delta_{仪}}{3} \approx 0.2 \text{ mm} = 0.02 \text{ cm}.$$

故最终结果为

$$L = 45.14 \text{ cm} + (-1.00 \text{ cm}) \pm 0.02 \text{ cm} = (44.14 \pm 0.02) \text{ cm}.$$

## 2.7.2 多次直接测量的数据处理

**例4** 用秒表手动计时测小球在蓖麻油中下落 20.00 cm 所用的时间 6 次,得到以下数据(见表 2-7-1).求其下落的时间.

表 2-7-1 小球的下落时间(秒表的零点修正值为 0.00 s)

| 次数 $i$ | 1 | 2 | 3 | 4 | 5 | 6 |
|---|---|---|---|---|---|---|
| 时间 $t_i$/s | 12.32 | 12.40 | 12.15 | 12.10 | 12.24 | 12.28 |

**解** 时间的平均值为

$$\bar{t} = \frac{1}{6} \sum_{i=1}^{6} t_i \approx 12.248 \text{ s}.$$

A 类不确定度为

$$U_A = \sqrt{\frac{\sum\limits_{i=1}^{6} (t_i - \bar{t})^2}{6(6-1)}} \approx 0.045 \text{ s}.$$

注意这里不确定度的分量可取 2 位有效数字.

B 类不确定度为

$$U_B = \frac{\Delta_{仪}}{C} = \frac{0.01}{3} \text{ s} \approx 0.004 \text{ s}.$$

合成不确定度为

$$U = \sqrt{U_A^2 + U_B^2} \approx 0.05 \text{ s}.$$

注意上面的合成不确定度只取 1 位有效数字.

故最后得到小球下落的时间为

$$t = (12.25 \pm 0.05) \text{ s}.$$

## 2.7.3　间接测量的数据处理

**例5**　用三线摆测圆盘的转动惯量,其测量公式为 $J_0 = \dfrac{m_0 g R r}{4\pi^2 H} T_0^2$,测量数据(已修正)如表 2-7-2 所示,其中米尺的测量精度为 1 mm,秒表的测量精度为 0.01 s,游标卡尺的测量精度为 0.02 mm,$R = \dfrac{b}{\sqrt{3}}$,$r = \dfrac{a}{\sqrt{3}}$,圆盘质量 $m_0 = 1.048$ kg,$g = 9.794$ m·s$^{-2}$.求圆盘的转动惯量.

表 2-7-2　用三线摆测圆盘的转动惯量测量数据

| 次数 $i$ | 项目 | | | |
|---|---|---|---|---|
| | $H_i$/cm | $50T_{0i}$/s | 下盘孔间距 $b$/mm | 上盘孔间距 $a$/mm |
| 1 | 45.76 | 71.42 | 161.30 | 75.64 |
| 2 | 45.54 | 71.15 | 161.18 | 75.80 |
| 3 | 45.29 | 71.20 | 161.24 | 75.44 |
| 4 | 45.50 | 71.34 | 161.16 | 75.52 |
| 5 | 45.48 | 71.28 | 161.00 | 75.46 |

**解**　对于 $H$,有

$$\overline{H} = \frac{1}{5}\sum_{i=1}^{5} H_i = \frac{45.76 + 45.54 + 45.29 + 45.50 + 45.48}{5}\ \text{cm} \approx 45.514\ \text{cm},$$

$$U_A = \sqrt{\frac{\sum_{i=1}^{5}(H_i - \overline{H})^2}{5(5-1)}} \approx 0.075\ \text{cm},\quad U_B = \frac{\Delta_仪}{C} = \frac{0.05}{3}\ \text{cm} \approx 0.02\ \text{cm},$$

$$U = \sqrt{U_A^2 + U_B^2} \approx 0.08\ \text{cm},$$

故

$$H = (45.51 \pm 0.08)\text{cm}.$$

对于 $T_0$,有

$$50\overline{T}_0 \approx 71.278\ \text{s},\quad U_A = \sqrt{\frac{\sum_{i=1}^{5}(50T_{0i} - 50\overline{T}_0)^2}{5(5-1)}} \approx 0.048\ \text{s},$$

$$U_B = \frac{\Delta_仪}{C} = \frac{0.01}{3}\ \text{s} \approx 0.004\ \text{s},\quad U = \sqrt{U_A^2 + U_B^2} \approx 0.05\ \text{s},$$

故

$$50T_0 = (71.28 \pm 0.05)\ \text{s},\quad T_0 = (1.426 \pm 0.001)\ \text{s}.$$

同理可得,有

$$b = (161.18 \pm 0.06)\ \text{mm},\quad a = (75.57 \pm 0.07)\ \text{mm},$$

$$R = (93.06 \pm 0.04)\ \text{mm},\quad r = (43.63 \pm 0.04)\ \text{mm}.$$

于是可得圆盘转动惯量的最佳值为

$$\overline{J}_0 = \frac{m_0 g \overline{R}\,\overline{r}}{4\pi^2 \overline{H}}\overline{T}_0^2 = \frac{1.048 \times 9.794 \times 93.06 \times 43.63 \times 10^{-6} \times 1.426^2}{4 \times 3.14^2 \times 45.51 \times 10^{-2}}\text{kg·m}^2$$

$$\approx 4.722 \times 10^{-3}\ \text{kg·m}^2,$$

相应的合成不确定度为

$$U = \overline{J}_0 \cdot \sqrt{\left(\frac{U_R}{R}\right)^2 + \left(\frac{U_r}{\overline{r}}\right)^2 + 4\left(\frac{U_{T_0}}{T_0}\right)^2 + \left(\frac{U_H}{H}\right)^2}$$

$$\approx 0.02 \times 10^{-3} \ \text{kg} \cdot \text{m}^2.$$

故最终得到圆盘的转动惯量为

$$J_0 = (4.72 \pm 0.02) \times 10^{-3} \ \text{kg} \cdot \text{m}^2.$$

**练习题**

1. 指出下列各数的有效数字位数:

$$0.000\,1, \quad 1.000\,1, \quad 2.70 \times 10^{25}, \quad 486.135, \quad 0.030\,0.$$

2. 将前四个数取三位有效数字,后四个数取四位有效数字:

$$0.086\,294, \quad 27.053, \quad 8.971 \times 10^{-6}, \quad 0.020\,000,$$
$$3.141\,5, \quad 4.327\,49, \quad 4.326\,50, \quad 100.349.$$

3. 根据有效数字运算规则,计算下列各式:

$98.754 + 1.3$, $\quad 107.50 - 2.5$, $\quad 1\,111 \times 0.100$, $\quad 0.003\,456 \times 0.038$,

$237.5 \div 0.10$, $\quad 15 \div 3.142$, $\quad 76.00 \div (40.00 - 2.0)$, $\quad 100.00 \div (25.00 - 5.0)$,

$50.000 \times (18.30 - 16.3) \div [(103 - 3.0) \times (1.00 + 0.001)]$,

$1\,000.0 \times (5.6 + 6.412) \div [(78.00 - 77.0) \times 10.000]$.

4. 下列表达式有错误,请改正:

(1) $L = (17\,000 \pm 100)$ km,改正为_____;

(2) $t = (1.001\,730 \pm 0.000\,5)$ s,改正为_____;

(3) $m = (10.810\,0 \pm 0.7)$ kg,改正为_____;

(4) $U = (18.547\,6 \pm 0.224\,9)$ V,改正为_____.

5. 单位换算,并用科学记数法表示:

$$M = (201.750 \pm 0.001)\text{g} = \underline{\hspace{2cm}} \text{kg} = \underline{\hspace{2cm}} \text{mg}.$$

6. 有等精度测量列 $x_i$:29.18,29.24,29.27,29.45,29.26,求该测量列的算术平均值 $\overline{x}$ 及平均值的标准偏差 $S_{\overline{x}}$.

7. 已知函数表达式为 $n = a + 2b + c - 5d$,式中各直接测量量的表达式分别为 $a = (38.206 \pm 0.001)$ cm,$b = (13.248\,7 \pm 0.000\,1)$ cm,$c = (161.25 \pm 0.02)$ cm,$d = (1.324\,2 \pm 0.000\,1)$ cm. 写出函数的不确定度传递公式和最终结果表达.

8. 对如表1所示的6组数据用最小二乘法做线性回归,求出回归方程及相关系数.

表1 练习题8数据表

| $t/℃$ | 17.8 | 26.9 | 37.7 | 48.2 | 58.8 | 69.3 |
|---|---|---|---|---|---|---|
| $R/\Omega$ | 3.554 | 3.687 | 3.827 | 3.969 | 4.105 | 4.246 |

9. 表2所示为一组超声声速测量数据,相邻两测量值的距离为半个波长.试用逐差法求出波长 $\lambda$.

表2 练习题9数据表

| 次数 $i$ | 1 | 2 | 3 | 4 | 5 |
|---|---|---|---|---|---|
| 位置 $L_i$/mm | 40.96 | 46.04 | 51.12 | 56.20 | 61.32 |
| 次数 $i$ | 6 | 7 | 8 | 9 | 10 |
| 位置 $L_i$/mm | 66.36 | 71.66 | 76.60 | 81.74 | 86.68 |

# 第3章
# 基本实验测量方法及操作技能

物理实验内容涉及广泛,测量方法也多种多样.按测量方式可分为直接测量和间接测量;按测量内容可分为电学量测量和非电学量测量;按测量过程可分为静态测量和动态测量;按测量数据类型可分为绝对测量和相对测量等.本章介绍几种基本实验测量方法及操作技能.

## 3.1 基本实验测量方法

### 3.1.1 比较法

比较法是将被测量与同类的标准量具进行比较的测量方法,它有直接和间接两种方式.

**1. 直接比较法**

将被测量直接与同类的标准量具进行比较的测量方法称为直接比较法.被测量一般是基本量,标准量具通常带有刻度.例如,用米尺、游标卡尺、螺旋测微器测量长度,用秒表测量时间,用万用表测量电阻;用角规测量角度等.被测量的大小等于指示值乘以测量仪器的常数或倍率.这种方法简单方便,在测量中广泛使用.

**2. 间接比较法**

当被测量难以直接测量时,利用物理量之间的关系,将被测量与同类的标准量具进行间接比较的测量方法称为间接比较法.例如,用示波器测量频率,在示波器的 X 方向和 Y 方向上分别输入一未知频率的正弦信号和一可调频率的标准正弦信号,通过观察荧光屏上形成的李萨如图形,可间接地求得待测频率.

### 3.1.2 放大法

当被测量过小或过大时,一般的测量工具难以直接进行测量,这时可通过某种途径将被测量放大或缩小,然后再进行测量,这种方法称为放大法.常用的放大法有机械放大法、电子放大法、光学放大法、累积放大法等.

**1. 机械放大法**

机械放大法是利用机械部件之间的几何关系,使标准单位在测量过程中得以"放大",增加测量值的有效数字位数,从而提高测量精度的方法.例如游标卡尺,它是利用游标来提高测量的精度.它的主尺的最小分度值只有 $1\,\mathrm{mm}$,加上一个 50 等份的游标以后,最小分度值立马提高为 $\frac{1}{50}\,\mathrm{mm} = 0.02\,\mathrm{mm}$.像这样使用机械放大法的仪器还有螺旋测微器、指针式电表、读数显微镜、迈克耳孙干涉仪等.

**2. 电子放大法**

对于变化微小的电信号,只有将电信号放大,才可以用普通的仪器进行观察和测量,这种测量方法叫电子放大法.放大电信号的仪器叫电子放大器,它是利用三极管或集成电路来实现电子放大作用的.像示波器内部的线性放大器,它将电信号放大后,我们可在荧光屏上直接进行观测.

**3. 光学放大法**

常用的光学放大法有两种:一种是使被测物通过光学成像系统成放大的像,测量时仍用常规仪器,如显微镜、放大镜、望远镜等.另一种是使用光学装置将待测微小量进行放大,通过测量放大了的量间接地测出微小量.下面以光杠杆为例,介绍此种光学放大法是如何测量微小长度和微小角度变化的.

光杠杆装置如图 3-1-1(a) 所示,它由一个小平面镜和三足架组成,平面镜装在三足架上,且与两前足共面.测量时,两前足位置保持不动,动足(后足)放在待测物上.待测物的位置若上升或下降微小距离 $\Delta L$,动足也随被测物一起上升或下降微小距离 $\Delta L$,平面镜的法线则转过 $\theta$ 角($\theta$ 很小),此时用望远镜观察平面镜中标尺的像,设像移动的距离为 $\Delta x$,如图 3-1-1(b) 所示.又设光杠杆动足到两前足连线的距离(称为光杠杆常数)为 $b$,平面镜到标尺的距离为 $H$,根据图中几何关系可得

$$\tan\theta \approx \theta = \frac{\Delta L}{b}, \quad \tan 2\theta \approx 2\theta = \frac{\Delta x}{H}.$$

联立上两式,消去 $\theta$,得

$$\Delta L = \frac{b}{2H}\Delta x.$$

光杠杆将测量 $\Delta L$ 转换为测量像移 $\Delta x$,这种转换使 $\Delta L$ 被放大了 $\dfrac{2H}{b}$ 倍.

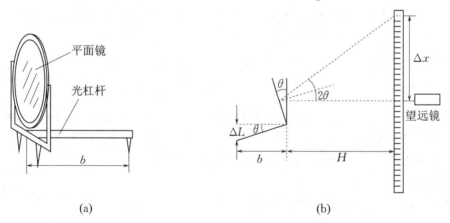

(a)　　　　　　　　　　　　　　　(b)

**图 3-1-1　光杠杆测微原理图**

光杠杆还可以测微小角度.图 3-1-1 中的微小角度 $\theta$ 可表示成 $\theta = \dfrac{\Delta x}{2H}$,根据此式,我们可将对角度 $\theta$ 的测量转换成对 $\Delta x$ 的测量.当 $H \gg b$ 时,$\Delta x$ 的有效数字多,角度测量精度就高.像光点式电表就是用此方法来测量的.此外,实际应用中我们还可采用多次反射法,将角度多次放大,如复射式光斑检流计就是利用这一原理来进行测量的.

**4. 累积放大法**

累积放大法就是把数值变化相等的微小量累积到一定程度,测出累积值,然后再除以累积倍数求得微小量的方法.例如,三线摆实验中,虽然单个摆动周期可以直接测量,但由于人员误差的存在,造成测量误差相对较大.如果我们测出 50 个周期的时间,人员误差没变,但单个周期的平均人员误差减小为原来的 1/50,这就提高了测量准确度.在用迈克耳孙干涉仪测波长的实验中,观测形成的干涉圆

环时,我们是测每"冒出"或"缩入"50 个环对应的读数.

### 3.1.3 补偿法

补偿法是采用特定的测量系统,通过调节已知大小的标准量,去补偿或抵消被测同类量的作用,使系统处于补偿(或平衡)状态,从而测出被测量的方法.例如,用天平称物体的质量,将被测物放在天平的一个托盘里,在另一个托盘里放入砝码,增减砝码、调节游码直至指针指在刻度盘的中间,此时砝码加游码的读数即为被测物的质量.这种方法还可用在电势差计、惠斯通电桥、迈克耳孙干涉仪等实验中.

### 3.1.4 模拟法

模拟法就是用形状与原模型相似且遵从同样的物理规律的模型代替对原模型进行测量的方法.这种模拟通常只能做到某些方面的物理相似,故又称物理模拟.例如,我们可以用一个与飞机形状相似的飞机模型固定在风洞里模拟飞机的实际飞行,对飞机性能进行测试.像这样的物理模拟还有用振动台模拟地震、用电流场模拟水坝渗流等.如果模型与原模型在物理实质上完全不同,但它们却遵从相同的数学规律,也是可以模拟的,这种模拟叫数学模拟.例如,稳恒电流场和静电场中电势的分布都遵循拉普拉斯方程,我们可以用电流场来模拟静电场中电势的分布.

### 3.1.5 干涉法

干涉法是应用相干波产生的干涉现象进行相关物理量测量的方法.用它可以测量长度、角度、波长、折射率以及检测光学元件的质量等.例如,用迈克耳孙干涉仪测量光波的波长和金属丝的弹性模量;用折射干涉仪测折射率;用天体干涉仪测天体;用牛顿环测平凸透镜的曲率半径;利用劈尖干涉测微小厚度及检测光学元件表面的光洁度;利用双棱镜测波长;利用显微干涉仪测机件磨光面的光洁度等都是运用了干涉法.

### 3.1.6 转换法

转换法是利用被测量与其他易测量之间的物理效应,将无法或不方便用仪器直接测量的被测量转换成其他易测量的测量方法.由于被测量与易测量之间有多种不同的物理效应,所以具体的转换法也有多种.所有的转换法一般可划分为参量转换法和能量转换法两大类.

**1. 参量转换法**

参量转换法是利用各参量之间的关系来进行测量的方法.例如,水银温度计是利用水银的体积与温度间的线性关系,将温度测量转换为长度测量.又如,单摆测重力加速度,它是依据单摆的周期公式 $T = 2\pi\sqrt{l/g}$,将对 $g$ 的测量转换为对 $T$ 和 $l$ 的测量.再如,利用三线摆测物体的转动惯量,它是通过物体的转动惯量计算公式 $J_0 = \frac{m_0 gRr}{4\pi^2 H}T_0^2$,将对 $J_0$ 的测量转换为对 $R, r, H$ 和 $T_0$ 等的测量.参量转换法在物理实验中被广泛使用.

**2. 能量转换法**

能量转换法是指将非电学量转换成电学量进行测量的方法,具体有压电转换法、磁电转换法、热电转换法、光电转换法等.能量转换装置称为传感器或探测器,如话筒就是压电式传感器,它能把声波的压力变化转换成相应的电流(或电压)变化;磁电式传感器是利用半导体的霍尔效应进行磁学量与电学量的转换测量;热电偶是将对温度的测量转换成对电动势的测量;热敏电阻温度计是将对温度的测量转换成对电阻的测量;硅光电池、光电倍增管等是利用光电效应将光学量转换成电学量进行测量.

# 3.2 基本实验操作技能

实验时,正确地调整和操作仪器可以减小测量误差,提高测量结果的准确度,所以掌握基本的实验操作技能十分必要.下面介绍的一些实验操作技能有助于我们正确地调整和操作仪器.

## 3.2.1 恢复仪器初始状态

初始状态是指仪器设备在进行正式调整之前的状态.正确的初始状态可以保证仪器设备的安全.例如,霍尔效应测试仪开机和关机之前,要将输入电流调至最小,以免过大的冲击电流对仪器造成损坏.又如,接在电路中的滑动变阻器接入电路的阻值要取最大,使电路中电流最小,滑块的初位置要使其上的分电压最小.再如,设置有调整螺丝的仪器在正式调整前,应先使调整螺丝处于松紧合适且具有足够调整量的状态.

## 3.2.2 调零

虽然仪器的零位在仪器出厂时都已校准好,但由于磨损或环境变化等原因,它们的零位往往会发生变化,因此在实验前必须检查和校准仪器的零位,否则会引起系统误差.例如,检流计每次使用前要调节调零旋钮,使指针对准零刻度线.又如,米尺、游标卡尺、螺旋测微器、秒表等不能进行零位校正的仪器,要在测量前先记下零点修正值,最后的测量结果等于测量值加上零点修正值.

## 3.2.3 调水平或竖直

实验中,有些仪器需要保持水平或竖直,这时我们可借助水准仪和铅锤来完成水平或竖直的调整.例如,天平使用前,将水准仪放在底座上,调节底座上的调节螺丝,直至气泡处在水准仪的正中,此时底座就水平了.

## 3.2.4 避免回程误差

像读数显微镜这类由螺杆和螺母构成的机械传动装置,由于螺母与螺杆之间的间隙,在变换转动方向时,会产生回程误差.为了避免回程误差,使用这类仪器进行测量时,必须单方向转动鼓轮.

## 3.2.5 消除视差

当待测物与测量标尺的刻线没有紧贴时,从不同的方向观察,会发现待测物与标尺的刻线是分离的,这种现象称为视差.视差会带来测量误差,做实验时必须尽量消除视差.例如游标卡尺,为了减小视差,它的游标被做成斜面,让游标的刻线与主尺的刻线尽量贴合.又如精度较高的电表,其表盘上会安装平面镜,当视线、指针、像三者重合时进行读数就可消除视差.再如读数望远镜,使用时要调节目镜的聚焦旋钮,直至看到清晰的玻璃分划板(或十字叉丝),以消除视差.

## 3.2.6 聚焦调节

在使用望远镜、显微镜、测微目镜等光学仪器时,在看到清晰的十字叉丝像后,再旋转调焦手轮,调节物镜到物之间的距离,就可以看到清晰的待测物的像,这个过程称为聚焦调节.

### 3.2.7　共轴等高调节

在由多个光学元件组成的光学系统中,为了获得好的像质,满足近轴光线条件等,必须进行共轴等高调节.调节时先粗调,将各光学元件和光源的中心通过目测调成等高,且使各元件所在平面基本上相互平行,这时各光学元件的光轴已大致重合.再根据自准法或二次成像法等方法进行细调.当用二次成像法细调时,可移动光学元件,使两次成的像的中心与屏上十字中心重合,此时即完成共轴等高调节.

### 3.2.8　电路连接技巧

连接包含多个回路的电路时,先连接包含电源在内的串联回路,顺着电流的流向,从电源的正极出发,将元件一个个首尾相连,然后回到负极,连线时电路中开关要断开,导线尽量不要交叉,电流表、电压表等的极性不能接反.接下来再连接其他的并联支路,一个回路一个回路地连接.在确保电路连接正确的情况下,再打开电源及其他的电表.合上开关后,仪表显示正常就继续实验,有异常时应及时断开开关进行检查,排除故障.

### 3.2.9　逐渐逼近调节技巧

依据一定的判据,逐渐缩小调整范围,从而快速地调至所需状态的方法称为逐渐逼近调节法.例如,用天平称量物体的质量时,砝码的使用规则是先大后小,依次一个个使用,不能随意使用,在调节过程中,天平指针是逐渐靠近零.这种逐渐逼近调节法在平衡电桥、电势差计等仪器的平衡调节以及光路共轴等高调节、分光计调节中也会用到.

以上介绍的仪器调节和操作技巧,需要我们通过一个个具体的实验来训练.我们除了要掌握各种实验技能,提高动手能力外,还要注意培养实事求是的科学态度,认真细致的工作作风,遵守纪律、爱护公物的良好品格,善于思考、勇于探索的钻研精神,在实验实践中,不断地提高自己的各种能力和科学素养.

# 第 2 部分
## 基础实验

# 第4章
# 力 学 实 验

## 4.1　物质密度的测量

密度是物质的基本特性之一,它表示单位体积中所含物质的多少. 物质的密度是表征物质成分或组织特性的重要物理量,其量值与物质的结构、纯度和温度等有关. 密度测量在工业及科研等领域有着广泛的应用,工业上常通过测量物体密度来进行原料成分的分析、液体浓度的测定和材料纯度的鉴定. 测量密度的实验方法有多种类型,如流体静力称衡法、比重瓶法、浮力计测定法等. 本实验是用流体静力称衡法测量物质的密度.

**【实验目的】**

1. 掌握用流体静力称衡法测定不规则固体及液体密度的原理.

2. 测定不规则固体和液体的密度.

3. 掌握物理天平的使用方法.

**【预习思考题】**

1. 在使用天平测量前应该进行哪些调节?

2. 为何要用复秤法称量物体的质量?

**【实验原理】**

根据物质密度的定义,物质密度与其质量 $m$ 以及体积 $V$ 之间的关系为

$$\rho = \frac{m}{V}. \tag{4-1-1}$$

对于形状规则及密度均匀的物体,只要测定其质量 $m$ 和体积 $V$ 就可求得密度 $\rho$,但对于形状不规则的物体,体积不容易测量,常采用流体静力称衡法间接地测出其体积 $V$,即将对物体体积的测量转化为对质量的测量,进而计算出其密度.

本实验测量以下三种情况下物质的密度.

**1. 密度比水大的固体**

对于外形不规则、密度比水大、不吸水且不溶于水的固体,可采用流体静力称衡法,将待测固体分别放在空气和水中进行称衡,得到固体在空气中的重量 $W = mg$,以及固体全部浸入水中后的视重 $W' = m'g$,则固体所受的浮力为

$$F = (m - m')g, \tag{4-1-2}$$

式中 $m$ 和 $m'$ 分别是待测固体在空气中及全浸入水中称衡时相应的天平砝码质量.

设固体的体积为 $V$,水的密度为 $\rho_0$,根据阿基米德原理,固体在水中所受浮力等于它所排开水的重量,即

$$F = \rho_0 V g. \tag{4-1-3}$$

将式(4-1-3)代入(4-1-2)并经整理得到

$$V = \frac{m - m'}{\rho_0}.$$

根据物质密度的定义,可得待测固体的密度为

$$\rho = \frac{m}{m - m'}\rho_0. \tag{4-1-4}$$

由式(4-1-4)可知,用流体静力称衡法测定物体的密度,最终可转化为对质量的测量.因水的密度与温度有关,故还应根据实验时的水温,查出相应的 $\rho_0$ 值.

**2. 密度比水小的固体**

用流体静力称衡法和助沉法相结合的方法可测定密度比水小的不规则固体的密度,如图 4-1-1

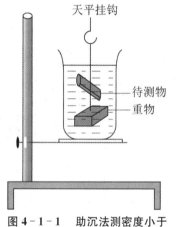

所示.设待测物在空气中的质量为 $m$,体积为 $V$;助沉重物(密度大于水的密度)在空气中的质量为 $m_1$,体积为 $V_1$;助沉重物浸没于水中时的表观质量(此时天平的读数)为 $m_1'$,待测物和助沉重物连在一起后浸没于水中的表观质量为 $m_2$.此时,对水中物体进行受力分析并结合阿基米德原理可得

$$\rho_0 V_1 g = m_1 g - m_1' g, \tag{4-1-5}$$
$$\rho_0 V g + \rho_0 V_1 g = (m + m_1)g - m_2 g, \tag{4-1-6}$$

式中 $\rho_0$ 为水的密度.由以上两式可求得待测物的体积为 $V = (m + m_1' - m_2)/\rho_0$,于是待测物的密度为

$$\rho = \frac{m\rho_0}{m + m_1' - m_2}. \tag{4-1-7}$$

**图 4-1-1** 助沉法测密度小于水的固体的密度

**3. 液体**

设将图 4-1-1 中的水换为待测液体,助沉重物(密度比待测液体大)浸没于待测液体中的表观质量为 $m_3$,则

$$\rho_液 V_1 g = m_1 g - m_3 g, \tag{4-1-8}$$

式中 $\rho_液$ 为待测液体的密度.由式(4-1-5)和(4-1-8)可得待测液体的密度为

$$\rho_液 = \frac{(m_1 - m_3)\rho_0}{m_1 - m_1'}. \tag{4-1-9}$$

**注**:只有当物体浸入液体后性质不会发生变化时,才能用流体静力称衡法测定其密度.

**【实验仪器】**

物理天平、玻璃烧杯、形状不规则的蜡块和铜块、乙醇、Ⅱ形支架.

**1. 物理构造**

天平根据结构特征可分为杠杆式天平和电子式天平,根据精度级别又可分为物理天平和分析天平.本实验使用的物理天平是物理实验中称量质量的基本仪器,它是根据杠杆原理制成的,其构造如图 4-1-2 所示,其横梁为一等臂杠杆,上有三个刀口,中间刀口置于支柱上,两侧刀口分别悬挂质量相等的秤盘.横梁下面固定了一根指针,横梁摆动时,指针尖端就在支柱下方的标尺前摆动,当横梁水平时,指针应在标尺的中央刻线上.横梁两端的平衡螺母是天平空载时调平衡用的.支柱底部有一制动旋钮,旋钮右旋横梁升起,天平启动;旋钮左旋横梁下降,支柱上的制动支架会将横梁托住以避免刀口磨损,此时天平处于制动状态.

天平的重要技术参数如下:

(1) 最大称量:天平允许称衡的最大质量.

(2) 分度值(也称为天平感量):空载时天平的指针从平衡位置偏转一格,在一秤盘中所需加的最小质量.

**2. 物理天平的调节和使用**

(1) 调水平.调节天平底座的底脚螺丝,使水准仪的气泡居中.

(2) 调零点.将游码移到左端零刻度处,两秤盘悬挂到刀口上,右旋制动旋钮启动天平,观察天平是否平衡.当指针指在标尺的中线位置,即可认为零点已调好,否则左旋制动旋钮使之处于制动位置,调节平衡螺母,直到调好零点.

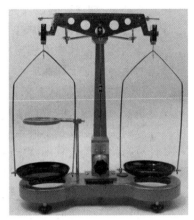

图 4 - 1 - 2  物理天平

(3) 称衡.先让横梁处于制动位置,将待测物放在左盘,砝码放入右盘,右旋制动旋钮试探天平是否大致平衡,若不平衡则旋回制动处,调右盘砝码直到天平大致平衡,最后微调游码将天平调节平衡.此时,待测物的质量就是右盘砝码和游码的读数之和.

**3. 使用注意事项**

(1) 天平的荷载量不得超过天平的最大称量,取放物体和砝码、移动游码或调节天平时,必须在天平制动后进行.

(2) 取放砝码时必须用镊子,砝码使用完应立即放回盒内.

(3) 加砝码应按从大到小的次序.

(4) 测量完毕天平应处于制动状态,两端秤盘挂钩应摘离刀口.

(5) 天平各部分和砝码均需防潮、防锈、防蚀,高温物体、液体、腐蚀性化品严禁直接放在秤盘上.

**【实验内容与步骤】**

1. 对天平进行调平.在了解天平的基本结构的基础上,对天平进行调平,调平分两步.

(1) 调底座水平:通过调底座下的底脚螺丝,把水准仪中的气泡调到水准仪正中.

(2) 调横梁水平:将左右秤盘挂钩(连同吊篮、秤盘)挂到横梁两端刀口上,游码移到最左端;然后再稍稍右旋制动旋钮,升起横梁观察横梁是否水平.若指针正指标尺中线或在中线两侧做微小的等幅振动,则说明横梁水平.若不水平,则左旋制动旋钮,使横梁制动,然后调节横梁两端的平衡螺母,再支起横梁判断,放下横梁后调节,如此反复,直至调平.

2. 用复秤法称量形状不规则固体在空气中的质量以及它们在液体中的表观质量.

(1) 称量铜块在空气中的质量.

(2) 称量蜡块在空气中的质量.

(3) 称量铜块在乙醇中的表观质量.称量时用细线拴住铜块,挂到天平的挂钩上,并悬吊于烧杯的乙醇中,烧杯放在如图 4 - 1 - 1 所示的托架上,称出此时铜块完全浸没在乙醇中的表观质量.

(4) 称量铜块在水中的表观质量.同上一步骤,只是把烧杯中的乙醇换成水.

(5) 称量铜块和蜡块一起浸没在水中的表观质量.称量时用细线将蜡块和铜块串系起来,蜡块在上,铜块在下.系好后挂在天平的挂钩上,称量两者均没入水中时的表观质量(称量时注意铜块应处于悬吊状态,不能接触烧杯壁和底).

**【注意事项】**

1. 实验过程中要注意随时检查和调整天平的零点.

2. 横梁起落动作要轻缓,这样既可以使横梁起落平稳,又可避免损坏天平.

3. 用镊子夹取砝码(防止砝码生锈).

4. 天平调零、加减砝码以及完成测量后都应左旋制动旋钮使横梁中间的刀口脱离接触以保护天平,即把天平横梁放在两端的支架上.

5. 称衡固体在液体中的表观质量时,不可将液体溅到天平的秤盘或底座上.

6. 乙醇用完后应倒回瓶中,不得倒掉.

【数据表格及数据处理要求】

1. 自拟表格记录实验数据.

2. 计算铜块密度及其不确定度.

3. 计算蜡块密度及其不确定度.

4. 计算乙醇密度及其不确定度.

5. 给出测量结果,并对结果进行分析.

6. 分析实验中可能的误差来源.

【实验后思考题】

1. 为何要用流体静力称衡法测物体密度?

2. 测量形状不规则固体的密度时,若被测物体浸入水中时,表面吸有气泡,则实验所得的密度是偏大还是偏小,为什么?

# 4.2　三线摆测转动惯量

刚体转动惯量是理论力学中一个基本物理量,它是刚体转动惯性的量度,其量值取决于物体的形状、质量、质量分布及转轴的位置.刚体的转动惯量有着重要的物理意义,在科学实验、工程技术、航天、电力、机械、仪表等工业领域也是一个重要参量. 例如,电磁系仪表的指示系统,因线圈的转动惯量不同,可分别用于测量微小电流或电量. 又如,在发动机叶片、飞轮、陀螺以及人造卫星的外形设计上,精确地测定转动惯量,都是十分必要的. 对于几何形状简单、质量分布均匀的刚体,可以直接用公式计算出它相对于某一确定转轴的转动惯量. 对于不规则刚体的转动惯量,通常是采用实验的方法直接进行测量. 测量刚体转动惯量的方法很多,通常所用的有三线摆法、扭摆法、复摆法等.

本实验采用三线摆法测刚体的转动惯量,其优点是仪器简单、操作方便、精度较高. 由于实验中测出的刚体对中心轴的转动惯量需与理论值进行比较,为了便于计算所测刚体转动惯量的理论值,实验中的被测刚体均采用形状规则的刚体:圆盘和圆环.

【实验目的】

1. 掌握三线摆法测刚体转动惯量的原理和方法.

2. 掌握秒表、游标卡尺等测量工具的使用方法,掌握测周期的方法.

3. 加深对转动惯量概念的理解.

【预习思考题】

1. 式(4-2-1)是依据什么物理原理导出的? 有什么条件? 实验中如何保证这些条件得到满足?

2. 为什么要用累积放大法测三线摆的摆动周期?

【实验原理】

物体惯性大小的量度用质量表示,质量可以用天平直接称量. 而量度刚体转动惯性的转动惯量不能直接测量,必须进行参量转换,即设计一种装置,使待测物体以一定的形式运动,且其运动规律必须满足两点要求:

(1) 与转动惯量有联系;

(2) 运动关系式中的其他各物理量均可直接或以一定方法测定,式中只含一个未知量,即转动惯量.

对于不同形状的刚体,可设计不同的测量方法,使用不同的仪器,如三线摆、扭摆、复摆以及利用各种特制的转动惯量测定仪都可以很方便地测定刚体的转动惯量.

三线摆是用三条等长的摆线(对称分布、无弹性不易拉伸、质量可忽略)将上、下两个匀质圆盘连接而成.上、下圆盘的系线点构成等边三角形,上盘固定,下盘处于悬挂状态,并可绕其中心竖直轴 $OO'$ 扭转摆动,称为摆盘.由于三线摆的摆动周期与摆盘的转动惯量相关,因此把待测样品放在摆盘上后,三线摆系统的摆动周期就要随之改变.这样,根据摆动周期以及有关的参量,就能求出摆盘系统的转动惯量.

三线摆实验原理如图 $4-2-1$ 所示,下圆盘由三根悬线悬挂于上圆盘之下,两圆盘圆心位于同一竖直轴上.轻扭上圆盘,在悬线扭力的作用下,下圆盘可绕其中心竖直轴 $OO'$ 做小幅扭摆运动,即圆盘在一确定的平衡位置左右做往复扭动.当下圆盘的摆角 $\theta$ 很小,并且忽略空气摩擦阻力影响时,根据能量守恒定律或者刚体转动定律都可以推导出下圆盘绕中心轴 $OO'$ 的转动惯量.

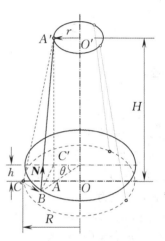

**图 $4-2-1$  三线摆实验原理图**

设下圆盘的质量为 $m_0$,上、下圆盘的间距为 $H$,上、下圆盘的受力半径(圆盘中心到悬线孔的距离)分别为 $r$ 与 $R$,下圆盘的摆角为 $\theta$($\theta$ 很小).由于 $\theta$ 很小,所以下圆盘在扭摆中升起的高度 $h$ 很小,可以认为在此过程中上、下圆盘的间距 $H$ 几乎不变.在此情况下,根据图 $4-2-1$ 中的三角关系可以导出悬线拉力 $N$ 对下圆盘的扭力矩大小为

$$M = \frac{m_0 g R r \sin\theta}{H}.$$

又因为 $\theta$ 很小时,$\sin\theta \approx \theta$,所以

$$M = \frac{m_0 g R r \theta}{H}.$$

设下圆盘的转动惯量为 $J_0$,根据刚体转动定律可得

$$M = \frac{m_0 g R r \theta}{H} = -J_0 \frac{\mathrm{d}^2\theta}{\mathrm{d}t^2}.$$

由此可知下圆盘的摆动为简谐振动,解此微分方程得下圆盘摆动的周期为

$$T_0 = 2\pi \sqrt{\frac{H J_0}{m_0 g R r}}.$$

于是可得

$$J_0 = \frac{m_0 g R r T_0^2}{4\pi^2 H}, \tag{4-2-1}$$

式 $(4-2-1)$ 即为下圆盘对中心竖直轴的转动惯量的实验公式.

在下圆盘上同心叠放上质量为 $m$ 的圆环后,测出盘环系统的扭摆周期 $T$,则盘环系统的转动惯量为

$$J_{总} = J_0 + J = \frac{(m_0 + m) g R r T^2}{4\pi^2 H}.$$

由此可得计算圆环转动惯量的实验公式为

$$J = J_{总} - J_0 = \frac{g R r}{4\pi^2 H} \left[ (m_0 + m) T^2 - m_0 T_0^2 \right]. \tag{4-2-2}$$

下圆盘和圆环转动惯量的理论计算公式分别为

$$J_0' = \frac{1}{2}m_0 R_0^2, \quad J' = \frac{1}{2}m(R_1^2 + R_2^2),$$

式中 $R_0, R_1, R_2$ 分别为下圆盘半径及圆环的内外半径.

用三线摆也可以验证转动惯量的平行轴定理.物体的转动惯量取决于物体的形状、质量分布以及相对于转轴的位置.因此,物体的转动惯量随转轴不同而改变,转轴可以通过物体内部,也可以在物体外部.根据平行轴定理,物体对于任意轴的转动惯量 $J$,等于物体对通过其质心并与此轴平行的轴的转动惯量 $J_c$ 加上物体质量 $m$ 与两轴间距 $d$ 的平方的乘积,即

$$J = J_c + md^2. \qquad (4-2-3)$$

**图 4-2-2 两孔对称分布**

通过改变 $d$,测量 $J$ 与 $d^2$ 的关系即可验证转动惯量的平行轴定理.

实验时,将两个同样的圆柱体放置在对称分布于半径为 $R_1$ 的圆周上的两个孔中,如图 4-2-2 所示.测出两个圆柱体对中心轴 $OO'$ 的转动惯量 $J_x$,如果测得的 $J_x$ 与由式(4-2-3)右边计算得到的结果的相对误差在测量误差允许的范围内($\leqslant 5\%$),则平行轴定理得到验证.

**【实验仪器】**

三线摆、秒表、游标卡尺、钢直尺、水准仪、待测圆环.

游标卡尺是一种测量精度较高、使用方便、应用广泛的量具,可直接测量工件的外径、内径、宽度、长度、深度等.游标卡尺是用机械放大原理制成的测长仪器,它将主尺上的 1 mm 放大为游标上的 $n$ 格.$n$ 一般为 10,20,50,对应的游标分别称为 10 分度、20 分度、50 分度游标,其读数精度分别是 0.1 mm,0.05 mm 和 0.02 mm.下面以 0.02 mm 精度游标卡尺为例,说明其刻线原理、读数方法、使用方法及使用注意事项.

**1. 游标卡尺的构造和刻线原理**

1)构造.

米尺是测量长度最简单的仪器,为了提高其精度,在它上面附加一段能够滑动的副尺,便构成了游标卡尺.滑动的副尺叫作游标,它常被装配在各种测量仪器上,有测量长度的长度游标,也有测量角度的角度游标.

游标卡尺的构成如图 4-2-3 所示,其主要由主、副尺两部分构成.主尺实质上是一个毫米刻度尺,副尺可以沿导轨紧贴主尺滑动,物体的外径和高度用外量爪测量,内径用内量爪测量,与游标相连的深度尺可用于测量深度.紧固螺钉可将游标固定于主尺的任何位置,测量时要松开紧固螺钉,读数时则旋紧它,以免游标滑动影响测量结果.

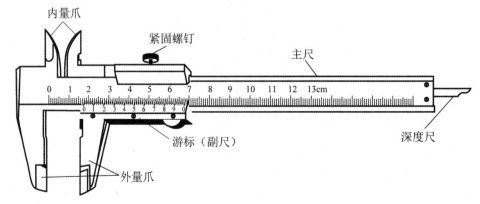

**图 4-2-3 50 分度的游标卡尺**

2)刻线原理.

主尺的刻度间距为 1 mm,当游标卡尺的两外量爪并拢时,主尺上 49 mm 刻度线刚好和副尺上最右边的刻线对齐,即副尺上 50 个刻度的长度正好为 49 mm,因此副尺每格长度为 $\frac{49}{50}$ mm $= 0.98$ mm,主、副尺每格之差为 $\Delta l = 1$ mm $- 0.98$ mm $= 0.02$ mm. 从下面游标卡尺的读数方法中我们将看到,这个主、副尺上刻线间的长度差 $\Delta l$ 即为游标卡尺的测量精度.

**2. 游标卡尺的读数方法**

以 50 分度游标卡尺为例,其读数方法可分三步:

(1) 根据副尺零线左边最近的主尺刻度读出整毫米数;

(2) 根据副尺零线右边与主尺上的刻度对得最齐的刻线数乘上 0.02 读出不足整毫米的部分;

(3) 将上面两部分长度加起来,即为总尺寸.

如图 4-2-4 所示,副尺零线左边最近的主尺刻度为 64 mm,副尺零线右边第 9 条线与主尺的一条刻线对得最齐,所以被测工件的尺寸为 64 mm $+ 0.02$ mm $\times 9 = 64.18$ mm.

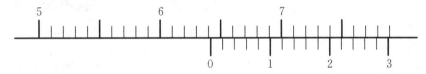

图 4-2-4 50 分度游标卡尺的读数

**3. 游标卡尺的使用方法**

将量爪并拢,查看游标和主尺的零刻度线是否对齐. 如果对齐就可以进行测量,如没有对齐则要记取零点修正值. 游标的零刻度线在主尺零刻度线右侧的叫正零点修正值,在主尺零刻度线左侧的叫负零点修正值(这种规定方法与数轴的规定一致,原点以右为正,原点以左为负).

测量时,右手拿住尺身,大拇指移动游标,左手拿待测外径的物体,使待测物体位于两外量爪之间,当待测物体与量爪紧紧相贴时,即可读数,如图 4-2-5 所示.

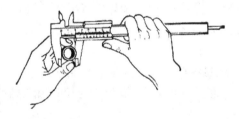

图 4-2-5 游标卡尺的使用方法

**4. 使用注意事项**

游标卡尺是比较精密的量具,使用时应注意如下事项:

(1) 使用前,应先擦干净两量爪测量面,然后合拢两量爪,接着检查副尺零线与主尺零线是否对齐,若未对齐,应记下零点修正值.

(2) 测量工件时,量爪测量面必须与工件的表面平行或垂直,不得歪斜,且用力不能过大,以免量爪变形或磨损,影响测量精度.

(3) 读数时,视线要垂直于尺面,否则测量值不准确.

(4) 测量内径尺寸时,应轻轻转动,以便找出最大值.

(5) 游标卡尺用完后,应仔细擦净,抹上防护油,平放在盒内,以防生锈或弯曲.

常用的游标卡尺还有 10 分度和 20 分度的游标,其使用方法与 50 分度的类似,表 4-2-1 列出了三种游标卡尺的精度.

表 4-2-1 三种游标卡尺的精度

| 仪器名称 | 副尺格数($n$) | 主尺每分格长度($a$) | 精度$\left(\delta = \dfrac{a}{n}\right)$ |
|---|---|---|---|
| 10 分度游标卡尺 | 10 格 | 1 mm | 0.1 mm |
| 20 分度游标卡尺 | 20 格 | 1 mm | 0.05 mm |
| 50 分度游标卡尺 | 50 格 | 1 mm | 0.02 mm |

注:表中 $\delta = \dfrac{a}{n}$ 为该游标卡尺的精度,由此式可见,要想提高游标卡尺的精度,一是增大 $n$,二是减小 $a$,三是 $n$ 与 $a$ 同时改变.

**【实验内容与步骤】**

1.将三线摆上、下圆盘调整至水平.先调整上圆盘:调整底座上的三个旋钮,直至上圆盘水准仪中的水泡位于正中间.接着调整下圆盘:调整上圆盘上的三个螺母,改变三条摆线的长度,直至下圆盘水准仪中的水泡位于正中间.

2.待三线摆静止后,用手轻轻扭转上圆盘,使下圆盘绕仪器中心轴做小角度扭转摆动(不应伴有晃动).实验时,可通过转动上圆盘带动下圆盘转动,这样可以避免三线摆在做扭摆运动时发生晃动.实验时下圆盘的摆角 $\theta$ 务必控制在 5° 之内.

3.待下圆盘扭摆稳定后,用秒表测出三线摆连续摆动 50 个周期所需的时间,重复 5 次,然后算出三线摆摆动周期 $T_0$ 的平均值.周期的测量使用累积放大法,即用计时工具测量累积多个周期的时间,然后求出其运动周期.秒表手动计时,应以下圆盘过平衡位置作为计时的起点,并默读 5,4,3,2,1,0,当数到 "0" 时启动秒表,这样既有一个计数的准备过程,又不至于少数一个周期.

4.将待测圆环放在下圆盘上,使它们的中心轴重合,重复上面的步骤 2 和 3,测出此时三线摆的摆动周期 $T$ 的平均值.

5.用钢直尺在不同位置测量上、下圆盘之间的垂直距离 5 次.用游标卡尺在不同位置分别测量上、下圆盘悬线孔间距各 5 次,计算它们的平均值,并由此算出受力半径 $r$ 与 $R$ 的平均值.

6.用游标卡尺沿不同方向测量下圆盘直径、圆环内外径各 5 次并算出它们的平均值.

7.记录下圆盘、圆环的质量 $m_0$,$m$ 及本地的重力加速度 $g$.

**【注意事项】**

1.调下圆盘水平时,松开固定悬线的螺母后要注意控制住调节悬线长度的螺母,防止悬线滑落.

2.圆盘(或盘环)要在静止状态下开始启动,以免在摆动时出现晃动,此外圆盘摆动的角度 $\theta$ 须小于 5°.

3.用游标卡尺测量时,要防止卡尺刀口割坏悬线.

4.注意游标卡尺的零点修正、秒表与钢直尺的最小分度值及估读位.

**【数据表格及数据处理要求】**

1.自拟表格记录实验数据.

2.计算本实验所用三线摆下圆盘、圆环转动惯量的实验值.

3.计算本实验所用三线摆下圆盘、圆环转动惯量的理论值.

4.计算转动惯量实验值与理论值的相对误差,并对结果进行分析.

**【实验后思考题】**

1.三线摆的振幅受空气阻尼的影响会逐渐变小,它的周期也会随时间变化吗?

2.实验中误差来源有哪些?如何克服?

# 4.3 落球法测量液体黏滞系数

在稳定流动的液体中,由于液体各层之间的流速不同,在相邻两层流体之间存在因相对运动而产生的切向力,流速快的一层给流速慢的一层以拉力,流速慢的一层给流速快的一层以阻力,液层间的这一作用力称为内摩擦力或黏滞力,流体这一性质称为黏滞性. 各种流体(液体、气体)都具有不同程度的黏滞性. 当物体在液体中运动时,会受到附着在物体表面并随物体一起运动的液层与邻层液体间的摩擦阻力,这种阻力就是黏滞力(黏滞力不是物体与液体间的摩擦力). 流体的黏滞程度用黏滞系数表征,它取决于流体的种类、速度梯度,且与温度有关. 对液体来说,黏滞系数随温度的升高而减小.

液体的黏滞性在液体(如石油)管道输送以及医药等方面都有重要的应用. 现代医学发现,许多心脑血管疾病与血液黏度有关,血液黏滞会使流入人体器官和组织的血液量减少、血液流速减缓,使人体处于供血和供氧不足的状态,进而引发多种心脑血管疾病,所以,血液黏度大小是人体血液健康的重要标志之一. 石油在封闭管道中长距离输送时,其输运特性与黏滞性密切相关,在设计管道前必须测量被输石油的黏滞系数.

实验证明,流体液层间黏滞力 $F$ 的大小与两液层间的接触面积 $\Delta S$ 以及该处的速度梯度 $\dfrac{\mathrm{d}v}{\mathrm{d}y}$ 的乘积成正比,即

$$F = \eta \frac{\mathrm{d}v}{\mathrm{d}y} \Delta S.$$

上式就是决定流体黏滞力大小的黏滞定律,式中的比例系数 $\eta$ 称为流体的内摩擦系数或黏滞系数,在润滑油选择、液压传动以及液体性质研究等很多方面,它是一项主要的技术指标.

本实验采用落球法测量液体的黏滞系数.

【实验目的】

1. 观察液体中的内摩擦现象.
2. 掌握用落球法测液体黏滞系数的原理和方法.
3. 掌握基本测量仪器螺旋测微器、数字秒表等的用法.

【预习思考题】

1. 液体黏滞系数大小取决于什么?
2. 实验过程中,测量的关键点是什么?

【实验原理】

测定黏滞系数的方法有多种,如转筒法、毛细管法、落球法等. 转筒法是利用外力矩与内摩擦力矩平衡,建立稳定的速度梯度来测定黏滞系数;毛细管法是通过一定时间内流过毛细管的液体体积来测定黏滞系数,多用于黏滞系数较小的液体(如水、乙醇、四氯化碳等);落球法是通过小球在液体中的匀速下落,利用斯托克斯公式测定黏滞系数,常用于黏滞系数较大的透明液体(如蓖麻油、变压器油、机油、甘油等).

本实验学习用落球法测定液体的黏滞系数. 如果一小球在黏滞液体中竖直下落,由于附着于球面的液层与周围其他液层之间存在着相对运动,因此小球受到黏滞力的作用,它的大小与小球下落的速度有关. 当小球做匀速运动时,测出小球下落的速度,就可以计算出液体的黏滞系数.

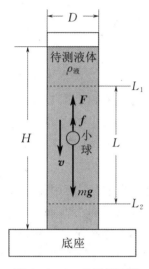

图 4-3-1　实验原理图

如图 4-3-1 所示,当质量为 $m$、体积为 $V$ 的金属小球在密度为 $\rho_液$ 的黏滞液体中下落时,受到三个竖直方向的力的作用:重力 $mg$、浮力 $f = \rho_液 V g$ 和液体的黏滞力 $F$.

根据斯克斯定律,光滑的小球在无限广延的液体中运动时,若液体的黏滞性较大,小球的半径 $r$ 较小,且运动过程中液体不产生漩涡,则小球所受的黏滞力为

$$F = 6\pi\eta v r. \tag{4-3-1}$$

式(4-3-1)称为斯托克斯公式,式中 $\eta$ 称为液体的黏滞系数,单位为 Pa·s(帕秒),它与液体的性质和温度有关.

小球开始下落时,速度 $v$ 很小,所受的黏滞力 $F$ 不大,此时小球加速向下运动.随着小球下落速度的增大,黏滞力逐渐加大,当速度达到一定值时,三个力达到平衡,即

$$mg = \rho_液 V g + 6\pi\eta v r. \tag{4-3-2}$$

此时小球以一定速度匀速下落,该速度称为收尾速度,记为 $v_收$. 由式(4-3-2)可得

$$\eta = \frac{(m - \rho_液 V)g}{6\pi r v_收}. \tag{4-3-3}$$

由式(4-3-3)可知,要测 $\eta$,关键要测准收尾速度 $v_收$. 令小球直径 $d = 2r$,密度为 $\rho$,而 $V = \frac{4}{3}\pi r^3$,$v_收 = \dfrac{L}{t}$,代入式(4-3-3)得

$$\eta = \frac{(\rho - \rho_液)d^2 g t}{18L}, \tag{4-3-4}$$

式中 $L$ 为 $t$ 时间内小球匀速下落的距离.

斯托克斯定律要求小球在无限广延的液体中下落,但实际容器的直径和深度总是有限的,所以还要考虑容器壁对测量结果的影响.如果小球沿着内径为 $D$、液体深度为 $H$ 的圆柱形容器的中轴线下落,那么考虑容器壁的影响后,落球法求液体黏滞系数的计算公式应修正为

$$\eta = \frac{(\rho - \rho_液)d^2 g t}{18L} \cdot \frac{1}{1 + 2.4\dfrac{d}{D}} \cdot \frac{1}{1 + \dfrac{3.3d}{2H}}. \tag{4-3-5}$$

由修正因子可见,对于同一圆柱形容器,小球的直径越小,修正因子越接近于 1,所以实验要求:

(1) 小球直径较小;

(2) 实验中必须尽量做到使小球沿容器的中央轴线下落,以减少和消除管壁效应不均匀性对结果的影响.

【实验仪器】

落球法黏滞系数测定仪(见图 4-3-2)(含激光光电计时仪)、待测液体、小钢球、螺旋测微器、直尺、游标卡尺等.

如图 4-3-2 所示,测试架由底座、两侧的立柱及上部的横梁构成.盛液圆柱形容器放在底座的中间,两侧的立柱中一根装有激光发射器,与其对应的另一根则装有激光接收器.一对激光发射器和激光接收器构成一个激光光电门,并通过电缆连接到激光光电计时仪上.激光光电计时仪是一种采用单片

图 4-3-2　落球法黏滞系数测定仪

微处理器控制的智能化仪器,具有计时准确度高、重复性好的优点.它是通过小球下落时,因遮挡激光束而使激光接收器的输出信号产生 1 到 0 的跳变,利用输出信号的这个下降边沿触发"开始计时"和"结束计时"动作.

下面介绍螺旋测微器的结构与原理、读数方法及注意事项.

**1. 结构与原理**

螺旋测微器是比游标卡尺更精确的长度测量仪器.常用的一种螺旋测微器如图 4-3-3 所示.它的量程是 25 mm,精度为 0.01 mm,并可估读到 0.001 mm,故又称千分尺.

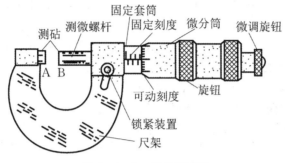

图 4-3-3 螺旋测微器

螺旋测微器的主要部分是测微螺杆,它由一根精密螺杆和带毫米刻度的固定套筒组成.固定套筒外有一微分筒,微分筒上沿圆周刻有 50 个等分格,当微分筒旋转一周,即 50 分格时,测微螺杆正好沿轴线方向移动一个螺距 0.5 mm.所以,微分筒每转动一分格,测微螺杆沿轴向移动 $\frac{0.5}{50}$ mm $=$ 0.01 mm.

**2. 读数方法**

测量物体尺寸时,应先转动微分筒上的旋钮使测微螺杆退开,然后将待测物体放在测砧面 A,B 之间,接着轻轻转动后端的微调旋钮,推动测微螺杆,使待测物体刚好被夹住(此时微调旋钮发出"嗒、嗒、嗒"的声音).读数时,应该先根据微分筒边沿从固定刻度上读出整半毫米数,再以固定套筒刻度上的水平线对着微分筒,读出微分筒上的分格数(每格 0.01 mm),并估读到最小分格的十分之一,即 0.001 mm 位.如图 4-3-4(a),(b) 所示,其读数分别为 7.983 mm 和 8.132 mm.

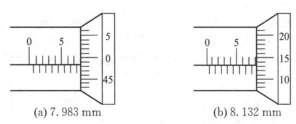

(a) 7.983 mm        (b) 8.132 mm

图 4-3-4 螺旋测微器的读数

需要提醒的是,固定套筒上的固定刻度线即主尺的刻度刻在水平线的上下两边,上刻度线是整毫米数,下刻度线在两条上刻度线的中间,表示 0.5 mm.读数时由主尺读出整半毫米数,0.5 mm 以下的部分由微分筒上的副尺(可动刻度)读出.读数时要特别注意主尺半毫米刻线是否露出微分筒边缘,如图 4-3-4(a),(b) 读数的差别.

**3. 注意事项**

(1) 测量时手握螺旋测微器的尺架部分,被测工件也尽量少用手接触,以免因受热膨胀而影响测量精度.

（2）测量前应检查零点读数. 当测砧面 A, B 刚好接触时, 看微分筒上的零线是否对准固定套筒上的水平线, 如果没对准, 就要记下零点读数 $x_0$, 当微分筒上的零线在固定套筒的水平线之上时, $x_0$ 为负值, 否则为正值, 测量结束时用读数减去 $x_0$ 即为待测物体的长度. 需要强调的是, 如果测砧面 A, B 刚好接触时零点读数不为零, 不得强行转动微分筒到零, 否则将损坏仪器.

（3）测量时夹紧待测物体须用微调旋钮. 测量者转动螺杆时对被测物体施加压力的大小, 会直接影响测量结果的准确性. 当测微螺杆端面将要贴近被测物体时, 应旋转微调旋钮, 直至测砧接触上被测物体时, 微调旋钮自动打滑, 发出 "嗒、嗒、嗒" 声, 此时应立即停止旋转微调旋钮, 并开始读数.

（4）用毕还原仪器时, 测砧面 A, B 间应留出空隙, 以免受热膨胀时发生挤压导致螺杆变形.

**【实验内容与步骤】**

1. 用螺旋测微器测量小球的直径, 共测 5 个球, 每个球从不同的直径方向测量 3 次后取平均值.

2. 调整落球法黏滞系数测定仪.

（1）调整底座水平. 在底盘中间部位放上水准仪, 调节底座的三个螺钉, 使水准仪气泡居中.

（2）在测试架的铝质横梁中心部位放置重锤部件并放线, 使重锤尖端靠近底座, 并留一小间隙. 调节底座旋钮, 使重锤对准底座中心圆点. 接通测试架上的两个激光发射器的电源, 可看见它们发出红光, 调节激光发射器的位置, 使红色激光束平行地对准垂线.

（3）收回重锤部件, 将盛有待测液体的圆柱形容器放置到测试架底座中央, 并在实验中保持位置不变. 调节激光接收器的位置, 让激光束对准激光接收器中央的小孔, 用厚纸挡光, 试验激光光电门挡光效果, 观察是否能按时启动和结束计时器. 激光发射器和激光接收器前部各有一小孔, 务必不要堵塞.

（4）在测试架上放上导球管, 将小球放入导球管并让其自由下落, 下落过程中, 观察其是否能阻挡激光束并触发计时器, 若不能, 则适当调整激光器位置, 重复上一步骤直至能触发计时器.

3. 用精度较高的温度计测量待测液体温度, 在全部小球下落完后再测一次待测液体温度, 取其平均值. 由于液体黏滞系数与温度密切相关, 所以温度必须测准, 否则测量结果与公认值会有一定差别.

4. 启动激光计时器, 依次将 5 个小球放入导球管, 当小球落下, 阻挡上面的红色激光束时（此时小球已进入匀速运动状态）, 激光计时器开始计时, 到小球落到阻挡下面的红色激光束时, 停止计时, 读出下落时间. 此时间即为小球下降 $L$ 所花费的时间. 注意前后两次测量应间隔一定时间, 以确保小球进入待测液体时, 液体处于静止状态. 为使测量过程中液体的温度保持不变, 实验持续的时间应尽可能短.

5. 用直尺测量上下两激光束之间的距离 $L$（实验中距离 $L$ 大约为 20.00 cm）.

6. 用游标卡尺测量圆柱形容器的直径, 用直尺测量圆柱形容器中液体的深度.

7. 实验完毕, 用磁铁将小球吸出, 擦干净放回配件盒, 按要求整理好仪器.

**【注意事项】**

1. 读温度时不要将温度计提出容器外.

2. 螺旋测微器必须正确使用, 防止将钢球压变形, 从而引起误差.

3. 激光束不能直射人的眼睛, 以免损伤眼睛.

4. 待测液体内应无气泡, 小球表面应干净光滑.

5. 实验中不要碰圆柱形容器, 否则要重新调整.

**【数据表格及数据处理要求】**

1. 自拟表格记录实验数据.

2. 计算待测液体黏滞系数.

3. 计算待测液体黏滞系数的不确定度.

4. 给出测量结果, 并对结果进行分析.

**【实验后思考题】**

1.在待测液体中,当小球的半径减小时,它的收尾速度如何变化?当小球的密度增大时,又将如何变化?选择不同密度和不同半径的小球做实验时,对结果的影响如何?

2.造成误差的主要因素是什么?如何改进?

# 4.4　物体惯性质量的测量

惯性质量和引力质量是由两个不同的物理定律 —— 牛顿第二定律和万有引力定律引入的两个物理概念,前者是物体惯性大小的量度,后者则是物体引力大小的量度.现已精确证明,任一物体的引力质量和它的惯性质量成正比,两种质量若以同一物体作为单位质量,则任何物体的两种质量是相同的,可以用同一物理量"质量"来表示惯性质量和引力质量.因此,原则上讲,可以有两种测定质量的方法:一是通过待测物体和选作质量标准的物体达到力矩平衡的杠杆原理求得,用天平称量质量就是根据该原理;另一种是由测定待测物体和标准物体在相同的外力作用下的加速度而求得,惯性秤测定质量就是根据后者.但惯性秤不是直接比较物体的加速度,而是用振动法比较反映物体加速度的振动周期,来确定物体的质量.该方法对处于失重状态下物体质量的测定有独特的优势.

本实验的主要内容是用惯性秤测定待测金属圆柱体的惯性质量,并且研究重力对惯性秤的影响.

**【实验目的】**

1.掌握用惯性秤测定物体惯性质量的原理和方法.

2.理解定标的意义,掌握定标的方法.

3.研究物体的惯性质量与引力质量之间的关系.

**【预习思考题】**

1.何为惯性质量?何为引力质量?两者关系如何?

2.用惯性秤称量质量,与用天平称量质量相比,有什么优点?

**【实验原理】**

惯性秤是用振动法来测定物体惯性质量的装置.

当惯性秤沿水平方向固定后,将秤台沿水平方向推开 $1 \sim 2$ cm,手松开后,秤台及其上面的负载将左右振动.它们虽同时受重力及秤臂的弹性恢复力的作用,但重力垂直于运动方向,对物体运动的加速度无贡献,而决定物体加速度的只有秤臂的弹性恢复力.实验证明,在秤台上负载不大且秤台的位移较小的情况下,可以近似认为弹性恢复力和秤台的位移成正比,即秤台是在水平方向做简谐振动.设弹性恢复力 $F = -kx$($k$ 为秤臂的弹性系数,$x$ 为秤台质心偏离平衡位置的距离).根据牛顿第二定律,可得

$$(m_0 + m)\frac{\mathrm{d}^2 x}{\mathrm{d}t^2} = -kx, \qquad (4-4-1)$$

式中 $m_0$ 为秤台的惯性质量,$m$ 为待测物体的惯性质量.用 $(m_0 + m)$ 除上式两边,得

$$\frac{\mathrm{d}^2 x}{\mathrm{d}t^2} = -\frac{k}{m_0 + m}x. \qquad (4-4-2)$$

此微分方程的解为 $x = A\cos\omega t$(设初相位为零),式中 $A$ 为振幅,$\omega$ 为角频率,将其代入式(4-4-2),可得

$$\omega^2 = \frac{k}{m_0 + m}.$$

又因 $\omega = \dfrac{2\pi}{T}$,故可得此时秤台的振动周期为

$$T = 2\pi\sqrt{\frac{m_0 + m}{k}}. \tag{4-4-3}$$

设惯性秤空载周期为 $T_0$,加负载 $m_1$ 后周期为 $T_1$,加负载 $m_2$ 后周期为 $T_2$,则由式(4-4-3)可得

$$T_0^2 = \frac{4\pi^2}{k}m_0, \quad T_1^2 = \frac{4\pi^2}{k}(m_0 + m_1), \quad T_2^2 = \frac{4\pi^2}{k}(m_0 + m_2).$$

从上式中消去 $m_0$ 和 $k$,得

$$\frac{T_1^2 - T_0^2}{T_2^2 - T_0^2} = \frac{m_1}{m_2}.$$

上式表明,当 $m_1$ 已知时,在测得 $T_0$,$T_1$ 和 $T_2$ 之后,便可求出 $m_2$. 实际上我们不必用上式去计算,在已知惯性秤 $T^2$-$m$ 曲线的情况下,我们可以用图解法直接从 $T^2$-$m$ 图线上利用相应的 $T^2$ 值求出未知的惯性质量.

将式(4-4-3)两边平方,改写成

$$T^2 = \frac{4\pi^2}{k}m_0 + \frac{4\pi^2}{k}m,$$

即

$$m = -m_0 + \frac{k}{4\pi^2}T^2. \tag{4-4-4}$$

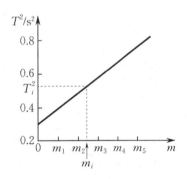

图 4-4-1　惯性秤的定标线

式(4-4-4)表明,惯性秤水平振动周期 $T$ 的平方和秤台上的负载质量 $m$ 呈线性关系. 当测出一组 $m$ 所对应的周期值时,便可根据式(4-4-4)作直线图,这就是该惯性秤的定标线,如图 4-4-1 所示. 如需测量某物体的质量,可将其置于惯性秤的秤台上,测出相应的周期,即可从定标线上查出被测物体的惯性质量. 用最小二乘法处理上述测量数据,可得到截距 $A$ 和斜率 $B$ 的值. 惯性秤的仪器常数,即空载的等效质量 $m_0$ 和秤臂的弹性系数 $k$ 可分别由截距和斜率求得.

$T^2$ 与 $m$ 保持线性关系所对应的质量变化区域称为惯性秤的线性测量范围. 当惯性秤上所加质量太大时,秤臂将发生弯曲,$k$ 值也将发生明显变化,$T^2$ 与 $m$ 的线性关系自然受到破坏,所以 $T^2$ 与 $m$ 的线性关系只有在秤臂水平方向的弹性系数保持为常数时才成立.

由式(4-4-3)可以得到 $\dfrac{\mathrm{d}T}{\mathrm{d}m} = \pi / \sqrt{k(m_0 + m)}$,$\dfrac{\mathrm{d}T}{\mathrm{d}m}$ 称为惯性秤的灵敏度,$\dfrac{\mathrm{d}T}{\mathrm{d}m}$ 越大,惯性秤的灵敏度越高,分辨微小质量差 $\Delta m$ 的能力越强. 不难看出,$\dfrac{\mathrm{d}T}{\mathrm{d}m}$ 实际上就是 $T^2$-$m$ 曲线的斜率.

先测出空载($m = 0$)的周期 $T_0$,然后将具有相同惯性质量的片状砝码依次增加,放在秤台上,测出相应的周期 $T_1$,$T_2$,…. 用这些数据作惯性秤 $T^2$-$m$ 曲线. 测某物体的惯性质量时,可将其置于砝码所在位置(砝码已取下)处,测出此时秤台的振动周期 $T_i$,则从图线上查出 $T_i^2$ 对应的质量 $m_i$,就是被测物体的惯性质量. 至于式(4-4-4)中包括的 $m_0$,它是惯性秤空载的惯性质量,是一个常数,在绘制 $T^2$-$m$ 曲线时,可取 $m_0$ 作为横坐标的原点,这样作图或用图时就可以不必考虑 $m_0$ 了.

惯性秤使用时必须严格水平放置,才能得到正确的结果,否则,秤的水平振动将受到重力的影响,这时秤台除受到秤臂的弹性恢复力外,还要受到重力沿秤台平面方向的分力的作用,所得 $T^2$-$m$ 曲线将不单纯是惯性质量与周期的关系.

为研究重力对惯性秤的影响,可以分以下两种情况考虑.

(1) 惯性秤仍水平放置,将圆柱体用长为 $L$ 的线吊在秤台的圆孔内,如图 4-4-2 所示. 此时圆柱体重量由悬线所平衡,不是竖直地作用于秤台上. 如图 4-4-3 所示,若再让秤振动起来,由于被测物在偏离平衡位置后,其重力在秤台平面方向的分力作用于秤台上,会使秤的振动周期有所变化,在位移 $x$ 与悬线长 $L$(由悬点到圆柱体中心的距离)相比较小,而且圆柱体与秤台圆孔间的摩擦阻力可以忽略时,作用于振动系统上的恢复力为 $kx + mgx/L$,此时振动周期为

$$T' = 2\pi \sqrt{\frac{m_0 + m}{k + \dfrac{mg}{L}}}. \tag{4-4-5}$$

由式(4-4-3)和(4-4-5)可见,后一种情况下秤臂的振动周期比前一种要小一些,两者比值为

$$\frac{T}{T'} = \sqrt{\frac{k + \dfrac{mg}{L}}{k}} = \sqrt{1 + \frac{mg}{kL}}.$$

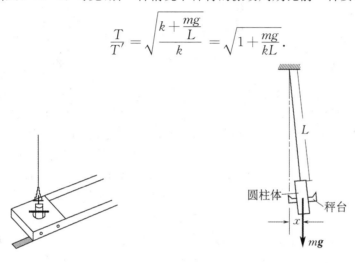

图 4-4-2　　　　　　图 4-4-3　　惯性秤水平放置工作方式

(2) 当秤臂竖直放置时,秤台的砝码(或被测物)的振动亦在竖直面内进行,由于重力的影响,其振动周期也会比水平放置小. 若秤台中心至台座的距离为 $l$,如图 4-4-4 所示,则振动系统的运动方程可以写成

$$(m_0 + m)\frac{\mathrm{d}^2 x}{\mathrm{d}t^2} = -\left(k + \frac{m_0 + m}{l}g\right)x,$$

相应的周期可以写成

$$T'' = 2\pi \sqrt{\frac{m_0 + m}{k + \dfrac{m_0 + m}{l}g}}. \tag{4-4-6}$$

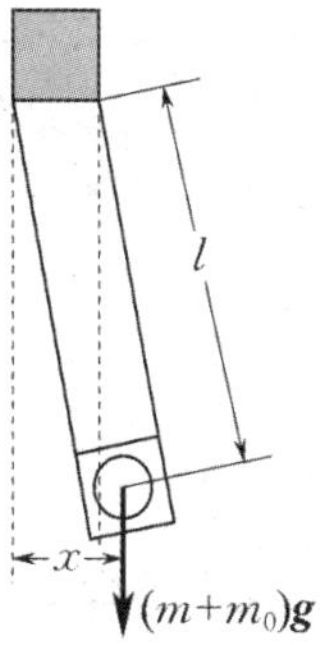

将式(4-4-6)与(4-4-3)比较,有

$$\frac{T}{T''} = \sqrt{\frac{k + \dfrac{m_0 + m}{l}g}{k}} = \sqrt{1 + \frac{m_0 + m}{kl}g}.$$

图 4-4-4

通过以上讨论可以看出重力对实验结果的影响.

【实验仪器】

惯性秤、周期测定仪、定标用标准质量块(10 块)、待测圆柱体(2 个).

惯性秤是测量物体惯性质量的一种装置. 惯性秤不是直接比较物体的加速度,而是用振动法比较反映物体运动加速度的振动周期,去确定物体的惯性质量的大小,如图 4-4-5 所示.将秤台和固定平

台用两条相同的片状钢条连接起来,固定在铁架台上就是一个惯性秤.秤台上有一圆孔,用以固定砝码或待测物,也用以研究重力对惯性秤的影响.

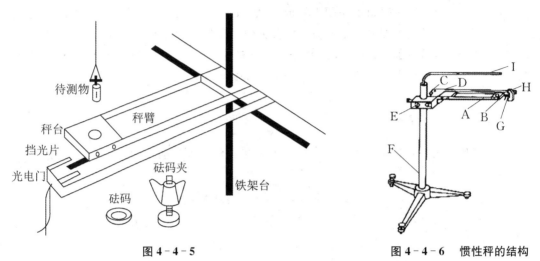

图 4-4-5                                                                图 4-4-6  惯性秤的结构

如图 4-4-6 所示,惯性秤的主要部分是两条相同的弹性钢带(称为秤臂)连成的一个悬臂振动体 A,振动体的一端是秤台 B,秤台的槽中可放入定标用的标准质量块.A 的另一端是平台 C,通过固定螺栓 D 把 A 固定在座 E 上,旋松固定螺栓 D,则整个悬臂可绕固定螺栓转动,E 可在立柱 F 上上下移动,挡光片 G 和光电门 H 是测周期用的.光电门和计时器用导线相连.将秤台沿水平方向稍稍拉离平衡位置后释放,则秤台在秤臂的弹性恢复力作用下,将沿水平方向往复振动,其振动频率随着秤台的荷载的变化而变化,其相应周期可用计时器测定.进而以此为基础,可测定负载的惯性质量.立柱顶上的吊竿 I 可用来悬挂待测物(一圆柱形物体),另外本仪器还可将秤臂竖直放置,研究重力对秤的振动周期的影响.

用计时器测量周期时先打开周期测定仪开关,按"周期数"键可设定周期数,按"开始测量"键开始计时,按"复位"键开始下一次测量.如图 4-4-7 所示,惯性秤前端的挡光片位于光电门的正中间,测量时用手将惯性秤前端掰开 1~2 cm,松开惯性秤使之振动,计时器开始计时.注意每次测量都要将惯性秤掰开同样远的距离.

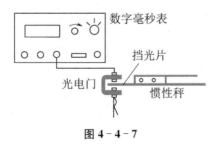

图 4-4-7

**【实验内容与步骤】**

1.用水准仪调节惯性秤秤台至水平.

2.对惯性秤定标,作定标线.用周期测定仪先测量空载($m=0$)时的 20 个振动周期 $20T$.然后逐次增加片状砝码,直到增加到 10 个,依次测量出 10 个 $20T$,并计算出单个周期 $T$ 以及 $T^2$.以砝码的质量 $m$ 为横坐标,以 $T^2$ 为纵坐标,作 $T^2-m$ 定标线.

3.用惯性秤测量待测圆柱体的惯性质量.将待测圆柱体 1 和 2 先后置于秤台中间的孔中,测量 30 个振动周期 $30T_1$ 和 $30T_2$ 各 5 次,算出 $T_1$ 和 $T_2$,然后根据定标线求出圆柱体 1 和 2 的惯性质量.

4.研究重力对惯性秤测量精度的影响(选做).

（1）水平放置惯性秤,将待测物(圆柱体 1 和 2)先后通过长约 50 cm 的细线竖直悬挂在秤台的圆孔中(注意应使圆柱体悬空,又尽量使圆柱体质心与秤台中心重合),此时圆柱体的重量由吊线承担,当秤台振动时,带动圆柱体一起振动,测定其振动周期 $T_1'$ 和 $T_2'$,将测量数据记入表中.

（2）竖直放置惯性秤,使秤在竖直面内左右振动,依次插入砝码,测定相应质量 $m$ 所对应的周期 $T''$.

**【注意事项】**

1. 要严格水平放置惯性秤,以避免重力对振动的影响.

2. 必须使砝码和待测物的质心位于通过秤台圆孔中心的垂直线上,以保证在测量时有一固定不变的臂长.

3. 秤台振动时,摆角要尽量小些(5° 以内),秤台的水平位移为 $1 \sim 2$ cm 即可,并使各次测量中秤台的水平位移都相同.

4. 挡光片如果不在光电门中间,要调节光电门的高度,同时严禁用手去弯折挡光片.

**【数据表格及数据处理要求】**

1. 自拟表格记录实验数据.

2. 根据实验数据绘制 $T^2 - m$ 定标线.

3. 根据 $T^2 - m$ 定标线求出两个待测圆柱体的惯性质量并与它们的给定质量进行比较,算出相对误差.

4. 将所测周期 $T_1$,$T_2$ 与 $T_1'$,$T_2'$ 进行比较,说明两者为何不同.

5. 绘出惯性秤竖直放置的 $T''^2 - m$ 曲线(与 $T^2 - m$ 定标线绘在同一坐标上),将 $T''^2 - m$ 曲线与 $T^2 - m$ 定标线进行比较,说明两者为何不同.

**【实验后思考题】**

1. 说明惯性秤称量惯性质量的特点.

2. 在测量惯性秤周期时,为什么特别强调惯性秤装置水平及摆幅不得太大?

# 4.5　弹性模量的测量

力作用于物体所引起的效果之一是使受力物体发生形变,物体的形变可分为弹性形变和塑性形变.固体材料的弹性形变又可分为纵向应变、切变、扭转和弯曲,对于纵向弹性形变可以引入弹性模量来描述材料抵抗形变的能力.弹性模量是表征物质材料在弹性限度内抗拉或抗压的物理量,也称为杨氏模量.它是描述材料刚性特征的物理量,一般只与材料的性质和温度有关,与其几何形状无关.弹性模量越大,材料越不易发生变形.弹性模量的测定对研究金属材料、光纤材料、半导体、纳米材料、聚合物、陶瓷、橡胶等各种材料的力学性质有着重要意义,还可用于机械零部件设计、生物力学、地质等领域.弹性模量可以用动态法来测量,也可以用静态法来测量.本实验采用静态法.对于静态法来说,测弹性模量既可以用金属丝的伸长与外力的关系,也可以用梁的弯曲与外力的关系.静态法的关键是要准确测出试件的微小形变量.

**【实验目的】**

1. 学会用光杠杆测量微小伸长量.

2. 学会用拉伸法测金属丝的弹性模量.

**【预习思考题】**

公式(4-5-3)中有哪几个待测量? 这些量都是长度量,但测量时却使用了不同的量具和方法,这是根据什么考虑的? 此公式的适用条件是什么?

**【实验原理】**

**1. 胡克定律和弹性模量**

固体在外力作用下发生形变,外力撤去后相应的形变消失,这种形变称为弹性形变.根据弹性模量的特点,在研究材料的纵向弹性形变时,为了计算材料内部各点应力和应变的方便,本实验中的样品为一根粗细均匀的柱状细钢丝.

一根粗细均匀的金属丝,设其长度为 $L$,横截面积为 $S$,在沿长度方向的外力 $F$ 的作用下伸长 $\Delta L$.根据胡克定律可知,在材料弹性限度内,其相对伸长量 $\Delta L/L$(应变)与外力造成的其单位面积上的受力 $F/S$(应力)成正比.两者的比值

$$\frac{F/S}{\Delta L/L} = Y$$

即为该金属丝的弹性模量.在国际单位制中,弹性模量和应力有相同的单位,称为帕[斯卡],符号为 Pa,也就是 N/m². 实验证明,上式表示的弹性模量 $Y$ 与外力 $F$、物体的长度 $L$ 以及横截面积 $S$ 的大小无关,它只取决于被测物的材料特性,它是表征固体抵抗纵向形变能力的一个物理量.设金属丝的直径为 $d$,则弹性模量可表示为

$$Y = \frac{4FL}{\pi d^2 \Delta L}. \tag{4-5-1}$$

**2. 光杠杆测量微小长度的变化**

式(4-5-1)表明,当两根金属丝的外形尺寸相同,作用在它们上面的纵向外力也相同时,弹性模量大的金属丝的伸长量较小.一般金属材料的弹性模量可达到 $10^{11}$ N/m² 的数量级,所以由式(4-5-1)可知,当 $FL/d^2$ 的值不太大时,绝对伸长量 $\Delta L$ 就很小,用通常的测量仪(如游标卡尺、螺旋测微器等)就难以测量.本实验采用光学放大法利用光杠杆对微小长度进行测量.

放大法是一种应用十分广泛的测量技术,其中包括机械放大、光放大、电子放大等.例如,螺旋测微器是通过机械放大而提高测量精度的;示波器是通过将电子信号放大再进行观测的.本实验采用的光杠杆属于光放大.光杠杆放大原理被广泛地用于许多高灵敏度仪表中,如光电反射式检流计、冲击电流计等.

光杠杆如图 4-5-1 所示,它是将一直立的平面反射镜装在一个三脚支架的一端,利用反射镜转动,将微小角位移放大成较大的线位移后进行测量的光学仪器.光杠杆测量系统由反射镜、与反射镜连动的动足(后足)、望远镜、标尺等组成,其放大原理可参见 3.1.2 节中"光学放大法"部分,如图 4-5-2 所示.

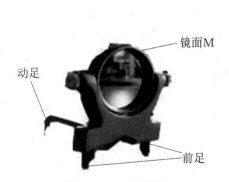

图 4-5-1　光杠杆

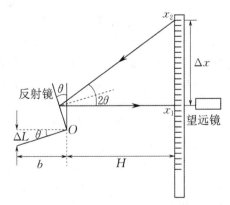

图 4-5-2　光杠杆放大原理图

假设开始时望远镜对准反射镜中心位置,反射镜法线方向为水平方向,在望远镜中恰能看到十字叉丝线对准标尺刻度 $x_1$ 的像.实验中与反射镜连动的动足足尖放置在用于夹紧金属丝的夹头的表面上,光杠杆的前足固定.当金属丝受力后,产生微小伸长量 $\Delta L$,与反射镜连动的动足足尖同步下降 $\Delta L$,从而带动反射镜转动相应的角度 $\theta$.根据光的反射定律可知,在出射光线(进入望远镜的光线)不变的情况下,入射光线转动 $2\theta$,此时望远镜中看到十字叉丝线对准标尺刻度 $x_2$ 的像,图 4-5-3 所示为望远镜视场中看到的标尺像.根据"光学放大法"中对光杠杆的说明,此时标尺刻度 $x_1$ 和 $x_2$ 之间的距离为

图 4-5-3 望远镜视场中的标尺像

$$\Delta x = |x_1 - x_2| = \frac{2H}{b} \cdot \Delta L, \qquad (4-5-2)$$

式中 $2H/b$ 称为光杠杆放大倍数,$H$ 是反射镜中心与标尺的垂直距离,$b$ 为光杠杆常数.仪器中 $H \gg b$,这样一来,我们就把不易测量的微小伸长量 $\Delta L$ 放大成容易测量的位移 $\Delta x$.

将式(4-5-2)代入(4-5-1)得到

$$Y = \frac{8FLH}{\pi d^2 b} \cdot \frac{1}{\Delta x}. \qquad (4-5-3)$$

如此,我们便可以通过测量式(4-5-3)右边的各参量再经过计算得到被测金属丝的弹性模量,式中各物理量的单位取国际单位.

利用光杠杆不仅可以测量微小长度变化,还可以测量微小角度变化和形状变化.由于光学放大法可以实现非接触式的放大测量,且具有稳定性好、简单便宜、受环境干扰小等特点,因此在许多生产和科研领域得到广泛应用.

利用静态法(拉伸、扭转、弯曲)测量弹性模量具有直观、简便、精度高的优点,但是它也存在着一定的缺陷,即该法通常需要金属试样在常温下发生较大形变.这种方法载荷大,加载速度慢且伴有弛豫过程,对脆性材料(如石墨、玻璃、陶瓷等)就不适用,同时也不能在高温状态下进行测量.

**【实验仪器】**

杨氏模量仪、钢卷尺、螺旋测微器、钢直尺等.

**【实验内容与步骤】**

1. 调节实验架.实验前应先查看上下夹头是否均夹紧金属丝,防止金属丝在受力过程中与夹头发生相对滑移,然后检查反射镜能否自由转动.

2. 打开数字拉力计电源开关,预热 10 min.其间可按下标尺背光源开关,背光源被点亮后,标尺刻度应清晰可见.预热结束后,数字拉力计面板上会显示加载到金属丝上的拉力.

3. 调节光杠杆.旋松光杠杆动足上的锁紧螺钉,调节光杠杆动足至适当长度(以动足足尖能尽量贴近但不贴靠到金属丝,同时两前足能置于台板上的同一凹槽中为宜).用三足尖在平放的纸上压三个浅浅的痕迹,然后通过画细线的方式画出动足点到两前足连线的高(光杠杆常数),测量光杠杆常数 $b$,并将数据记下.接着将光杠杆置于台板上,其动足足尖自由放置在下夹头上表面,使之能随下夹头一起上下移动.

4. 旋转施力螺母,先使数字拉力计显示小于 2.5 kg,然后由小到大(避免回转)给金属丝施加一定的预拉力 $m_0$((3.00 ± 0.02) kg),将金属丝原本存在弯折的地方拉直.接着用钢卷尺测量金属丝的原长 $L$,在钢卷尺读数的基础上需加校正误差 $\Delta L_{修}$,即夹头内不能直接测量的一段金属丝长度.

5. 用钢卷尺测量反射镜中心到标尺的垂直距离 $H$.

6. 用螺旋测微器测量不同位置、不同径向的金属丝直径 $d$,注意测量前记下螺旋测微器的零点读

数 $d_0$.

7. 将望远镜移近并正对实验架台板(望远镜前沿与台板边缘的距离在 $0\sim30\,cm$ 范围内均可). 先粗调望远镜,使望远镜大致水平,且与反射镜转轴齐高,使其正对反射镜中心,然后仔细调节反射镜的角度,直到从望远镜中能看到标尺背光源发出的明亮的光.

8. 细调望远镜. 先调节目镜视度调节手轮,使得十字叉丝线清晰可见. 然后调节调焦手轮,使得视场中标尺的像清晰可见. 接着转动望远镜镜身,使视场中十字叉丝线横线与标尺刻度线平行,最后再次调节调焦手轮,使得视场中标尺的像清晰可见.

9. 再次仔细调节反射镜的角度,使十字叉丝线横线对齐 $2.0\,cm$ 以下的刻度线(避免实验做到最后超出标尺量程). 水平移动望远镜支架,使十字叉丝线纵线对齐标尺中心. 在下面的实验步骤中不能再调整望远镜,并尽量保证实验桌不要有震动.

10. 记录此时望远镜视场中对齐十字叉丝线横线的标尺刻度值 $x_1$,此时金属丝拉力 $m_0$ 为 $(3.00\pm0.02)\,kg$.

11. 缓慢旋转施力螺母,逐渐增加金属丝的拉力,每隔 $1.00\,kg$ 记录一次标尺的刻度 $x_i^+$,直至拉力计显示为 $10.00\,kg$. 数据记录完毕再增加 $0.5\,kg$ 左右的拉力(不超过 $1.0\,kg$,且不记录数据),然后反向旋转施力螺母使拉力计显示为 $10.00\,kg$ 并记录数据. 同样,逐渐减小金属丝的拉力,每隔 $1.00\,kg$ 记录一次标尺的刻度 $x_i^-$,直到拉力计显示为 $(3.00\pm0.02)\,kg$.

12. 实验完毕,旋松施力螺母,使金属丝处于自由伸长状态,并关闭数字拉力计.

【注意事项】

1. 该实验涉及微小伸长量测量,实验时应避免实验桌震动.

2. 施加在金属丝上的拉力勿超过实验规定的最大拉力值.

3. 严禁改变限位螺母位置,避免最大拉力限制功能失效.

4. 光学元件表面应使用软毛刷、镜头纸擦拭,切勿用手指触摸.

5. 光学元件属易碎件,请勿用硬物触碰并防止从高处跌落.

6. 严禁使用望远镜观察强光源,如太阳等,避免人眼灼伤.

7. 测量金属丝长度时,要加上一个修正值 $\Delta L_{修}$,$\Delta L_{修}$ 是夹头内不能直接测量的一段金属丝长度.

【数据表格及数据处理要求】

1. 自拟表格记录实验数据.

2. 对 $x_i^+$ 和 $x_i^-$ 进行逐差处理.

3. 计算弹性模量及其不确定度.

4. 给出测量结果,并对结果进行分析.

【实验后思考题】

1. 根据弹性模量的不确定度计算公式,分析哪个量的测量对测量结果影响最大.

2. 可否用作图法求金属丝的弹性模量?如何作图?

3. 怎样提高光杠杆的灵敏度?灵敏度是否越高越好?

# 4.6 重力加速度的测量

重力加速度是物理学中的一个重要参量. 伽利略首先证明,如果忽略空气摩擦的影响,那么所有落地物体都将以同一个加速度下落,这个加速度就是重力加速度 $g$. 地球上各个地区重力加速度 $g$ 的数值随该地区的地理纬度和相对海平面的高度不同而稍有差异. 一般来说,在赤道附近地区重力加速度的数值较小,越靠近南、北两极,$g$ 的数值越大. 重力加速度是一个重要的地球物理常数,研究重力加速度的分布情况在地球物理学中具有重要意义. 精确地测定重力加速度在力学、热学、电学、工程技术以及地质和天文学等方面都有广泛应用. 不同地区的重力加速度 $g$ 可以通过实验方法测得. 测量重力加速度的方法很多,在本实验中,我们用复摆及单摆测定重力加速度.

## 4.6.1 复摆法测定重力加速度

【实验目的】

1. 了解复摆的物理特性,用复摆测定重力加速度.
2. 学会用作图法研究问题及处理数据.

【预习思考题】

1. 你所知道的测量重力加速度的方法有哪些? 其测量原理是什么?
2. 设想在复摆的某一位置上加一配重,其振动周期将如何变化(增大、缩小、不变)?

【实验原理】

复摆实验通常用于研究周期与摆轴位置的关系,并测定重力加速度. 复摆是一刚体绕固定水平轴在重力作用下做微小摆动的运动体系,复摆又称为物理摆. 如图 4-6-1 所示,一个形状不规则的刚体,挂于过 $O$ 点的水平轴(回转轴,简称为 $O$ 轴)上,若将刚体拉离竖直方向并转过 $\theta$ 角后释放,则它将在重力矩的作用下绕 $O$ 轴自由摆动,这就是一个复摆. 当 $\theta$ 较小时,刚体的摆动近似为简谐振动. 本实验所用复摆为一均匀钢板,从其中心向两端对称地开有一些小圆孔,测量时将复摆通过小圆孔悬挂在固定刀刃上,如图 4-6-2 所示. 刚体绕 $O$ 轴在竖直平面内左右摆动,设 $C$ 点是该刚体的质心,$O$,$C$ 两点间的距离为 $h$,$\theta$ 为其摆动角度,如图 4-6-3 所示. 若规定逆时针方向为正,则此时刚体所受外力矩大小为

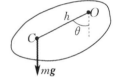

图 4-6-1　复摆

$$M = -mgh\sin\theta. \tag{4-6-1}$$

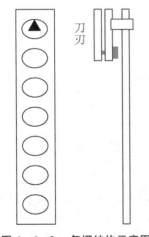

图 4-6-2　复摆结构示意图

(a) 复摆侧面图　(b) 复摆正面图

图 4-6-3　复摆运动示意图

由转动定理可得

$$M = J\alpha, \tag{4-6-2}$$

式中 $\alpha = \dfrac{\mathrm{d}^2\theta}{\mathrm{d}t^2}$,$J$ 为该刚体的转动惯量.

由式(4-6-1)和(4-6-2)可得

$$\frac{\mathrm{d}^2\theta}{\mathrm{d}t^2} = -\omega^2\sin\theta, \tag{4-6-3}$$

式中 $\omega^2 = \dfrac{mgh}{J}$. 当 $\theta$ 很小($\theta$ 在 5° 以内)时,近似有

$$\frac{\mathrm{d}^2\theta}{\mathrm{d}t^2} = -\omega^2\theta. \tag{4-6-4}$$

式(4-6-4)说明,$\theta$ 很小时,该刚体在平衡位置附近的摆动为简谐振动,对应的周期为

$$T = 2\pi\sqrt{\frac{J}{mgh}}. \tag{4-6-5}$$

设 $J_c$ 为该刚体对过质心 $C$ 且与 $O$ 轴平行的转轴(简称为 $C$ 轴)的转动惯量,那么根据平行轴定理可得

$$J = J_c + mh^2. \tag{4-6-6}$$

将式(4-6-6)代入(4-6-5)得

$$T = 2\pi\sqrt{\frac{J_c + mh^2}{mgh}}. \tag{4-6-7}$$

设式(4-6-6)中的 $J_c = mk^2$,代入式(4-6-7)得

$$T = 2\pi\sqrt{\frac{mk^2 + mh^2}{mgh}} = 2\pi\sqrt{\frac{k^2 + h^2}{gh}}, \tag{4-6-8}$$

式中 $k$ 为该刚体对 $C$ 轴的回转半径. 对式(4-6-8)两边平方有

$$T^2 h = \frac{4\pi^2}{g}k^2 + \frac{4\pi^2}{g}h^2. \tag{4-6-9}$$

设 $y = T^2 h, x = h^2$,则式(4-6-9)改写成

$$y = \frac{4\pi^2}{g}k^2 + \frac{4\pi^2}{g}x. \tag{4-6-10}$$

式(4-6-10)为一直线方程,测出 $n$ 组 $(x,y)$ 值,用作图法可求出此直线的截距 $A$ 和斜率 $B$. 由于 $A = \dfrac{4\pi^2}{g}k^2, B = \dfrac{4\pi^2}{g}$,因此有

$$\begin{cases} g = \dfrac{4\pi^2}{B}, \\ k = \sqrt{\dfrac{A}{B}}. \end{cases} \tag{4-6-11}$$

由式(4-6-11)即可求得重力加速度 $g$ 和复摆的回转半径 $k$.

**【实验仪器】**

复摆装置、秒表.

**【实验内容与步骤】**

1. 用距离钢板顶端 6 cm 的圆孔上沿,将复摆悬挂于支架刀刃上,调节复摆底座的两个旋钮,确保复摆与立柱正对且平行,以使圆孔上沿能与支架上的刀刃密合.

2. 轻轻启动复摆,测 30 个摆动周期所需的时间,测两次,中间不需要重启复摆.

3. 改变悬挂点,依次测量圆孔上沿距钢板顶端 8 cm,10 cm,12 cm,14 cm 和 16 cm 时复摆摆动 30 个周期所需的时间,同样测两次.

**【注意事项】**

1. 复摆启动后只能摆动,不能扭动. 如发现扭动,必须重新启动.

2. 测量时,复摆摆角不得超过 5°,摆幅约为立柱的宽度且要尽量使每次摆动的幅度相近.

3. 复摆每次改变悬挂点时,圆孔必须套在相同的刀刃位置上.

4.实验结束时,将复摆从支架上取下,放到桌面上.

**【数据表格及数据处理要求】**

1. 自拟表格记录实验数据.

2. 由 $y = T^2 h$,$x = h^2$,用坐标纸绘制 $y - x$ 直线图.

3. 用作图法求出直线的截距 $A$ 和斜率 $B$.

4. 由式(4-6-11)计算出重力加速度 $g$ 和回转半径 $k$.

5. 也可用最小二乘法求直线的截距 $A$ 和斜率 $B$,再计算出重力加速度 $g$ 和回转半径 $k$.

6. 将测量结果与本地区重力加速度值比较,计算相对误差,并对结果进行分析.

## 4.6.2  单摆法测定重力加速度

单摆测重力加速度是一个较为简单的验证性实验.金属小球在竖直面内的小角度摆动可近似看作简谐振动,测出其周期和摆长,即可求出当地的重力加速度.

**【实验目的】**

1. 掌握用单摆测重力加速度的方法.

2. 进一步加深对简谐振动规律的认识.

**【实验原理】**

一根不能伸缩的细线,上端固定,下端悬挂一个重球.当细线质量比重球质量小很多,同时重球的直径比细线长度小很多时,细线质量可以忽略不计,重球也可看作一个质点.将重球自平衡位置拉至一边(摆角 $\theta < 5°$)然后释放,重球即在平衡位置左右做周期性摆动,这种装置称为单摆,如图 4-6-4 所示.

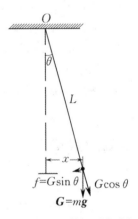

**图 4-6-4  单摆受力分析**

重球所受的外力 $f$ 是重力 $G$ 和绳子张力的合力,其方向指向平衡位置.当摆角 $\theta$ 很小($\theta < 5°$)时,重球的运动轨迹可以近似看成直线,合力 $f$ 的方向也可以近似看作沿这一直线.设重球的质量为 $m$,其质心到摆的悬挂点的距离为 $L$(摆长),重球位移为 $x$,则有

$$\sin \theta \approx \frac{x}{L}, \quad f = -G\sin \theta = -mg\frac{x}{L} = -m\frac{g}{L}x,$$

$f$ 表达式中的负号表示 $f$ 与 $x$ 方向相反.又由于 $f = ma$,于是可得重球的加速度为

$$a = -\frac{g}{L}x. \tag{4-6-12}$$

由式(4-6-12)可知,当单摆的摆角 $\theta$ 很小时,单摆的运动可以近似看作简谐振动.简谐振动的动力学方程为

$$\frac{d^2 x}{dt^2} + \omega^2 x = 0,$$

即

$$a = -\omega^2 x. \tag{4-6-13}$$

比较式(4-6-12)和(4-6-13)可得单摆简谐振动的角频率为

$$\omega = \sqrt{\frac{g}{L}},$$

于是单摆的运动周期为

$$T = \frac{2\pi}{\omega} = 2\pi \sqrt{\frac{L}{g}}.$$

上式两边平方后得

$$T^2 = 4\pi^2 \frac{L}{g}, \tag{4-6-14}$$

即

$$g = 4\pi^2 \frac{L}{T^2}. \tag{4-6-15}$$

利用单摆测重力加速度时,一般采用某一个固定摆长 $L$,在多次测量出单摆的周期 $T$ 后,代入式 (4-6-15),即可求得当地的重力加速度 $g$.

由式(4-6-14)可知,$T^2$ 和 $L$ 之间具有线性关系,$4\pi^2/g$ 为其斜率,为了提高实验精度,在实验中可改变几次摆长 $L$ 并测出相应的周期 $T$,从而得出一组对应的 $L$ 与 $T$ 的数据. 再以 $L$ 为横坐标、$T^2$ 为纵坐标将所得数据连成直线,则可利用 $T^2 - L$ 直线的斜率求出重力加速度 $g$.

**【实验仪器】**

单摆、秒表、卷尺、游标卡尺.

**【实验内容与步骤】**

1.测量小球摆动周期 $T$. 拉开小球并释放,使小球在竖直面内做小角度(摆角 $\theta < 5°$)摆动. 用秒表测出小球摆动 30 个周期的时间 $t$,重复测量 3 次. 实验时,测量一个周期的相对误差比较大,一般是测量连续摆动 $n$ 个周期的时间 $t$,则 $T = t/n$,本实验取 $n = 30$. 测量时,选择小球通过最低点时开始计时,以后小球从同一方向通过最低点时,进行计数,且在数"零"的同时按下秒表,开始计时计数.

2.测量摆长 $L$. 测量摆线悬挂点与小球质心之间的距离 $L$ 时,由于小球质心位置难以确定,可先用卷尺测悬挂点到小球最低点的距离 $L'$(测 3 次),再用游标卡尺测小球的直径 $d$(测 3 次),则摆长为

$$L = L' - \frac{d}{2}.$$

**【注意事项】**

1.摆长约为 1 m,在摆长的测定中,卷尺与悬线尽量平行,尽量接近,眼睛与小球最低点平行,视线与尺垂直,以避免视差.

2.测定周期 $T$ 时,要从小球摆至最低点时开始计时,这样可以将反应延迟时间前后抵消,并减少人为判断位置产生的误差.

3.小球摆动时,要使之保持在同一个竖直面内,以免形成圆锥摆.

4.卷尺使用时要小心收放,以免割手;秒表要轻拿轻放,切勿摔碰.

**【数据表格及数据处理要求】**

1.自拟表格记录实验数据.

2.计算重力加速度 $g$ 及其不确定度.

3.对实验结果进行分析,指出可能的误差来源.

**【实验后思考题】**

1.试根据实验数据,求复摆对质心轴的转动惯量.

2.试比较单摆法和复摆法测量重力加速度的准确度,说明其准确度高或低的原因.

# 4.7　声速的测量

声波是一种机械波,频率低于 20 Hz 的声波称为次声波;频率在 20 Hz ~ 20 kHz 的声波可以被人

听到,称为可闻声波;频率在 20 kHz 以上的声波称为超声波.超声波在介质中的传播速度与介质的特性及状态因素有关.因而通过介质中声速的测定,我们可以了解介质的特性或状态变化.例如,氯气(气体)或蔗糖溶液的浓度、氯丁橡胶乳液的比重以及输油管中不同油品的分界面等,都可以通过测定这些物质中的声速来确定.可见,声速测定在工业生产上具有一定的实用意义.

**【实验目的】**

1. 了解压电换能器的原理,加深对驻波及振动合成等理论知识的理解.

2. 学习用共振干涉法、相位比较法和时差法测定超声波的传播速度.

3. 用时差法测量声波在多种介质中的速度,通过液体中声速的测量,了解声呐技术的基本概念、原理及其重要的实用意义.

**【预习思考题】**

1. 为什么先要调整换能器系统使其处于谐振状态?怎样调整谐振频率?

2. 为何要使两个换能器的端面互相平行?

3. 共振干涉法的理论依据是什么?仪器怎样接线?实验中如何判断驻波已稳定形成?

4. 相位比较法的理论依据是什么?仪器怎样接线?需观察什么现象?

5. 时差法的理论依据是什么?有什么优点?

**【实验原理】**

在波的传播过程中,波速 $u$、波长 $\lambda$ 和频率 $f$ 之间的关系为

$$u = f\lambda. \tag{4-7-1}$$

实验中可通过测定声波的波长 $\lambda$ 和频率 $f$ 来求得声速 $u$.常用的测量声波波长和频率的方法有共振干涉法与相位比较法,此外,还有时差法.

根据波的传播特性,$t$ 时间内波的传播距离 $l = ut$,可见只要测出声波在 $t$ 时间内传播的距离 $l$,就可测出声波的传播速度 $u$,这是时差法测量声速的原理.

**1. 共振干涉法(驻波法)**

当两列振幅相同、频率相同且传播方向相反的声波相遇时将会产生干涉现象,形成驻波.设波束 1 为

$$y_1 = A_0 \cos\left(\omega t - \frac{2\pi x}{\lambda}\right), \tag{4-7-2}$$

波束 2 为

$$y_2 = A_0 \cos\left(\omega t + \frac{2\pi x}{\lambda}\right), \tag{4-7-3}$$

它们相遇叠加后形成波束 3,有

$$y_3 = 2A_0 \cos\left(\frac{2\pi x}{\lambda}\right) \cdot \cos \omega t. \tag{4-7-4}$$

这里,$A_0$ 为波束 1 和波束 2 的振幅,$\omega$ 为声波的角频率,$t$ 为声波传播的时间,$x$ 为 $t$ 时间内声波传播的距离.由此可见,叠加后的声波振幅随距离按 $\cos\left(\frac{2\pi x}{\lambda}\right)$ 的规律呈周期性变化,如图 4-7-1(a) 所示.

实际上在声波的驻波场中,空气质点的位移我们是直接观察不到的,但我们可以利用压电效应测量由于空气质点位移而引起的声压.根据声学理论,上述驻波的波节处,声压为极大.如图 4-7-1(b) 所示,压电陶瓷换能器 $S_1$ 作为声波发射器,它由信号源供给频率为数千周的交流电信号,利用逆压电效应发出平面超声波;而压电陶瓷换能器 $S_2$ 则作为声波接收器,利用正压电效应将接收到的声压信号转换成电信号,该信号输入示波器,在示波器上看到一组由声压信号产生的正弦波形.

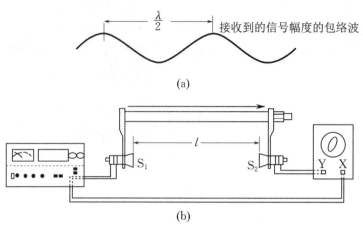

图 4-7-1

声源 $S_1$ 发出的声波,经介质传播到 $S_2$,$S_2$ 在接收声波的同时会反射部分声波,如果接收面与发射面严格平行,则入射波在接收面上发生垂直反射,反射波与入射波干涉形成驻波.

我们在示波器上观察到的实际上是两个相干波合成后在声波接收器 $S_2$ 处产生的声压信号.$S_2$ 为固定端,其附近空气质点的位移恒为零,为驻波的波节,但却对应声压驻波的波腹.移动 $S_2$ 的位置(改变 $S_1$ 与 $S_2$ 之间的距离),从示波器上会发现当 $S_2$ 在某些位置时声压信号的振幅有极小值或极大值.根据驻波理论可知,任何两相邻的振幅极大值对应的位置之间(或两相邻的振幅极小值对应的位置之间)的距离均为 $\lambda/2$.为测量声波的波长,我们可以在观察示波器上声压振幅值的同时,缓慢地改变 $S_1$ 和 $S_2$ 之间的距离,此时示波器上就可以看到声压的振动幅值不断地由极大变到极小再变到极大,两相邻的极大振幅之间 $S_2$ 移动的距离即为 $\lambda/2$.

超声换能器 $S_2$ 和 $S_1$ 之间距离的改变是通过转动螺杆的鼓轮来实现的,而超声波的频率 $f$ 可由信号源频率显示窗口直接读出,再根据 $S_2$ 的位置变化计算出波长 $\lambda$,即可由式(4-7-1)计算出声速.

**2. 相位比较法**

声源 $S_1$ 发出声波后,在其周围形成声场,声场在介质中任一点的振动相位是随时间而变化的,但它和声源的振动相位差 $\Delta\varphi$ 不随时间变化.

设声源振动方程为

$$y_1 = A_{10}\cos\omega t, \tag{4-7-5}$$

则 $S_2$ 处的空气质点振动方程为

$$y_2 = A_{20}\cos\omega\left(t - \frac{l}{u}\right), \tag{4-7-6}$$

式中 $l$ 为 $S_1$ 和 $S_2$ 之间的距离.两处的振动相位差为

$$\Delta\varphi = \frac{\omega l}{u}. \tag{4-7-7}$$

若把 $S_1$ 和 $S_2$ 两处的信号分别输入到示波器 X 轴和 Y 轴,那么当 $l = n\lambda$,即 $\Delta\varphi = 2n\pi$ 时,其合振动为一斜率为正的直线;当 $l = (2n+1)\lambda/2$,即 $\Delta\varphi = (2n+1)\pi$ 时,其合振动为一斜率为负的直线;当 $l$ 为其他值时,其合振动为椭圆,如图 4-7-2 所示.

实验中,我们通过移动 $S_2$ 来改变 $S_1$ 和 $S_2$ 之间的距离,当 $S_1$ 和 $S_2$ 之间的距离变化等于一个波长时,接收点和声源之间的振动相位差也正好变化一个周期(此振动相位差的变化可以根据示波器上的李萨如图形来判断),这样我们由 $S_2$ 移动的距离即可得出相应声波的波长,再根据已知声波的频率,可求出声波在空气中的传播速度.

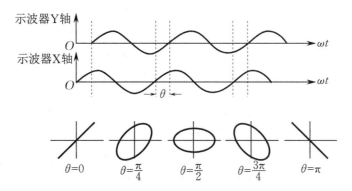

图 4-7-2 接收信号与发射信号形成李萨如图形

### 3. 时差法

以上两种方法测声速,是用示波器观察波谷和波峰,或观察两个波的相位差,原理是正确的,但存在较大读数误差,较精确测量声速的方法是采用时差法. 它是将经脉冲调制的电信号加到发射换能器 $S_1$ 上,产生声波,在介质中传播,到达与之相距为 $l$ 的接收换能器 $S_2$ 处,之后再将经 $S_2$ 后的电信号通过屏蔽导线送回信号源,经信号源内部线路分析,输出该信号在 $S_1$ 和 $S_2$ 之间的介质中传播的时间 $t$,声波在介质中传播的距离 $l$ 可以从标尺上读出,最后可以用 $u = l/t$ 求出声波在介质中传播的速度,如图 4-7-3 所示.

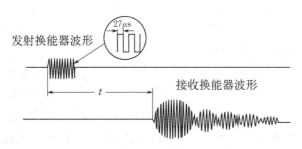

图 4-7-3 用时差法测量声速的波形图

应当指出,声波在空气中的传播速度与声波的频率无关,只取决于空气本身的性质,并由下式决定:

$$u = \sqrt{\frac{\gamma R T}{\mu}}, \qquad (4-7-8)$$

式中 $\gamma$ 为空气定压摩尔热容与定容摩尔热容之比,$R$ 为普适气体常量,$\mu$ 为空气摩尔质量,$T$ 为绝对温度.

还应当注意,空气是一种混合气体,所以 $\mu$ 应是混合气体的摩尔质量. 当空气潮湿时,平均摩尔质量 $\mu$ 变大,$u$ 变小. 在标准状态下,干燥空气中的声速为 $u_0 = 331.5 \, \text{m/s}$,温度为 $T$ 时的声速为

$$u_T = u_0 \sqrt{\frac{T}{273.15}}. \qquad (4-7-9)$$

在实验中,式(4-7-9)可近似作为空气中声速理论值的计算公式.

### 【实验仪器】

SV-5 型声速测定仪、SV-DDS 型声速测定专用信号源、SR-071 型双踪示波器、屏蔽导线等.

SV-5 型声速测定仪主要由储液槽、传动机构、数显标尺、两对压电换能器等组成,其上方的一对压电换能器供测量固体介质声速用,下方储液槽中的一对压电换能器供测量空气、液体介质声速用. 其中发射换能器 $S_1$ 固定在左边,另一只接收超声波用的接收换能器 $S_2$ 装在由螺杆带动的滑块上,并

由数显表头显示其移动的距离.

发射换能器 $S_1$ 的正弦电压信号由 SV-DDS 型声速测定专用信号源供给,接收换能器 $S_2$ 把接收到的超声波声压信号转换成电压信号,用示波器观察.时差法测量时,$S_2$ 输出的信号须接到专用信号源(SV-DDS)上进行时间测量,测得的时间值具有保持功能.

压电换能器的主要部件是用多晶体结构的压电材料在一定的温度下经极化处理制成的压电陶瓷片.压电陶瓷超声换能器能实现声压和电压之间的转换.压电换能器作为声源具有平面性、单色性好以及方向性强的特点.同时,由于输出声波的频率在超声范围内,一般的音频对它没有干扰,且超声波的频率高、波长 $\lambda$ 短,在 $S_2$ 移动不长的距离中就可测到多个 $\lambda$,取其平均值,$\lambda$ 的测定就比较准确.这些都可使实验的精度大大提高.压电换能器的结构示意图如图 4-7-4 所示.

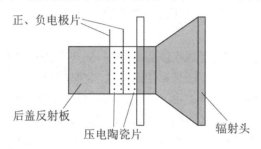

正、负电极片

后盖反射板

压电陶瓷片

辐射头

图 4-7-4　压电换能器的结构示意图

压电换能器由压电陶瓷片和轻、重两种金属组成.压电陶瓷片(如钛酸钡、锆钛酸铅等)具有压电效应,在简单情况下,压电材料受到与极化方向一致的应力 $T$ 时,在极化方向上产生一定的电场强度 $E$,它们之间有一简单的线性关系 $E=gT$;反之,当与极化方向一致的外加电压 $U$ 加在压电材料上时,材料的伸缩形变 $S$ 与电压 $U$ 也有线性关系 $S=dU$.比例常数 $g,d$ 称为压电常量,与材料性质有关.由于 $E,T,S,U$ 之间具有简单的线性关系,因此我们可以利用此线性关系将正弦交流电信号转变成压电材料纵向的简谐振动,成为声波的声源.同样,我们利用此线性关系也可以使声压变化转变为电压的变化,用来接收声信号.在压电陶瓷片的头尾两端粘上两块金属,组成夹心形振子,头部用轻金属做成喇叭型,尾部用重金属做成柱型,中部为压电陶瓷圆环,紧固螺钉穿过环中心.这种结构增大了辐射面积,增强了振子与介质的耦合作用,由于振子是以纵向长度的伸缩直接影响头部轻金属做同样的纵向长度伸缩(对尾部重金属作用小),这样所发射的声波方向性强,平面性好.本实验所用的压电换能器谐振频率为(35±3) kHz,功率不小于 10 W.

**【实验内容与步骤】**

1.共振干涉法.

(1)用屏蔽导线,连接信号源的输出端和发射换能器,连接接收换能器和示波器.

(2)摇动手柄,使两只换能器端面靠近,但不可接触,否则会改变发射换能器谐振频率.

(3)打开各仪器电源,将专用信号源面板上的"测试方法"设置为"连续波"方式,"介质选择"确定为"空气",然后缓慢增加信号源输出正弦电压的幅度,同时观察和调整好示波器,当示波器接收到输出信号后,仔细调整信号源的输出信号频率,使发射换能器处于谐振状态(此时示波器上波形幅度最大).

**注意:**信号源输出电压不宜超出 30 V,这是因为:第一,换能器输出功率与激励电压具有非线性关系,电压高,输出信号不一定大,而且还可能减小,换能器输出功率的大小取决于"电阻抗"和"机械阻抗"是否良好匹配(电谐振和机械谐振的配合);第二,一般频率计最高输入电压幅度为 20 V,激励电压过高则需增加分压部件(这里所指的电压值均为有效值).

(4)摇动手柄,单向逐渐加大两只压电换能器端面间的距离,同时监测输出信号,当示波器上显示的输出信号每出现一次极大值时,读取并记录标尺指示数,共记录 20 个点. 为准确得到接收声压为极大值的位置,应仔细缓慢地调节接收换能器的位置.

(5)测出所需数据个数后,用逐差法进行数据处理并计算出声波在空气中的传播速度.

2. 相位比较法.

(1)用屏蔽导线把发射信号引入示波器的 X 轴,接收换能器输出的电压信号引入示波器的 Y 轴(一般示波器 Y 轴灵敏度较高). 注意调节示波器 X,Y 轴的衰减和增益旋钮,使示波器荧光屏上的李萨如图形便于观察,调整信号源频率,使发射换能器处于谐振状态.

(2)单向移动 $S_2$ 的位置,通过观察示波器上的李萨如图形,连续记录相位差 $\Delta\varphi = n\pi$($n$ 为整数)时标尺的读数,共记录 10 个点. 示波器荧光屏上具有不同相位差的 X,Y 输入构成的李萨如图形如图 4-7-2 所示.

(3)测出所需数据个数后用逐差法处理实验数据并计算出声波在空气中的传播速度.

3. 时差法.

(1)空气介质.

① 采用声速测定仪下方的一对压电换能器,移去储液槽.

② 将专用信号源上"介质选择"置于"空气"位置,"测试方法"设置为"脉冲波"方式. 固定发射换能器,然后用带插头电缆连接至声速测定仪上的"空气·液体"专用插座.

③ 将 $S_1$ 和 $S_2$ 之间的距离调到 $\geqslant 50$ mm. 调节接收增益,使示波器上显示的接收波信号幅度在 $300 \sim 400$ mV(峰-峰值). 记录此时的距离值 $l$ 和显示的时间值 $t$;转动鼓轮来移动 $S_2$,使时间读数增加 $10\ \mu s$,记录此时的距离值 $l_i$ 和显示的时间值 $t_i$. 依次记录 11 组数据(间隔 $10\ \mu s$),弃除第一组数据,用逐差法计算出声速.

④ 记录介质温度.

**注意**:如果测量时间值出现跳变,则应微调专用信号源上的"接收放大"旋钮,以使计时器能正确计时.

(2)液体介质.

① 采用声速测定仪下方的一对压电换能器,安装储液槽并注入液体(不要超过液面线).

② 将专用信号源上"介质选择"置于"液体"位置,换能器的连接线接至声速测定仪上的"空气·液体"专用插座,测量步骤同上.

③ 记录介质温度.

(3)固体介质.

采用声速测定仪上方的一对压电换能器,测量声波在非金属(有机玻璃棒)和金属(黄铜棒)固体介质中的传播速度,步骤如下:

① 将专用信号源"测试方法"设置为"脉冲波"方式,"介质选择"按测试材质置于"非金属"或"金属"位置.

② 拔出发射换能器尾部的连接插头(声速测定仪上方的一对),再将两端带螺纹的测试棒旋入接收换能器及发射换能器中心螺孔内,使测试棒的两端头与两换能器可靠、紧密接触. 操作时应该用力均匀地旋紧至两只换能器端面与测试棒两端紧密接触即可,要防止损坏螺纹. 调换测试棒时,应先拔出发射换能器尾部的连接插头,然后旋出发射换能器的一端,再旋出接收换能器的一端.

③ 把发射换能器尾部的连接插头插回,专用信号源与声速测定仪("固体"专用插座)及示波器用带插头电缆连接,即可开始测量.

④ 记录专用信号源的时间读数,单位为 $\mu s$. 测试棒的长度可用游标卡尺测量得到.

⑤ 用以上方法调换第二长度及第三长度测试棒,重新测量并记录数据.

⑥ 用逐差法处理数据,根据不同测试棒的长度差和测得的时间差计算出测试棒中的声速.

**【注意事项】**

1. 电源接通时,两超声换能器不得直接接触.

2. 改变 $S_1$ 和 $S_2$ 之间的距离时应避免回程误差.

**【数据表格及数据处理要求】**

1. 自拟表格记录实验数据.

2. 用逐差法处理数据,计算声速及其不确定度(专用信号源输出信号频率的误差限取 5 Hz,误差分布为均匀分布).

3. 分析实验中可能的误差来源.

4. 根据室温 $T$,由式(4-7-9)计算出空气中声速的理论值 $u_{理}$. 两种方法得到的实验值均要与理论值做比较,并求出相对误差.

**【实验后思考题】**

1. 本实验为什么要采用逐差法处理数据? 其优点是什么?

2. 用共振干涉法测波长时,示波器上声压波形最大振幅选择对结果有无影响? 为什么?

3. 用相位比较法测波长时,能否在示波器上采用别的图形代替李萨如图形做相位比较?

4. 能不能用双显法(把接收端的信号与发射端的激励信号输入 X,Y 轴,同时显示图形并比较,然后移动接收端寻找同相位点的位置)测超声波波长?

# 第5章
# 热学实验

## 5.1 金属比热容的测量

比热容是物质基本的热力学特性,它表示单位质量的物质温度升高1℃所需吸收的热量,通常用 $c$ 表示,其值与温度、物质种类等有关. 金属比热容的测定在工业及科研等领域有着广泛的应用. 根据牛顿冷却定律用冷却法测定金属的比热容,是量热学中常用的方法之一,也是本次实验的主要内容.

**【实验目的】**

1. 掌握冷却法测金属比热容的原理.

2. 学会用冷却法测定金属的比热容.

**【预习思考题】**

金属的比热容和其他物质(如水)的比热容相比有什么特点?

**【实验原理】**

将质量为 $m_1$ 的金属样品加热后,放到温度较低的介质(如室温的空气)中,样品将会逐渐冷却,其单位时间内的热量损失 $\dfrac{\Delta Q}{\Delta t}$ 与温度下降的速率成正比,即

$$\frac{\Delta Q}{\Delta t} = c_1 m_1 \frac{\Delta \theta_1}{\Delta t}, \qquad (5-1-1)$$

式中 $c_1$ 是温度为 $\theta_1$ 时该金属样品的比热容, $\dfrac{\Delta \theta_1}{\Delta t}$ 为该金属样品在 $\theta_1$ 时的温度冷却速率. 同时,根据牛顿冷却定律有

$$\frac{\Delta Q}{\Delta t} = a_1 S_1 (\theta_1 - \theta_0)^b, \qquad (5-1-2)$$

式中 $a_1$ 为样品与周围介质的热交换系数, $S_1$ 为该样品外表面的面积, $b$ 为常数, $\theta_0$ 为周围介质的温度.

由式(5-1-1)和(5-1-2)可得

$$c_1 m_1 \frac{\Delta \theta_1}{\Delta t} = a_1 S_1 (\theta_1 - \theta_0)^b. \qquad (5-1-3)$$

同理,对质量为 $m_2$,比热容为 $c_2$ 的另一种金属样品,可有同样的表达式:

$$c_2 m_2 \frac{\Delta \theta_2}{\Delta t} = a_2 S_2 (\theta_2 - \theta_0)^b. \qquad (5-1-4)$$

由式(5-1-3)和(5-1-4)可得

$$\frac{c_2 m_2 \dfrac{\Delta \theta_2}{\Delta t}}{c_1 m_1 \dfrac{\Delta \theta_1}{\Delta t}} = \frac{a_2 S_2 (\theta_2 - \theta_0)^b}{a_1 S_1 (\theta_1 - \theta_0)^b},$$

即

$$c_2 = c_1 \frac{m_1 \dfrac{\Delta \theta_1}{\Delta t} a_2 S_2 (\theta_2 - \theta_0)^b}{m_2 \dfrac{\Delta \theta_2}{\Delta t} a_1 S_1 (\theta_1 - \theta_0)^b}. \qquad (5-1-5)$$

如果两样品的形状尺寸相同($S_1 = S_2$),表面状况(如涂层、色泽等)、周围介质(空气)的性质也一样,则有 $a_1 = a_2$,那么当周围介质的温度不变(室温 $\theta_0$ 恒定)而样品又处于相同的温度($\theta_1 = \theta_2 = \theta$)时,式(5-1-5)可以简化为

$$c_2 = c_1 \frac{m_1 \dfrac{\Delta \theta_1}{\Delta t}}{m_2 \dfrac{\Delta \theta_2}{\Delta t}}. \qquad (5-1-6)$$

如果已知标准金属样品的比热容为 $c_1$,质量为 $m_1$,待测金属样品的质量为 $m_2$,以及温度为 $\theta$ 时两样品的温度冷却速率之比,则可以根据式(5-1-6)求出待测金属材料的比热容 $c_2$.

几种金属材料在 100 ℃ 时的比热容如表 5-1-1 所示.

表 5-1-1 几种金属材料的比热容(100 ℃)

| 金属材料 | 铁 | 铝 | 铜 |
|---|---|---|---|
| 比热容/(kJ/(kg · ℃)) | 0.46 | 0.88 | 0.39 |

本实验以铜为标准样品,测定铁、铝样品在 100 ℃ 左右时的比热容:即通过测量铜、铁、铝三种金属材料在室温下的冷却曲线,再根据已知的铜的比热容推算出铁、铝的比热容.

**【实验仪器】**

冷却法金属比热容测定仪、物理天平等.

冷却法金属比热容测定仪整机分为控制主机和加热装置两部分. 主机上有一个温度表头用于显示被加热样品的温度,以及一个量程为 0 ~ 99.99 s 的数字式计时表,用于计量样品冷却时间. 加热装置用于给被测金属样品加热,并由主机提供加热电流. 此外,在被测金属样品底部有一个用来测量被测金属样品温度的热电阻,如图 5-1-1 所示.

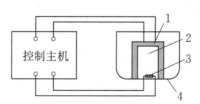

1—加热装置;2—被测金属样品;3—热电阻;4—防风容器
**图 5-1-1 冷却法测量金属比热容示意图**

**【实验内容与步骤】**

1.将冷却法金属比热容测定仪中加热装置顶部的接口与主机加热输出插口用导线连接起来.

2.将热电阻引出线连接至主机测量插口.

3.用物理天平称量标准样品和待测样品的质量.本实验中提供铜、铁、铝三种样品,并以铜为标准样品,铁、铝为待测样品.

4. 按仪器使用说明书上的说明安装好实验装置,选择标准金属样品(铜杆),并在加热装置的对应部位将它拧上,然后打开加热电源给金属杆加热. 之后实验者应根据热电阻输出的变化,及时了解被测物的温升情况. 当样品温度升高到 105 ℃ 左右时,停止加热,把加热装置移开,并把金属样品周围的有机玻璃防风罩盖好.

5. 让样品在防风容器里自然冷却,当温度降到 102 ℃ 时开始记录温度 $\theta_1$ 和对应时间 $t_1$. 当温度降到 98 ℃ 时停止计时,记下此时的时间 $t_2$. 此时 $\Delta\theta_1 = 4$ ℃,而 $\Delta t = t_2 - t_1$.

6. 打开风扇开关,待标准样品冷却后,换上待测样品,实验步骤同上.

注意:测量时实验条件要前后相同,本实验要求测量 5 组数据,取平均值. 计算出待测样品的比热容后,若误差太大,要分析原因并重新进行测量.

**【注意事项】**

1. 样品自然冷却时,应悬置于无风、无热源、气温稳定的环境(防风容器)中,开始记录时间时动作要敏捷,记录 $\theta$ 和 $t$ 要准确.

2. 实验中涉及高温,小心烫伤.

**【数据表格及数据处理要求】**

1. 自拟表格记录实验数据.

2. 计算待测样品的比热容及其不确定度.

3. 给出测量结果,并对结果进行分析.

**【实验后思考题】**

你认为实验中的误差来源可能有哪些?

# 5.2　温度传感器特性研究

热电传感器是利用转换元件的某个参数随温度变化的特性,将温度或与温度有关的参数的变化,转换为电学量变化并输出的装置. 将温度变化转换为电阻变化的传感器称为热电阻传感器,将温度变化转换为热电势变化的传感器称为热电偶传感器. 其中热电阻又分为金属热电阻和半导体热敏电阻两大类,一般称金属热电阻为热电阻,而称半导体热敏电阻为热敏电阻.

温度测量通常可分为接触式和非接触式两大类. 接触式测量是通过测温元件与被测物体接触而感知物体的温度;非接触式测量是通过接收被测物体发出的辐射来获知物体的温度.

目前,接触式测温传感器有热膨胀式温度传感器、热电势温度传感器、pn 结温度传感器等. 这类集成式温度传感器的优点是技术成熟,传感器种类多,可选择余地大,测量系统简单,测量精度高,缺点是测温上限不是很高,且对被测温度场有影响.

非接触式测温传感器有光学高温传感器、热辐射式温度传感器等. 这类传感器的优点是测温上限不受感温元件耐热程度的限制,因而最高可测量温度原则上没有限制,并且由于测温时不需与被测物体进行热交换,因此不会对被测物体的温度场造成影响. 非接触式测温传感器的缺点是测量误差较大.

**【实验目的】**

1. 了解热电阻的工作原理.

2. 了解热敏电阻的工作原理.

3. 测试 PT100 热电阻温度传感器、负温度系数(NTC) 热敏电阻温度传感器、pn 结温度传感器的热电特性.

【预习思考题】

热电阻温度传感器、热敏电阻温度传感器、pn 结温度传感器各自的优缺点是什么?

【实验原理】

### 1. PT100 热电阻温度传感器

作为测温用的热电阻材料,必须具备以下特点:

(1) 电阻温度系数要尽可能大,且稳定.

(2) 电阻率要高,比热容要小,即热惯性小.

(3) 电阻值随温度变化的关系最好是线性关系.

(4) 在较宽的测量范围内具有稳定的物理化学性能.

(5) 良好的工艺性,即热电特性的复现性好,便于批量生产.

在本次实验中,我们采用铂热电阻来研究热电阻的热电特性. 这是因为铂热电阻的物理化学性能在高温和氧化性介质中很稳定,复现性好,测量精度高,其电阻值与温度之间的关系近似为线性关系.

### 2. 热敏电阻的工作原理

作为测温用的热敏电阻,其主要特点如下所述:

(1) 电阻温度系数大,灵敏度高. 通常温度变化 1 ℃,其电阻值变化 1% ～ 6%,且电阻温度系数的绝对值比一般金属电阻大 10 ～ 100 倍.

(2) 结构简单,体积小. 珠形热敏电阻探头的最小尺寸仅为 0.2 mm,它能测量热电偶和其他温度传感器无法测量的空隙、腔体、内孔等处的点温度,如人体血管内的温度等.

(3) 电阻率高,热惯性小,不像热电偶需要冷端补偿,适宜动态测量.

(4) 使用方便. 热敏电阻的电阻值在 10 ～ 105 Ω 之间可任意挑选,不必考虑线路引线电阻和接线方式,容易实现远距离测量,功耗小.

(5) 电阻值与温度变化呈非线性关系.

(6) 稳定性和互换性较差.

我们知道,金属导电依靠的是自由电子在电场力作用下的定向运动,当温度升高时,自由电子的数目基本不增加,但其热运动的动能却增加了,此时,在一定电场作用下,自由电子的定向运动就会遇到更大的阻力,即电阻值增加了. 而半导体参与导电的是载流子(自由电子或空穴),由于半导体中载流子的数目要比原子的数目少几千到几万倍,相邻自由电子之间的距离是原子之间距离的几十倍到几百倍,所以在一般情况下它的电阻值很大. 当温度升高时,半导体中更多的价电子因热激发而挣脱核束缚成为载流子,使得参与导电的载流子数目增加了,故半导体的电阻值随温度升高而急剧减小,且按指数规律下降,呈非线性. 半导体热敏电阻和金属热电阻的温度特性如图 5 - 2 - 1 所示.

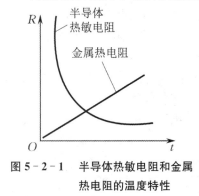

图 5 - 2 - 1　半导体热敏电阻和金属热电阻的温度特性

热敏电阻正是利用半导体这种载流子数随温度变化而显著变化的特性制成的一种温度敏感元件. 在一定的测温范围内,根据所测量的热敏电阻电阻值的变化,便可知被测介质的温度变化.

电阻率随着温度升高而均匀减小的热敏电阻,称为负温度系数(NTC) 热敏电阻. NTC 热敏电阻一般采用负电阻温度系数很大的固体多晶半导体氧化物(如铜、铁、铝、锰、钴、镍、铼等氧化物) 的混合物制成. 取其中的 2 ～ 4 种,按一定的比例混合进行研磨后,烧结成坚固的整块,改变这些混合物的成分和配比,就可获得测温范围、电阻值和温度系数不同的 NTC 热敏电阻.

**3. pn结温度传感器的工作原理**

pn结温度传感器是一种半导体敏感器件,它可实现温度与电压的转换.在常温范围内兼有热电偶、热电阻和热敏电阻各自的优点,同时又克服了这些传统测温器件的某些固有缺陷,是自动控制和仪器仪表工业不可缺少的基础元器件之一,在 $-50 \sim 200\ ℃$ 温区内有着极其广泛的用途.

**【实验仪器】**

HLD-WD-Ⅲ 型温度传感器特性综合实验仪、PT100热电阻温度传感器、NTC热敏电阻温度传感器、pn结温度传感器、数字万用表等.

综合实验仪上温控表(PID)目标温度(SV)设置方法:

(1)在面板上按一下"SET"键,此时显示目标温度的数字的个位将会闪烁;

(2)按面板上的"▲"或"▼"键调整设置个位的温度;

(3)接着按"◀"键,此时显示目标温度的数字的十位将会闪烁;

(4)按面板上的"▲"或"▼"键调整设置十位的温度;

(5)用同样的方法设置百位的温度;

(6)调好所需设定的温度后,再按一下"SET"键即可完成设置.

**【实验内容与步骤】**

1.测量PT100热电阻温度传感器的温度曲线.

(1)按图5-2-2所示连接实验线路.

(2)将PT100热电阻温度传感器插入加热井,在综合实验仪的温控表上将加热井中的目标温度设置为100 ℃.

(3)将加热开关打到"快加热"挡(注意加热时风扇处于关闭状态,数字万用表打到 $400\ \Omega$ 挡).

(4)待温度稳定后记录数字万用表上显示的电阻值.

(5)每隔 $5\ ℃$ 记录一次电阻值,直到 $100\ ℃$,记录表格可参照表5-2-1.

(6)将目标温度调到稍高于 $100\ ℃$,温度稳定后将综合实验仪上的加热开关打到"断"挡,记录温度下降过程中步骤(5)中对应温度点处的电阻值(必要时可将风扇打开).

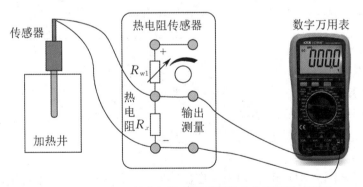

图5-2-2 PT100热电阻温度传感器温度曲线测量示意图

表5-2-1 PT100热电阻温度传感器温度曲线实验数据记录表

| 温度/℃ | | 50 | 55 | 60 | 65 | 70 | 75 | 80 | 85 | 90 | 95 | 100 |
|---|---|---|---|---|---|---|---|---|---|---|---|---|
| 热电阻/Ω | 升温 | | | | | | | | | | | |
| | 降温 | | | | | | | | | | | |
| | 平均值 | | | | | | | | | | | |

2.测量负温度系数(NTC)热敏电阻温度传感器的温度曲线.

将上面实验中的PT100热电阻温度传感器取出,换成NTC热敏电阻温度传感器,实验步骤与

PT100 热电阻温度传感器的相同,实验数据记录表格可参照表 5-2-2.

表 5-2-2　NTC 热敏电阻温度传感器温度曲线实验数据记录表

| 温度 /℃ | | 50 | 55 | 60 | 65 | 70 | 75 | 80 | 85 | 90 | 95 | 100 |
|---|---|---|---|---|---|---|---|---|---|---|---|---|
| 热敏电阻 /Ω | 升温 | | | | | | | | | | | |
| | 降温 | | | | | | | | | | | |
| | 平均值 | | | | | | | | | | | |

3. 测量 pn 结温度传感器的温度曲线.

(1) 按图 5-2-3 所示连接实验线路,接线时注意正、负极.

(2) 数字万用表选择直流 4 V 挡,测量 pn 结温度传感器的输出电压.

(3) 实验步骤与 PT100 热电阻温度传感器的相同,实验数据记录表格可参照表 5-2-3.

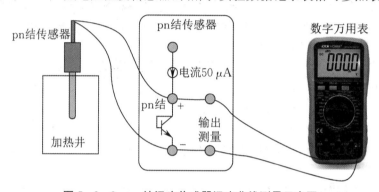

图 5-2-3　pn 结温度传感器温度曲线测量示意图

表 5-2-3　pn 结温度传感器温度曲线实验数据记录表

| 温度 /℃ | | 50 | 55 | 60 | 65 | 70 | 75 | 80 | 85 | 90 | 95 | 100 |
|---|---|---|---|---|---|---|---|---|---|---|---|---|
| 输出电压 /V | 升温 | | | | | | | | | | | |
| | 降温 | | | | | | | | | | | |
| | 平均值 | | | | | | | | | | | |

**【注意事项】**

1. 仪器连接好后方可通电.

2. 仪器加热温度不宜过高.

**【数据表格及数据处理要求】**

在坐标纸上画出以上三种温度传感器的温度曲线.

**【实验后思考题】**

在本实验的测温范围内,PT100 热电阻温度传感器、NTC 热敏电阻温度传感器和 pn 结温度传感器的温度曲线有什么共同点?

# 5.3　冰的熔化热的测量

物质从固相转变为液相的相变过程称为熔化.一定压强下晶体开始熔化时的温度,称为该晶体在此压强下的熔点.晶体的熔化是组成物质的粒子由规则排列向不规则排列转化的过程.破坏晶体的点阵结构需要能量,因此,晶体在熔化过程中虽吸收热量,但其温度却保持不变.某种晶体熔化成为同温度的液体所吸收的热量,叫作该晶体的熔化潜热.单位质量的晶体在熔点从固态全部变为液态所需要吸收的热量,叫作该晶体物质的熔化热.

**【实验目的】**

1. 学习用混合量热法测定冰的熔化热.

2. 学会用有物态变化时的热交换定律来计算冰的熔化热.

3. 学会一种粗略修正散热的方法 —— 抵偿法.

**【预习思考题】**

1. 什么叫晶体熔化热?

2. 本实验采用混合量热法测冰的熔化热,它所依据的原理是什么?

3. 本实验中的"热学系统"由哪些部分组成?

**【实验原理】**

本实验采用混合量热法测定冰的熔化热,其基本做法是:把待测系统 A 与某已知热容的系统 B 相混合,使其成为一个与外界无热量交换的孤立系统 C(C＝A＋B).这样 A(或 B) 放出的热量将全部为 B(或 A) 吸收,因而满足热平衡方程 $Q_A = Q_B$.已知热容的系统 B 在实验过程中传递的热量 $Q_B$ 可以由其温度的改变 $\Delta T$ 和热容 C 计算出来,即 $Q_B = C\Delta T$,因而待测系统在实验过程中所传递的热量也就知道了.为了构造孤立系统的实验条件,本实验采用量热器,量热器内部与外部热隔绝,内部的待测系统与已知热容的系统合二为一,成为一个孤立系统.量热器由不锈钢的外筒、内筒、绝热层、数字温度计等组成(见图 5－3－1),它与外界环境热量交换很小,近似于一个孤立系统.

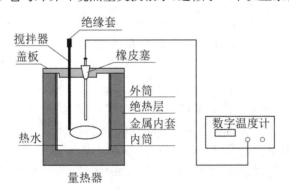

**图 5－3－1  冰的熔化热测定仪**

实验时,量热器装入热水(约高于室温 10 ℃,占内筒容积 2/3),然后放冰,冰熔化后混合系统将达到热平衡.此过程中,原实验系统放出的热量为 $Q_放$;冰吸收热量熔化成水,并最终与原实验系统达到热平衡,设其吸收的总热量为 $Q_吸$.因为是孤立系统,所以有

$$Q_放 = Q_吸. \tag{5－3－1}$$

设混合前实验系统的温度为 $T_1$,热水质量为 $m_1$(比热容为 $c_1$),内筒质量为 $m_2$(比热容为 $c_2$),搅拌器质量为 $m_3$(比热容为 $c_3$),冰质量为 $m$(实验室条件下冰的温度和冰的熔点均可认为是 0 ℃,设为 $T_0$,数字温度计浸入水中的部分放出的热量忽略不计;混合后系统达到热平衡时的温度为 $T$,冰的熔化热用 $L$ 表示.根据式(5－3－1)有

$$mL + mc_1(T - T_0) = (m_1c_1 + m_2c_2 + m_3c_3)(T_1 - T).$$

因为 $T_0 = 0$ ℃,所以冰的熔化热为

$$L = \frac{(m_1c_1 + m_2c_2 + m_3c_3)(T_1 - T)}{m} - Tc_1. \tag{5－3－2}$$

式(5－3－2)即为测冰的熔化热的实验公式.

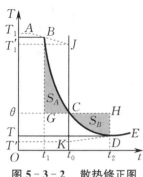

图 5-3-2　散热修正图

本实验并不能完全满足绝热条件,实验中量热器会与外界环境交换热量,故必须对实验结果进行一定的散热修正.修正方法如图 5-3-2 所示,通过作图,用外推法可得到混合时刻的热水温度 $T_1'$ 和热平衡的温度 $T'$.图中 $AB$ 和 $DE$ 线段分别表示冰水混合前热水的温度和冰水混合后系统达到热平衡时系统温度随时间的变化.冰水混合后系统达到室温 $\theta$ 的时刻为 $t_0$.图中阴影部分 $BCG$ 面积 $S_A$ 与系统向外界环境散失的热量有关,阴影部分 $CDH$ 面积 $S_B$ 与系统从外界环境吸收的热量有关.当 $S_A = S_B$ 时,过 $t_0$ 作 $t$ 轴的垂线,并与 $AB$ 和 $DE$ 的延长线分别相交于 $J$,$K$ 两点,则 $J$ 点对应的温度为 $T_1'$,$K$ 点对应的温度为 $T'$.

【实验仪器】

DM-T 数字温度计、LH-1 量热器、WL-1 物理天平、保温瓶.

【实验内容与步骤】

1.用天平称量量热器内筒质量 $m_2$(内筒如有水要擦干).

2.量热器内筒装入适量热水(水占内筒容积的 2/3,温度约高于室温 10 ℃),用天平称量量热器内筒和热水的总质量 $m_1 + m_2$,求得热水质量 $m_1$.

3.确定系统初始温度 $T_1$:将内筒放入量热器,盖好盖,插好搅拌器和温度计,然后开始记录热水温度随时间的变化,每隔 5～6 s 记录一个温度值,直至连续记录到三个相同的温度值,即可认为此时量热器内温度趋于稳定,将该值作为初温 $T_1$.

4.实验室冰箱预先备有冰块,取 4～5 块(每块约 10 g),用小毛巾擦去冰上水珠,放入内筒(用冰量由实验教师根据经验控制,以系统平衡时的温度低于室温 5～7 ℃ 为宜,放冰时注意不要使水溅出).

5.确定系统平衡温度 $T$:用搅拌器轻轻上下搅动量热器中的水,让冰块完全熔化直至达到热平衡.放冰后开始计时,记录温度随时间的变化.当系统出现最低温度时,说明冰块完全熔化后系统基本达到热平衡,温度开始回升后继续记录 2～3 个数据点,最后再确定平衡温度 $T$ 以保证其准确性.

6.取出内筒,用天平称量量热器内筒和水的质量 $m_1 + m_2 + m$,算出冰的质量 $m$.

7.如果测量效果不佳,要调整热水的初始温度或冰的用量,重做实验.

【注意事项】

1.取冰时,用小毛巾将冰上所沾水珠吸干,不得用手接触冰块.

2.冰、水混合后,要不停搅拌,以使系统中各处温度均匀,并让冰尽快熔化.

3.搅拌动作要轻,幅度不要太大,以免将水溅出.

4.实验结束后,清理实验用水,并用小毛巾擦干内筒.

【数据表格及数据处理要求】

1.自拟表格记录实验数据.

| | |
|---|---|
| 水的比热容(20 ℃): | $c_1 = 4.186 \times 10^3$ J/(kg·℃). |
| 内筒(铁)的比热容(20 ℃): | $c_2 = 0.448 \times 10^3$ J/(kg·℃). |
| 搅拌器(铜)的比热容(20 ℃): | $c_3 = 0.38 \times 10^3$ J/(kg·℃). |
| 搅拌器的质量: | $m_3 = 6.24$ g. |
| 冰的熔化热公认值: | $L_0 = 3.335 \times 10^5$ J/kg. |

2.计算冰的熔化热及其不确定度.

对物理天平,取质量不确定度为

$$u_{m_1} = u_{m_2} = u_{m_3} = u_m = \frac{1}{3}\Delta_{仪} \quad (\text{取 } \Delta_{仪} = 0.05 \text{ g}).$$

对数字温度计,取温度不确定度为

$$u_{T_1} = u_T = \frac{1}{3}\Delta_{仪} \quad (\text{取 } \Delta_{仪} = 0.01 \text{ ℃}).$$

3. 写出实验结果并进行讨论.

4. 与冰的熔化热公认值进行比较并计算相对误差.

【实验后思考题】

1. 热传递有几种方式? 本实验使用的量热器,在结构上是如何防止热传递的?

2. 本实验中,为什么要进行散热修正?

3. 散热修正是根据什么定律进行的? 具体操作中要调整哪些参量? 怎样调整? 其中对参量 $T_1$(初始温度)有什么要求?

# 5.4 空气比热容比的测量

理想气体的定压比热容 $c_p$ 和定容比热容 $c_V$ 之比 $\gamma$ 称为气体的比热容比. $\gamma$ 值是热力学过程特别绝热过程中一个很重要的参量,又称为气体的绝热指数或绝热系数. 比热容比作为一个常用的物理量,在热力学理论和工程技术应用中,以及在研究物质结构、确定相变、鉴定物质纯度等方面,都起着十分重要的作用. 例如,热机的效率及声波在空气中的传播特性都与空气的比热容比 $\gamma$ 有关.

实验上通常采用绝热膨胀法、绝热压缩法等方法来测定空气的比热容比. 本实验将采用一种比较新颖的测量空气比热容比的方法,即通过测定小球在储气瓶玻璃管中的振动周期来计算空气的 $\gamma$ 值.

【实验目的】

1. 学习测定空气比热容比的方法.

2. 了解气体分子的自由度与比热容比的关系.

3. 掌握物理天平、螺旋测微器、数显计数计时毫秒仪(光电计时器) 等仪器的使用方法.

【预习思考题】

1. 何谓定容比热容? 何谓定压比热容? 何谓气体的比热容比?

2. $c_p$ 与 $c_V$ 在量值上关系如何? 两者在实验中容易测得吗?

3. $\gamma$ 值与气体分子的自由度有何关系?

【实验原理】

如图 5-4-1 所示,小球在精密细玻璃管 10 中(其直径仅仅比玻璃管内径小 0.01 mm 左右)可自由上下移动,待测气体通过导管从瓶上小孔注入储气瓶 2 中. 设小球质量为 $m$,半径为 $r$,当瓶内气压 $p$ 满足下式时,小球处于平衡位置:

$$p = p_L + \frac{mg}{\pi r^2}, \tag{5-4-1}$$

式中 $p_L$ 为大气压强.

设小球从平衡位置出发,向上产生微小正位移 $x$,则瓶内气体的体积有一微小增量

$$dV = \pi r^2 x, \tag{5-4-2}$$

与此同时瓶内气体压强将降低一微小值 $dp$,此时小球所受合外力为

$$F = \pi r^2 dp. \tag{5-4-3}$$

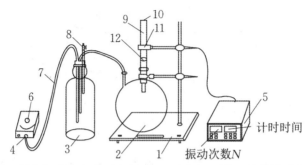

1—底座;2—储气瓶Ⅰ;3—储气瓶Ⅱ;4—气泵出气口;5—FB213型数显计数计时毫秒仪;6—气泵及气量调节旋钮;7—橡皮管;8—调节阀门;9—系统气压动平衡调节气孔;10—小球简谐振动腔(玻璃管);11—光电传感器;12—小球

**图5-4-1 FB212型气体比热容比测定仪整机示意图**

小球在玻璃管中运动时,瓶内气体将进行一准静态绝热过程,有绝热方程

$$pV^\gamma = C,\qquad(5-4-4)$$

式中 $C$ 为常数. 两边微分,得

$$V^\gamma dp + \gamma V^{\gamma-1}pdV = 0.\qquad(5-4-5)$$

将式(5-4-2)和(5-4-3)代入(5-4-5),得

$$F = -\frac{\gamma\pi^2 r^4 p}{V}x.\qquad(5-4-6)$$

由牛顿第二定律,可得小球的动力学方程为

$$\frac{d^2 x}{dt^2} + \frac{\gamma\pi^2 r^4 p}{mV}x = 0.\qquad(5-4-7)$$

由式(5-4-7)可知小球在玻璃管中做简谐振动,其振动周期为

$$T = 2\sqrt{\frac{mV}{\gamma pr^4}}.\qquad(5-4-8)$$

于是得待测气体的比热容比为

$$\gamma = \frac{4mV}{T^2 r^4 p} = \frac{64mV}{T^2 d^4 p}.\qquad(5-4-9)$$

式(5-4-9)即为测量气体比热容比 $\gamma$ 的实验公式,式中 $d$ 是小球的直径.

　　为了补偿空气阻尼引起的小球振动振幅的衰减,可通过导管一直向储气瓶2内注入一个小气压的气流. 此外,在精密细玻璃管10的中央还开设了一个泄气小孔,当小球处于小孔上方的半个振动周期时,容器内的气体将通过小孔流出,容器内压力减小. 只要适当控制注入气体的流量,小球就能在玻璃管的小孔附近做简谐振动,振动周期可利用光电计时装置测得.

　　**【实验仪器】**

　　FB212型气体比热容比测定仪、TW-1型物理天平、0~25 mm螺旋测微器.

　　FB212型气体比热容比测定仪结构和连接方式如图5-4-1所示. 接通电源后,气泵6开始往储气瓶3中注入空气,调节阀门8可以控制进气量大小. 气流经过储气瓶3进入储气瓶2. 小球12在简谐振动腔10内以光电传感器11所处位置为平衡位置上下振动. 振动的次数和时间由数显计数计时毫秒仪5记录并显示出来.

　　**【实验内容与步骤】**

　　1. 将气泵6和储气瓶3用橡皮管连接好,装有小球的玻璃管10插入球形储气瓶2中,光电传感器11置于玻璃管上的小孔9附近.

2. 调节底座 1 使其处于水平状态(本装置未安装调平旋钮,实验室事先已经调好水平).

3. 接通气泵电源,缓慢调节气泵上的气量调节旋钮,数分钟后,待储气瓶内注入一定压力的气体后,玻璃管中的小球开始向管子上方移动.此时应调节好进气的大小,使小球在玻璃管中以小孔为中心上下振动.

4. 测量振动周期.

(1) 设置:接通计数计时毫秒仪的电源,打开计时仪器,预置测量次数为 50 次.如需设置其他次数,可按"置数"键后,再按"上调"或"下调"键,调至所需次数,再按"置数"键确定.本实验按预置测量次数进行,不需要另外置数.

(2) 测量:按"执行"键,即开始计数(状态显示灯闪烁).待状态显示灯停止闪烁,显示屏显示的数字即为小球振动 50 次所需的时间.重复测量 5 次.

5. 用螺旋测微器测出小球的直径 $d$,重复测量 5 次.

6. 用天平称出小球的质量 $m$,重复称量 5 次(用复称法,物码左右交换测量算一次称量,$m = \sqrt{m_左 \times m_右}$).

**【注意事项】**

1. 通气后若小球未动,可以调节气泵上的气量调节旋钮,直到小球在玻璃管上的小孔附近做稳定的简谐振动.

2. 装有小球的玻璃管上端需要加一黑色护套,防止实验时因气流过大而导致小球冲出.

3. 实验室已配备了与玻璃简谐振动腔中的小球完全一样的备测小球,可通过测量备测小球的质量和直径得到实验中所用小球的质量和直径,因此实验中无须取出玻璃管中的小球,以防损坏玻璃管.

4. 接通电源后若计时仪器不计时或不停止计时,可能是光电传感器位置放置不正确,造成小球上下振动时未挡光,或者是外界光线过强,需适当挡光.

5. 本实验装置主要系玻璃制成,实验中要特别小心.实验对玻璃管的要求也很高,小球的直径仅比玻璃管内径小 0.01 mm 左右,因此小球表面不允许擦伤.在测量小球质量和直径时要注意轻拿轻放,还要防止小球表面粘上灰尘.

**【数据表格及数据处理要求】**

1. 自拟表格记录实验数据.

球形储气瓶容积:从储气瓶 2 的标签上读出.

大气压强:$p_L = 1.013 \times 10^5$ Pa.

本地重力加速度:$g = 9.781$ m/s$^2$.

2. 计算 $\gamma$ 值及其不确定度(本实验忽略球形储气瓶容积 $V$ 和大气压强的测量误差).

3. 写出实验结果并进行讨论.

4. 与 $\gamma$ 的公认值 $\gamma_0 = 1.412$ 进行比较并计算相对误差.

**【实验后思考题】**

1. 注入气体量的多少对小球的运动情况有没有影响?

2. 实际上小球的振动过程并不是理想的绝热过程,这时测得的 $\gamma$ 值比实际值大还是小? 为什么?

3. 本实验所用 FB212 型气体比热容比测定仪是一种新型实验装置,你能对它提出什么改进意见吗?

## 5.5 水的汽化热的测量

物质由液态向气态转化的过程称为汽化. 在一定压强下, 单位质量的物质从液相转变为同温度气相过程中所吸收的热量称为该物质的汽化热. 液体汽化有蒸发和沸腾两种形式. 在液体自由表面上进行的汽化称为蒸发. 当液体内部饱和气泡因温度升高而膨胀上升到液面后破裂, 这样的汽化过程叫沸腾. 汽化不论何种形式, 其物理过程都是液体中一些热运动动能较大的分子不断飞离液体表面, 成为气体分子. 随着热运动动能较大分子的逸出, 液体的温度就要下降, 若要保持温度不变, 在汽化过程中, 外界就要不断地供给热量. 因为把液体变成气体时, 要吸收热量, 所以对沸腾液体继续加热, 温度并不升高.

液体的汽化热不但和液体的种类有关, 而且和汽化时的温度和压强有关. 温度较高时, 液相中分子和气相中分子的能量差别较小, 因而温度较高, 液体的汽化热减小. 物质从气态向液态转化的过程叫凝结. 同一物质凝结时放出的热量等于相同条件下汽化时吸收的热量.

本实验就是通过测量水蒸气凝结时放出的热量的方法来测定水的汽化热.

【实验目的】

1. 学会用混合量热法测定水在大气压强下的汽化热.

2. 学习消除外界影响的实验方法.

3. 学会一种粗略修正散热的方法 —— 抵偿法.

【预习思考题】

1. 何谓汽化? 汽化热的定义是什么?

2. 何谓凝结? 本实验是用什么方法测水的汽化热?

3. 本实验为什么要用低于环境温度的水来做实验?

【实验原理】

同一物质凝结时放出的热量等于相同条件下汽化时吸收的热量, 即相同条件下, 汽化热 = 凝结热. 根据水的汽化热定义

$$L = \frac{Q}{m},$$

通过测定水蒸气在常压条件下的凝结热, 即可间接得到水在沸点时的汽化热.

如图 5-5-1 所示, 水在蒸气发生器 1 中被煮沸后, 水蒸气经玻璃管向下进入量热器 4, 然后在盛有冷水的量热器内筒中凝结成水, 并放出热量, 使筒内水温由初温 $\theta_1$ 升到 $\theta_0$. 设有质量为 $m$, 沸点为 $\theta_2$ (100 ℃) 的水蒸气凝结成水. 温度为 $\theta_2$ 的水蒸气变为温度为 $\theta_0$ 的水的过程是: 温度为 $\theta_2$ 的水蒸气先转化成温度为 $\theta_2$ 的水, 放出热量 $mL$ (凝结热); 然后温度为 $\theta_2$ 的水与温度为 $\theta_1$ 的冷水混合, 逐步达到热平衡温度 $\theta_0$, 并放出热量 $cm(\theta_2 - \theta_0)$, 式中 $c$ 为水的比热容. 此过程中总的放热量为

$$Q_{放} = mL + cm(\theta_2 - \theta_0).$$

设量热器内筒和筒内冷水的质量分别为 $m_1$ 和 $M$, 量热器内筒的比热容为 $c_1$, 则量热器内筒和冷水所获热量 (不考虑热损失) 为

$$Q_{吸} = (m_1 c_1 + Mc)(\theta_0 - \theta_1).$$

由热平衡方程式

$$Q_{放} = Q_{吸},$$

可得水的汽化热

$$L = \frac{(m_1 c_1 + Mc)(\theta_0 - \theta_1) - mc(\theta_2 - \theta_0)}{m}. \tag{5-5-1}$$

式(5-5-1)即为测水的汽化热所用实验公式.

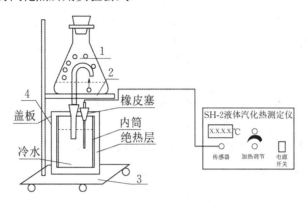

1—蒸气发生器；2—电加热器；3—支架；4—量热器

**图 5-5-1 SH-2 液体汽化热测定仪整机示意图**

式(5-5-1)成立的条件是量热器与外界无热量交换，但系统内外只要有温度差异，热交换就不可避免. 为降低误差，可根据牛顿冷却定律进行散热修正.

对系统进行散热修正的方法是先作出如图 5-5-2 所示的水的温度-时间曲线. 图中曲线 $ABGCD$ 的 $AB$ 段表示通入水蒸气前量热器及水的缓慢升温过程(因 $\theta_1 < \theta_{室}$)；$BC$ 段表示通入水蒸气的过程；$CD$ 段表示通入水蒸气后的冷却过程. 再过 $BC$ 段上的 $G$ 点作与时间轴垂直的一条直线，使其与 $AB$，$CD$ 的延长线分别相交于 $E$，$F$ 点，让面积 $BEG$ 与面积 $CFG$ 相等. 这样，$E$，$F$ 点对应的温度就是热交换进行无限快时水的始末温度，即没有热量散失时通入水蒸气前、后水的初温 $\theta_1$ 和终温 $\theta_0$.

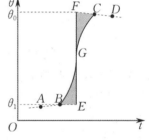

**图 5-5-2 散热修正图**

【实验仪器】

DM-T 数字温度计、LH-1 量热器、WL-1 物理天平、蒸馏烧瓶、电炉、秒表、毛巾等.

【实验内容与步骤】

1. 打开汽化热测定仪电源开关和加热调节旋钮，给盛有水的蒸气发生器加热(水预先放入). 加热调节旋钮顺时针轻轻转到最大后再回转 5°～10°，可使加热电流下降 80%，以保证仪器安全.

2. 记录室温 $\theta_{室}$.

3. 用天平称量量热器内筒质量 $m_1$(筒内如有水要擦净).

4. 在内筒中装入 2/3 容积的冷水(实验室已备好低于室温 10～15 ℃的蒸馏水).

5. 用天平称量量热器内筒和冷水的共同质量 $M + m_1$.

6. 确定内筒中冷水的初始温度 $\theta_1$：将盛有冷水的内筒放入量热器盖好，插入温度计并开始计时. 因筒内外温度差约 10 ℃，温度开始下降，待温度下降逐渐平稳后在数字温度计上每隔 5～10 s 记录一个数据，记录 6～8 个点，从中初步确定初始温度 $\theta_1$.

7. 估算平衡温度 $\theta' = 2\theta_{室} - \theta_1$.

8. 待蒸气发生器内水烧开沸腾，达到沸点的水蒸气从玻璃管喷出一会儿后(待管口很少有水滴凝结)，将量热器置于升降平台中心，玻璃管对准量热器盖板中心孔，小心地上移平台，使玻璃管插入量热器内筒水中. 插入前先擦干管口的水滴，并记下水的初始温度 $\theta_1$.

9. 蒸气在内筒内凝结并与冷水混合完成热交换. 当温度接近估算的平衡温度 $\theta'$ 时，关闭加热调节旋钮，停止加热，待热惯性使温度升至稳定值 $\theta_0$(由 $\theta' = 2\theta_{室} - \theta_1$ 确定的提前量，由实验教师根据经验决定,因为它随气压、相对湿度等诸多因素变化).垂直下移平台,将量热器取下.开始记录温度,记录 10 个值.温度达到最高值时,即为平衡温度 $\theta_0$.

10. 温度记录结束后立即再次用天平称量量热器内筒和水的总质量 $M_1$,即 $m = M_1 - (M + m_1)$.

11. 再次记录室温 $\theta_{室}$.本实验以实验前后室温的平均值作为环境温度.

12. 如时间富余,可重复以上步骤,再做一遍.选取计算结果与 $L$ 公认值接近的一组数据.

## 【注意事项】

1. 注意不要被蒸气烫伤.

2. 注意蒸气发生器底部的玻璃管,上下升降时须小心谨慎,以免损坏.

3. 不可用最大电流加温,否则可能会损坏仪器.

4. 量热器晃动幅度要小,勿使液体溅出,否则会严重影响实验结果.

## 【数据表格及数据处理要求】

1. 自拟表格记录实验数据.

水的汽化热公认值

$$L_0 = 2.259\,7 \times 10^6 \text{ J/kg}.$$

2. 计算水的汽化热及其不确定度.

3. 写出实验结果并进行讨论.

4. 与水的汽化热公认值进行比较并计算相对误差.

## 【实验后思考题】

1. 确定环境温度的意义是什么?你能设计出理想的确定环境温度的方法吗?

2. 热量损失是造成实验误差的主要原因,你能列出多少个存在热量损失的地方?

3. 设计一个方案,修正温度计插入水中部分吸收热量对实验的影响.


# 5.6  液体比热容的测量

测定液体比热容的方法有多种,如电流量热器法、混合法、比较法、冷却法、辐射法等.本实验采用电流量热器法测定水的比热容.

热学实验中,由于散热因素多且不易控制和测量,量热实验的准确度往往不高,所以,如何防止热散失是热学实验设计中需要重点考虑的问题.在做量热实验时,需要仔细分析产生各种误差的原因,并采取相应的减小误差的方法与措施,以最大程度提高实验准确度.

## 【实验目的】

1. 熟练掌握量热器及物理天平的使用方法.

2. 学会用电流量热器法测定水的比热容.

3. 学会分析实验中产生误差的原因,提出减小误差的方法和措施.

## 【预习思考题】

1. 何谓比热容?它的单位是什么?

2. 式(5-6-4)成立的条件是什么?

3. 本实验装置有何防止热散失的措施?在实验操作中,如何尽量减少热散失?

## 【实验原理】

反映物质热学性质的物理量,如本实验要测量的比热容,往往是利用待测系统与已知系统之间的热量与温度之间的关系来测量的.为了测量实验系统内部的热交换,总是不希望实验系统与环境之间有热交换,所以要求实验系统保持为一个孤立系统,即与环境没有热交换.

本实验所用量热器结构如图5-6-1所示,1和2为铜电极,3为加热电阻丝,待测液体4盛于玻璃内筒6之中,8为泡沫绝热层,9为绝热盖板,10为搅拌器.由于玻璃内筒6被泡沫绝热层8和绝热盖板9隔开,故待测液体、内筒、铜电极、搅拌器所构成的量热系统与外界由热传导和空气对流所产生的热交换很小;又由于量热器外壳为光滑金属表面,发射或吸收热辐射的能力较低,可以近似认为量热系统和外界因辐射所交换的能量也很小.因此在实验中,量热系统可以近似当作一个孤立系统.

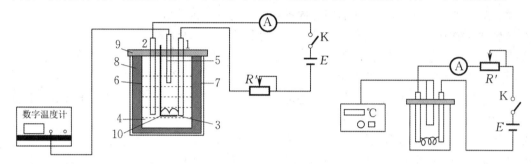

1—铜电极;2—铜电极;3—加热电阻丝;4—待测液体;5—温度传感器;6—玻璃内筒;

7—量热器外筒;8—泡沫绝热层;9—绝热盖板;10—搅拌器

**图5-6-1 液体比热容测定仪整机示意图和线路图**

实验时,量热器内筒中装有质量为$m$、比热容为$c$的待测液体.通电后在$t$时间内电阻丝$R$所产生的热量为

$$Q_{放} = I^2Rt. \qquad (5-6-1)$$

待测液体、玻璃内筒、铜电极、搅拌器吸收电阻丝$R$释放的热量后,温度升高.设玻璃内筒质量为$m_1$,比热容为$c_1$,铜电极和铜搅拌器总质量为$m_2$,比热容为$c_2$,系统初始热平衡温度为$T_1$,加热终了后达到的热平衡温度为$T_2$,则系统吸收的热量为

$$Q_{吸} = (cm + c_1m_1 + c_2m_2)(T_2 - T_1). \qquad (5-6-2)$$

因$Q_{吸} = Q_{放}$,故有

$$I^2Rt = (cm + c_1m_1 + c_2m_2)(T_2 - T_1), \qquad (5-6-3)$$

解得待测液体的比热容为

$$c = \frac{1}{m}\left(\frac{I^2Rt}{T_2 - T_1} - c_1m_1 - c_2m_2\right). \qquad (5-6-4)$$

式(5-6-4)即为测量液体比热容的实验公式.实验中只需测得该式右边各物理量,就可求得待测液体的比热容.

**【实验仪器】**

IT-1型电流量热器、DM-T型数字温度计、WYT-20型直流稳压电源、DM-A2型数字电流表、BX7-12型滑动变阻器、TW-1型物理天平、秒表、单刀开关、连接导线.

**【实验内容与步骤】**

1.按照图5-6-1连接电路,注意将开关K断开.

2.用天平称量量热器玻璃内筒的质量(复称法).

3.量热器玻璃内筒装入约大半杯水,再用天平称玻璃内筒和水的总质量(复称法).

4.将盛水的玻璃内筒放入量热器中,盖好绝热盖板,并注意不要让水溅出.

5.打开电源$E$,调节电源电压到15 V.

6.合上开关K,观察电流表A,调节滑动变阻器$R'$,使电流表显示的读数在1 000 mA左右.

7. 断开开关 K,轻轻搅动搅拌器,从数字温度计上读出初温.

8. 合上开关 K 给液体加热,同时按下秒表开始计时.

9. 轻轻搅动搅拌器使整个量热器内筒内各处温度均匀,待温度升高 5 ℃ 时,断开电源,同时停止计时,从数字温度计上记下末温.

**【注意事项】**

1. 温度传感器不要插入水里太深,插到水面以下即可.

2. 读初温前要充分搅拌,使量热器内筒内各处温度均匀后再读数.

3. 加热过程中搅拌不要过于剧烈和频繁,以防摩擦生热,带来误差.

4. 断开电源后立刻停止计时,但不要马上读出末温,应当继续搅拌,同时观察数字温度计读数的变化,取数字温度计读数的最大值作为末温.

5. 在加热过程中,如果电流表读数在微小范围内波动,观察波动范围,并记下电流在时间上的分布,取其时间上的加权平均值作为电流读数.

6. 实验完毕要将玻璃内筒中的水倒掉,并将电极上的水擦干,以免电极腐蚀.

7. 实验完毕使所有仪器回归到实验前的初始状态,导线要捋顺缠好.

**【数据表格及数据处理要求】**

1. 自拟表格记录实验数据.

2. 计算水的比热容及其不确定度.

对天平,取质量不确定度为

$$u_m = u_{m_1} = u_{m_2} = u_B = \frac{1}{3}\Delta_{仪} \quad (\Delta_{仪} = 0.05 \text{ g}).$$

3. 写出实验结果并进行讨论.

4. 与水的比热容公认值进行比较并计算相对误差.

20 ℃ 时纯水的比热容公认值为 $c_0 = 4.186 \times 10^3 \text{ J/(kg · ℃)}$.

**【实验后思考题】**

1. 什么是牛顿冷却定律?

2. 电流量热器法测液体比热容的优点是什么?

3. 如何用修正终止温度(末温)的方法进行散热修正?

# 第6章
# 光 学 实 验

## 6.1　旋光仪和阿贝折射仪的使用

### 6.1.1　旋光仪的使用

当线偏振光通过某些物质时,出射光的振动面相对于原入射光的振动面将发生一定角度的旋转,这种现象称为旋光现象.能使光的振动面发生旋转的物质,称为旋光物质.旋光物质的种类很多,如固体中的石英、云母、朱砂等,液体中的石油、酒石酸、糖溶液等都是旋光物质.分析和研究物质的旋光性,在石油化工、制药、制糖和生物医疗工程等方面有广泛的应用.

本实验主要讨论溶液的旋光性.

【实验目的】

1. 观察线偏振光通过旋光溶液后的旋光现象.

2. 了解旋光仪的原理和结构特点,掌握其使用方法.

3. 学会用旋光仪测旋光溶液的旋光率和浓度.

【预习思考题】

1. 为什么通常用钠黄光(波长为 $\lambda = 589.3\ \text{nm}$)来测旋光率?

2. 为什么要确定旋光仪的零点? 如何确定零点?

3. 为什么在装待测溶液的试管中不能留有较大气泡?

【实验原理】

一束线偏振光通过旋光物质后,将发生旋光现象,出射线偏振光的振动面相对于原入射线偏振光将旋转一定的角度 $\varphi$(见图6-1-1),$\varphi$ 称为旋转角或旋光度.对固体介质,$\varphi$ 正比于光在该介质中所经过的路程 $L$,即

$$\varphi = \alpha L. \tag{6-1-1}$$

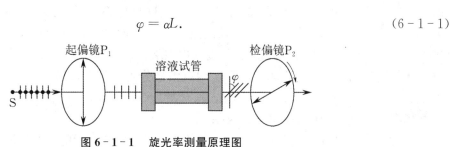

图 6-1-1　旋光率测量原理图

对溶液介质,旋光度除与光在溶液中经过的路程 $L$ 有关外,还正比于溶液中旋光物质的浓度 $c$,即

$$\varphi = \alpha cL. \tag{6-1-2}$$

上面两式中比例系数 $\alpha$ 称为物质的旋光率.在相同条件下,不同波长的线偏振光将旋转不同的角度,即旋光率与线偏振光的波长有关 $\left(\alpha \propto \dfrac{1}{\lambda^2}\right)$,这种现象称为旋光色散.在实际测量中,为避免旋光色散对测量结果的影响,通常用钠的 D 谱线(平均波长为 589.3 nm)来测定旋光率.温度的变化对物质的旋光率也有影响,但因这种影响很微弱,可以忽略不计.

测量旋光溶液的旋光率,原理上如图 6-1-1 所示,光路上未放入溶液试管时,由光源 S 发出的光通过一块偏振片(起偏镜)成为线偏振光,经过第二块偏振片(检偏镜)后,迎着出射光的方向观察,以光线传播方向为轴转动检偏镜时,会发现光的亮度在变化.当两个偏振片的透振方向相互垂直时,亮度最暗.此时,将装有旋光溶液的试管放在起偏镜和检偏镜之间,再迎着检偏镜出射光的方向观察,由于溶液的旋光作用,原来亮度最暗的状态变得较为明亮.若将检偏镜旋转适当的角度,使之恢复到亮度最暗的状态,则检偏镜由第一次最暗至第二次最暗所旋转的角度,即为被测溶液的旋光度.如已知溶液的浓度及试管长度,便可由式(6-1-2)求出此旋光溶液的旋光率.

因为人的眼睛难以准确地判断视场是否达到最暗,所以上述方法得到的测量结果,其准确度不高.为了得到更为理想的测量结果,在实际操作中,常采用半荫法进行测量(见图 6-1-2).

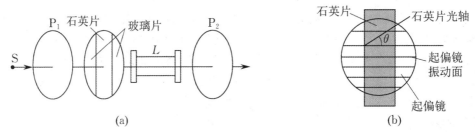

图 6-1-2　半荫法原理图

具体方法就是在起偏镜后加一窄条形石英片(也有用半圆形的),使其与起偏镜的一部分重叠,此时视场将分为三部分.起偏镜的振动面与石英片的光轴成 $\theta$ 夹角.为补偿由石英片引起的光强变化,常在石英片两旁装上有一定厚度的玻璃片(玻璃为非旋光物质),如图 6-1-2(b)所示.石英片的厚度恰能使入射的线偏振光在石英片内分成的 o 光和 e 光的光程差为半波长的奇数倍,因此出射的合成光仍为线偏振光,只是其振动面相对于入射光的振动面旋转了 $2\theta$ 角.由起偏镜产生的线偏振光,中间部分通过石英片后射向检偏镜,而两旁的光则经玻璃后射向检偏镜,检偏镜接收的是振动面成 $2\theta$ 夹角的两束线偏振光.转动检偏镜,视场将出现不同的情形.

如图 6-1-3 所示,用 $A$ 表示起偏镜的振动面(视场中①区光线的振动面),$B$ 表示经石英片后出射光的振动面(视场中②区光线的振动面),$C$ 表示检偏镜的振动面.当转动检偏镜,使其振动面 $C$ 与振动面 $A$ 垂直时,视场中①区光线被挡住,不能通过检偏镜,而②区部分光线可通过检偏镜,视场变为中间亮、两边暗(见图 6-1-4(a));当振动面 $C$ 与振动面 $B$ 垂直时,①区部分光线可通过检偏镜,而②区光线被挡住,不能通过检偏镜,视场变为中间暗、两边亮(见图 6-1-4(b));当 $C$ 处于 $A$,$B$ 夹角($2\theta$)平分线上(与 $y$ 轴重合)时,①,②区均有大部分光线可通过检偏镜,视场亮度均匀且明亮(见图 6-1-4(c));当 $C$ 与 $A$,$B$ 夹角平分线垂直(与 $x$ 轴重合)时,①,②区均有小部分光线可通过检偏镜,视场亮度均匀但较暗(见图 6-1-4(d)).

由于人眼对暗视场的变化较敏感,因此,把图 6-1-4(d)所示的亮度均匀但较暗的视场作为测量起点,即把此刻检偏镜振动面所对应的位置作为测量零点.然后,在石英片与检偏镜之间加入装有待

测溶液的试管,由检偏镜和石英片射出的两束光在通过待测溶液后,其振动面在保持原有夹角 $2\theta$ 不变的同时,又都转过了一个相同的角度 $\varphi$. 此时转动检偏镜,使视场恢复到原亮度均匀但较暗的状态,则检偏镜振动面转过的角度即为待测溶液的旋光度. 根据已知的试管长度和待测溶液的浓度,由式(6-1-2)便可求出待测溶液的旋光率.

通过测量旋光溶液的旋光度,根据已知的试管长度和待测溶液的旋光率,由式(6-1-2)也可确定溶液中所含旋光物质的浓度.

线偏振光通过旋光物质后振动面的旋转具有方向性. 迎着出射光的方向观察,使偏振光的振动面沿顺时针方向旋转的物质称为右旋物质,而使偏振光的振动面沿逆时针方向旋转的物质则称为左旋物质.

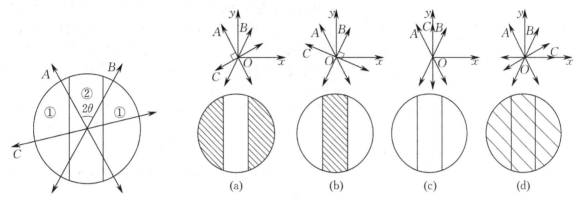

图 6-1-3 振动面示意图　　图 6-1-4 视场情景图

**【实验仪器】**

WXG-4 型圆盘旋光仪、不同浓度的葡萄糖溶液、烧杯、脱脂棉、擦镜纸等.

WXG-4 型圆盘旋光仪的结构如图6-1-5所示. 由钠光灯1发出的光经会聚透镜2后变为平行光,再通过滤色片3和起偏镜4后变为线偏振光. 中间经过石英片5后的光线与两旁未通过石英片的光线成为振动面互为 $2\theta$ 夹角的两束线偏振光,并一起射向装有待测溶液的试管6,再通过检偏镜7,最后由望远镜物镜8成像于分划板上,此时观察者可通过望远镜目镜10进行观察测量.

旋转刻度盘转动手轮12,可调节检偏镜振动面的方向,其位置值由刻度盘9指示;观察者可通过放大镜11读取数据. WXG-4 型圆盘旋光仪采用的是双游标读数,游标最小分度值为 $0.05°(3')$.

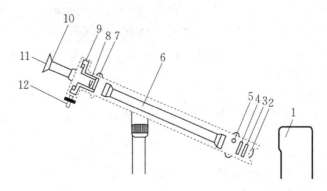

1—钠光灯;2—会聚透镜;3—滤色片;4—起偏镜;5—石英片;6—试管;7—检偏镜;
8—望远镜物镜;9—刻度盘;10—望远镜目镜;11—放大镜;12—刻度盘转动手轮

图 6-1-5 WXG-4 型圆盘旋光仪结构图

**【实验内容与步骤】**

1. 准备工作.

（1）接通钠光灯,预热 10 min.待钠光灯发光正常后再开始零点校正.

（2）用葡萄糖溶液配成不同浓度的溶液.将已知浓度的葡萄糖溶液装入仪器配备的长为 20 cm 的试管中,未知浓度的葡萄糖溶液装入长为 10 cm 的试管中,将试管透光螺盖适当旋紧（注意不要旋太紧,以免产生应力影响测量的准确性,以不漏液为宜）,擦干外部残液.

2.调旋光仪零点.

由于人眼分辨能力的差异,不同的测量者读出的零点不一定完全一致,同时仪器本身也存在零点误差.在计算旋光度时对该误差处理不当必然会影响测量结果的准确性.零点视场是准确测量物质旋光度的依据,因此正确地判断零点视场是准确测量旋光度的首要保证.

（1）向一个方向旋动刻度盘转动手轮,直到目镜中出现亮度逐渐变暗的非零点视场时,放慢旋转速度,此时会很快出现另一相反的非零点视场,之后细心地左右微调刻度盘转动手轮就可准确地调出零点视场.若向某个方向旋动手轮后,目镜中视场亮度一直未变暗（找不到零点视场）,则向相反的方向旋动手轮,直到目镜中出现变暗的非零点视场并找到零点视场为止.此时在目镜中看到的视场为亮度均匀且较暗的状态（见图 6-1-4(d)）.刻度盘上的刻度值就是旋光仪的零点.

（2）记录刻度盘游标所指示的左、右两个刻度值.重复调整 5 次,分别记录每次调整到仪器零点的两个刻度值.

3.测葡萄糖溶液的旋光率.

将装有已知浓度溶液的 20 cm 试管放入仪器暗盒中,旋转刻度盘转动手轮,使视场恢复到仪器零点时的状态,记录下此时刻度盘游标指示的两个刻度值.重复 5 次,分别记录.

4.测葡萄糖溶液的浓度.

将装有未知浓度溶液的 10 cm 试管放入仪器暗盒中,旋转刻度盘转动手轮,使视场恢复到仪器零点时的状态,记录下此时刻度盘游标指示的两个刻盘值.重复 5 次,分别记录.

5.判断旋光物质是左旋还是右旋.

在试管中由小到大依次装入不同浓度的葡萄糖溶液,测量其旋光度.

**【注意事项】**

1.旋光仪钠光灯需预热 10 min,待其发光稳定后,方可进行观察测量.

2.把待测溶液装入试管时,要尽量装满,不能留有较大气泡.对残存的少量气泡,可轻微摆动试管,使气泡移至试管一端凸出的部位处,并将带凸出部分的一端朝上放置于仪器暗盒中.

3.装完待测溶液后,要适当旋紧螺盖并擦干外部的残液,特别要把试管两端的玻璃片擦干净,避免影响其透射率.同时注意不要将溶液洒落于仪器暗盒中.

4.试管用完后要及时放入塑料盒中,防止滚落摔破.

**【数据表格及数据处理要求】**

1.自拟表格记录实验数据.

2.计算已知浓度的葡萄糖溶液的旋光率及其不确定度.

对刻度盘的游标读数误差：$u_B = \frac{1}{\sqrt{3}} \Delta_仪 = \frac{0.05°}{\sqrt{3}} \approx 0.03°$.

3.计算未知浓度的葡萄糖溶液的浓度及其不确定度.

4.写出实验结果并进行分析.

**【实验后思考题】**

1.为什么说用半荫法测定旋光度比单用两块偏振片更方便、更准确?

2.对波长为 $\lambda = 589.3$ nm 的钠黄光,石英的折射率 $n_。= 1.5442, n_e = 1.5533$.如果要使垂直入射的线偏振光（其振动方向与石英片光轴的夹角为 $\theta$）通过石英片后变为振动方向转过 $2\theta$ 的线偏振光,石英片的最小厚度应为多少?

### 6.1.2 阿贝折射仪的使用

折射率是透明材料的一个重要光学常数. 测定透明材料折射率的方法很多, 全反射法是其中之一. 全反射法具有测量方便、快捷, 对环境要求不高, 不需要单色光源等特点. 然而, 因全反射法属于比较测量, 故其测量准确度不高 ($\Delta_n \approx 3 \times 10^{-4}$), 被测材料的折射率的大小受到限制 (为 $1.3 \sim 1.7$), 且测量时固体材料还需制成试件. 尽管如此, 在一些精度要求不高的测量中, 全反射法仍被广泛使用.

阿贝折射仪就是根据全反射原理制成的一种专门用于测量透明或半透明液体、固体的折射率及色散率的仪器, 它还可用来间接测量糖溶液的含糖浓度, 是石油化工、光学仪器、食品工业等行业中常用的仪器.

**【实验目的】**

1. 加深对全反射原理的理解, 掌握其应用方法.
2. 学会使用阿贝折射仪.

**【预习思考题】**

1. 阿贝折射仪使用什么光源? 所测得的折射率是相对于哪条谱线的折射率?
2. 进光棱镜的工作面为什么要磨砂?
3. 折射率液起何作用? 对其折射率有何要求?

**【实验原理】**

由全反射定律可知, 当光线从光密介质进入光疏介质时, 若入射角为某个特定角, 其折射角可达 $90°$, 此入射角称为全反射临界角. 反之, 当光线以 $90°$ 入射角自光疏介质进入光密介质时, 其折射角即为全反射临界角.

如图 $6 - 1 - 6$ 所示, 在进光棱镜 $A'B'C'$ 与折射棱镜 $ABC$ 之间均匀充满折射率为 $n_x$ 的待测液体. 设折射棱镜的折射率为 $n_1$, 且 $n_1 > n_x$, 光线进入进光棱镜后被磨砂面 $A'B'$ 漫反射为各种方向的光线, 这些光线通过待测液体后射向折射棱镜. 沿 $AB$ 面掠入射的光线 (入射角 $i = 90°$) 经界面 $AB$ 折射后以全反射临界角 $\alpha$ 进入折射棱镜, 又以折射角 $\beta$ 从 $BC$ 面出射至空气中. 入射角 $i$ 小于 $90°$ 的光线, 经 $AB$ 面折射后, 其折射角都小于临界角 $\alpha$. 因此, 入射角等于 $90°$ 的光线是折射到棱镜 $ABC$ 内的所有光线中最靠边 (折射角最大) 的一条光线 (见图 $6 - 1 - 6$ 中 $1 - 1'$ 光线), 其他光线均在该光线的下方 (见图 $6 - 1 - 6$ 中 $2 - 2'$ 光线), 在 $1 - 1'$ 光线以上则完全无光. 用望远镜迎着出射光方向观察, 就会看到图 $6 - 1 - 6$ 中明暗分明的两分视场, 其分界线对应于以 $\beta$ 角出射的光线.

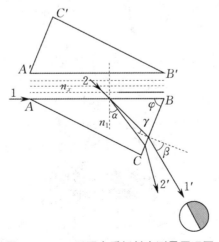

**图 6 - 1 - 6 透明介质折射率测量原理图**

物质材料不同,其折射率就不相同. 不同的折射率又对应着不同的全反射临界角,因而出射角也就不相同. 简而言之,就是一定的出射角 $\beta$ 对应于一定的折射率.

由折射定律,入射角 $i = 90°$ 的光线经 $AB$ 面折射满足

$$n_x \sin i = n_1 \sin \alpha, \quad (6-1-3)$$

经 $BC$ 面折射满足

$$n_1 \sin \gamma = n_2 \sin \beta. \quad (6-1-4)$$

已知 $i = 90°$,$n_2 \approx 1$(空气的折射率),由图 $6-1-6$ 中的角度关系 $\alpha = \varphi - \gamma$ 和三角函数关系解得

$$n_x = \sin \varphi \sqrt{n_1^2 - \sin^2 \beta} - \cos \varphi \sin \beta, \quad (6-1-5)$$

式中 $\varphi$ 为折射棱镜入射面 $AB$ 与出射面 $BC$ 之间的夹角.

**注意**:当出射光线在折射棱镜 $BC$ 面法线的上方(右侧)时,式($6-1-5$)中 $\cos \varphi \sin \beta$ 前的"$-$"号应改为"$+$"号.

由式($6-1-5$)可知,若 $\varphi$ 和 $n_1$ 已知,则只需测出出射角 $\beta$,便可计算出待测液体的折射率 $n_x$. 由于阿贝折射仪的刻度盘上直接刻有与出射角 $\beta$ 对应的 $n_x$ 值,因此用阿贝折射仪测物体的折射率时无须计算,可从刻度盘上直接读出 $n_x$ 的值.

物质的折射率与通过该物质的光的波长有关. 通常所指固体和液体的折射率是对钠光灯发出的平均波长为 589.3 nm 的 D 谱线(钠黄光)而言的,用 $n_D$ 表示. 一般情况下略去下标记为 $n$. 阿贝折射仪中的阿米西棱镜(也称色散棱镜),是按照让 D 谱线直通(偏向角为零)的条件设计的,所以用阿贝折射仪测得的折射率 $n_x$,就是待测物对 D 谱线的折射率 $n$.

**【实验仪器】**

WZS-1 型阿贝折射仪、照明台灯、标准玻璃块、待测液体(纯水、酒精、葡萄糖溶液)、滴管、脱脂棉及擦镜纸.

本实验使用的 WZS-1 型阿贝折射仪,其外形结构及各部件名称如图 $6-1-7$ 所示. 它的内部光学结构由望远系统和读数系统两部分组成,观察者通过两个镜筒同时进行观测和读数. 其中望远系统用于观察由全反射原理产生的明暗分界线,而读数系统则是将刻度盘放大便于读取数据. 阿贝折射仪的光学系统如图 $6-1-8$ 所示.

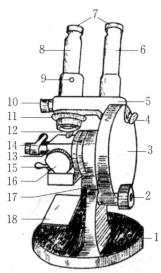

1—底座;2—棱镜转动手轮;3—圆盘组(内有刻度盘);4—小反射镜;5—支架;6—读数镜筒;7—目镜;8—望远镜筒;9—刻度值校准螺钉;10—阿米西棱镜组手轮;11—色散值刻度圈;12—棱镜锁紧扳手;13—棱镜组;14—温度计座;15—恒温器接口;16—保护罩;17—主轴;18—反射镜

**图 $6-1-7$   阿贝折射仪结构示意图**

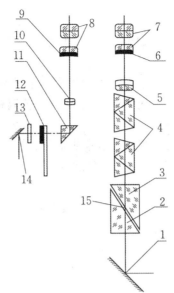

1—反射镜;2—进光棱镜;3—折射棱镜;4—阿米西棱镜组;5—望远镜物镜;6—望远镜分划板;7—望远镜目镜;8—读数镜目镜;9—读数镜分划板;10—读数镜物镜;11—转向棱镜;12—刻度盘;13—毛玻璃;14—小反射镜;15—待测样品

图 6-1-8　阿贝折射仪光路图

**1. 望远系统**

光线由反射镜 1 反射后进入进光棱镜 2,待测液体在进光棱镜与折射棱镜 3 之间形成均匀薄层.光线在进光棱镜磨砂面(与待测液体相接触的面)的漫反射作用下,以各种方向通过待测液体射入折射棱镜,然后出射至空气中.能绕望远系统光轴旋转的阿米西棱镜组 4 可使光的色散为零,望远镜物镜 5 则将已消色散的明暗分界线成像于望远镜分划板 6 上,观察者通过望远镜目镜 7 便可进行观察测量.

**2. 读数系统**

光线由小反射镜 14 反射至毛玻璃 13 后,将刻度盘 12 照亮,在转向棱镜 11 的作用下,光线改变传播方向射向读数镜物镜 10,成像于读数镜分划板 9 上,观察者通过读数镜目镜 8 便可进行观察读数.

**【实验内容与步骤】**

1. 校准阿贝折射仪读数.

(1) 打开照明台灯,调节图 6-1-7 中两个反射镜 4,18 的方位,使两镜筒内视场明亮.

(2) 在标准玻璃块的光学面上滴少许折射率液(溴代萘),把它贴在折射棱镜的光学面上,标准玻璃块侧边光学面的一端应向上,以便于接收光线(见图 6-1-9).

(3) 旋转棱镜转动手轮 2,使读数镜视场中的刻线对准标准玻璃块上所标刻的折射率值,此时望远镜视场中的明暗分界线应正对十字叉丝的交点(见图 6-1-10).若有偏差,则需调节刻度值校准螺钉 9,使分界线对准十字叉丝交点,以后不可再调动该螺钉.

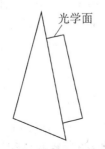

图 6-1-9　标准玻璃块放置法

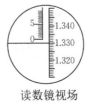

读数镜视场　　望远镜视场

图 6-1-10　视场情形

2.测定液体的折射率.

(1)用脱脂棉蘸酒精或乙醚将进光棱镜和折射棱镜擦拭干净,干燥后使用,避免因残留有其他物质,而影响测量结果.

(2)用滴管将少许待测液体滴在进光棱镜的磨砂面上,旋紧棱镜锁紧扳手12,使两镜面靠紧,待测液体在两棱镜中间形成一层均匀无气泡的液膜.若待测液体属极易挥发的物质,在测量中,则需通过棱镜组侧边的小孔予以补充.

(3)旋转棱镜转动手轮2,在望远镜视场中观察明暗分界线的移动,使之大致对准十字叉丝的交点.然后旋转阿米西棱镜组手轮10,消除视场中出现的色彩,使视场中只有黑、白两色.

(4)再次微调棱镜转动手轮2,使明暗分界线正对十字叉丝的交点.此时,读数镜视场中读数刻线所对准的右边的刻度值,就是待测液体的折射率 $n_x$.读取数据时,首先沿正方向旋转棱镜转动手轮(如向前),调节到位后,记录一个数据;然后继续沿正方向旋转一小段后,再沿反方向(向后)旋转棱镜转动手轮,调节到位后,又记录一个数据.取两个数据的平均值为一次测量值.

(5)分别测定纯水、酒精和葡萄糖溶液的折射率各5次.

3.测葡萄糖溶液的含糖浓度.

完成2中的(1),(2),(3),(4)步骤后,读数镜视场中读数刻线所对准的左边的刻度值,即为所测葡萄糖溶液的百分比含糖浓度.

【注意事项】

1.使用仪器前应先检查进光棱镜的磨砂面、折射棱镜及标准玻璃块的光学面是否干净,如有污迹可用酒精或乙醚棉擦拭干净.

2.用标准玻璃块校准仪器读数时,所用折射率液不宜过多,使折射率液均匀布满接触面即可.过多的折射率液易堆积于标准玻璃块的棱尖处,既影响明暗分界线的清晰度,又容易造成标准玻璃块从折射棱镜上掉落而损坏.

3.在加入的折射率液或待测液体中,应防止留有气泡,以免影响测量结果.

4.实验过程中要注意爱护光学元件,不要用手触摸光学元件的光学面,避免剧烈震动和碰撞.

5.仪器使用完毕,要将棱镜表面及标准玻璃块擦拭干净,装入保护盒,套上外罩.

【数据表格及数据处理要求】

1.自拟表格记录实验数据.

2.计算所测液体的折射率的不确定度.

对阿贝折射仪:$\Delta = \dfrac{\Delta_仪}{\sqrt{3}} = \dfrac{3 \times 10^{-4}}{\sqrt{3}} \approx 2 \times 10^{-4}$.

3.写出测量结果并进行分析.

【实验后思考题】

1.用阿贝折射仪测量酒精的折射率时,若使用钠光照明,在望远镜中可见到黑白分明的两分视场;若用日光照明,则必须消除色散,这是为了改善_____的清晰度,从而提高测量精度.

2.用阿贝折射仪测物体折射率的方法是建立在_____基础上的_____法.

# 6.2　用分光计测棱镜玻璃的折射率

分光计是一种具有代表性的基本光学仪器,它可以用来精确测定光线的偏转角度,也常用来测量光波波长、棱镜的折射率、色散率等.分光计比较精密,调整部件较多,初学者调整和使用分光计有一定的难度,须在反复实践中熟练掌握分光计的调整和使用.

折射率是介质材料光学性质的重要参量.测量玻璃折射率的具体方法很多,既可以根据折射定律通过测量角度来求折射率,也可以根据光经过介质反射或透射后所引起的光程差与折射率的关系来求折射率.本实验是利用前一种方法,通过测量三棱镜的顶角和最小偏向角来求出棱镜玻璃的折射率.

**【实验目的】**

1. 了解分光计的结构与原理,掌握调节和使用分光计的方法.
2. 学会用分光计测量三棱镜的顶角与最小偏向角.
3. 学会用最小偏向角法测定棱镜玻璃的折射率.

**【预习思考题】**

1. 为什么当在望远镜视场中能看见清晰且无视差的绿十字像时,望远镜分划板已调至物镜的焦平面上?
2. 为什么当平面镜反射回的绿十字像与调节用叉丝重合时,望远镜主光轴必垂直于平面镜?为什么当双面镜两面所反射回的绿十字像均与调节用叉丝重合时,望远镜主光轴才垂直于分光计主轴?
3. 为什么要用减半逼近法调节望远镜主光轴与分光计的主轴垂直?
4. 如何测最小偏向角?

**【实验原理】**

**1. 测量三棱镜的顶角**

(1)自准法.

将三棱镜置于已调节好的分光计的载物台上,调节载物台,使棱镜顶角 $A$ 的两个侧面 $AB$ 与 $AC$ 均平行于分光计主轴.让望远镜(主光轴)先后垂直对准 $AB$ 与 $AC$ 面,如图 6-2-1 所示.由图中几何关系可知,望远镜转过的角度 $\varphi$ 与棱镜顶角 $A$ 之间的关系为

$$A = \pi - \varphi. \tag{6-2-1}$$

只要在实验中测出 $\varphi$ 的大小,就可由式(6-2-1)计算出 $A$.

(2)反射法.

将三棱镜置于已调节好的分光计的载物台上,调节载物台,使棱镜顶角 $A$ 的两个侧面 $AB$ 与 $AC$ 均平行于分光计主轴.让棱镜顶角 $A$ 对准平行光管,使平行光管出射的平行光一部分由 $AB$ 面反射,另一部分由 $AC$ 面反射,如图 6-2-2 所示.转动望远镜测出两反射光线之间的夹角 $\varphi'$,则由图中几何关系可知

$$A = \frac{\varphi'}{2}. \tag{6-2-2}$$

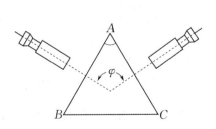

图 6-2-1　自准法测棱镜顶角光路图

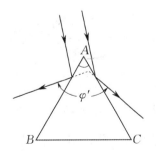

图 6-2-2　反射法测棱镜顶角光路图

**2. 测量三棱镜玻璃的折射率**

如图 6-2-3 所示,单色光 $l_1$ 射向顶角为 $A$ 的三棱镜的侧面 $AB$,经折射后由另一侧面 $AC$ 射出,且入射光 $l_1$ 与出射光 $l_2$ 共面. $b,c$ 分别为两侧面的法线, $l_1$ 与 $l_2$ 的夹角 $\delta$ 称为偏向角.根据图中的几何关系可得

$$\begin{cases} \delta = (i_1 - i_2) + (i_4 - i_3), \\ A = i_2 + i_3, \end{cases} \tag{6-2-3}$$

故

$$\delta = (i_1 + i_4) - A. \tag{6-2-4}$$

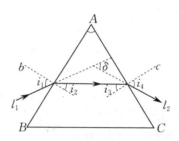

**图 6-2-3　测三棱镜玻璃折射率光路图**

对于给定的棱镜,顶角 $A$ 是定值,故 $\delta$ 随 $i_1$ 和 $i_4$ 而变化,而 $i_4$ 又是 $i_1$ 的函数,故偏向角 $\delta$ 仅随 $i_1$ 变化.下面证明,当 $i_4 = i_1$ 时, $\delta$ 有一极小值(该值称为最小偏向角).

为求 $\delta$ 的极值,令 $\dfrac{\mathrm{d}\delta}{\mathrm{d}i_1} = 0$,则由式(6-2-4)得

$$\frac{\mathrm{d}i_4}{\mathrm{d}i_1} = -1. \tag{6-2-5}$$

两折射面处的折射条件为

$$\begin{cases} \sin i_1 = n\sin i_2, \\ \sin i_4 = n\sin i_3, \end{cases} \tag{6-2-6}$$

利用式(6-2-3),(6-2-5) 和(6-2-6) 以及

$$\frac{\mathrm{d}i_4}{\mathrm{d}i_1} = \frac{\mathrm{d}i_4}{\mathrm{d}i_3} \frac{\mathrm{d}i_3}{\mathrm{d}i_2} \frac{\mathrm{d}i_2}{\mathrm{d}i_1},$$

可得

$$\frac{\mathrm{d}i_4}{\mathrm{d}i_1} = \frac{n\cos i_3}{\cos i_4} \cdot (-1) \cdot \frac{\cos i_1}{n\cos i_2} = -1.$$

于是有

$$\frac{\cos i_3 \sqrt{1 - n^2 \sin^2 i_2}}{\cos i_2 \sqrt{1 - n^2 \sin^2 i_3}} = \frac{\sqrt{1 + (1 - n^2)\tan^2 i_2}}{\sqrt{1 + (1 - n^2)\tan^2 i_3}} = 1,$$

由此得

$$\tan i_2 = \tan i_3.$$

因在棱镜折射的条件下, $i_2$ 与 $i_3$ 均小于 $\dfrac{\pi}{2}$,故有 $i_2 = i_3$,由此可得 $i_1 = i_4$.于是 $\delta$ 取极值的条件就是 $i_2 = i_3$ 或 $i_1 = i_4$.可见, $\delta$ 取极值时,入射光与出射光的方向相对于棱镜两侧是对称的.若用 $\delta_{\min}$ 表示最小偏向角,并将以上极值条件代入式(6-2-3) 与(6-2-4),可得

$$\delta_{\min} = 2i_1 - A, \quad A = 2i_2,$$

故

$$i_1 = \frac{1}{2}(\delta_{\min} + A), \quad i_2 = \frac{A}{2}.$$

将此结果代入式(6-2-6),得

$$n = \frac{\sin i_1}{\sin i_2} = \frac{\sin \frac{1}{2}(\delta_{\min} + A)}{\sin \frac{A}{2}}. \tag{6-2-7}$$

由式(6-2-7)可知,只要在实验中测出 $A$ 与 $\delta_{\min}$ 的大小,就可求出棱镜玻璃对某单色光的折射率 $n$.

棱镜玻璃的折射率与入射光的波长有关,不同波长的光的偏向角不一样,故最小偏向角 $\delta_{\min}$ 也不一样.因此,当复色光经棱镜折射后,不同波长的光将因偏向角的不同而被分开,于是棱镜常用作摄谱仪的分光元件.

本实验要求测量三棱镜玻璃对汞灯绿光(波长为 $\lambda = 546.1\,\text{nm}$)的折射率.

**【实验仪器】**

JJY 型分光计、6.3 V/220 V 变压器、手持照明放大镜、双面镜、三棱镜、低压汞灯及电源等.

**1. 分光计**

分光计一般由自准直望远镜、平行光管、载物台、读数装置和底座五大部分组成,如图 6-2-4 所示为 JJY 型分光计的结构示意图.

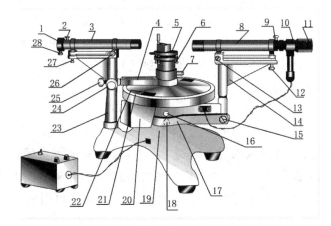

1—狭缝装置;2—狭缝装置锁紧螺钉;3—平行光管;4—制动架(二);5—载物台;6—载物台调平螺钉(3颗);7—载物台锁紧螺钉;8—望远镜;9—目镜锁紧螺钉;10—阿贝式自准直目镜;11—目镜视度调节手轮;12—望远镜水平调节螺钉;13—望远镜方位调节螺钉;14—支臂;15—望远镜微调螺钉;16—转座与刻度盘制动螺钉;17—制动架(一);18—望远镜制动螺钉;19—底座;20—转座;21—刻度盘;22—游标盘;23—立柱;24—游标盘微调螺钉;25—游标盘制动螺钉;26—平行光管方位调节螺钉;27—平行光管水平调节螺钉;28—狭缝宽度调节螺钉

**图 6-2-4  JJY 型分光计结构示意图**

(1)自准直望远镜.

分光计采用的是自准直望远镜.望远镜中常用的自准目镜有高斯目镜和阿贝目镜两种.JJY 型分光计使用的是阿贝目镜.望远镜的物镜、分划板和目镜分别装在三个套筒中,彼此可以相对移动,借以达到调焦的目的(见图 6-2-5).

分划板是刻有黑十字准线(十字叉丝)的透明玻璃板.在分划板的下方,紧贴着一块小棱镜(也称阿贝棱镜),在其涂黑的端面上刻有一个透明的"十"字,利用小电珠的照明可使小棱镜成为发光体.从小电珠出射的光线经阿贝棱镜斜面的反射,就可从透明的十字中出射.十字叉丝的中央水平线称为测量用水平线,与此对应的十字叉丝称为测量用叉丝.在十字叉丝竖线的上方,与透明十字中心对称的位置上还有一条水平线,这条水平线称为调节用水平线,与此对应的十字叉丝称为调节用叉丝(见图 6-2-6).如果我们调节分划板的位置,使它处在望远镜物镜的焦平面位置上,那么从阿贝棱镜的透明十字中出射的光线经望远镜物镜的折射就成为平行光.如果让这些平行光经平面镜的反射再重新回到望远镜中,那么反射回的平行光将会聚在物镜的焦平面上,即会聚于分划板上,并形成一个清晰的绿十字像(若平面镜镜面垂直于望远镜光轴,则绿十字像就与调节用叉丝重合,如图 6-2-5 所示).利用上述成像原理,我们就可以将分划板调至望远镜物镜的焦平面位置上,使望远镜能够观察平行光.这一调节称为用自准法调望远镜分划板对物镜聚焦,所以这种望远镜也叫作自准直望远镜.

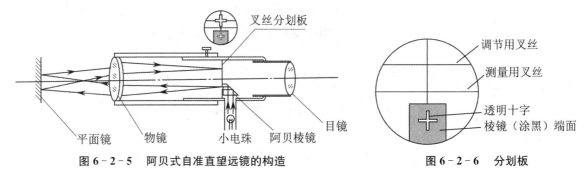

图 6-2-5 阿贝式自准直望远镜的构造　　　　图 6-2-6 分划板

如图 6-2-4 所示,阿贝式自准直望远镜 8 安装在支臂 14 上,支臂与转座 20 固定在一起,并套在刻度盘 21 上.松开制动螺钉 16 时,转座与刻度盘可做相对转动;旋紧制动螺钉 16 时,转座与刻度盘一起旋转,即望远镜与刻度盘一起旋转.旋紧制动架(一)17 与底座 19 上的制动螺钉 18 时,借助制动架(一)末端上的微调螺钉 15,可以对望远镜进行微调(旋转).望远镜光轴的水平倾斜度和左右方位可通过调节螺钉 12 和 13 进行调节.

(2)平行光管.

平行光管安装在与底座固定在一起的立柱 23 上,用来获得平行光束.它的一端装有消色差的复合准直物镜,另一端是套筒.套筒末端有一狭缝装置 1,狭缝宽度可由螺钉 28 调节,调节范围为 0.02～2 mm.前后移动套筒可改变狭缝和准直物镜之间的距离,当狭缝位于物镜的焦平面上时,从狭缝入射的光线经准直物镜后成为平行光.平行光管下方的螺钉 27 可用来调节平行光管的水平倾斜度,调节螺钉 26 用来对其光轴的左右方位进行微调.

(3)载物台.

载物台 5 套在游标盘 22 上,可绕分光计中心轴旋转.旋紧载物台锁紧螺钉 7、制动架(二)4 与游标盘制动螺钉 25 时,借助立柱上的微调螺钉 24,可以对载物台进行微调(旋转).松开载物台锁紧螺钉时,可根据需要升高或降低载物台,调到所需位置后,再把锁紧螺钉旋紧(此时,载物台只能连着游标盘一起转动).载物台有 3 颗调平螺钉 6,用来调节载物台面与中心轴的垂直.

(4)读数装置.

读数装置包括刻度盘 21 和游标盘 22,两者都套在中心轴上.中心轴固定于底座 19 的中央,刻度盘和游标盘可绕中心轴旋转.刻度盘上刻有 720 等份的刻线,每一格的分度值为 30′,小于半度(30′)或过半度的数值则从游标上读出.游标上刻有 30 小格,其弧长与刻度盘上 29 个分格的弧长相当,因此游标上每一小格对应的角度为 29′,故游标的读数精度为 1′.游标角度的读数方法与游标卡尺的读数方法相似.如图 6-2-7 所示的角度读数为116°12′.为了消除刻度盘转轴与分光计中心轴之间因制造工艺带来的偏心差,在游标盘同一直径的两端(相隔180°)各装有一个游标,测量时,两个游标都应读数,然后算出每个游标两次读数的差,再取平均值,这个平均值即为望远镜(或载物台)所转过的角度.

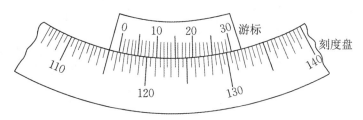

图 6-2-7　游标角度读数

设实验中望远镜转过角度 $\theta$ 前后,游标的读数如表 6-2-1 所示,则 $\theta$ 的计算过程如下:

(1) 计算游标 $a$ 差数:$360° + 95°7' - 335°5' = 120°2'$;

(2) 计算游标 $b$ 差数:$275°6' - 155°2' = 120°4'$;

(3) 望远镜转过角度的平均值为 $\theta = \dfrac{1}{2}(120°2' + 120°4') = 120°3'$.

表 6-2-1　分光计读数举例

| 望远镜初始位置读数 | | 望远镜转过 $\theta$ 角后的读数 | |
| --- | --- | --- | --- |
| 游标 $a$ | 游标 $b$ | 游标 $a$ | 游标 $b$ |
| 335°5′ | 155°2′ | 95°7′ | 275°6′ |

游标 $a$ 的差数计算可以这样来理解:游标 $a$ 的开始位置为335°5′,转到360°0′(0°)后,再从 0° 转到 95°7′,因此最后结果是360° + 95°7′ - 335°5′ = 120°2′.

**2. 三棱镜简介**

三棱镜即玻璃三棱柱(见图 6-2-8).本实验所用三棱镜的两底面为正三角形,三个侧面中,两个侧面为光学面(磨光面,既能透光,也能反光,即图中面 $BB'A'A$ 与面 $AA'C'C$),一个侧面为非光学面(磨砂面,既不透光,也不反光,即图中面 $BB'C'C$).两光学面所夹的角即为本实验所要测量的三棱镜的顶角.

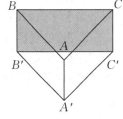

图 6-2-8　三棱镜

**【实验内容与步骤】**

1. 调节分光计.

分光计的调节有"三垂直"的几何要求和"三聚焦"的物理要求.三垂直是指载物台面、望远镜的主光轴、平行光管的主光轴均与分光计主轴(分光计中心轴)垂直.三聚焦是指望远镜分划板上的十字叉丝对望远镜目镜聚焦,望远镜分划板对望远镜物镜聚焦,狭缝对平行光管物镜聚焦.

分光计的具体调节步骤如下:

(1) 目测粗调三垂直.调节载物台调平螺钉 6,使载物台面高度合适并与分光计主轴大致垂直;调节望远镜水平调节螺钉 12,使望远镜主光轴与分光计主轴大致垂直;调节平行光管水平调节螺钉 27,使平行光管主光轴与分光计主轴大致垂直.

(2) 调分划板上的十字叉丝对望远镜目镜聚焦.打开小电珠的电源,让照明小灯照亮望远镜视场.旋转目镜,改变目镜与分划板之间的距离,同时向目镜中观察,直至看到十字叉丝像变清晰,此时十字叉丝位于目镜的焦平面上.

(3) 调望远镜分划板对物镜聚焦.

① 转动载物台,调整载物台的位置,使载物台面上三条互成 120° 角的刻线各对准一颗调平螺钉(见图 6-2-9,$O$ 为三刻线交点).

② 将双面镜放置于载物台上,放置时,双面镜应沿载物台上某一条刻线摆放(见图 6-2-9,图中双面镜是沿过调平螺钉 a 的刻线摆放),放置好后用压杆将其固定住.

③ 转动载物台,使双面镜的某一面对准望远镜,观察望远镜的分划板上有无绿色的模糊像斑,若无,则调节一下调平螺钉 b 或 c,以使像斑出现在望远镜视场中.

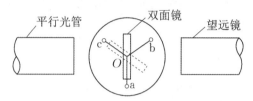

**图 6-2-9　载物台的调整与双面镜的放置(俯视图)**

④ 松开目镜锁紧螺钉 9,伸缩分划板套筒,调节分划板与物镜间的距离,使绿色的模糊像斑逐渐变为清晰的绿十字像.

⑤ 继续细调,直到绿十字像最清晰并与十字叉丝间无视差为止,此时望远镜的分划板位于物镜的焦平面上.

⑥ 微转载物台,观察十字叉丝的水平线是否与绿十字像的运动方向平行,若不平行,则转动一下分划板套筒(注意不要破坏望远镜的调焦),将它们调平行,随后将目镜锁紧螺钉 9 锁紧.

(4) 细调望远镜的主光轴与分光计主轴垂直.

① 微转载物台,使双面镜镜面稍稍偏对望远镜,人眼在望远镜镜筒外一侧且与望远镜主光轴大致等高的位置上向双面镜镜面内观察,这时容易看到镜面内望远镜镜筒的像(以下简称镜筒像)以及处在镜筒像内的绿十字像(见图 6-2-10(a)).同样,观察双面镜另一面中的镜筒像以及其中的绿十字像.两个绿十字像的高低位置不同,它们之间有一距离 h(见图 6-2-10(b)).此时调节载物台调平螺钉 b 或 c,改变双面镜镜面的俯仰,使某一镜面内偏下或偏上的绿十字像向上或向下(如图 6-2-10(b) 中箭头所示) 移动 0.5h 的距离. 然后,将载物台转过 180°,观察另一镜面内的绿十字像. 比较两镜面中绿十字像的上下位置是否相同,若不同,再用上述方法调节,直至它们的上下位置相同为止.

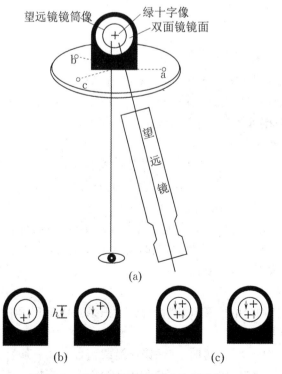

**图 6-2-10　调双面镜两"十"字重合(一)**

② 调节望远镜水平调节螺钉 12,使双面镜一镜面内偏上(或偏下)的绿十字像向下(或向上)(如图 6-2-10(c) 中箭头所示)移动到镜筒像的中心位置上,此时,将双面镜两镜面分别对准望远镜,就能够在望远镜中看到两镜面所反射回的绿十字像了.

③ 将双面镜的任一镜面对准望远镜,这时的绿十字像一般不会处在调节用十字叉丝的水平线上,它们之间在竖直方向上有一段距离 $d$(见图 6-2-11(a)).调节载物台调平螺钉 b 或 c,使绿十字像向着调节用十字叉丝的水平线移动 $0.5d$ 的距离,然后调节望远镜水平调节螺钉 12,使绿十字像与调节用十字叉丝重合(见图 6-2-11(b)).

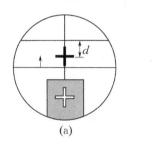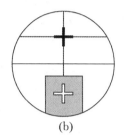

(a)           (b)

**图 6-2-11　调双面镜两"十"字重合(二)**

④ 将载物台转过 $180°$,使双面镜的另一镜面对准望远镜,用同样的方法调节这一面反射回的绿十字像与调节用十字叉丝重合.如此反复调节几次,直到双面镜两镜面反射回的绿十字像均与调节用十字叉丝重合为止,这时,望远镜主光轴就与分光计主轴垂直.这种调节称为减半逼近法(或称二分法).

(5) 细调载物台面与分光计主轴垂直.将双面镜沿载物台的另一条刻线放置.转动载物台,使双面镜的镜面对准望远镜,这时可看到绿十字像在竖直方向上重新偏离调节用十字叉丝的水平线.调节载物台调平螺钉 a,将绿十字像与调节用十字叉丝再调重合,则载物台面即与分光计主轴垂直.

(6) 调狭缝对平行光管物镜聚焦.从载物台上取下双面镜,打开低压汞灯,将光源靠近狭缝,并使光源的出射中心对准狭缝中心,以使狭缝具有足够的照度并且透光方向沿平行光管主光轴.转动望远镜对准平行光管,调节平行光管水平调节螺钉 27,使狭缝像(此时是模糊的)出现在望远镜视场中.松开狭缝装置锁紧螺钉 2,伸缩狭缝套筒,调节狭缝与平行光管物镜间的距离,使狭缝像逐渐清晰.继续细调,直至狭缝像最清晰并与十字叉丝间无视差为止,此时,狭缝即位于平行光管物镜的焦平面上.

(7) 细调平行光管主光轴与分光计主轴垂直.

① 调节狭缝宽度调节螺钉 28,改变狭缝宽度,使在望远镜中看到的狭缝像宽度约为 0.5 mm 即可.

② 转动狭缝套筒(注意不要破坏平行光管的调焦),使狭缝像平行于十字叉丝的水平线,然后调节平行光管水平调节螺钉 27,使狭缝像与测量用十字叉丝的水平线重合,此时,平行光管主光轴即与分光计主轴垂直,如图 6-2-12 所示.最后将狭缝套筒转过 $90°$,使狭缝像与十字叉丝的竖直线平行,随即锁紧狭缝装置锁紧螺钉 2.

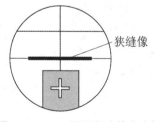

狭缝像

**图 6-2-12　调平行光管主光轴**

2. 调节三棱镜的两个光学面平行于分光计主轴.

将三棱镜放置于载物台上,使其每一个角对准一个调平螺钉,并使其非光学面对准平行光管(见图 6-2-13,图中棱镜的 $AB,AC$ 面为光学面,$BC$ 面为非光学面,以下图示均与此同).用压杆压住棱镜(压杆的位置应处于棱镜的 $BC$ 面一侧).转动望远镜,使之对准棱镜的 $AB$(或 $AC$)面,这时可从望远镜中看到 $AB$(或 $AC$)面所反射回来的绿十字像.此时的绿十字像与调节用十字叉丝的水平线在竖直方向上有一段距离.调节 $AB$(或 $AC$)面所背对的调平螺钉 b(或 c),使两者之间的距离减少一半,再调节棱镜顶角所对的调平螺钉 a,使绿十字像与调节用十字叉丝重合.然后对 $AC$(或 $AB$)面也做同样的调节.如此反复调几次,直到 $AB,AC$ 面所反射回来的绿十字像均与调节用十字叉丝重合为止,此时,棱镜的两光学面即平行于分光计主轴.

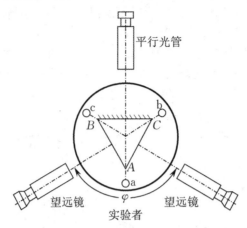

**图 6 - 2 - 13   棱镜光学面的调整及自准法测顶角**

3. 用自准法测量三棱镜的顶角.

(1) 转动望远镜,使其垂直对准 $AB$(或 $AC$) 面.

(2) 用望远镜微调螺钉 15 细调望远镜,使其垂直于 $AB$(或 $AC$) 面. 从左、右两个游标上读出此时望远镜的方位角.

(3) 再次转动望远镜,使其垂直对准 $AC$(或 $AB$) 面,读出此时望远镜的方位角. 如此共测 5 次.

4. 测量三棱镜的最小偏向角 $\delta_{\min}$.

(1) 将三棱镜按图 6 - 2 - 14 所示置于载物台上,棱镜的 $AB$(或 $AC$) 面的法线与平行光管轴线的夹角大约为 $60°$.

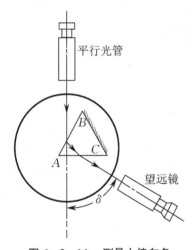

**图 6 - 2 - 14   测最小偏向角**

(2) 根据折射定律判断折射光线大致的出射方向,然后转动望远镜在此方向进行观察,可看到几条平行的彩色谱线(处在平行光管内). 转动载物台,注意谱线的移动情况,观察偏向角的变化. 选择使偏向角减小的方向转动载物台,可看到彩色谱线移至某一位置后将反向移动,这说明偏向角存在一个极小值. 谱线移动方向即将发生逆转时的偏向角就是最小偏向角.

(3) 细心转动载物台,使望远镜始终跟踪彩色谱线,并注意观察汞灯绿光(波长为 $\lambda = 546.1$ nm) 谱线的移动情况,在该谱线即将逆向移动时,仔细缓慢地转动载物台,使谱线刚好停留在对应最小偏向角的位置上.

(4) 旋紧望远镜制动螺钉 18,利用微调螺钉 15 对望远镜进行微调,使十字叉丝的竖直线与所测谱线相切(谱线为曲线). 从左右两个游标上读下此时望远镜的方位角,此即为出射光线的方位角.

为避免简单重复测量,每测完一次,应转动一下载物台和望远镜,再重新确定所测谱线的最小偏向角位置,并记下望远镜的方位角. 如此共测 5 次.

(5) 移去三棱镜,将望远镜对准平行光管. 微调望远镜,使十字叉丝的竖直线与狭缝像重合,在两游标上读出此时望远镜的方位角,此即为入射光线的方位角. 如此共测 5 次.

【注意事项】

1. 分光计上各个螺钉的调节必须轻缓,以防损坏.

2. 不可用手触摸光学元件的光学面.

3. 实验时,转座与刻度盘制动螺钉必须锁住,以保证望远镜与刻度盘一起转动. 此外,还应将游标盘的两个游标调至易于读数的位置,然后锁住游标盘制动螺钉.

**【数据表格及数据处理要求】**

1. 自拟表格记录实验数据.
2. 计算棱镜玻璃的折射率及其不确定度.
3. 对实验结果进行分析.

**【实验后思考题】**

1. 通过实验,你认为分光计调节的关键在何处?
2. 能否直接通过三棱镜的两个光学面来调望远镜主光轴与分光计主轴垂直?
3. 分光计的双游标读数与游标卡尺的读数有何异同点?
4. 转动望远镜测角度之前,分光计的哪些部分应固定不动? 望远镜应和什么盘一起转动?

# 6.3 薄透镜焦距的测量

薄透镜是最常用的光学元件,它是构成显微镜、望远镜等光学仪器的基本元件. 焦距是表征薄透镜成像性质的重要参数. 测定焦距不单是一项产品检验工作,更重要的是为光学系统的设计提供依据. 掌握薄透镜焦距的测量方法,不仅可以加深对几何光学中薄透镜成像规律的理解,而且有助于掌握光路分析方法,训练光学仪器调节技术.

**【实验目的】**

1. 了解薄透镜成像的原理及成像规律.
2. 学会调节光学系统共轴的方法,了解视差原理的实际应用.
3. 掌握几种测量薄透镜焦距的方法.

**【预习思考题】**

1. 远方物体经凸透镜成像的像距为什么可视为焦距?
2. 如何调光学元件的共轴?
3. 你能用什么方法辨别出薄透镜的凹凸?

**【实验原理】**

薄透镜是厚度较自身两折射球面的曲率半径及焦距要小得多的一种透镜. 如图 6-3-1 所示,在近轴(物点到主光轴的距离比透镜孔径及物距小得多) 条件下,物距 $u$、像距 $v$、焦距 $f$ 满足高斯公式

$$-\frac{1}{u}+\frac{1}{v}=\frac{1}{f},\tag{6-3-1}$$

式中 $u,v$ 的符号规定为:各距离以薄透镜的光心为参考点,与光线行进方向一致时为正,反之为负. 凸透镜 $f$ 为正,凹透镜 $f$ 为负.

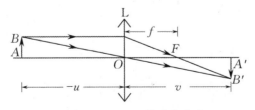

图 6-3-1 凸透镜成像光路

**1. 凸透镜焦距的测定**

(1) 自准法.

如图 6-3-2 所示,若取物距等于焦距,即 $|u| = f$,则 $v = \infty$,即物光经凸透镜后成平行光.若此时在透镜后垂直于主光轴置一镜面,那么平行光经镜面反射后依然是平行光,反射光射向透镜,即此时 $|u| = \infty$,于是 $v = f$,即反射光成像恰好位于焦平面上,且像与物等大倒立.

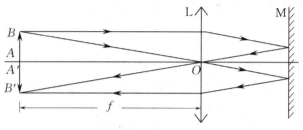

**图 6-3-2　自准法测凸透镜焦距光路图**

(2) 共轭法(贝塞尔法、两次成像法).

如图 6-3-3 所示,当物像距离 $D(D = |u| + v)$ 保持定值且 $D > 4f$ 时,通过互换 $u$ 和 $v$,凸透镜可以在物与光屏之间两次成像,分别为倒立、放大的实像与倒立、缩小的实像.利用图中 $D,L$ 与 $u,v$ 的关系,运用高斯公式即可得

$$f = \frac{D^2 - L^2}{4D}. \tag{6-3-2}$$

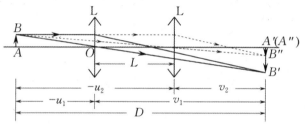

**图 6-3-3　共轭法测凸透镜焦距光路图**

**2. 凹透镜焦距的测定**

凹透镜只能成虚像,而虚像距不可实测,因此凹透镜焦距的测量需要借助凸透镜来完成.本实验只采用最具代表性的物距像距法来测量凹透镜的焦距.

如图 6-3-4 所示,物 $AB$ 经凸透镜 $L_1$ 成像于 $A'B'$,在 $L_1$ 和 $A'B'$ 之间插入待测凹透镜 $L_2$,移动 $L_2$ 及光屏至合适的位置,就能在光屏上得到透镜组成的像 $A''B''$.在这一光路中我们看到,如果我们把 $A'B'$ 换成实物,那么它经 $L_2$ 所成的虚像正好为 $A''B''$,因此在这一光路中 $A'$ 到 $O_2$ 的距离就是凹透镜成像的物距 $u$,$A''$ 到 $O_2$ 的距离就是对应的像距 $v$.于是凹透镜的焦距为

$$f = \frac{uv}{u - v}. \tag{6-3-3}$$

由于 $0 < u < v$,故算出的凹透镜焦距 $f$ 为负值.

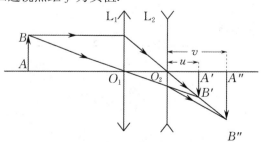

**图 6-3-4　物距像距法测凹透镜焦距光路图**

**【实验仪器】**

带标尺的光具座、光源及箭矢形光孔屏、凸透镜、凹透镜、平面反射镜、光屏(像屏)、可调光学元件底座和支架.

**【实验内容与步骤】**

1.光学系统的共轴调节.

共轴又称共轴等高,是指各元件的中心共线且此线与光具座轴线平行,同时各元件的主截面垂直于光具座轴线.

(1)粗调.

将光源、箭矢形光孔屏、凸透镜、凹透镜、光屏、平面反射镜靠拢,通过目测,调各元件中心在与光具座轴线平行的一直线上,再调各元件主截面垂直于光具座轴线.

(2)细调.

将箭矢形光孔屏贴近光源,用凸透镜共轴法与凹透镜物距像距法,将箭矢形光孔屏、凸透镜、凹透镜细调至共轴.调节的方法是通过调节透镜的位置,使大小像的中心重合.

2.凸透镜焦距的测定.

(1)自准法.

① 保持物屏(箭矢形光孔屏)不动,记录物屏的位置.

② 将平面反射镜置于合适的位置,在物屏和平面反射镜之间放入凸透镜,调整好平面反射镜的反射角度,移动凸透镜使得物屏上成清晰等大的倒立实像,用左右逼近法测量凸透镜在光具座上的坐标位置,重复测5次.

(2)共轭法.

选择合适的光屏位置并记录,用左右逼近法测凸透镜成大像时凸透镜的坐标位置及成小像时凸透镜的坐标位置,重复测5次.

3.凹透镜焦距的测定.

(1)保持共轭法测焦的条件,让凸透镜在光屏上成清晰的小像,记下光屏的坐标位置及凸透镜的坐标位置.

(2)保持凸透镜的位置不变,将凹透镜放入凸透镜与光屏之间,联合移动凹透镜和光屏,使屏上得到清晰、放大、倒立的实像 $A''B''$,记下光屏的坐标位置.

(3)用左右逼近法测成像时凹透镜的坐标位置,重复测5次.

**【注意事项】**

1.不能用手摸透镜的光学面.

2.透镜不用时,应将其放在光具座的另一端,不能放在桌面上,避免摔坏.

3.注意区分物光经凸透镜内表面和平面反射镜反射所成的像,前者不随平面反射镜转动而移动,但后者随之移动.

4.由于人眼对成像清晰度的感知具有不确定性,加之球差的影响,清晰成像位置会偏离高斯位,为减小误差,可采用左右逼近法测量.

5.物距像距法测凹透镜焦距时若不能找到像最清晰的位置,原因可能是:

(1)辅助凸透镜产生的像是放大的实像;

(2)辅助凸透镜与物的距离远大于凸透镜的二倍焦距.

**【数据表格及数据处理要求】**

1.自拟表格记录实验数据.

2.计算凸透镜和凹透镜焦距及其不确定度.

3.对实验结果进行分析.

**【实验后思考题】**

1.共轭法测凸透镜焦距时的成像条件是什么? 此法有何优点?

2.用物距像距法测凹透镜焦距的成像条件是什么?

# 6.4　用迈克耳孙干涉仪测量光波波长

光的干涉性是光的重要特性,是光的波动性的实验依据.两列频率、振动方向和振幅均相同且相位差恒定的光在空间叠加时,在不同位置将会发生明显的光强加强或减弱的现象,即光的干涉现象.实验上一般是通过对同一光波采用分波阵面或分振幅的方法来获得相干光,然后使其经空间不同路径后会合产生干涉.通过光的干涉可以测出微小长度(光波波长数量级)和微小角度的变化,因此光的干涉在照相技术、测量技术、平面角检测技术、材料应力及形变研究等领域有着广泛的应用.

在物理学史上,迈克耳孙曾用自己发明的光学干涉仪器精确地测量微小"长度",否定了"以太"的存在,这个著名实验为近代物理学的诞生和发展开辟了道路,迈克耳孙也因此获得了1907年的诺贝尔物理学奖.迈克耳孙干涉仪原理简单、构思巧妙,堪称精密光学仪器的典范.随着仪器的不断改进,迈克耳孙干涉仪还能用于光谱线精细结构的研究以及标定标准米尺等实验.目前,根据迈克耳孙干涉仪基本原理研制的各种精密仪器已广泛地应用于生产生活和科研等领域,如观察干涉现象、研究许多物理因素(温度、压强、电场、磁场等)对光传播的影响、测波长、测折射率等.

本实验是利用迈克耳孙干涉仪测量氦氖激光的波长.

**【实验目的】**

1.了解迈克耳孙干涉仪的结构和光的干涉原理.

2.学会迈克耳孙干涉仪的调整和使用方法.

3.观察等倾干涉条纹,测量氦氖激光的波长.

**【预习思考题】**

1.迈克耳孙干涉仪中各光学元件有什么作用?

2.简述调出点光源等倾干涉条纹的步骤.

3.如何调整迈克耳孙干涉仪的读数零点? 如何消空程?

**【实验原理】**

迈克耳孙干涉仪的工作原理如图6-4-1所示,$M_1$,$M_2$ 为两互相垂直的平面反射镜,$P_1$,$P_2$ 是平行放置的厚度和折射率均相同的平面玻璃板,且与 $M_1$ 和 $M_2$

的夹角为45°. $M_1$ 可以沿臂轴前后移动. $P_1$ 称为分束板,$P_2$ 称为补偿板,$P_1$ 远离光源的一面上涂有半反半透膜.以垂直于 $M_2$ 入射的光线为例,它在 $P_1$ 的 $E$ 点被等分成1光与2光.反射光1穿过 $P_1$ 经 $M_1$ 反射后透过 $P_1$ 成为1′光;透射光2穿过 $P_2$ 经 $M_2$ 反射后再次穿过 $P_2$,再由 $P_1$ 反射形成2′光.1′,2′光传播方向相同且又来自同一光波,因此它们在空间相遇时会发生干涉.1光、2光分别穿过 $P_1$ 与 $P_2$ 都是两次,因此1′,2′光在干涉时,其光程差只取决于 $M_1$,$M_2$ 到分光点 $E$ 的距离差.

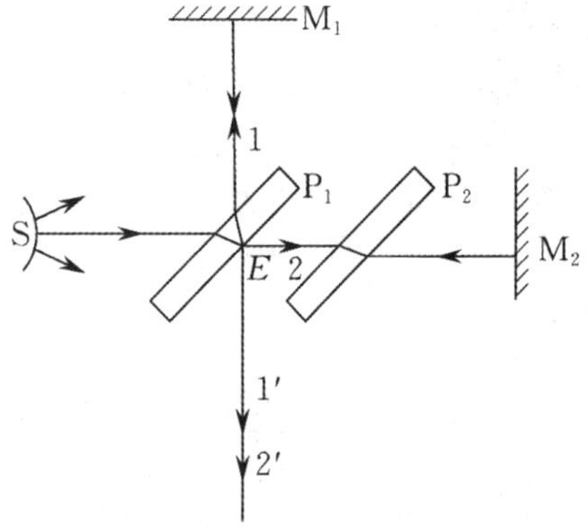

激光的单色性和干涉性好,故本实验采用氦氖激光作光源,激光经短焦距扩束镜会聚后发散,可视为点光源.

图6-4-1　迈克耳孙干涉仪原理图

如图 6-4-2 所示，$M_2'$ 是 $M_2$ 被 $P_1$ 反射所成的虚像，即 $E$ 点到 $M_2$ 的距离等于 $E$ 点到 $M_2'$ 的距离，因此点光源 $S$ 发出的球面波经 $P_1$，$P_2$，$M_1$，$M_2$ 的作用产生的干涉，可近似等效于 $OE$ 轴上的两个虚点光源 $S_1$，$S_2$ 发出的球面波所产生的干涉. 从 $S_1$ 和 $S_2$ 发出的球面波在相遇的空间处处相干，为非定域干涉. 置观察屏于与 $OE$ 垂直的位置，屏上就出现同心圆环形等倾干涉条纹.

由图中几何关系可得从 $S_1$ 和 $S_2$ 发出的球面波在相干处的光程差为

$$\delta = \sqrt{(L+2d)^2 + R^2} - \sqrt{L^2 + R^2}$$
$$= \sqrt{L^2 + R^2}\left(\sqrt{1 + \frac{4Ld + 4d^2}{L^2 + R^2}} - 1\right),$$

式中 $d$ 为 $M_2'$ 和 $M_1$ 之间的距离，$L$ 为 $S_2$ 到观察屏的距离. 当 $L \gg d$ 时，利用泰勒展开可得

$$\delta \approx 2d\frac{L}{\sqrt{L^2 + R^2}} = 2d\cos\theta,$$

式中 $\theta$ 的含义如图 6-4-2 所示.

根据光的干涉理论，$\delta = k\lambda$ 的相干处构成明纹，而在 $\theta = 0$ 处，即干涉图样中心，$\delta = 2d$，此处，$d$ 每增加或减少 $\lambda/2$，干涉图样中就会"冒出"或"缩入"一个明环，因此移动 $M_1$，使干涉图样中心"冒出"或"缩入" $\Delta k$ 个明环，测出这一过程中 $M_1$ 的位移 $\Delta d$，就能够由 $\Delta k\frac{\lambda}{2} = \Delta d$ 求出相干光的波长

$$\lambda = \frac{2\Delta d}{\Delta k}. \tag{6-4-1}$$

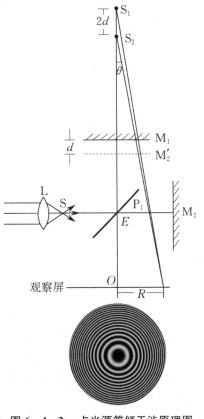

图 6-4-2 点光源等倾干涉原理图

**【实验仪器】**

WSM-100 型迈克耳孙干涉仪、氦氖激光器、扩束镜、光屏.

**1. 迈克耳孙干涉仪简介**

迈克耳孙干涉仪的结构如图 6-4-3 所示，它主要由以下一些部件组成.

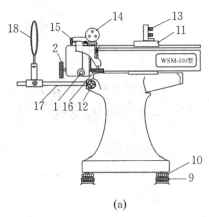

(a)

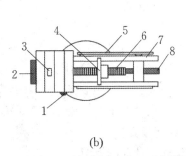

(b)

1—微调手轮；2—粗调手轮；3—读数窗口；4—移动镜 $M_1$；5—毫米刻度尺；6—精密螺母；7—导轨框架；8—精密丝杆；9—调平螺钉；10—锁紧螺钉；11—拖板；12—支架杆锁紧螺钉；13—倾度粗调螺钉；14—固定镜 $M_2$；15—水平拉簧螺钉；16—垂直拉簧螺钉；17—支架杆；18—像屏

图 6-4-3 迈克耳孙干涉仪示意图

（1）底座.

迈克耳孙干涉仪的底座由三个调平螺钉 9 支撑,调平后,可以拧紧锁紧螺钉 10 以保持座架稳定.

（2）导轨.

迈克耳孙干涉仪的导轨由两根平行的长约 280 mm 的导轨框架 7 和精密丝杆 8 组成,并被固定在底座上.精密丝杆穿过导轨框架正中间,丝杆螺距为 1 mm.

（3）拖板.

迈克耳孙干涉仪的拖板 11 是一块装在导轨上的平板,反面做成与导轨吻合的凹槽,下方是精密螺母 6,精密丝杆穿过螺母,当丝杆旋转时,拖板能前后移动,带动固定在其上的移动镜 4 在导轨面上滑动,实现粗动.

（4）移动镜.

迈克耳孙干涉仪的移动镜 4 是一块很精密的平面镜,表面镀有金属膜,具有较高的反射率,垂直地固定在拖板上,它的法线严格地与丝杆平行.倾角可分别用镜背后面的 3 颗倾度粗调螺钉 13 来调节,各螺钉的调节范围是有限度的.如果螺钉向后顶得过松,在移动时可能因震动而使镜面倾角发生变化;如果螺钉向前顶得太紧,可能导致干涉条纹不规则,严重时,还有可能使螺钉打滑或平面镜破损.

（5）固定镜.

迈克耳孙干涉仪的固定镜 14 是与移动镜相同的一块平面镜,固定在导轨框架右侧的支架上.调节其上的水平拉簧螺钉 15 可使其在水平方向转过一微小的角度,从而使干涉条纹在水平方向微动;调节垂直拉簧螺钉 16 则可使其在垂直方向转过一微小的角度,从而使干涉条纹上下微动.与其背后的 3 颗滚花螺钉相比,拉簧螺钉改变镜面的方位要小得多.

（6）读数系统和传动部分 —— 三级读数系统.

移动镜移动距离的毫米数可由读数系统读得.在机体侧面的毫米刻度尺 5 为第一级读数系统,粗调手轮 2 为第二级读数系统,微调手轮 1 为第三级读数系统.

粗调手轮每旋转一周,拖板移动 1 mm,即移动镜移动 1 mm,同时,读数窗口 3 内的鼓轮也转动一周,鼓轮的一圈被等分为 100 格,每格表示 0.01 mm.窗口的读数由窗口上的基准线来指示.

微调手轮每转动一周,拖板移动 0.01 mm,此时可从读数窗口 3 中看到读数鼓轮转动一格.微调手轮的周线也被等分为 100 格,每格表示 $10^{-4}$ mm.

最后移动镜的位置读数为上述三者之和,并加上一位估读数字,即读到 $10^{-5}$ mm.

（7）附件.

附件包括支架杆 17、像屏 18、分束板、补偿板（图中未画出）等.

**2.氦氖激光器简介**

氦氖激光器是一种单色性好、方向性强、相干性好、亮度高的常用光源,它由专用电源和激光管构成.激光管的组成结构包括玻璃毛细管谐振腔（两侧有高反射率的反射镜,腔内按一定比例充有氦气和氖气）、杆状阳极和铝质圆筒阴极.

常用氦氖激光管腔长为 250 mm,输出波长为 632.8 nm,输出功率为 $1 \sim 2$ mW,光束发射角为 $1.5 \times 10^{-3}$ rad,触发电压大于等于 3 500 V,工作电压为 1 200 V,最佳工作电流为 5 mA.

【实验内容与步骤】

1.迈克耳孙干涉仪的调节.

（1）置水准仪于拖板平台上,调迈克耳孙干涉仪至水平.

（2）开启激光器,调节激光束方向使其对准固定镜中心并垂直于固定镜.

（3）转动粗调手轮,使移动镜和固定镜到分束板镀膜面的距离大致相等.

（4）调节移动镜背面的三颗螺钉,使像屏上两个最亮的光点完全重合,此时 $M_1$ 和 $M_2$ 垂直.

（5）在光路中加进扩束镜并调节使激光束通过扩束镜中心,像屏上出现干涉条纹,再细调垂直和水平拉簧螺钉,使干涉圆环处于最佳位置.

2.测量氦氖激光的波长.

（1）调零和消空程.

将微调手轮顺时针（或逆时针）转至零点,然后以同样的方向转动粗调手轮,对齐任一刻度线（两个鼓轮的旋转方向必须一致）;然后再沿相同方向转动微调手轮,直至干涉条纹变化为止.

（2）测量.

转动微调手轮,使干涉图样中心为亮斑,并以此作为"0"环的状态,读出此时移动镜 $M_1$ 的位置（估读到 $10^{-5}$ mm）,然后继续沿同方向转动微调手轮,记下干涉圆环"冒出"或"缩入"的个数,每变化20个圆环,记录一次移动镜的位置,共数180个圆环,记录10个位置读数.

**【注意事项】**

1.迈克耳孙干涉仪系精密光学仪器,使用时应注意防尘、防震;不要对着仪器说话、咳嗽等;测量时动作要轻、缓,尽量使身体部位离开实验台面,以防震动;不可用手触摸光学元件的光学面.

2.$M_2$（或 $M_1$）镜后的调节螺钉、拉簧螺钉不要旋得过紧,以防镜片受压变形和损坏.实验完毕,应将调节螺钉、拉簧螺钉松开,以免镜面、弹簧变形.

3.激光束亮度极大,切勿用眼睛对视,防止视网膜遭永久性损伤.

4.测量过程中要防止空程误差,即调零结束后,测量开始时,应将微调鼓轮按原方向转几圈,直到干涉条纹开始"冒出"或"缩入"后,才开始读数测量;测量过程中微调手轮只能沿一个方向旋转,一旦反转,数据无效,必须重新调零.

5.实验完成后,不可调动仪器,要等老师检查完数据并认可.

**【数据表格及数据处理要求】**

1.自拟表格记录实验数据.

2.计算氦氖激光的波长及其不确定度.

3.与氦氖激光波长的公认值进行比较,并计算相对误差.

4.对实验结果进行分析.

**【实验后思考题】**

1.总结迈克耳孙干涉仪的调节要点与注意事项.

2.在本实验中,一个实的点光源是如何产生两个虚的点光源的?

3.举例说明迈克耳孙干涉仪的其他用途.


# 6.5 用透射光栅测定光波波长

衍射光栅是重要的分光元件.由于衍射光栅得到的条纹狭窄细锐,分辨本领高,所以广泛应用在单色仪、摄谱仪等光学仪器中.光栅衍射原理也是 X 射线结构分析、近代频谱分析和光学信息处理的基础.

光栅由大量相互平行、等宽、等间距的狭缝构成,应用透射光工作的称为透射光栅,应用反射光工作的称为反射光栅.本实验用的是平面透射光栅.

**【实验目的】**

1.学会用透射光栅测定光栅常量、光波波长和光栅角色散本领.

2.加深对光栅分光原理的理解.

3.进一步熟悉分光计的使用方法.

【预习思考题】

光栅方程是怎么得来的?

【实验原理】

分光计的结构和工作原理请参看实验 6.2"用分光计测棱镜玻璃的折射率".

用平面透射光栅得到白光的夫琅禾费衍射条纹,其中可以清晰看到汞灯光谱中的绿线(波长为 $\lambda = 546.07$ nm)和钠灯光谱中的双黄线(波长分别为 $\lambda_{D1} = 589.592$ nm,$\lambda_{D2} = 588.995$ nm).若 $d$ 为光栅常量,$\theta$ 为衍射角,$\lambda$ 为光波波长,$k$ 为光谱衍射级次($k = 0,1,2,\cdots$),则产生衍射亮条纹的条件为

$$d\sin\theta = k\lambda.$$

上式称为光栅方程.实验中通过测量汞灯光谱中绿线(波长为 $\lambda = 546.07$ nm)的衍射级次和衍射角即可根据上式计算出光栅常量 $d$:

$$d = \frac{k\lambda}{\sin\theta}.$$

反过来,若已知光栅常量 $d$,测量钠灯光谱中双黄线的衍射级次和衍射角又可计算出相应的波长 $\lambda_{D1}$ 和 $\lambda_{D2}$:

$$\lambda = \frac{d\sin\theta}{k}.$$

若已知钠灯光谱中双黄线的波长差 $\Delta\lambda$,测出钠灯光谱中双黄线的衍射角,可计算出光栅的角色散本领 $D$:

$$D = \frac{\Delta\theta}{\Delta\lambda}.$$

【实验仪器】

分光计、平面透射光栅、双面镜、日光灯、汞灯、低压钠灯、电源等.

【实验内容与步骤】

1.分光计的调节.

(1)调节要求.

分光计的调节要达到"三垂直"的几何要求和"三聚焦"的物理要求."三垂直"是指载物台面、望远镜的主光轴、平行光管的主光轴必须与分光计主轴垂直."三聚焦"是指十字叉丝对目镜聚焦,即在望远目镜中能看到清晰的十字叉丝像;望远镜对无穷远聚焦,即平面镜反射回清晰的绿十字像;狭缝对平行光管物镜聚焦,即可在望远镜分划板上看到清晰的狭缝像.

(2)调节步骤.

参照实验 6.2"用分光计测棱镜玻璃的折射率"中介绍的调节方法,按下述步骤调节分光计.

① 目测粗调"三垂直".

② 调十字叉丝对目镜聚焦:打开电源,让照明小灯照亮望远镜视场,调节目镜同时眼睛从目镜中观察,直至看到十字叉丝变清晰,此时十字叉丝正好位于目镜的焦平面上.

③ 调望远镜对无穷远聚焦.

④ 调望远镜主光轴与分光计主轴垂直.

⑤ 调载物台面与分光计主轴垂直.

⑥ 调狭缝对平行光管物镜聚焦.

⑦ 调平行光管主光轴与分光计主轴垂直.

2.光栅位置的调节.

（1）调节要求.

① 调节光栅衍射面使之垂直于入射光.

② 调节光栅衍射狭缝和十字叉丝竖直线平行.

（2）调节步骤.

① 使望远镜对准平行光管，从望远镜中观察狭缝像，使其和十字叉丝重合，固定望远镜.

② 如图6-5-1所示放置光栅，点亮望远镜目镜十字叉丝照明小灯（移开或关闭平行光管狭缝照明灯），左右转动载物台，在望远镜中找到反射的绿十字像，调节螺钉 $b_2$ 或 $b_3$ 使绿十字像和目镜中的调节用叉丝重合.这时光栅衍射面已垂直于入射光.

③ 点亮平行光管狭缝照明灯，转动望远镜观察光谱，若左右两侧的光谱线相对于目镜中十字叉丝的水平线高低不等（见图6-5-2），说明光栅衍射狭缝和十字叉丝竖直线不平行，这时可调节载物台上的螺钉 $b_1$ 使它们一致.

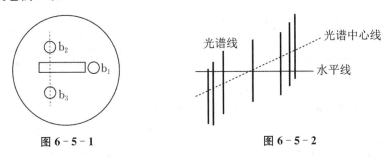

图 6-5-1          图 6-5-2

3.测量.

（1）测光栅常量 $d$.

转动望远镜到光栅的一侧，使十字叉丝的竖直线对准汞灯光谱中绿线（波长为 $\lambda = 546.07$ nm）第 $k$ 级谱线的中心，记录此时望远镜的方位角；将望远镜转动到光栅的另一侧，使十字叉丝的竖直线对准相同谱线的中心，记下此时望远镜的方位角.同一游标的两次读数之差即为对应谱线衍射角的两倍.测量5次.

（2）测钠灯光谱中双黄线的波长.

换上低压钠灯照明，采用和上面测光栅常量 $d$ 同样的测量方法，测量钠灯光谱中双黄线的衍射角，测量5次.

【注意事项】

1.调节光栅位置时，两项调节逐一进行后应再次重复检查，因为调节后一项时，可能对前一项的状况有所破坏.

2.光栅位置调好后，在实验过程中应保持不动.

【数据表格及数据处理要求】

1.自拟表格记录实验数据.

2.计算光栅常量及其不确定度.

对分光计： $\Delta_{仪} = 0.5'$.

3.计算钠灯光谱双黄线的波长及其不确定度.

4.对实验结果进行分析.

【实验后思考题】

1.比较棱镜和光栅分光的主要区别.

2.分析光栅衍射面和入射光不严格垂直时对实验的影响.

# 6.6　自组显微镜和望远镜

望远镜和显微镜都是用途极为广泛的助视光学仪器,显微镜主要用来帮助人们观察近处的微小物体,而望远镜则主要是帮助人们观察远处的目标,它们常被组合在其他光学仪器中.为满足不同用途和性能的要求,望远镜和显微镜的种类很多,构造也各有差异,但是它们的基本光学系统都是由一个物镜和一个目镜组成.望远镜和显微镜在天文学、电子学、生物学和医学等领域中都起着十分重要的作用.

## 6.6.1　自组望远镜

### 【实验目的】

1. 了解望远镜的基本原理和结构.
2. 学会自己组装望远镜.
3. 掌握测量望远镜放大率的方法.

### 【实验原理】

最简单的望远镜是用一长焦距的凸透镜作物镜,用一短焦距的凸透镜作目镜组合而成的.远处的物经过物镜在其后焦平面附近成一倒立缩小的实像,物镜的像方焦平面与目镜的物方焦平面重合.目镜起一放大镜的作用,它将物镜所成的倒立实像再放大成一个倒立的虚像,如图 6-6-1 所示为开普勒望远镜的光路示意图.

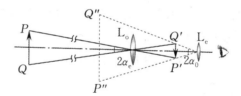

**图 6-6-1　开普勒望远镜的光路示意图**

用望远镜观察不同位置的物体时,只需调节物镜和目镜的相对位置,使物镜所成的实像落在目镜物方焦点以内,这就是望远镜的"调焦".

用望远镜观察物体时,一般视角均较小,因此视角之比可用其正切之比来代替,于是望远镜的视角放大率 $M$ 和横向放大率 $\beta$ 分别为

$$M = \frac{\tan \alpha_0}{\tan \alpha_e} = \frac{f_o}{f_e}, \quad \beta = \frac{l}{l_0},$$

式中 $f_o$ 为物镜焦距,$f_e$ 为目镜焦距,$l_0$ 是被测物 $PQ$ 的大小,$l$ 是被测物虚像 $P''Q''$ 的大小.

在实验中,常用目测法比较 $l$ 与 $l_0$.对于望远镜,其方法是:选一个标尺作为被测物,并将它安放在距物镜大于 1.5 m 处,用一只眼睛直接观察标尺,另一只眼睛通过望远镜观看标尺的像.调节望远镜的目镜,使标尺和标尺的像对齐且没有视差,读出某标尺段的像对应在标尺上的长度,即可得到望远镜的放大率.

### 【实验仪器】

标尺(0 ~ 55 cm)、物镜 $L_o(f_o = 225 \text{ mm})$、二维调节架(SZ-07)、目镜 $L_e(f_e = 45 \text{ mm})$、三维平移底座(SZ-07)、二维平移底座(SZ-02).

**【实验内容与步骤】**

1. 组装开普勒望远镜. 按图 6-6-2 所示放好各元器件,调节共轴等高,固定目镜,移动物镜,向约 3 m 远处的标尺调焦,使一只眼睛在目镜中间看到清晰的标尺像.

2. 如图 6-6-3 所示,设定标尺卡口间距 $d_1$ 为 5 cm,并大致和组装的望远镜等高. 一只眼睛通过组装望远镜看标尺像,另一只眼睛直接注视标尺,经适应性练习,视觉系统同时获得被望远镜放大的标尺像和直观的标尺,把通过望远镜观察到的卡口(间距 $d_1$)的像投影到标尺实物上,记住卡口像在实物标尺上的投影位置,走近标尺读出投影上下位置间隔 $d_2$.

3. 测量标尺到物镜的距离.

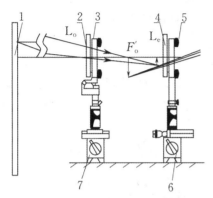

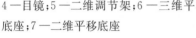

1—标尺;2—物镜;3—二维调节架;
4—目镜;5—二维调节架;6—三维平移底座;7—二维平移底座

**图 6-6-2　自组望远镜装置图**

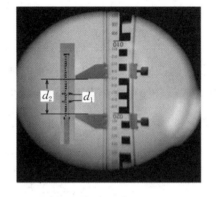

**图 6-6-3　放大标尺像与实际标尺的比对**

**【注意事项】**

1. 不得用手触摸光学元件表面.

2. 移动底座时要小心,以防弄倒调节架.

**【数据表格及数据处理要求】**

1. 目镜位置读数 _____ cm.

2. 物镜位置读数 _____ cm.

3. 标尺与物镜距离:$s =$ _____ cm.

4. 设定标尺卡口间距为 $d_1 = 5$ cm 时,像卡口间距 $d_2 =$ _____ cm.

5. 求出望远镜的横向放大率 $\beta = \dfrac{d_2}{d_1}$.

6. 考虑到标尺到物镜的距离为有限远,令 $\beta' = \beta \dfrac{s}{s + f_o}$,将 $\beta'$ 与望远镜视角放大率 $M = \dfrac{f_o}{f_e}$ 作比较,计算相对误差.

**【实验后思考题】**

试分析 $\beta'$ 与 $M$ 的关系.

## 6.6.2　自组显微镜

**【实验目的】**

1. 熟悉显微镜的构造及放大原理.

2. 掌握光学系统的共轴调节方法.

3. 学会测量显微镜的放大率.

**【预习思考题】**

试推导显微镜的视角放大率公式.

**【实验原理】**

显微镜和望远镜的光学系统十分相似,它们都是由两个凸透镜共轴组成的.显微镜的物镜焦距很短,目镜焦距较长.如图 6-6-4 所示,实物 $PQ$ 经物镜 $L_o$ 成倒立实像 $P'Q'$ 于目镜 $L_e$ 的物方焦点 $F_e$ 的内侧,再经目镜 $L_e$ 成放大的虚像 $P''Q''$ 于人眼的明视距离处.

根据图 6-6-4 中的几何关系,可得显微镜的视角放大率 $M$ 的计算公式

$$M = \beta_o M_e \approx \frac{25\Delta}{f_o f_e}, \tag{6-6-1}$$

式中 $\beta_o$ 为物镜的横向放大率, $M_e$ 为目镜的视角放大率, $f_o$ 和 $f_e$ 分别为物镜和目镜的焦距, $\Delta$ 称为显微镜的光学间隔(物镜像方焦点 $F_o'$ 与目镜物方焦点 $F_e$ 之间的距离), $\Delta$, $f_o$, $f_e$ 取单位为 cm 时的数值.

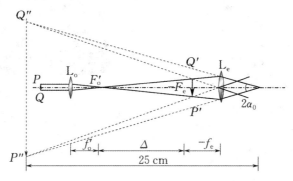

**图 6-6-4　显微镜光路示意图**

**【实验仪器】**

小照明光源 S(GY-20)、干版架(SZ-12)、微尺 $M_1$(1/10 mm)、透镜架(SZ-08)、物镜 $L_o$($f_o$ = 45 mm)、二维调节架(SZ-07)、目镜 $L_e$($f_e$ = 34 mm)、45°玻璃架(SZ-45)、升降调节座(SZ-03)、毫米尺 $M_2$($l$ = 30 mm)、三维平移底座(SZ-01)、二维平移底座(SZ-02)、通用底座(SZ-04)、白光源(GY-6A).

**【实验内容与步骤】**

1. 参照图 6-6-5 所示沿刻度尺布置各器件,调共轴等高.

2. 如图 6-6-6 所示,将透镜 $L_o$ 与 $L_e$ 的间距定为 24 cm($\Delta$ = 24 cm $- f_o - f_e$).

3. 沿刻度尺移动靠近光源的毛玻璃微尺 $M_1$(物),从显微镜系统中得到微尺放大像.

4. 在 $L_e$ 之后置一与光轴成 45°角的平玻璃板 B,距此玻璃板一定距离处置一毫米尺 $M_2$(毫米尺到平玻璃板的距离等于微尺 $M_1$ 到平玻璃板的距离),用白光源(图 6-6-5 中未画出)照亮毫米尺 $M_2$.

5. 移动微尺 $M_1$,消除视差,读出未放大的 $M_2$ 上 30 格所对应的 $M_1$ 的格数 $a$.

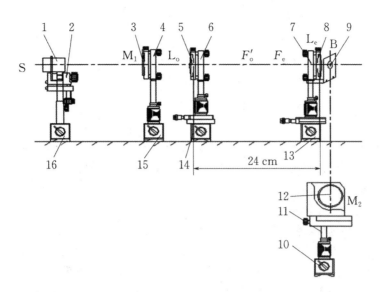

1—小照明光源；2—干版架；3—微尺；4—透镜架；5—物镜；6—二维调节架；7—二维调节架；8—目镜；9—45°玻璃架；10—升降调节座；11—透镜架；12—毫米尺；13—三维平移底座；14—二维平移底座；15—升降调节座；16—通用底座

**图 6-6-5　自组显微镜装置图**

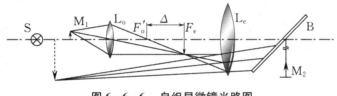

**图 6-6-6　自组显微镜光路图**

【注意事项】

注意保护光学元件的光学面.

【数据表格及数据处理要求】

1. 微尺 $M_1$ 位置读数_____ cm.

2. 物镜 $L_o$ 位置读数_____ cm.

3. 目镜 $L_e$ 位置读数_____ cm.

4. 毫米尺 $M_2$ 与 $L_e$ 的间距 = _____ cm.

5. $M_2$ 上 30 格（30 mm）对应的 $M_1$ 的长度 $a$ = _____ 格（0.1 mm/ 格）.

6. 计算显微镜的测量放大率 $M' = \dfrac{30 \times 10}{a}$，并与显微镜的计算放大率 $M = \dfrac{25\Delta}{f_o f_e}$ 进行比较，计算相对误差.

【实验后思考题】

增大显微镜放大倍数的措施有哪些？

# 6.7　用双棱镜干涉测光波波长

双棱镜是一种分波阵面的光学元件，它可以将同一光源发出的光分成两部分，然后再叠加形成干涉，从而测定光波波长. 双棱镜实验为验证光的波动性作过重要贡献，同时它也提供了一种利用简单仪器测量光波波长的方法.

**【实验目的】**

1. 学会调节光学系统的共轴.

2. 观察双棱镜产生的干涉现象,了解光的波动性.

3. 掌握用双棱镜测量钠光波长的方法.

**【预习思考题】**

1. 式(6-7-1)和(6-7-2)中各物理量的意义是什么? 实验中需测哪些物理量?

2. 各光学元件的共轴等高调好后,仍观察不到干涉条纹,可能的原因是什么?

3. 使用测微目镜时应注意什么?

**【实验原理】**

如图6-7-1所示为双棱镜干涉光路图. 双棱镜由平板玻璃加工而成,它的上表面被磨制成两相交平面,这两个平面与底面的交角(图中的$\alpha$)相等且很小($\alpha < 1°$),两平面的交线称为棱脊,棱脊与端面垂直. 从缝光源S发出的光经双棱镜的两次折射,其波阵面被分成两部分,形成两相干波,它们叠加后形成干涉. 这是分波阵面干涉,在这里它相当于两个虚光源$S_1$和$S_2$所形成的干涉. 由于双棱镜干涉的干涉区域很窄、干涉条纹间距很小,故需借助测微目镜才能看到干涉条纹.

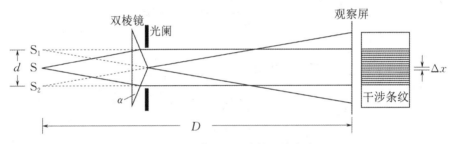

**图6-7-1 菲涅耳双棱镜干涉光路图**

虚光源$S_1$和$S_2$所形成的干涉,完全等效于双缝干涉. 设$\lambda$为实验所用光波的波长,$d$为虚光源$S_1$和$S_2$的间距,$D$为虚光源所在平面(近似认为与缝光源S在同一平面内)至观察屏的距离,$\Delta x$为相邻两亮纹或暗纹的间距,因$d \ll D$,故由双缝干涉的结果可得

$$\lambda = \frac{d}{D} \Delta x. \tag{6-7-1}$$

实验中,只要测出$d$,$D$和$\Delta x$,就可测出光波波长. 本实验测量钠光的波长.

**【实验仪器】**

钠光灯、光具座、双棱镜、可调狭缝、凸透镜、测微目镜.

测微目镜(又名测微头)一般用作光学精密计量仪器的附件,也可以单独使用,主要用于测量微小长度. 如图6-7-2(a)所示,测微目镜主要由目镜、分划板、读数鼓轮组成. 旋转读数鼓轮,可以推动活动分划板左右移动;活动分划板与带有毫米刻度的固定分划板紧贴在一起. 读数鼓轮圆周上刻有100个等分格,鼓轮每转一周,活动分划板在垂直于目镜光轴的方向移动1 mm,所以鼓轮上每分格表示0.01 mm.

用测微目镜进行测量时,先调节目镜,直至在视场中看清叉丝(见图6-7-2(b)). 接着转动鼓轮,使叉丝的交点或双线与被测物的像的一边重合,读取一个数;继续转动鼓轮,使叉丝交点或双线与被测物的像的另一边重合,读取一个数,两数之差即为被测物尺寸. 读数时,毫米数从固定分划板上的主尺读取,毫米以下数位从测微鼓轮上读取. 读数精确到0.01 mm,估读到0.001 mm.

测量时,鼓轮转动要缓慢,且只能沿一个方向转动,如中途反转或从两个方向进行测量,都会造成回程误差,数据无效.此外,还应注意消除像与叉丝之间的视差.

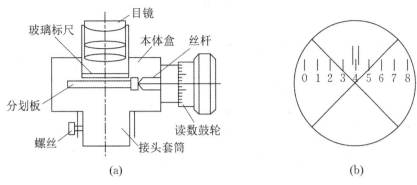

图 6-7-2 测微目镜的结构

**【实验内容与步骤】**

1. 调共轴等高.

(1)粗调.

将钠光灯出射面、狭缝、凸透镜、双棱镜、测微目镜靠拢,通过目测,调各元件中心在与光具座轴线平行的一直线上,再调各元件主截面垂直于光具座轴线.

(2)细调.

取下双棱镜,将狭缝调竖直,使之贴近光源,选择好测微目镜的位置、调节好它的焦距,用凸透镜共轭法,先将狭缝、凸透镜细调至共轴.调节的方法是:移动调节透镜的位置,使经透镜的物光清晰地成一大一小两个像于测微目镜的分划板上;再调节透镜高低左右的位置,使大小像的中心重合.

接下来在狭缝与透镜之间放入双棱镜,将它的棱脊调竖直,移动调节透镜的位置,使经透镜的物光清晰地成像(选取大像)于测微目镜的分划板上,这是两条平行亮线,细调双棱镜高低左右的位置及棱脊的角度,使两亮线等高、等细、等亮.

2. 调出清晰的干涉条纹.

取下凸透镜,从测微目镜中观察,若此时视场中只出现一片黄光而没有干涉条纹,说明此时狭缝过宽或双棱镜棱脊未与狭缝严格平行.先调细狭缝宽度,使视场中央出现一条竖直窄亮带,再细调棱脊的角度,使棱脊与狭缝严格平行,这时亮带将变成清晰的干涉条纹.条纹调好后,改变测微目镜与狭缝以及双棱镜与狭缝的距离,观察条纹疏密变化的规律,选择最佳测量状态.

3. 测量.

(1)用测微目镜测出第 $1\sim5,6\sim10$ 条暗纹的位置,用逐差法计算出相邻两暗纹的间距 $\Delta x$.

(2)在光具座上测出测微目镜与狭缝的位置,从而计算出 $D$ 的数值.

(3)如图 6-7-3 所示,将凸透镜放置于测微目镜和双棱镜之间,调节透镜的位置,使之成清晰大像于测微目镜的分划板上,用测微目镜测出两条亮线的间距 $d'$.接着在光具座上测出狭缝、透镜、测微目镜的位置,由此算出物距 $u$ 与像距 $v$,则 $S_1$,$S_2$ 间距

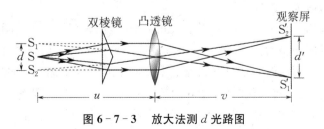

图 6-7-3 放大法测 $d$ 光路图

$$d = \frac{|u|}{v} d'. \qquad\qquad (6-7-2)$$

**【注意事项】**

1. 不可反复开启钠光灯,这会影响灯的寿命.

2. 不要用手触摸光学元件的光学面.

3. 旋转读数鼓轮时动作要平稳、缓慢.

4. 分划板上的竖线应与干涉条纹平行;测量时,鼓轮只能沿一个方向旋转,以免产生回程误差.

**【数据表格及数据处理要求】**

1. 自拟表格记录实验数据.

2. 计算钠光的波长及其不确定度.

3. 将计算所得的钠光波长与钠光波长的公认值进行比较,并计算相对误差.

4. 对实验结果进行分析.

**【实验后思考题】**

1. 实验中的误差主要来源于哪些因素?

2. 双棱镜与狭缝间距的变化对干涉条纹的疏密会产生怎样的影响? 为什么?

3. 实验中狭缝宽度对干涉效果具有什么样的影响?

# 6.8 等厚干涉研究 —— 牛顿环

利用透明薄膜上、下表面对入射光的依次反射,将光波的振幅分解为具有一定光程差的几部分,它们在相遇时便会产生干涉.透明薄膜上、下表面的两反射光在相遇处的光程差取决于反射处的薄膜厚度,且同一级干涉条纹所对应的薄膜厚度相同,这种干涉称为等厚干涉.

利用等厚干涉,可以测量微小角度和长度的改变以及检查元件表面的平整度等.

**【实验目的】**

1. 观察等厚干涉现象,加深对光的波动性的认识.

2. 学会使用测量显微镜.

3. 学会用干涉法通过牛顿环测平凸透镜的曲率半径和测微小厚度.

**【预习思考题】**

1. 测量暗环直径时应尽量选用远离中心的环来进行,为什么?

2. 正确使用测量显微镜应注意哪几点?

3. 用劈尖测薄纸厚度的步骤有哪些?

**【实验原理】**

**1. 用牛顿环测平凸透镜的曲率半径**

一块曲率半径较大的平凸透镜的凸面置于一光学平面玻璃上时,两者之间具有一空气间隙.间隙厚度从中心接触点向四周逐步增大,如图 6-8-1 所示.当单色平行光垂直照射时,入射光在空气间隙的上、下表面处发生反射,两反射光在空气间隙上表面处相遇产生干涉.由于空气间隙的厚度相同的地方具有相同的光程差,干涉效果相同(如图 6-8-1 中的 $B,B'$ 点).用测量显微镜进行观察,可以看到明暗相间、环间距向外逐渐减小的同心环,这就是等厚干涉形成的牛顿环.

在图 6-8-1 中,垂直照射在牛顿环仪上的单色平行光中的光线 $MA$,入射到 $B,C$ 两点后分别被

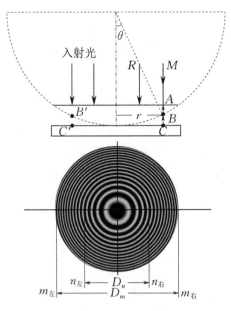

**图 6 - 8 - 1　牛顿环原理图**

反射回来,加上光从光疏介质射向光密介质的分界面发生反射时的半波损失后,两反射光在 $B$ 点相遇,光程差为

$$\delta = 2\,\overline{BC} + \frac{\lambda}{2}. \tag{6-8-1}$$

由图 6 - 8 - 1 中的几何关系,有

$$R^2 = (R - \overline{BC})^2 + r^2 = R^2 - 2R \cdot \overline{BC} + \overline{BC}^2 + r^2.$$

由于 $R \gg \overline{BC}$,略去二阶小量 $\overline{BC}^2$,则有

$$2\,\overline{BC} = \frac{r^2}{R}.$$

将上式代入式(6 - 8 - 1)中得

$$\delta = \frac{r^2}{R} + \frac{\lambda}{2}. \tag{6-8-2}$$

因为实验中暗条纹比亮条纹易于观察测量,所以选暗环作为测量对象. 根据暗条纹的干涉条件,两束光的光程差 $\delta = (2k+1)\lambda/2$ 时,干涉相消出现暗条纹.将暗条纹的干涉条件代入式(6 - 8 - 2)可得

$$\frac{r^2}{R} + \frac{\lambda}{2} = (2k+1)\,\frac{\lambda}{2},$$

整理后得

$$r^2 = k\lambda R, \quad k = 0,1,2,\cdots. \tag{6-8-3}$$

由于牛顿环的干涉级次 $k$ 和环的中心都难准确确定,故在实际测量中,常将式(6 - 8 - 3)变形. 对 $m$ 级暗环,$r_m^2 = m\lambda R$;对 $n$ 级暗环,$r_n^2 = n\lambda R$,两式相减得

$$r_m^2 - r_n^2 = (m - n)\lambda R.$$

故

$$R = \frac{r_m^2 - r_n^2}{(m-n)\lambda}.$$

将式中暗环的半径换成暗环的直径,得

$$R = \frac{D_m^2 - D_n^2}{4(m-n)\lambda}. \qquad (6-8-4)$$

式(6-8-4)即为用牛顿环测平凸透镜曲率半径的实验公式,式中 $R$ 为平凸透镜的曲率半径,$\lambda$ 为单色光源的波长,$D_m$,$D_n$ 分别为第 $m$,$n$ 级暗环的直径.

**2. 用劈尖测细丝直径和劈尖角度**

(1)测细丝直径.

如图 6-8-2 所示,将待测细丝(如玻璃纤维、发丝等)放在两块平板玻璃之间,形成一个空气劈尖. 当单色平行光垂直照射时,劈尖上、下表面的反射光在相遇处发生干涉. 从测量显微镜里可以观察到一簇与劈棱(两玻璃片接触线)平行、间隔相等且明暗相间的干涉条纹,这就是劈尖等厚干涉条纹.

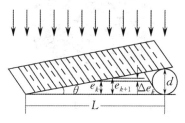

图 6-8-2　劈尖

与牛顿环相似,两反射光的光程差

$$\delta = 2e_k + \frac{\lambda}{2},$$

式中 $e_k$ 为第 $k$ 级干涉条纹处空气层的厚度,$\lambda$ 为入射单色光的波长.

仍选暗条纹为测量对象,利用干涉相消的条件有

$$\delta = 2e_k + \frac{\lambda}{2} = (2k+1)\frac{\lambda}{2}, \quad k = 0,1,2,\cdots, \qquad (6-8-5)$$

化简得

$$e_k = \frac{k\lambda}{2}. \qquad (6-8-6)$$

由式(6-8-6)可知,任意两条相邻暗条纹所对应的空气层厚度差为

$$\Delta e_k = e_{k+1} - e_k = \frac{\lambda}{2}.$$

由式(6-8-5)可知,$k=0$ 时,$\delta = \frac{\lambda}{2}$,即劈棱处为零级暗纹. 在待测细丝处,干涉级次 $k=N$,则由式(6-8-6)可得细丝的直径为

$$d = N \cdot \frac{\lambda}{2}. \qquad (6-8-7)$$

当 $N$ 太大不好计数时,也可以只取 $n$ 条清晰的暗条纹,用测量显微镜测出它们之间的距离 $x_n$,再测出劈棱到细丝之间的距离 $L$. 考虑到 $\theta$ 角很小,则有

$$d = \frac{nL\lambda}{2x_n}. \qquad (6-8-8)$$

(2)测劈尖角度 $\theta$.

在图 6-8-2 中,有

$$\theta \approx \sin\theta \approx \tan\theta = \frac{d}{L}.$$

又细丝所在处,$d = \frac{N\lambda}{2}$,代入上式得

$$\theta = \frac{N\lambda}{2L}. \tag{6-8-9}$$

实验中,$\lambda$ 已知,事实上只要测出劈棱到第 $k$ 级暗条纹的距离 $L_k$,即可算出 $\theta$:

$$\theta = \frac{k\lambda}{2L_k}.$$

**【实验仪器】**

J-50 型测量显微镜、牛顿环仪、钠光灯(附配电源)、劈尖装置等.

测量显微镜的结构如图 6-8-3 所示,它由显微镜和测微读数装置两部分组成.测量时,将待测物放到载物台上用压簧固定.转动目镜,可以看见十字叉丝;转动调焦手轮,可以使显微镜筒上、下移动;旋转测微鼓轮,可以使显微镜左、右横向移动.调节显微镜中的十字叉丝依次对准待测物上的两个位置,从测微读数装置上可分别读出对应的位置读数.两读数之差就是这两个位置之间的距离.

测微鼓轮周边刻有 $0 \sim 100$ 的刻度线.鼓轮每转动一圈,显微镜横向移动 1 mm;鼓轮转动一小格,显微镜则相应横移 0.01 mm.测量读数可估读到 0.001 mm,这个精度和螺旋测微器的测量精度一样.

显微镜用于观察近处微小物体,它由物镜和目镜两组透镜组成(见图 6-8-4),每组透镜相当于一个凸透镜.因为近距离观测,所以物镜的焦距很短.微小物体 AB 在物镜的焦距之外,经物镜后在目镜的物方焦平面内侧(靠近焦点处)成一个放大倒立的实像 $A_1B_1$.目镜是焦距比物镜焦距稍长的凸透镜,相当于一个放大镜.它将物镜所成的中间实像 $A_1B_1$ 放大成虚像 $A_2B_2$,此虚像位于明视距离处.由于显微镜是通过改变整个镜筒和物体的间距来调焦的,且目镜也有小的移动范围,以适应不同视力的人,所以物镜所成的像 $A_1B_1$ 不一定在目镜的物方焦平面上,通过目镜观察到的像也不一定在无穷远处.

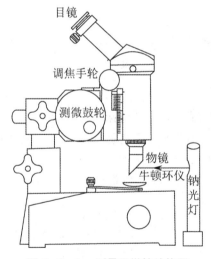

图 6-8-3　测量显微镜结构图

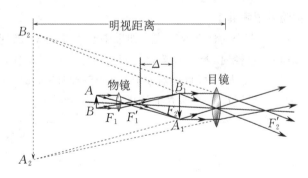

图 6-8-4　显微镜光路图

显微镜和望远镜一样,也是起视角放大的作用.图 6-8-4 中的 $\Delta$ 表示物镜的像方焦点 $F_1'$ 和目镜的物方焦点 $F_2$ 之间的距离,称为显微镜的光学间隔.测量显微镜的分划板安装在物镜的像平面上.

**【实验内容与步骤】**

1. 调试牛顿环仪.轻微旋拧牛顿环仪上的 3 颗调节螺钉,在自然光或日光灯照射下,可以观察到牛顿环的移动.将其调到透镜正中,使环无畸变且中心暗点最小.注意切勿将螺钉拧得过紧,否则会导致玻璃变形甚至破裂.

2. 将牛顿环仪置于测量显微镜的载物台上,如图 6-8-3 所示.打开钠光灯,调节光源前的半反射镜,使钠黄光充满整个显微镜视场,此时平行的单色光照射到显微镜物镜下的 45° 玻片上,经玻片反射而垂直入射到牛顿环仪上.本实验所用钠光灯,其双线波长分别为589.0 nm和589.6 nm,取其平均波长589.3 nm作为实验所用光波的波长.

3.调显微镜目镜对十字叉丝聚焦,直至看到清晰的分划板上的十字叉丝,然后移动牛顿环仪,在显微镜视场中找到牛顿环.

4.旋转调焦手轮对牛顿环聚焦,使牛顿环成像最清晰,且像与分划板上的叉丝之间无视差.

**注意:**镜筒只能由下向上调节,反之有碰坏物镜和牛顿环仪的危险.

5.移动牛顿环仪,使十字叉丝与牛顿环中心大致相合.转动测微鼓轮,使显微镜筒向左右任意一方移动,移动时,需保持十字叉丝的竖线与牛顿环相切,横线与镜筒移动的方向平行,否则调显微镜目镜筒或牛顿环仪,以达到这一要求.

6.测量牛顿环直径.

(1)设 $m-n=10$,取 $m$ 为第40,39,38,37,36级暗纹,取 $n$ 为第30,29,28,27,26级暗纹.此时,由式(6-8-4)可知 $D_m^2-D_n^2$ 为一常数,即凡是级数相差为10的两环(如40环与30环,39环与29环等)的直径的平方差不变.

(2)消除螺距回程误差.由于丝杆与螺母套筒之间有间隙,反转鼓轮时,载物台没有立即随之移动,而鼓轮上的读数已发生改变,由此会引起较大的回程误差.为消除回程误差,测量中测微鼓轮只能沿一个方向转动.假如从左边第40环开始读数,则先将叉丝竖线切压左边第45环,再转动鼓轮到左边第40环,然后沿这一方向测读完左边第39,38,37,36,30,29,28,27,26环后,继续沿这一方向测读右边的第26,27,28,29,30,36,37,38,39,40环全部数据,中途不得回转鼓轮,这样就消除了回程误差.

7.自己设计实验测量细丝的直径及劈尖角度的大小.

**【数据表格及数据处理要求】**

1.自拟表格记录实验数据.

2.计算牛顿环仪的曲率半径及其不确定度.

3.给出实验结果并进行分析.

**【实验后思考题】**

1.牛顿环中心为什么是暗斑?如果中心出现亮斑,做何解释?对实验结果有影响吗?

2.测暗环直径时,若十字叉丝的交点未通过圆环的中心,则所测长度非真正的直径而是弦长(见图6-8-5),以弦长代替直径对实验结果有影响吗?试证明之.

3.为什么靠近中心的地方牛顿环的间距要大一些?

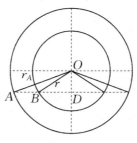

图6-8-5

# 第7章
# 电磁学实验

## 7.1 示波器的调整与使用

示波器是一种应用十分广泛的电子测量仪器,不仅能用它直接观察电信号随时间变化的图形(波形),测量电信号的幅度、周期、频率、相位等,而且配合相应的传感器,还可以用它观测各种可以转化为电学量的非电学量.

**【实验目的】**

1. 了解示波器的大致结构和工作原理.

2. 掌握低频信号发生器和双踪示波器的使用方法.

3. 学会使用示波器观察电信号的波形并测量电信号的电压和频率.

**【预习思考题】**

1. 用示波器观察波形的几个重要步骤是什么?

2. 如果用正弦信号作扫描波,那么正弦信号在屏幕上显示的波形是怎样的?

3. 如果打开示波器电源后,看不到扫描线也看不到光斑,可能有哪些原因?

**【实验原理】**

**1. 示波器的基本结构**

示波器的种类有很多,但其基本原理和基本结构大致相同,主要由示波管、电子放大系统、扫描与触发系统、电源等几部分组成,原理框图如图 7-1-1 所示.

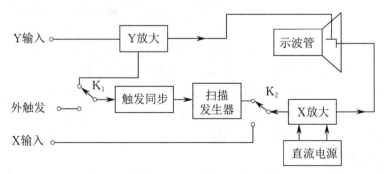

图 7-1-1 示波器的原理框图

(1) 示波管.

示波管又称阴极射线管,简称CRT,其基本结构如图7-1-2所示,主要包括电子枪、偏转系统和荧光屏三个部分.

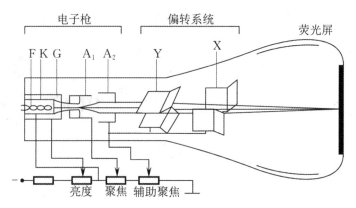

F—灯丝;K—阴极;G—控制栅极;A₁—第一阳极;A₂—第二阳极;Y—竖直偏转板;X—水平偏转板

**图7-1-2　示波管的结构简图**

电子枪由灯丝、阴极、控制栅极、第一阳极、第二阳极五部分组成.灯丝通电后,加热阴极,阴极是一个表面涂有氧化物的金属圆筒,被加热后发射电子.控制栅极是一个顶端有小孔的圆筒,套在阴极外面,它的电势相对阴极为负,只有达到一定初速度的电子才能穿过栅极顶端的小孔.因此,改变栅极的电势,可以控制通过栅极的电子数,进而控制到达荧光屏的电子数目,从而达到控制屏上光斑亮度的目的.示波器面板上的"亮度"旋钮就是起这一作用的.阳极的电势比阴极高得多,它的作用是对通过栅极的电子进行加速,被加速的电子在运动过程中会向四周发散,如果不对其进行聚焦,观察者在荧光屏上看到的将是模糊一片.聚焦电子束的任务是由阴极、栅极、阳极共同形成的一种特殊分布的静电场来完成的,这一静电场是由这些电极的几何形状、相对位置及电势决定的.示波器面板上的"聚焦"旋钮就是改变第一阳极电势用的,而"辅助聚焦"旋钮就是调节第二阳极电势用的.

偏转系统由两对互相垂直的平行偏转板——水平偏转板和竖直偏转板组成.在偏转板上加上一定的电压会使电子束的运动方向发生偏转,从而使荧光屏上光斑的位置发生改变.通常,在水平偏转板上加扫描信号,竖直偏转板上加被测信号.

荧光屏是示波管前端内壁涂有荧光粉的玻璃屏,电子打上去它就会发光,并形成光斑.荧光粉材料不同,发光的颜色不同,发光的延续时间(余辉时间)也不同.荧光屏上带有刻度,供测量时使用.

(2)电子放大系统.

为了使电子束获得明显的偏移,需要在偏转板上加上足够的电压,但被测信号一般比较弱,因此必须对其进行放大.竖直(Y轴)放大器和水平(X轴)放大器就是起这一作用的.

(3)扫描与触发系统.

扫描发生器的作用是产生一个与时间相关的电压作为扫描信号.触发电路的作用是形成触发信号.当示波器处于"自激"模式时,扫描发生器始终有扫描信号输出;当示波器处于"DC"或"AC"模式时,扫描发生器必须有触发信号的激励才产生扫描信号.处于"DC"或"AC"模式时,一般情况下,示波器是工作在内触发方式下,此时触发信号由被测信号产生,以保证扫描信号与被测信号同步;当示波器工作在外触发方式下时,触发信号由外部输入信号产生.

**2.示波器波形显示原理**

如果只在竖直偏转板上加一正弦信号,则电子束产生的光斑将随电压的变化在竖直方向来回运动.此时,如果信号频率较高,则可以看到一条竖直亮线,如图7-1-3所示.

为了能显示波形,应使电子束在水平方向上也要有偏移,这就必须同时在水平偏转板上加扫描信号.扫描信号的特点是其幅值随时间线性增加到最大,然后又突然回到最小,如此重复变化.在扫描信号的作用下,光斑从左向右运动到最大位移处,再突然回到左端起点,开始下一周期.我们把这一过程称为扫描.扫描电压随时间变化的曲线形同锯齿,如图 7-1-4 所示,所以又被称为锯齿波电压.如果只有扫描信号加在水平偏转板上,在频率足够高时,屏上只能看到一条水平亮线.

图 7-1-3　只在竖直偏转板上加正弦电压的情形　　图 7-1-4　只在水平偏转板上加锯齿波电压的情形

如果在竖直偏转板(称 Y 轴)上加正弦电压,水平偏转板(称 X 轴)上加锯齿波电压,光斑的运动将是两互相垂直运动的合成.若锯齿波电压的周期与正弦电压的周期相等或锯齿波电压的周期稍大,则屏上将显示一个完整的正弦波形,如图 7-1-5 所示.

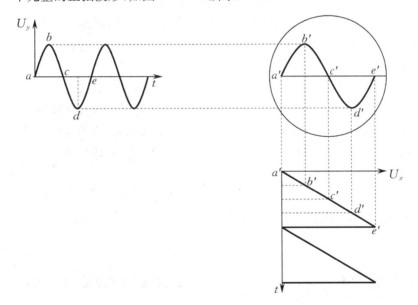

图 7-1-5　示波器显示正弦波形的原理图

当正弦波与锯齿波的周期稍微不同时,在下一扫描周期显示的波形与本次扫描周期显示的波形不能重叠,如图 7-1-6 所示,这样,在屏上看到的就是移动着的不稳定图形.欲使前后两个扫描周期内的波形重合,使波形稳定,解决的办法有两个.

① 使锯齿波的周期等于正弦波的周期的整数倍,即 $T_x = nT_y$.此时,示波器上显示 $n$ 个完整的正弦波形.示波器面板上的"扫描微调"旋钮就是用来调节锯齿波的周期,使之满足此倍数关系的.

② 使扫描电压的起点自动跟随 Y 轴信号改变.这可以通过触发信号的激励作用来做到,即通过

由 Y 轴信号所形成的触发信号使扫描信号在 Y 轴信号回到起点时自动回到起点. 这种使扫描信号的周期等于被测信号的周期或扫描信号的起点自动跟随 Y 轴信号改变的现象称为同步(或整步).

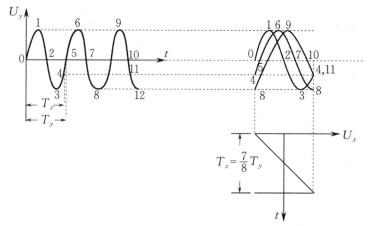

**图 7-1-6**  $T_x = \dfrac{7}{8} T_y$ **时显示的波形**

一般示波器只有一个电子枪, 要能在屏上同时显示两路信号的图像, 必须在人眼的视觉暂留时间内分别显示两波形于屏上不同的位置, 这是通过示波器内的电子开关来完成的. 电子开关是一个自动的快速单刀双掷开关, 它把 CH1 通道和 CH2 通道的信号轮流送入 Y 轴放大器, 并在屏上轮流显示. 由于视觉暂留, 观察者可以同时看到两路波形, 即双踪显示. 双踪显示有"交替"和"断续"两种方式. "交替"方式是在本次扫描时显示 CH1 通道信号, 下次扫描时显示 CH2 通道信号, 反复进行. "断续"方式是在每次扫描中, 高速轮流显示 CH1 通道和 CH2 通道的信号, 以虚线显示在屏上, 由于构成虚线的点非常密集, 图形看起来是连续的.

**3. 示波器测量原理**

(1) 测量信号的电压和周期.

用示波器测量信号的电压, 一般是测量其峰-峰值 $U_{pp}$, 即信号的波峰到波谷之间的电压值. 测量时先选择适当的通道偏转因数和扫描时基因数后, 再从屏上读出峰-峰值对应的垂直距离 $y(\mathrm{div})$ 和一个周期对应的水平距离 $x(\mathrm{div})$ 即可求出信号的电压和周期:

$$U_{pp} = y \times 通道偏转因数, \tag{7-1-1}$$

$$T = x \times 扫描时基因数. \tag{7-1-2}$$

正弦信号的有效值 $U_{eff}$ 和峰-峰值 $U_{pp}$ 的关系为

$$U_{eff} = \frac{1}{2\sqrt{2}} U_{pp}. \tag{7-1-3}$$

有时, 被测信号电压比较高, 必须经过衰减才能输入示波器的 Y 通道. 衰减倍数 $n$ 用分贝数表示, 其定义为

$$n = 20 \lg \frac{U_0}{U} (\mathrm{dB}), \tag{7-1-4}$$

式中 $U_0$ 为未衰减时信号的电压值, $U$ 为示波器测得的衰减后的电压值. 根据衰减的分贝数和示波器测得的电压值 $U$, 即可得到被测信号的电压值.

(2) 测量信号的频率.

① 李萨如图形.

设两个互相垂直的简谐振动分别为

$$x = A_1\cos(2\pi f_1 t + \varphi_1),$$
$$y = A_2\cos(2\pi f_2 t + \varphi_2),$$

式中 $f_1, f_2$ 为两振动的频率，$\varphi_1, \varphi_2$ 为两振动的初相位.

当 $f_1 = f_2$ 时，合振动的轨迹方程为

$$\frac{x^2}{A_1^2} + \frac{y^2}{A_2^2} - 2\frac{xy}{A_1 A_2}\cos(\varphi_2 - \varphi_1) = \sin^2(\varphi_2 - \varphi_1). \tag{7-1-5}$$

式 (7-1-5) 是一个椭圆方程. 当 $\varphi_2 - \varphi_1 = 0$ 或 $\pm\pi$ 时，椭圆退化为一条直线；当 $\varphi_2 - \varphi_1 = \pm\frac{\pi}{2}$ 时，合成轨迹为一正椭圆.

当 $f_1 \neq f_2$ 时，合振动的轨迹比较复杂，但当 $f_1$ 与 $f_2$ 成简单的整数比时，合振动的轨迹为封闭的稳定几何图形，这些图形称为李萨如图形，如表 7-1-1 所示.

表 7-1-1　几种不同频率比的李萨如图形

| $f_x:f_y$ | 1:1 | 2:1 | 3:1 | 3:2 | 2:3 | 4:3 |
|---|---|---|---|---|---|---|
| 李萨如图形 | ◯ | ⋈ | ⋈ | ⋈ | ⋈ | ⋈ |
| $n_x$ | 2 | 2 | 2 | 4 | 6 | 6 |
| $n_y$ | 2 | 4 | 6 | 6 | 4 | 8 |

从图形中，可以总结出如下规律：如果作一个限制光斑在 $x, y$ 方向运动的假想矩形框，则图形与此矩形框相切时，横边上的切点数 $n_x$ 与竖边上的切点数 $n_y$ 之比恰好等于两振动的频率之反比，即

$$f_x : f_y = n_y : n_x \tag{4-7-6}$$



$$n_x f_x = n_y f_y.$$

因此，若已知其中一个信号的频率，从李萨如图形上数得切点数 $n_x$ 和 $n_y$，就可以求出另一待测信号的频率.

② 拍.

设两个同方向的简谐振动分别为

$$y_1 = A_1\cos(2\pi f_1 t + \varphi_1),$$
$$y_2 = A_2\cos(2\pi f_2 t + \varphi_2).$$

选两振动相位相同的某一时刻作为计时起点，则 $\varphi_2 = \varphi_1 = \varphi$. 若两振动的振幅也相同 ($A_2 = A_1 = A$)，则合振动可以表示为

$$y = y_1 + y_2 = 2A\cos[\pi(f_2 - f_1)t]\cos[\pi(f_2 + f_1)t + \varphi]. \tag{7-1-7}$$

当 $f_1$ 和 $f_2$ 的差值远小于 $f_1, f_2$ 时，合振动的振幅 $|2A\cos[\pi(f_2-f_1)t]|$ 随时间缓慢地呈周期性变化，这种现象称为拍，振幅变化的频率叫拍频. 由式 (7-1-7) 可得拍频为

$$f_3 = |f_2 - f_1|. \tag{7-1-8}$$

如图 7-1-7 所示为拍的形成示意图，其中 $t = 0$ 时，$y_1$ 与 $y_2$ 的相位差为 $\pi$. 如果信号频率 $f_1$ 已知且连续可调，则通过改变 $f_1$ 观察拍频的变化，可以判断出待测信号频率 $f_2$ 是大于 $f_1$ 还是小于 $f_1$，然后根据测得的拍频 $f_3$ 和式 (7-1-8) 求出待测信号的频率.

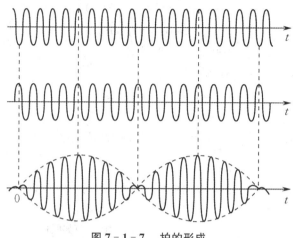

图 7 - 1 - 7　拍的形成

**【实验仪器】**

MOS - 620B 型双通道示波器、EE1661B 型函数信号发生器、连接线若干.

MOS - 620B 型双通道示波器的面板如图 7 - 1 - 8 所示,各部件名称及作用如表 7 - 1 - 2 所示.

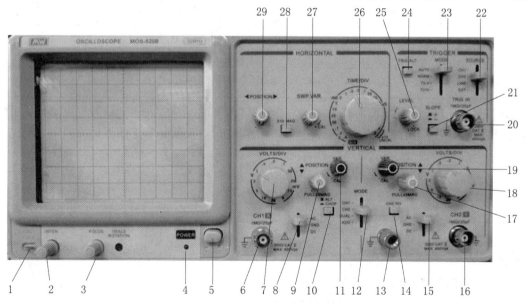

图 7 - 1 - 8　MOS - 620B 型双通道示波器

表 7 - 1 - 2　MOS - 620B 型双通道示波器面板各部件功能表

| 标号 | 面板标记 | 功能 |
|---|---|---|
| 1 | CAL | 校正信号:提供幅度为 2 V,频率为 1 kHz 的方波信号 |
| 2 | INTEN | 调节轨迹或光斑的亮度 |
| 3 | FOCUS | 调节轨迹或光斑的聚焦 |
| 4 | POWER | 电源指示灯 |
| 5 | I/O | 电源开关 |
| 6 | CH1(X) | 通道 1 信号输入端口 |
| 7 | VOLTS/DIV | 调节通道 1 信号的垂直偏转灵敏度 |

| 标号 | 面板标记 | 功能 |
|---|---|---|
| 8 | AC/GND/DC | 设置通道 1 信号耦合方式：AC 为交流耦合，GND 为输入零信号，DC 为直流耦合 |
| 9 | POSITION | 调节通道 1 信号轨迹在竖直方向上的位置 |
| 10 | ALT/CHOP | 设置双踪显示方式：ALT 为两个通道"交替"显示，CHOP 为两个通道"断续"显示 |
| 11 | VAR | 连续调节通道 1 信号的竖直偏转灵敏度 |
| 12 | MODE | CH1：显示通道 1；CH2：显示通道 2；DUAL：同时显示通道 1 和通道 2；ADD：显示两个通道信号的代数和 |
| 13 | ⏚ | 示波器机箱接地端口 |
| 14 | CH2 INV | 通道 2 极性反转按钮 |
| 15 | AC/GND/DC | 设置通道 2 信号耦合方式：AC 为交流耦合，GND 为输入零信号，DC 为直流耦合 |
| 16 | CH2(Y) | 通道 2 信号输入端口 |
| 17 | POSITION | 调节通道 2 信号轨迹在竖直方向上的位置 |
| 18 | VOLTS/DIV | 调节通道 2 信号的竖直偏转灵敏度 |
| 19 | VAR | 连续调节通道 2 信号的竖直偏转灵敏度 |
| 20 | TRIG IN | 外触发输入端口，使用时 22(SOURCE) 置于 EXT 位置 |
| 21 | SLOPE | 触发极性选择，选择信号的下降沿或上升沿触发扫描 |
| 22 | SOURCE | 触发源选择. 内触发：CH1/CH2，哪个有信号用哪个；外触发：置于 LINE 时以交流电源作为触发信号源，置于 EXT 时以 20(TRIG IN) 中输入的外部信号作为触发信号源 |
| 23 | MODE | 设置触发模式：AUTO 为自动；NORM 为常态；TV‑V 为电视场；TV‑H 为电视行 |
| 24 | TRIG. ALT | 设置交替触发模式：此时 12(MODE) 需处于 ADD 或 DUAL 模式 |
| 25 | LEVEL | 调节被测信号在某一电平时触发扫描 |
| 26 | TIME/DIV | 调节扫描速率，即水平方向上每格的扫描时间. 当设置到 X‑Y 位置时用作 X‑Y 示波器 |
| 27 | SWP. VAR. | 连续调节扫描速率 |
| 28 | ×10 MAG | 扫描扩展开关，按下时扫描速率扩展 10 倍 |
| 29 | POSITION | 调节信号轨迹在屏幕上的水平位置 |

EE1661B 型函数信号发生器的面板如图 7‑1‑9 所示.

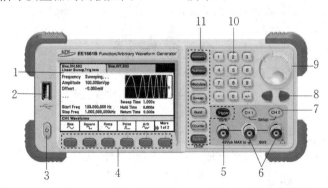

1—TFT LCD 显示屏；2—USB 接口；3—电源开关按键；4—软键；5—同步信号(Sync)输出端口；6—波形
输出端口；7—通道键；8—光标方向键；9—旋钮；10—数字键盘；11—功能键

**图 7‑1‑9 EE1661B 型函数信号发生器**

**【实验内容与步骤】**

1. 练习使用示波器.

（1）开机准备.

开机前,把示波器面板上的旋钮调到如下位置:

① 亮度旋钮 2 居中.

② 聚焦旋钮 3 居中.

③ 竖直移位旋钮 9 和 17 居中.

④ 水平移位旋钮 29 居中.

⑤ 竖直模式按钮 12 选择 CH1.

⑥ 扫描方式按钮 23 选择自动.

⑦ 扫描速率旋钮 26 逆时针旋到底.

⑧ 扫描微调旋钮 27 顺时针旋到底,扫描扩展开关 28 弹起(关).

⑨ 触发模式按钮 23 选择 NORM 常态.

⑩ 触发源按钮 22 选择 CH1.

⑪ 触发极性按钮 21 选择上升沿触发("+").

⑫ 输入耦合按钮 8 选择 DC 直流耦合.

（2）打开电源开关,稍等预热,此时屏上出现光斑,分别调节亮度和聚焦旋钮,使光斑的亮度适中且清晰.

（3）观察交流信号波形. 打开信号发生器电源开关,将其输出接入示波器的 CH1 通道. 信号发生器输出频率调为 1 kHz,输出电压调为 4 V,输出衰减调至 20 dB,CH1 通道偏转因数旋钮调为 0.2 V/div,扫描速率旋钮调为 0.5 ms/div,观察示波器上的波形. 若波形不稳定,调节电平旋钮 25 使之稳定. 将扫描速率旋钮改为 0.2 ms/div,再观察示波器上的波形.

2. 测量信号的电压与周期.

（1）校准. 将校正信号接入 CH1 通道,竖直偏转因数设置为 0.2 V/div,扫描速率旋钮调为 0.5 ms/div,观察信号幅度（5 div）及信号一个周期的长度（2 div）值是否正确,若不正确,请老师校准.

（2）测量. 将 CH1 通道偏转因数设置为 50 mV/div,选择合适的扫描速率,使屏上刻度范围内出现一个完整波形,记下信号峰-峰值长度 $y$ 和一个周期的长度 $x$.

3. 观察李萨如图形,测量信号频率.

（1）将待测信号输入 CH1 通道,使示波器显示出信号波形,并估算其频率大概值.

（2）将标准已知频率信号输入 CH2 通道,扫描速率旋钮置于"X-Y"处（逆时针旋到底）,调节信号幅度或改变通道偏转因数,使信号波形不超出荧光屏视场.

（3）根据待测信号频率的大概值,调节 CH2 通道信号的频率,使示波器荧光屏上分别出现与 $f_x : f_y = n_y : n_x = 1:1, 1:2, 2:3, 3:4$ 对应的李萨如图形. 描下李萨如图形,并记下相应的 CH2 通道信号的频率值 $f_y$.

4. 利用拍现象测正弦信号的频率.

（1）将待测信号输入 CH1 通道,竖直模式按钮选择 CH1,选择适当的偏转因数和扫描速率,使屏上出现合适稳定的正弦波形,估算信号的大概频率.

（2）将可调标准信号源信号输入 CH2 通道,竖直模式按钮选择 CH2,调节信号源,使其输出信号的频率和幅度与待测信号的大致相同.

（3）竖直模式按钮选择 ADD,通道 2 极性反转开关弹起,扫描速率调到合适值. 调节标准信号源信号频率,使屏上出现稳定的拍波形.记下此时一个拍波形的长度 $x_1$、标准信号源频率 $f_1$ 和扫描速率值.

(4) 缓慢改变标准信号源频率,得到另一稳定的拍波形,记下此时一个拍波形的长度 $x_2$、标准信号源频率 $f_2$ 和扫描速率值.

**【注意事项】**

1. 不要使光斑过亮,特别是光斑不动时,应使亮度减弱,以免损伤荧光屏.

2. 旋动旋钮和按键时,不要将旋钮和按键强行旋转、死拉硬拧,以免损坏旋钮和按键.

3. 测信号周期时一定要将扫描微调旋钮顺时针旋到底、扫描扩展开关关上.

**【数据表格及数据处理要求】**

1. 自拟表格记录实验步骤 2 中待测正弦信号的电压与周期.

2. 记下李萨如图形并标上对应的标准信号频率,计算出待测信号的频率.

3. 自拟表格记录用拍现象测正弦信号频率步骤中读取的数据,计算出待测信号的频率.

4. 对实验结果进行分析讨论.

**【实验后思考题】**

1. 如何测定扫描波的频率?

2. 能否用示波器测市电的频率?

3. 如何用示波器测量两正弦信号的相位差?

# 7.2 用惠斯通电桥测电阻

测电阻的方法有伏安法、半偏法、比较法、零示法、替代法、补偿法、转换测量法等,也可用万用表直接测量. 本实验是用惠斯通电桥通过比较法测量电阻.

桥式电路是电磁测量中电路连接的一种基本方式. 由桥式电路组成的电桥是一种精密的电学测量仪器,可用来测量电阻、电容、电感等电学量,并能通过转换测量,测出其他非电学量,如温度、压力、频率、真空度等. 电桥可分为单电桥(惠斯通电桥)和双电桥(开尔文电桥)两种,前者用于测量 $10 \sim 10^6 \ \Omega$ 范围内的中值电阻,后者用于测量 $10^{-5} \sim 10 \ \Omega$ 范围内的低值电阻.

**【实验目的】**

1. 了解桥式电路的基本结构及测电阻的原理.

2. 掌握桥式电路的连接和调节电桥平衡的方法.

3. 学会用自组电桥和箱式电桥测电阻.

**【预习思考题】**

1. 何谓比较法? 本实验中是用哪两个物理量进行比较?

2. 何谓电桥平衡? 实验中如何判断电桥平衡?

3. 推导惠斯通电桥实验公式 $R_x = \sqrt{R_s \cdot R_s'}$.

4. 自组电桥实验中,检流计指针不动,原因何在?

5. 自组电桥实验中,检流计指针总偏向一边,可能有哪些原因?

**【实验原理】**

如果将待测电阻 $R_x$ 与标准电阻 $R_s$ 并联到电源上,如图 7-2-1 所示,则有 $I_D R_x = I_B R_s$,即

$$R_x = I_B R_s / I_D. \tag{7-2-1}$$

如果单从数学表达形式上看,两支路中的电流 $I_D$,$I_B$ 和标准电阻的电阻值 $R_s$ 已知,则可求出 $R_x$.

如果从物理实验方面看,要用式(7-2-1)求 $R_x$ 还必须解决两个问题:一是 $I_D$,$I_B$ 怎样测?若用电流表测则不可避免地存在误差;二是公式是通过并联条件,即相比较的两电阻 $R_x$,$R_s$ 两端的电压相同而得到的.怎样确保这个条件?惠斯通发明的电桥解决了以上两个问题.他在 $AB$ 和 $AD$ 之间用标准电阻 $R_1/R_2$ 代替 $I_B/I_D$,在 $B$,$D$ 之间用灵敏检流计来确保两点等电势,这样即由图 7-2-1 所示电路得到图 7-2-2 所示的惠斯通电桥(又称单电桥).

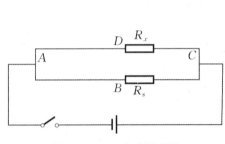

图 7-2-1　实验原理图

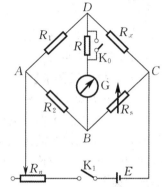

图 7-2-2　惠斯通电桥原理图

由于检流计在 $BD$ 支路像"桥"一样架于 $B$,$D$ 之间,故图 7-2-2 所示电路称为电桥.图中 $R_1$,$R_2$,$R_s$,$R_x$ 称为电桥的桥臂,$R_1$ 和 $R_2$ 称为比例臂,$R_s$ 称为比较臂,$R_x$ 称为待测臂.当 $B$,$D$ 两点电势相等时,检流计 G 中无电流通过,此时 $I_G = 0$,检流计指针不偏转,我们称为电桥达到平衡.

由于惠斯通电桥采用待测电阻与标准电阻相比较的方法,而制造较高精度的标准电阻并不困难,同时灵敏检流计只用来判断有无电流,只要有足够的灵敏度即可,不存在接入误差,因此,用惠斯通电桥测电阻的准确度很高.

惠斯通电桥是最常用的直流电桥,当 $B$,$D$ 两点间电势不等时,有电流通过检流计,电桥不平衡.调节 $R_s$ 使检流计中电流为零($I_G = 0$),此时 $B$,$D$ 两点间电势相等,电桥达到平衡,于是有 $I_1 R_1 = I_2 R_2$,$I_1 R_x = I_2 R_s$,两式相比较得

$$R_x = \frac{R_1}{R_2} R_s = C R_s. \tag{7-2-2}$$

式(7-2-2)即为本实验中测量未知电阻电阻值所依据的公式,式中 $C = \dfrac{R_1}{R_2}$ 称为比例系数.

由式(7-2-2)可知,当电桥达到平衡时,$R_x$ 可由标准电阻 $R_1$,$R_2$ 和 $R_s$ 求得,与电源的电压无关.

为了方便测量,箱式电桥上比例系数 $C = \dfrac{R_1}{R_2}$ 通常取成固定比率(倍率),测量时先确定 $C$,然后调节 $R_s$ 使电桥达到平衡,再由公式 $R_x = C R_s$ 得到测量结果.

**【实验仪器】**

QJ-23 型直流电阻电桥、指针式检流计、ZX21 型旋转式电阻箱、滑动变阻器、万用表、比例电阻盒、待测电阻盒、直流稳压电源、开关.

**【实验内容与步骤】**

1. 用自组电桥测电阻.

(1) 合理布置仪器,按图 7-2-2 所示接线,先连接电桥的四个桥臂,再连接桥支路 $BD$.实验前 $K_0$,$K_1$ 断开,调检流计"零点调节"旋钮,使指针指零.

(2) 在比例电阻盒上取 $R_1 : R_2 = 1 : 1$,用万用表粗测 $R_x$ 值($R_x \approx 200\ \Omega$),根据粗测值在电阻箱上调 $R_s \approx R_x$,并使滑动变阻器 $R_n$ 接入电路的电阻值最大.

(3) 打开工作电源,调输出电压为 5.0 V.合上开关 $K_1$($K_0$ 保持断开,以保护检流计),用万用表检

测 $AB$ 和 $AD$ 两端电压是否相等,调 $R_s$ 使之大约相等.

(4) 粗调电桥平衡.保持滑动变阻器 $R_n$ 接入电路的电阻值为最大,点按检流计的"电计"按钮,调 $R_s$ 使电桥平衡.

(5) 细调电桥平衡.调滑动变阻器 $R_n$,使其接入电路的电阻值为最小,合上开关 $K_0$(使保护电阻短路),再次点按检流计的"电计"按钮,微调 $R_s$ 使电桥完全平衡,记下此时电阻箱上 $R_s$ 的示值.

(6) 为消除 $R_1 : R_2 \neq 1 : 1$ 带来的系统误差,交换 $R_1$ 与 $R_2$ 的位置(在图7-2-2中,将 $B$,$D$ 两点 $R_1$,$R_2$ 的接线对换),重复步骤(2)—(5),记下此时电阻箱的示值 $R'_s$,并根据公式 $R_x = \sqrt{R_s \cdot R'_s}$ 求出待测电阻.

2.用箱式电桥测电阻.

(1) 打开电源,用万用表粗测待测电阻 $R_x$ 的电阻值($R_x \approx 200\ \Omega$),并据此选择电压.将箱式电桥面板上的检流计(G)的转换开关从"外接"换到"内接",接通桥支路(接通检流计).调检流计"零点调节"旋钮,使指针指零.

(2) 将待测电阻 $R_x$ 接入电桥回路.在保证 $R_s$ 有四位有效数字的情况下,选择适当的倍率 $C$,粗调 $R_s$ 使之与 $R_x$ 大致相等.

(3) 按下箱式电桥上的 B 键和 G 键,微调 $R_s$ 的电阻值,直到检流计指针指零.此时,电桥达到平衡,记下 $R_s$ 的示值和 $C$ 值.

**【注意事项】**

1.自组电桥接线时,应先接四个桥臂,再接桥支路,最后接入电源.

2.用电桥测电阻之前,必须先用万用表粗测待测电阻的电阻值,并调 $R_s = R_x$,以保护检流计.

3.自组电桥中 $R_n$ 调大是为了减小电流降低检流计的灵敏度以保护检流计,由大调小是经过一次粗调后提高检流计的灵敏度.

4.自组电桥测量中交换 $R_1$ 和 $R_2$ 是为了消除比例臂电阻不等值引起的测量误差,第一次测出 $R_x = \dfrac{R_1}{R_2} R_s$,交换 $R_1$ 与 $R_2$ 的位置后测出 $R_x = \dfrac{R_2}{R_1} R'_s$,则 $R_x = \sqrt{R_s \cdot R'_s}$.

5.电桥只能对无源(不带电)的电阻器进行测量;箱式电桥自身带有电源,严禁电桥输入端引入市电或其他电源,以防烧坏电桥.使用时 B,G 两个电键要同时使用,但需先按下 B 键,再按下 G 键;断开时则先松开 G 键,再松开 B 键,以保护检流计.

6.箱式电桥在进行任何电阻值测量时,不应让电阻箱"×1 000 Ω"标度盘示值为0,可通过选取适当的倍率 $C$,使四个标度盘都用上,以保证测量值有四位有效数字.

7.箱式电桥在测量中量程不同时,其准确度级别不同,即 $a$ 取值有变化,请记录仪器背板上的有关数据.

8.测量完毕,应将检流计的转换开关重新换到"内接"(红点)上,以保护检流计.

9.必须按规定选择电源电压,若电源电压低于规定值,会使电桥灵敏度降低,若高于规定值,则可能烧坏桥臂电阻.

**【数据表格及数据处理要求】**

1.根据实验内容自拟表格记录实验数据.

2.计算自组电桥测电阻实验中待测电阻的电阻值及其不确定度.

电阻箱误差公式为 $\Delta_{\text{仪}} = \dfrac{a}{100} \cdot R_s + 0.005(N+1)$,式中 $a$ 为电阻箱准确度级别,$R_s$ 为测量时电阻箱示值,$N$ 为测量时实际使用的标度盘个数.例如,实际使用标度盘4个,即 $N = 4$,电阻箱准确度级别 $a = 0.1$.

3.计算箱式电桥测电阻实验中待测电阻的电阻值及其不确定度.

箱式电桥内置电阻箱误差公式为 $\Delta_{\text{仪}} = \frac{a}{100} \cdot CR_s + C$，式中 $a$ 为电桥准确度级别，$C$ 为倍率，$R_s$ 为测量时电阻箱标度盘示值.

【实验后思考题】

1.此实验还可用几种倍率测待测电阻的电阻值？你能用几种方法、何种仪器测电阻？

2.箱式电桥中选择倍率 $C$ 时应注意什么？

3.为什么检流计要用按钮开关而不是一般的开关？

4.箱式电桥"内接"和"外接"转换开关的作用是什么？实验结束后为什么要将转换开关换到"内接"？

5.惠斯通电桥为什么不宜用于测量高值电阻（如 $10^9\ \Omega$ 以上的电阻）？又为什么不能测量 $10\ \Omega$ 以下的低值电阻？

6.请写出自组电桥测一根长为 $L$，截面积为 $S$ 的电阻棒的电阻率的主要步骤.

# 7.3　用电势差计测电源电动势

电势差计是根据补偿原理构造的一种精密仪器，在精密测量中应用较为广泛.测量中由于电势差计不从被测对象中取用电流，不改变被测对象的原有状态，并且电势差计中采用了标准电池、标准电阻及高灵敏度检流计，因而测量精度高，测量结果可靠.

电动势是电学中一个常用而又重要的物理量，电势差计不仅可以高精度测量电动势、电势差和校准电表，还可用来间接地测量电阻、电流及一些非电学量（如温度、压力）等，其测量准确度可达 $0.1\%$ 或更高.近年来，随着集成电路技术和计算机技术的发展，电势差计的地位已经逐渐被高性能的数字电压表所取代，但是关于补偿原理的物理思想，在测量技术中仍然有着重要的意义.

【实验目的】

1.了解补偿法测电动势的原理.

2.掌握电势差计的工作原理和结构特点.

3.学会用线式电势差计测量直流电源的电动势.

【预习思考题】

1.补偿法测量电动势的基本原理是什么？

2.线式电势差计的基本结构和工作原理是什么？

3.为什么电势差计测的是电源的电动势而不是端电压？

4.为什么要对工作电流进行标准化调节？

5.使用标准电池应注意哪些事项？

【实验原理】

电源的电动势等于电源开路时电源正负极间的电势差.如图 $7-3-1$ 所示，直接用电压表测量电源电动势时，由于电源存在内阻 $r$，所以在电源内部必然存在电压降.根据欧姆定律可得电压表所测电源电动势 $U = E_x - Ir$，显然电压表的示值 $U$ 一般小于电池电动势 $E_x$.

为了精确测量电源电动势，可加上一个与电源电动势互相抵

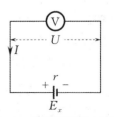

图 $7-3-1$　电压表测量电源电动势

消的电压 $U$, 当电源内部电流 $I=0$ 时, 补偿电压就等于电源电动势, 即 $U=E_x$, 这就是本实验采用的补偿法. 补偿法原理如图 7-3-2 所示, 图中 $E_x$ 是待测电动势, $E_0$ 是电动势连续可调的高精度电源. 当调节 $E_0$ 使检流计 G 指针指零, 电路中没有电流时, 两电源的电动势大小相等, 方向相反, 在数值上有 $E_x=E_0$, 此时电路达到补偿状态.

实际中, 精度高且电动势连续可调的电源是没有的. 为了实现上述测量, 通常采用分压的方法, 电势差计就是根据补偿原理制成的高精度分压装置. 电势差计有多种类型, 本实验使用的是线式电势差计, 其原理如图 7-3-3 所示.

电势差计主要由工作电流调节回路(工作回路)、校准工作电流回路(校准回路)和待测电动势回路(待测回路) 三个部分组成.

图 7-3-3 中所示的工作回路由工作电源 $E$、限流电阻 $R_n$、开关 $K_1$ 和粗细均匀的电阻丝 $AB$ 串联而成; 校准回路由检流计 G、标准电池 $E_s$、开关 $K_2$ 和电阻丝 $AB$ 中的一段 $CD$ 构成; 待测回路由检流计 G、待测电池 $E_x$、开关 $K_2$ 和电阻丝 $AB$ 中的一段 $C'D'$ 构成.

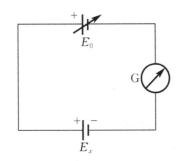

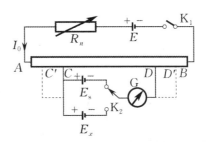

图 7-3-2　补偿法原理图　　　　图 7-3-3　线式电势差计原理图

用线式电势差计测量电动势, 可用定长法或定压法进行, 本实验采用定长法, 步骤如下:

(1) 合上 $K_1$, 接通工作回路, 调节 $R_n$ 可使工作电流 $I$ 连续变化.

(2) 标准化: 把换向开关 $K_2$ 拨向标准电池 $E_s$, 接通校准回路, 检流计 G 上有可能有电流流过, 适当调整 $C$, $D$ 两点位置, 找到合适的 $CD$ 长度, 调节 $R_n$ 使检流计 G 的指针指零, 校准回路与工作回路电路处于补偿状态, $E_s$ 被补偿. 此时, $CD$ 段长度为 $L_s$, 其两端电势差 $U_s$ 在数值上等于标准电池电动势 $E_s$, 设电阻丝 $AB$ 上单位长度电阻为 $r$, 通过的电流为 $I_0$, 则有

$$E_s=U_s=I_0 r L_s. \tag{7-3-1}$$

(3) 保持电阻 $R_n$ 不变, 即工作电流 $I_0$ 保持不变, 把 $K_2$ 打向待测电池 $E_x$, 重新找 $C'$, $D'$ 两点位置, 使检流计 G 再次指零. 这时, $C'D'$ 段长度为 $L_x$ 的电阻丝两端电势差 $U_x$ 在数值上等于待测电动势 $E_x$, 即

$$E_x=U_x=I_0 r L_x. \tag{7-3-2}$$

比较式(7-3-1)和(7-3-2)可得

$$E_x=E_s \cdot (L_x/L_s). \tag{7-3-3}$$

式(7-3-3)表明, 当 $E_s$, $L_s$, $L_x$ 都已知时, 电源电动势 $E_x$ 可求出.

**【实验仪器】**

直流稳压电源、万用表、线式电势差计、指针式检流计、标准电池、待测电池、滑动变阻器、电位器、电阻、单刀开关、双刀双掷开关、导线.

**1. 线式电势差计**

本实验所用十一线电势差计的结构如图 7-3-4 所示. 由一根全长 11.000 0 m 的电阻丝往复绕在 11 个带插孔的绝缘接线柱上, 相邻两插孔间的电阻丝长度为 1.000 0 m. 插头 C 可选插在插孔 0,1,

$2, \cdots, 10$ 中任一位置,构成阶跃式的"粗调"装置. 电阻丝 $0B$ 下方,附有带毫米刻度的米尺,滑键 $D$ 在它上面滑动,构成连续变化的"细调"装置. 这样 $CD$ 间的电阻丝长度可在 $0 \sim 11\,m$ 间连续变化. $R_{n1}$ 和 $R_{n2}$ 为可变电阻,用来调节工作电流. 双刀双掷开关 $K_2$ 用来选择接通标准电池 $E_s$ 或待测电池 $E_x$. 电阻 $R$ 用来保护标准电池和检流计. 当电势差计处于补偿状态(平衡态)进行读数时,必须短接保护电阻 $R$,以提高测量灵敏度.

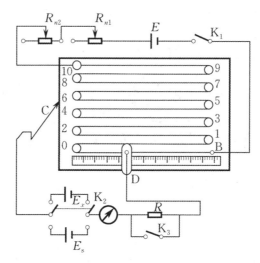

图 7-3-4　线式电势差计结构示意图

## 2. 标准电池

标准电池是用化学溶液配制而成的,按其内部结构可分为 H 形封闭管和单管式两种,按电解液浓度又可分为饱和式(电解液始终是饱和的)和不饱和式两类. 不饱和式标准电池的电动势 $E_t$ 随温度变化很小,一般不必做温度修正,但在恒温下 $E_t$ 仍有变化,不及饱和式稳定,而且当电流通过不饱和式标准电池后,电解液变浓,长期使用后会失效. 饱和式标准电池的电动势较稳定,但随温度变化比较显著.

本实验所用 BC9a 型饱和式标准电池,是一种单管式可逆原电池,其使用温度范围为 $0 \sim 40\,℃$, $20\,℃$ 时电动势 $E_{20} = 1.018\,63\,V$,温度为 $t$(单位:℃) 时电池的电动势为

$$E_s(t) = E_{20} - [39.94(t-20) + 0.929(t-20)^2 - 0.009\,0(t-20)^3] \times 10^{-6}\,V.$$

标准电池是电动势的量度器,绝不能作电源使用,其极性不能接反,通电时间也不宜太长.

使用标准电池的注意事项如下:

(1)标准电池不允许倾斜,更不允许摇晃和倒置,否则会使玻璃管内的化学物质混成一体,从而影响电动势的值和稳定性. 凡运输后的标准电池必须静置足够长的时间后才能再用;凡被倒置过的电池必须经考核合格后方可使用.

(2)标准电池不能过载. 流过标准电池的电流不能超过允许值,标准电池一般仅允许通过小于 $1\,\mu A$ 的电流,否则会因极化而引起电动势不稳定;不要用手同时触摸两个端钮,以防两极短路;绝不允许用电压表或万用表去测量标准电池的电动势值,因为这种仪器的内阻不够大,会使电池放电电流过大.

(3)标准电池使用和存放的温度、湿度必须符合规定. 温度波动要小,以防滞后效应带来误差;温度梯度要小,以防两极温度不一致,若两极间温度差为 $0.1\,℃$,则会有 $30\,pV$ 左右的电动势偏差. 因此,标准电池附近不能有冷源、热源,移动到新温度下时必须保持恒温一段时间后方可使用.

(4)标准电池应防阳光直射和其他强光源的直接作用与侧向辐射. 因为标准电池的去极化剂硫

酸亚汞是一种光敏物质,受光照后会变质,这会使极化和滞后都变得严重.

**3. 检流计**

检流计是一种重要的电学测量仪器,它除了用于测量微小电流或微小电压外,还常用于电势差计、电桥等仪器中作为探知等电势点的指零仪表. 根据灵敏度的高低(或电流常数的大小),检流计大致可分为指针式和光点式两类. 实际测量中,在灵敏度要求不太高的情况下可以用指针式检流计,它的分度值一般为 $1 \times 10^{-6}$ A/格左右;如果灵敏度要求比较高,可以用光点式检流计,它的分度值小于 $5 \times 10^{-9}$ A/格,以下主要介绍指针式检流计.

AC5 型直流指针式检流计为便携型磁电式结构,其可活动部分固定在张丝上面,因此,使用时需要水平放置,但仪器略有倾斜对测量结果影响不大. 为了使检流计的测量机构不受外界污垢和其他杂质的影响,通常是把检流计的全部测量机构密封装在胶木外壳里.

AC5 型直流指针式检流计面板如图 7-3-5 所示,其内部线圈当通有微小电流时会在永久磁铁的磁场中受到一个转动力矩,使指针偏转,检流计的反作用力矩由起导电作用的张丝产生.

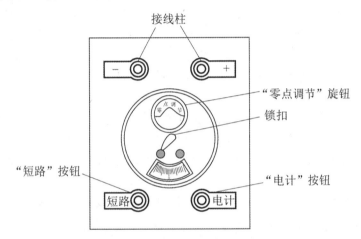

**图 7-3-5 AC5 型直流指针式检流计**

检流计的活动部件可用短路阻尼的方法予以制动,当锁扣移向红色圆点位置时,线圈即被短路. 使用中,首先将检流计的"+""−"两个接线柱按极性接入电路,然后将锁扣转至白色圆点处,微调"零点调节"旋钮使指针指零."电计"按钮相当于检流计的开关,按下此钮,检流计回路接通. 如需将检流计长时间接入电路,可将"电计"按钮按下并转过一角度即可,检流计作为指零仪表时,不能将"电计"按钮锁定."短路"按钮是一个阻尼开关,在使用过程中若检流计指针不停摆动,按下此钮,指针便立即停止摆动.

检流计使用完后,应将"电计"按钮和"短路"按钮松开,并将锁扣转至左边红色圆点处.

**【实验内容与步骤】**

1. 合理布置仪器,按图 7-3-4 所示连接线路. 接线时需先断开所有开关,首先连接工作回路,再接校准回路,最后接待测回路. 注意不得将工作电源、待测电池、标准电池的正负极接错.

2. 测量室温,计算标准电池的电动势.

3. 校准电势差计.

(1) 将插头 C 插入 6 号接线柱,使滑键 D 与 0 号接线柱密切接触,取 C,D 间的电阻丝长度 $L_s$ 为 6 m.

(2) 将滑动变阻器 $R_{n1}$,$R_{n2}$ 调到中间位置,合上 $K_1$,接通工作回路.

(3) 为使工作回路和标准回路尽快达到补偿状态,先用万用表直流电压挡测 6 号和 0 号接线柱间电压,调节 $R_{n1}$ 使电压接近标准电池电动势.

(4) 粗校. 将检流计锁扣转至白色圆点处,调节检流计指针指零. 将换向开关 $K_2$ 打向标准电池

$E_s$,接通校准回路,按下检流计"电计"按钮,调节 $R_{n2}$,使检流计指针指零.

(5)细校.合上 $K_3$,使保护电阻 $R$ 短路,微调 $R_{n2}$,使检流计指针再次指零,此时电势差计被校准(工作电流也被校准),算出单位长度电阻丝上的电压降 $M = E_s/L_s$.

4.测量待测电池的电动势.

(1)断开 $K_3$,$K_2$.用万用表粗测待测电池的电动势 $E'_x$,估算测量 $E'_x$ 时所需电阻丝的大概长度 $L'_x = E'_x/M$,根据估算值 $L'_x$ 确定插头 C 的位置.

(2)将开关 $K_2$ 打向待测电池 $E_x$,接通待测回路,保持电阻 $R_{n1}$,$R_{n2}$ 不变,即保持工作电流不变.

(3)粗测.接通检流计,点按滑键 D 与电阻丝接触,采用左右逼近法,使检流计指针指零.

(4)细测.合上开关 $K_3$,微调滑键 D 的位置,使检流计指针再次指零.

(5)断开 $K_3$,$K_2$,读取 C,D 间电阻丝长度 $L_x$.

5.重复上述步骤 3 和 4,进行多次测量.

**【注意事项】**

1.连接线路时,所有开关都必须断开,并注意不要将工作电源、标准电池和待测电池的正负极接错.线路接好后,要仔细检查,确认无误方可接通电源,断开电源时,应先断开校准回路.

2.检流计最大允许电流不超过 $10\ \mu A$,为避免过大电流损坏检流计,调试时应严格遵守先粗测后细测的原则.实验中检流计"电计"按钮只可点按,不可长时间锁定.

3.标准电池是电动势的量度器,绝不可作为普通电源使用,其通电时间不宜太长,允许通过的电流不能大于 $1\ \mu A$,因而严禁用任何电表直接查验其电动势.

4.工作电流标准化以后,$R_{n1}$,$R_{n2}$ 的状态不可再改变,否则就必须重新进行校准.由于工作条件的不稳定,工作电流常偏离标准状态,故每测量一次数据,必须重新进行一次校准,以减小测量误差.

5.调节电势差计滑键 D 位置时,滑键 D 与电阻丝只做单点接触,严禁将滑键 D 按下后左右移动,以免刮伤或刮断电阻丝.

**【数据表格及数据处理要求】**

1.自拟表格记录实验数据.

2.根据实验数据计算待测电池的电动势及其不确定度.

3.对实验结果进行分析.

**【实验后思考题】**

1.使电势差计平衡的必要条件是什么?

2.在调节线式电势差计平衡时,当接通 $K_1$,并将 $K_2$ 打向 $E_s$(或 $E_x$)后,无论怎样调节,检流计指针始终向一边偏,问有哪些可能的原因?

3.在实验中电阻 $R$ 起什么作用? 什么情况下开关 $K_3$ 断开? 什么情况下开关 $K_3$ 合上? 为什么?

4.如何用线式电势差计测电池的内阻? 画出线路简图,并导出内阻的计算公式.


# 7.4 光电管特性研究

光电效应是指在光的作用下,电子从物体表面逸出的现象,所逸出的电子称为光电子.光电效应中,光在被吸收或发射时,是以一份一份的能量为 $h\nu$ 的形式发生,充分显示了光的粒子性.

1887 年赫兹研究电磁波时首次发现光电效应.1905 年爱因斯坦引入光量子理论,给出了光电效应方程,成功地解释了光电效应的全部实验规律.1916 年密立根用光电效应实验验证了爱因斯坦的光电效应方程,并测定了普朗克常量.爱因斯坦和密立根因为光电效应方面的杰出贡献,分别获得1921年和1923年诺贝尔物理学奖.而今光电效应已广泛地应用于各科技领域,如利用光电效应制成的光电管、光电倍增管、光电池等光电转换器件,在自动控制、有声电影、电视以及光信号测量等方面都有重要的应用.

**【实验目的】**

1. 了解光电效应实验的基本规律和光的量子性.

2. 测定光电管的伏安特性,研究光电流强度与加在光电管两极间电压的关系.

3. 测定光电管的光电特性,研究光电流强度与照在光电管阴极上光通量的关系,验证光电效应第一定律.

**【预习思考题】**

1. 光与物质相互作用的过程有哪些?

2. 请简述光电效应的两个基本定律.

3. 请描述光电效应产生的基本过程.

**【实验原理】**

用一定频率的光照射在金属或金属化合物表面上时,电子从其表面逸出,定向流动形成光电流.产生光电发射的物体表面通常接电源负极,所以又称为光电阴极.光电阴极往往不由纯金属制成,而常用锑钯或银氧钯的复杂化合物制成,因为这些金属化合物阴极的电子逸出功远较纯金属小,这样就能在较小光照下得到较大的光电流.把光电阴极和另一个金属电极 —— 阳极一起封装在抽成真空的玻璃壳里就成了光电管.本实验所用的光电管是由光敏物质作阴极,金属网作阳极,封闭在玻璃管内而成.

1905年,爱因斯坦提出光是由一些能量为 $\varepsilon = h\nu$ 的粒子组成的粒子流.按照光子理论,光电效应是光子与电子碰撞,光子把全部能量($h\nu$)传给电子,电子获得的能量,一部分用来克服金属表面对它的束缚,另一部分成为该电子(光电子)逸出金属表面后的动能.根据能量守恒定律有

$$h\nu = \frac{1}{2}mv_{\max}^2 + W. \tag{7-4-1}$$

式(7-4-1)就是著名的爱因斯坦光电效应方程,式中 $h$ 为普朗克常量,$\nu$ 为光子频率,$m$ 为电子质量,$v_{\max}$ 为逸出光电子的最大速率,$W$ 为金属的电子逸出功.由于一个电子只能吸收一个光子的能量,该式表明光电子的初动能与入射光的频率呈线性关系,与入射光子数无关.由此可得光电效应第二定律 —— 爱因斯坦定律:光电子的最大初动能随入射光频率的增加而线性增加,与入射光强度无关.

本实验利用真空光电管来研究光电效应实验的基本规律,验证爱因斯坦的光子理论.实验原理图如图7-4-1所示,图中C为光电管的阴极,A为光电管的阳极,调节 $R$,可在A,C两极间获得连续变化的电压.光的强弱决定了光子的多少,当用一定强度的光照射到光电管阴极上时,光子流射到C上打出光电子,阴极释放的光电子在电场的作用下向阳极迁移,回路中形成光电流.光电流的大小与光电管两极间电压及光电管阴极的光通量(光通量与光强成正比)都有关.

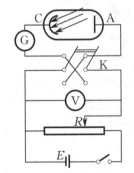

图7-4-1 光电效应实验原理

**1. 光电流与加速电压的关系**

保持光源与光电管的距离一定,如果阳极A为高电势,则光电子将加速飞向阳极,光电流 $I$ 随两极间的加速电压 $U$ 改变而改变.如图7-4-2所示,开始时,光电流随加速电压增加而增加,当加速电压增加到一定值后,光电流不再增加,这是因为在一定光照强度下单位时间内所产生的光电子数目一

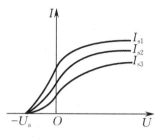

图 7-4-2　光电管的伏安特性

定,而且这些光电子在电场的作用下已全部迁移至阳极,从而达到饱和.此时的光电流称为饱和光电流,用 $I_s$ 表示.对不同的光强,饱和光电流 $I_s$ 与入射光强 $i$ 成正比.

由于光电子从阴极表面逸出时具有一定的初速度 $v_0$,所以,当两极间电压为零时,仍有光电流 $I_0$ 存在.若阳极 A 为低电势,则飞向阳极的光电子减速.当减速电压达到某一值时,飞出的光电子被遏制,光电流随之减少至零,此时的减速电压 $U_a$ 称为临界截止电压(亦称遏止电压).根据能量守恒定律可得

$$eU_a = \frac{1}{2}mv_{\max}^2, \qquad (7-4-2)$$

式中 $e$ 为元电荷.结合爱因斯坦光电效应方程有

$$h\nu = eU_a + W. \qquad (7-4-3)$$

式(7-4-3)说明临界截止电压与入射光的强度无关.

**2. 光电流与阴极表面光通量的关系**

光电效应第一定律——斯托列托夫定律:当入射光的频谱成分不变时,入射光的光通量越大(携带的光子数越多),逸出光电发射体表面的光电子数量就越多,产生的光电流也就越大,即饱和光电流(单位时间内发射的光电子数目)与光通量成正比.

设光电管的阴极面积为 $S$,阴极与发光强度为 $i$ 的点光源的间距为 $l$,由光学理论可知,点光源到达阴极表面上的光通量为

$$\Phi = iS/l^2. \qquad (7-4-4)$$

式(7-4-4)表明,点光源在光电管阴极表面上的光通量 $\Phi$ 与点光源的发光强度 $i$ 成正比,与阴极到点光源的距离 $l$ 的平方成反比.当光电管两极间的加速电压在能产生饱和光电流的一定值时,保持点光源发光强度不变,光电流与阴极表面上的光通量的关系可根据式(7-4-4)来进行研究.改变点光源与光电管阴极的间距 $l$,测出饱和光电流 $I_s$ 与 $1/l^2$ 的关系曲线即可知 $I_s$ 与 $\Phi$ 的关系.若 $I_s$ 与 $1/l^2$ 的关系曲线为一直线,如图 7-4-3 所示,即验证了光电流与入射光光通量的线性关系.

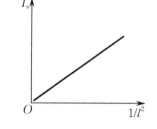

图 7-4-3　光电管的光电特性

实际上,实验中使用的点光源都不是理想的点光源,但只要光源离光电管足够远,就可以近似地把它看作点光源.

另外,对于一般的光电管,其阴极材料是蒸镀在玻璃壳内表面的锑铯化合物,因它的电子逸出功很不均匀,光电流没有一个截止点.又由于光电管结构上的原因,故有下述两种因素产生实验误差:

(1)在光电管的制造中,免不了有些阴极材料物质溅到阳极上,当光照射在阴极上时,部分漫反射到阳极上的光使阳极也发射光电子.而反向电压对这些光电子来说则是加速场,在此加速场作用下这些光电子到达阴极,形成反向电流.

(2)无光照时,加上外加电压,光电管中仍有微弱的电流流过,称为暗电流.形成暗电流的主要原因是阴极材料在常温下的热电子发射,以及阴极和阳极之间的绝缘不良造成漏电.

综上,实验中所测得的光电管临界截止电压要比真正的临界截止电压值小.光电特性曲线也存在着截距 $a$(理论上在 $l \to \infty$ 时,$I_s \to 0$).

**【实验仪器】**

GD-I 型光电管特性实验仪.

光电管特性实验仪由暗箱(内装光电管、光源、标尺)和光电效应实验仪(包括两路独立的稳压电源和高灵敏度的电流计)构成.

光电管特性实验仪面板如图 7-4-4 所示,面板左侧的显示屏上显示的是光电管电压,通过电位器电压调压装置,内置的 24 V 稳压电源可输出 0~24 V 连续可调的电压;面板中间的显示屏上显示的是光源电流,通过可变电阻电流调节装置,可控制回路中光源灯泡的亮度;面板右侧的显示屏上显示的光电流是由内置的 $3\frac{1}{2}$ 位数字直流电流表进行测量的,测量范围为 0~20 μA,分辨率可达 0.01 μA,电流超过上限,电流表溢出无指示.

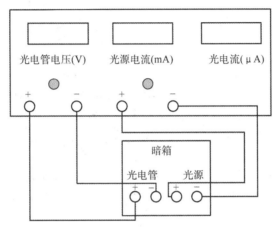

图 7-4-4 光电管特性实验连接图

**【实验内容与步骤】**

1. 仪器的连接与调整.

按图 7-4-4 所示接好线路,设置光电管阳极为高电势,检查正负极插线无误后,打开光电效应实验仪的电源开关,预热 10 min.

2. 测光电管的伏安特性曲线.

(1) 调节并选取合适的光源电流值 $i$(300~400 mA).首先将暗箱标尺读数归零,测出光源与光电管阴极的初始间距 $d$,然后移动标尺设定读数为 $r$(一般取 5 cm 左右).此时光源与光电管阴极的距离为 $l=d+r$.保持 $l$ 不变,顺时针调节光电管电压调节旋钮,给光电管加上 23.0 V 的电压,再顺时针调节光源电流调节旋钮,保证光电流不逸出即可,记下光源电流值 $i$,实验中光源灯泡电流如无特殊说明应保持不变.

(2) 研究光电管正向伏安特性.记录暗箱标尺读数 $r$,并保持不变,调节光电管电压调节旋钮,使光电管两端的电压由 23.0 V 逐步降到 0.0 V,观察光电管加上正向电压时的伏安特性.每降低 2.0 V(或 1.0 V 甚至更小)记录一次相应的光电流值.由于光电管的伏安特性曲线为非线性曲线,因此在非线性区域应取更小的电压间隔,以使测量点更密集.

(3) 测量临界截止电压.光电管电压为零时,光电流不为零,这是因为电子在获得光子能量后就有了动能,仍能到达阳极形成电流.将光电管接线的极性对调,即在光电管两极加上反向电压,使光电管阳极为低电势,慢慢增大反向电压,记下使光电流刚好为零时的电压值,即为临界截止电压.

(4) 研究光电管在不同光强照射下的伏安特性,可采用以下两种方法.

① 光电管阴极与光源的间距不变,改变光源电流.改变光源电流值 $i$(一般降低 10 mA 左右),重复上面实验步骤 2 中(2),(3)两步,测读并记录实验数据.注意不要改变光源与光电管阴极的间距.

② 光源电流不变,改变光电管阴极与光源的间距.移动标尺改变读数 $r$(一般增加 5 cm 左右),重

复上面实验步骤 2 中(2),(3)两步,测读并记录实验数据.注意不要改变光源电流值的大小.

3.测定饱和光电流与阴极上光通量的关系.

(1)根据光电管伏安特性的实验结果,在产生饱和光电流的电压区域中取一电压值(注意不要取拐点,取饱和区域中间点),加在光电管的两极上并保持不变.注意光源电流值保持不变.

(2)将光源放在离光电管较近的位置,通过拖动暗箱滑板,使光电管阴极逐渐远离光源,记录暗箱标尺读数 $r_n$(每次移动 0.50 cm 或 1.00 cm)及对应饱和光电流值 $I_s$.

**【注意事项】**

1.仪器需预热 10 min.开关电源前应将各电位器逆时针旋转至最小位置,以免启动仪器时,电流过大烧坏灯泡.

2.注意光源与光电管阴极的间距 $l$,应为光源与光电管阴极的初始间距 $d$ 加上暗箱标尺读数值 $r$,即 $l = d + r$.

3.研究光电管伏安特性时,需选取合适的光源电流值.实验中可先将电压调至最大,在保证光电流不溢出的情况下,选取较大的光源电流值;暗箱标尺应从里往外拉,以保证中途光电流不溢出.

4.研究光电管光电特性时,选取饱和光电流的电压值最好不要选取拐点,因为拐点不稳定,一般选取饱和区域中间点,以确保能够获得饱和光电流.

**【数据表格及数据处理要求】**

1.根据实验内容自拟光电管伏安特性数据表和光电管光电特性数据表.

2.根据实验数据,在同一坐标纸上以光电流 $I$ 为纵坐标,光电管电压 $U$ 为横坐标,绘制光电管的三条伏安特性曲线,并做曲线分析.

3.根据实验数据,在坐标纸上以饱和光电流 $I_s$ 为纵坐标,点光源到光电管阴极的间距 $l$ 的平方的倒数 $1/l^2$ 为横坐标,绘制光电管的光电特性曲线.

4.用最小二乘法求出光电特性曲线的线性回归方程以及相关系数 $\gamma$,并分析实验数据中光通量和饱和光电流是否线性相关.

**【实验后思考题】**

1.试用所学过的知识解释实验所测得的伏安特性曲线.

2.光电效应与康普顿效应之间的异同有哪些?

3.举例说明光电效应在近代技术中的应用.


# 7.5　用恒定电流场模拟静电场

静电场是由电荷分布决定的.给定区域内的电荷和介质分布以及边界条件,可根据麦克斯韦方程组和边界条件来求解电场分布.但大多数情况下难以得出解析解,因此,要靠数值解法求出或以实验方法测出电场分布.直接测量静电场很困难,因为仪表(或其探测头)放入静电场中会使被测电场发生一定变化,同时由于静电场中无电流流过,无法用静电式仪表直接进行测量.为此,实验中通常是利用恒定电流场来模拟静电场,即通过测绘恒定电流场的电势分布来测绘对应的静电场分布.

**【实验目的】**

1.学会用模拟法描绘和研究静电场的分布状况.

2.测绘柱形电极和平行板电极间的电场分布.

3.掌握模拟法应用的条件和方法.

4.加深对电场强度及电势等基本概念的理解.

**【预习思考题】**

1. 模拟法分为哪两种模拟,其应用的条件是什么?
2. 本实验对静电场的测绘采用的是什么方法?为什么要用此方法?
3. 用恒定电流场模拟静电场的理论依据是什么?模拟的条件是什么?
4. 为什么不良导体内的电场分布与真空中的静电场分布相同?
5. 本实验用不良导电媒介 —— 水作导电介质,能否用导电性能好的溶液作导电介质?为什么?

**【实验原理】**

电场强度和电势是表征电场特征的两个基本物理量,为了形象地表示静电场,常采用电场线和等势面来描绘静电场.电场线与等势面处处正交,因此有了等势面的图形就可大致画出电场线的分布图,反之亦然.当我们要测出某个带电体的静电场分布时,由于其形状一般来说比较复杂,用理论计算其电场分布非常困难,同时仪表(或其探测头)放入静电场,总要使被测静电场原有分布状态发生畸变,因此不可能用实验手段直接测绘出真实的静电场.为了克服上述困难,本实验采用数学模拟法,仿造一个与待测静电场分布完全一样的电流场(称为模拟场),当用探针去探测模拟场时,它不受干扰,因此可以间接测出被模拟的静电场.

一般情况下,要进行数学模拟,模拟者和被模拟者在数学形式上要有相同的方程,在相同的初始条件和边界条件下,方程的特解相同,这样才可以进行模拟.由电磁学理论可知,电解质(或水)中稳恒电流的电流场与电介质(或真空)中的静电场具有相似性,都是有源场和保守场,都可以引入电势 $U$,两个场的电势都满足拉普拉斯方程.

对于电流场,有

$$\frac{\partial^2 U_{稳恒}}{\partial x^2} + \frac{\partial^2 U_{稳恒}}{\partial y^2} + \frac{\partial^2 U_{稳恒}}{\partial z^2} = 0.$$

对于静电场,有

$$\frac{\partial^2 U_{静电}}{\partial x^2} + \frac{\partial^2 U_{静电}}{\partial y^2} + \frac{\partial^2 U_{静电}}{\partial z^2} = 0.$$

在相同的边界条件下,这两个方程的特解相同,即这两种场的电势分布相似.实验中只要两种场的带电体的形状和大小、相对位置以及边界条件相同,就可以用电流场来研究和测绘静电场的分布.下面以同轴圆柱形电极产生的静电场和相应的模拟场 —— 稳恒电流场来讨论这种等效性.

如图 7 - 5 - 1(a) 所示为一个同轴圆柱形电极,内电极半径为 $r_a$,外电极内半径为 $r_b$,内电极电势为 $U_a$,外电极电势为 $U_b = 0$,其间充以电容率为 $\varepsilon_0$ 的均匀电介质,在两极间距轴心 $r$ 处的电势为

$$U_r = U_a - \int_{r_a}^{r} \boldsymbol{E} \cdot \mathrm{d}\boldsymbol{r}. \tag{7-5-1}$$

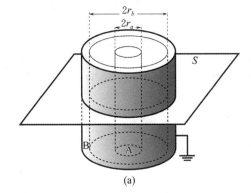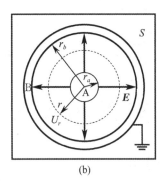

**图 7 - 5 - 1   同轴圆柱形电极及其静电场分布图**

由高斯定理知,半径为 $r$ 的圆柱面上的电场强度为

$$\boldsymbol{E} = \frac{\lambda}{2\pi\varepsilon_0 r}\boldsymbol{r}_0, \qquad (7-5-2)$$

式中 $\lambda$ 是圆柱形电极的线电荷密度.由式(7-5-1)和(7-5-2)可得

$$U_r = U_a - \int_{r_a}^{r}\boldsymbol{E}\cdot\mathrm{d}\boldsymbol{r} = U_a - \frac{\lambda}{2\pi\varepsilon_0}\ln\frac{r}{r_a}. \qquad (7-5-3)$$

当 $r = r_b$ 时, $U_r = U_b = 0$,则有 $\dfrac{\lambda}{2\pi\varepsilon_0} = \dfrac{U_a}{\ln(r_b/r_a)}$,代入式(7-5-3)得

$$U_r = U_a - U_a\frac{\ln(r/r_a)}{\ln(r_b/r_a)} = U_a\frac{\ln(r_b/r)}{\ln(r_b/r_a)}. \qquad (7-5-4)$$

式(7-5-4)即为同轴圆柱形电极间静电场中电势的分布公式.由式(7-5-4)可得距中心 $r$ 处的电场强度大小为

$$E_r = -\frac{\mathrm{d}U_r}{\mathrm{d}r} = \frac{U_a}{\ln(r_b/r_a)}\frac{1}{r}. \qquad (7-5-5)$$

若上述圆柱形导体 A 与圆筒形导体 B 之间不是真空,而是均匀地充满了一种电导率为 $\sigma$ 的不良导体,且 A 和 B 分别与直流电源的正负极相连(见图7-5-2),则在 A,B 间将形成径向电流,并建立起一个稳恒电流场 $E_r'$.可以证明,不良导体中的稳恒电流场 $E_r'$ 与原真空中的静电场 $E_r$ 是相同的.

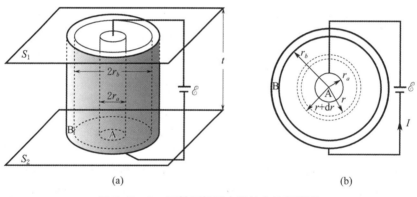

**图 7-5-2　同轴圆柱形电极的电流场模型**

取高度为 $t$ 的一段同轴圆柱形不良导体来研究.设材料的电阻率为 $\rho(\rho = 1/\sigma)$,则从半径为 $r$ 的圆周到半径为 $r + \mathrm{d}r$ 的圆周之间的不良导体环的电阻为

$$\mathrm{d}R = \frac{\rho}{2\pi t}\frac{\mathrm{d}r}{r}, \qquad (7-5-6)$$

半径 $r$ 到 $r_b$ 之间的圆柱环的电阻为

$$R_{rr_b} = \frac{\rho}{2\pi t}\int_{r}^{r_b}\frac{\mathrm{d}r}{r} = \frac{\rho}{2\pi t}\ln\frac{r_b}{r}. \qquad (7-5-7)$$

由此可知,半径 $r_a$ 到 $r_b$ 之间的圆柱环的电阻为

$$R_{r_a r_b} = \frac{\rho}{2\pi t}\ln\frac{r_b}{r_a}. \qquad (7-5-8)$$

若设导体 B 上的电势 $U_b' = 0$,导体 A 上的电势为 $U_a'$,则径向电流为

$$I = \frac{U_a'}{R_{r_a r_b}} = \frac{2\pi t U_a'}{\rho\ln(r_b/r_a)}. \qquad (7-5-9)$$

距中心 $r$ 处的电势分布公式为

$$U_r' = U_a'\frac{\ln(r_b/r)}{\ln(r_b/r_a)} = a + b\ln r, \qquad (7-5-10)$$

式中 $a = \dfrac{U'_a \ln r_b}{\ln(r_b/r_a)}$，$b = -\dfrac{U'_a}{\ln(r_b/r_a)}$ 均为常数.

由式(7-5-10)可得稳恒电流场 $E'_r$ 为

$$E'_r = -\frac{\mathrm{d}U'_r}{\mathrm{d}r} = \frac{U'_a}{\ln(r_b/r_a)}\frac{1}{r}. \tag{7-5-11}$$

式(7-5-4)与(7-5-10)相比较,说明稳恒电流场与静电场的电势分布函数是相同的,同时从式(7-5-10)可看出两导体之间的电势 $U'_r$ 与 $\ln r$ 呈线性关系,并且 $U'_r/U'_a$,即相对电势,仅是 $r$ 的函数,与电场电势的绝对值无关.因此可用尺寸相同、边界条件相同的稳恒电流场来模拟静电场.

当采用电流场模拟法研究静电场时,应注意以下适用条件:

(1) 稳恒电流场中的电极形状应与被模拟的静电场中的带电体几何形状相同,边界条件相同;电流场中导电介质的分布必须对应于静电场中的介质分布,如果模拟真空中的静电场,则模拟场中的介质应是均匀分布的.

(2) 由于静电场中导体表面是等势面,导体内场强为零,因此电流场中电极也应满足这一条件,故稳恒电流场中的导电介质应是不良导体且电导率分布均匀,并满足 $\sigma_{电极} \gg \sigma_{介质}$ 才能保证电流场中的电极(良导体)的表面也近似是一个等势面.

(3) 测定电流场的电势时,必须保证探测支路无电流通过,不能干扰原来电流场的分布.

检测电流场中各等势点时,为了不影响电流线的分布,探测支路不能从电流场中取出电流,因此必须使用高内阻电压表或采用平衡电桥法进行测绘.但直流电压长时间加在电极上,会使电极产生极化作用而影响电流场的分布,若把直流电压换成交流电压则可消除这种影响.当电极接上交流电压时,产生交流电场的瞬时值是随时间变化的,但交流电压的有效值与直流电压是等效的,所以在交流电场中用交流电压表测量有效值的等势线与直流电场中测量同值的等势线,其效果和位置完全相同.

由式(7-5-11)可知,场强 $E$ 在数值上等于电势梯度,方向指向电势降落的方向.考虑到 $E$ 是矢量,而电势 $U$ 是标量,从实验测量来讲,测定电势比测定场强容易实现,所以可先测绘等势线,然后根据电场线与等势线正交,画出电场线.

实验中把连接电源的两个电极放在不良导体如稀薄溶液(或水)中,溶液中将产生电流场.电流场中有许多电势彼此相等的点,测出这些电势相等的点,描绘成面就是等势面.这些面也是静电场中的等势面.通常电场分布在三维空间中,但在水中进行模拟实验时,测出的电场是在一个水平面内的分布.这样等势面就变成了等势线,根据电场线与等势线正交的关系,即可画出电场线.这些电场线上每一点的切线方向就是该点电场强度的方向,这样用等势线和电场线就可以形象地描绘出静电场的分布.用不同形状的电极,可以模拟不同形状的静电场,如用平行板电极,可以模拟平行板电容器中的静电场.

【实验仪器】

水槽式静电场模拟仪、WQE-3型电场描绘仪、游标卡尺、白纸.

水槽式静电场模拟仪如图7-5-3所示.仪器主要由上层板、下层板、可移动探针和放置电极的水槽组成.上、下层板用四根立柱隔开,上层板放记录用的白纸,四个角上用弹簧片将白纸压住.下层板放装有电极的水槽,水槽内放自来水作为导电介质.电极依模拟对象不同可以更换.电极接 50 Hz 的低压交流电.当移动探针座时,下探针在水中探测等势点,处于同一垂线的上探针便可在白纸上打出相应的等势点.在测量时,探针内基本上没有电流流过,对原电流场的分布几乎没有影响.

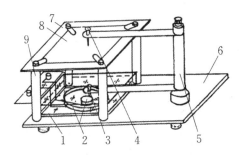

1—水槽;2—电极;3—下探针;4—上探针;5—移动座;6—下层板;7—上层板;8—白纸;9—立柱

图 7 - 5 - 3　水槽式静电场模拟仪

**【实验内容与步骤】**

1. 向平行板电极的水槽内注入适量的水,水面应比电极上表面低约 2 mm,同时要能将下探针针尖淹没,水平端正地推入电极架下层. 将白纸在上层板压好固定,用于记录测绘点.

2. 开启电源前,将输出电压调节旋钮逆时针旋到最小. 关闭电源前,也应如此操作,以避免冲击电流过大损坏仪器. 正确连接线路,接通电源,数字电压表置"输出"挡,粗调电压至 10 V 左右.

3. 将电源转换开关拨向"探测",让探针接触平行板电极,将高电势电极的电压细调至 10 V.

4. 沿平行板电极四周打点,以准确反映电极的长宽和位置信息. 在两极间缓慢移动,分别沿7.5 V,5.0 V,2.5 V 三条等势线打点,每条线至少打 12 个点,打点时注意正确描绘两极板之间电压分布情况,并向缺口两端延伸出去,以便后期描绘平行板电场的边缘效应.

5. 关闭电源,接入同轴圆柱形电极,按步骤 1 调节水面高度,更换白纸.

6. 开启电源,将电源转换开关拨向"探测",让探针接触中心电极,细调电压至 10 V. 若中心电极的电压显示为 0 V,则需改变电源电压输出极性.

7. 确定同轴圆柱形电极的轴心和边界. 用探针沿外电极外侧取三个记录点,用于确定电极的轴心和外电极的边界.

8. 将探针置于水中,在环形区域间缓慢移动,依次测出电压分别为 7.0 V,5.0 V,3.0 V,1.0 V 的等势线,每条等势线均匀测 4 个点,测绘时沿径向移动,能较快确定测绘点.

9. 关闭电源,将水槽中的水倒掉,擦干电极并将其倒扣放置,避免电极氧化生锈,整理仪器.

**【注意事项】**

1. 模拟场除满足与被测场有相似的数学方程和边界条件外,还要求水槽电极放置时要端正水平,水槽中装入的水不可太少,也不可漫过电极,以免等势线失真.

2. 导线的连接一定要牢固,避免因接触电阻而导致输出电压达不到要求.

3. 使用同步探针时,应轻移轻放,避免变形以致上、下探针不在同一条垂线上;在上层板白纸上打点时,不要用力过猛,轻轻点按即可,以免移动电极,带来误差.

**【数据表格及数据处理要求】**

1. 平行板电极的电场描绘.

在白纸上画出电极板位置,将各组等势点用不同的曲线光滑地连接起来,画出等势线(面),并作出电场线.

2. 同轴圆柱形电极的电场描绘.

(1) 已知内电极半径 $r_a = 0.81$ cm,外电极内半径 $r_b = 4.30$ cm. 在白纸上,探针紧贴圆环外缘打三个定位点,用几何方法确定轴心,画出内、外电极.

(2) 根据实验内容自拟同轴圆柱形电极模拟场等势线电压分布表,量出白纸上等势线各测量点到轴心的距离,求出平均值,填入表格.

(3) 将各组等势点分别用 $\otimes$, $\odot$, $\triangle$, $\square$ 标出. 以表格中的平均值为半径用虚线画出各等势线(面),并作出电场线.

(4) 求出各等势线的半径的理论值,填入表格. 在半对数坐标纸上绘出 $\dfrac{U'_r}{U'_a}$-$\ln r$ 理论值直线,理论值直线应通过 $(\ln r_a, 1)$ 和 $(\ln r_b, 0)$ 两点;标出对应实验测量点 $\ln \bar{r}$,画出实验直线,看实验直线是否和理论值直线重合.

【实验后思考题】

1. 能否模拟平行轴电线或带有等量异号电荷的平行长直圆柱体的电场? 为什么?

2. 如果电源电压增大一倍,等势线和电场线的形状是否发生变化? 电场强度和电势分布是否发生变化? 为什么?

3. 从对长直同轴圆柱面的等势线的定量分析看,测得的等势线半径和理论值相比是偏大还是偏小? 有哪些可能的原因导致这样的结果?

4. 在测绘长直同轴圆柱面的电场时,什么因素会使等势线偏离圆形?

5. 圆柱形电极为什么要用半对数坐标纸作图? 怎样用半对数坐标纸作图?

6. 请给出模拟平面板与其中垂面上长直带电圆柱体间电场的主要步骤.

# 7.6　磁滞回线的研究

铁磁物质是一种性能特异,用途广泛的材料. 铁、钴、镍及其众多合金以及含铁的氧化物(铁氧体)均属铁磁物质. 其特征是在外磁场作用下能被强烈磁化,即磁导率 $\mu$ 很高. 铁磁物质的另一特征是磁滞,即磁化场作用停止后,铁磁物质仍保留有部分磁性. 铁磁材料按其磁化特性可分为硬磁和软磁两大类. 铁磁材料的磁化曲线和磁滞回线是反映其磁化性能的重要指标,也是生产中设计选用磁性材料的重要依据.

【实验目的】

1. 掌握磁滞、磁滞回线和磁化曲线的概念,加深对铁磁材料的主要物理量:矫顽力、剩磁和磁导率的理解.

2. 学会用示波法测绘基本磁化曲线和磁滞回线.

3. 根据磁滞回线确定铁磁材料的饱和磁感应强度 $B_s$、剩磁 $B_r$ 和矫顽力 $H_c$ 的数值.

4. 研究不同频率下动态磁滞回线的区别,并确定某一频率下饱和磁感应强度 $B_s$、剩磁 $B_r$ 和矫顽力 $H_c$ 的数值.

【预习思考题】

1. 什么是磁滞和动态磁滞回线?

2. 软磁材料和硬磁材料是怎么区分的? 各有什么用途?

【实验原理】

**1. 磁化曲线**

如果在由电流产生的磁场中放入铁磁物质,则磁场将明显增强,此时铁磁物质中的磁感应强度比单纯由电流产生的磁感应强度增大百倍,甚至千倍以上. 铁磁物质内部的磁场强度 $H$ 与磁感应强度 $B$ 有如下的关系:

$$B = \mu H.$$

对于铁磁物质而言,磁导率 $\mu$ 是随 $H$ 改变的物理量,即 $\mu = f(H)$,且此函数为非线性函数,如图 7-6-1 所示,与之对应,$B$ 与 $H$ 也是非线性关系.

铁磁材料未被磁化时的状态称为去磁状态,这时若在铁磁材料上加一个由小变大的磁化场 $H$,则铁磁材料内部的磁感应强度 $B$ 也随之变大,但当 $H$ 增大到一定值($H_s$)后,磁感应强度 $B$ 几乎不再随 $H$ 的增大而增大,说明磁化已达饱和,从未被磁化到饱和磁化的这段磁化曲线称为铁磁材料的起始磁化曲线,如图 7-6-2 中的 $Oa$ 段曲线所示.

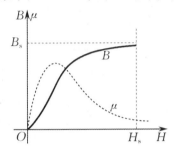

图 7-6-1 磁化曲线和 $\mu$-$H$ 曲线

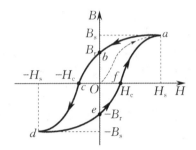

图 7-6-2 起始磁化曲线与磁滞回线

**2. 磁滞回线**

当铁磁材料的磁化达到饱和之后,如果使磁化场 $H$ 减小,则铁磁材料内部的 $B$ 也随之减小,但其减小时并不沿着开始磁化时的 $Oa$ 段退回.从图 7-6-2 可知,当磁化场撤销,即 $H = 0$ 时,磁感应强度 $B$ 仍然保留有一定数值 $B_r$,称为剩磁(剩余磁感应强度).

若要使被磁化的铁磁材料内部的磁感应强度 $B$ 减小到 0,必须加上一个反向磁场并逐步增大.当铁磁材料内部反向磁场强度增加到 $H_c$ 时(图 7-6-2 上的 $c$ 点),磁感应强度 $B$ 才减为 0,达到退磁.图 7-6-2 中的 $bc$ 段曲线称为退磁曲线,$H_c$ 称为矫顽力.如图 7-6-2 所示,当 $H$ 按 $O \to H_s \to O \to H_c \to H_s \to O \to H_c \to H_s$ 的顺序变化时,$B$ 相应沿 $O \to B_s \to B_r \to O \to B_s \to B_r \to O \to B_s$ 的顺序变化.图中的封闭曲线 $abcdefa$ 称为磁滞回线.

由图 7-6-2 可得出以下几个结论:

(1) 在非去磁状态下,当 $H = 0$ 时,铁磁材料内部还残留一定值的磁感应强度 $B_r$(剩磁).

(2) 若要使铁磁材料完全退磁($B = 0$),则必须给其加上一个反向磁场 $H_c$(矫顽力).

(3) $B$ 的变化始终落后于 $H$ 的变化,这种现象称为磁滞现象.

(4) $H$ 上升与下降到同一数值时,铁磁材料内的 $B$ 值并不相同,退磁化过程与铁磁材料过去的磁化经历有关.

(5) 从初始状态($H = 0,B = 0$)开始周期性地改变磁场强度的值,在磁场强度多次由弱到强单调增加的过程中,可以得到面积由大到小的一簇磁滞回线,如图 7-6-3 所示.其中最大面积的磁滞回线称为极限磁滞回线.

(6) 由于铁磁材料磁化过程的不可逆性及具有剩磁的特点,在测定磁化曲线和磁滞回线时,首先必须将铁磁材料预先退磁,以保证外加磁场 $H = 0$ 时,$B = 0$;其次磁化电流在实验过程中只允许单调增加或减少,不能时增时减.在理论上,要消除剩磁 $B_r$,只需通一反向磁化电流,使外加磁场正好等于铁磁材料的矫顽力即可.实际上,矫顽力的大小通常并不知道,因而无法确定退磁电流的大小.我们从磁滞回线得到启示,如果使铁磁材料磁化达到磁饱和,然后不断改变磁化电流的方向,与此同时逐渐减小磁化电流,直到为零,则该材料的磁化曲线就是一连串逐渐缩小并最终趋于原点的环状曲线,如图 7-6-4 所示.当 $H$ 减小到零时,$B$ 亦同时降为零,达到完全退磁.

实验表明,经过多次反复磁化后,$B$-$H$ 的量值关系形成一个稳定的闭合"磁滞回线",通常以这条曲线来表示该材料的磁化性质.这种反复磁化的过程称为"磁锻炼".本实验所用的磁化电流为交变电流,所以实验时样品的每个状态都经过了充分的"磁锻炼",随时可以获得磁滞回线.

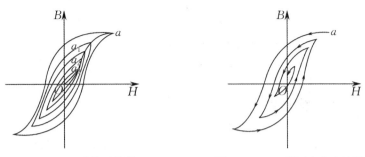

图 7-6-3  磁滞回线簇　　　　　　图 7-6-4  利用交变电流退磁

我们把图 7-6-3 中原点 $O$ 和各个磁滞回线的顶点 $a,a_1,a_2,\cdots$ 所连成的曲线,称为铁磁材料的基本磁化曲线. 不同的铁磁材料其基本磁化曲线是不相同的,为了使样品的磁化特性可以复现,也就是所测得的基本磁化曲线都是由初始状态($H=0,B=0$)开始,在测量前必须对样品进行退磁,以消除样品中的剩磁.

在测量基本磁化曲线时,每个磁化状态都要经过充分的"磁锻炼",否则得到的 $B$-$H$ 曲线即为开始介绍的起始磁化曲线,两者不可混淆.

**3. 示波器显示 $B$-$H$ 曲线的原理**

用示波器显示铁磁材料 $B$-$H$ 曲线的实验线路如图 7-6-5 所示,图中待测样品为环形硅钢片,$N$ 为励磁绕组的匝数,$n$ 为用来测量磁感应强度 $B$ 而设置的绕组的匝数,$R_1$ 为励磁电流取样电阻. 设通过励磁绕组的交变励磁电流为 $i_1$,根据安培环路定理,样品中的磁场强度为

$$H = \frac{Ni_1}{L},$$

式中 $L$ 为样品的平均磁路长度.

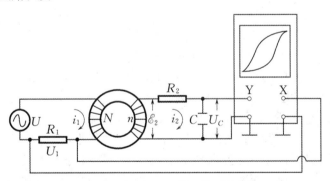

图 7-6-5  样品磁滞回线测量线路

将 $i_1 = \dfrac{U_1}{R_1}$ 代入上式可得

$$H = \frac{Ni_1}{L} = \frac{NU_1}{LR_1}. \tag{7-6-1}$$

式(7-6-1)中的 $N,L,R_1$ 均已知,故由 $U_1$ 可确定 $H$.

在交变励磁电流作用下,样品内部的磁感应强度瞬时值 $B$ 可通过右边绕组、$R_2$ 和 $C$ 组成的电路来测量,根据法拉第电磁感应定律,由于样品横截面上磁通量 $\Phi$ 的变化,在右边绕组中产生的感应电动势的大小为

$$\mathscr{E}_2 = n\frac{\mathrm{d}\Phi}{\mathrm{d}t}.$$

对上式两边积分可得

$$\Phi = \frac{1}{n}\int \mathscr{E}_2 \, \mathrm{d}t.$$

设环形样品的横截面积为 $S$,则可得样品中的磁感应强度为

$$B = \frac{\Phi}{S} = \frac{1}{nS}\int \mathscr{E}_2 \, \mathrm{d}t. \tag{7-6-2}$$

如果忽略自感电动势和电路损耗,则有

$$\mathscr{E}_2 = i_2 R_2 + U_C, \tag{7-6-3}$$

式中 $i_2$ 为右边绕组中的感生电流,$U_C$ 为电容 $C$ 两端的电压. 设电容 $C$ 所带电量为 $Q$,则有

$$U_C = \frac{Q}{C}.$$

将上式代入式(7-6-3)得

$$\mathscr{E}_2 = i_2 R_2 + \frac{Q}{C}.$$

如果选取足够大的 $R_2$ 和 $C$,使 $i_2 R_2 \gg \dfrac{Q}{C}$,则有

$$\mathscr{E}_2 = i_2 R_2.$$

又因

$$i_2 = \frac{\mathrm{d}Q}{\mathrm{d}t} = C\frac{\mathrm{d}U_C}{\mathrm{d}t},$$

故

$$\mathscr{E}_2 = CR_2\frac{\mathrm{d}U_C}{\mathrm{d}t}. \tag{7-6-4}$$

由式(7-6-2)和(7-6-4)可得

$$B = \frac{CR_2}{nS}U_C. \tag{7-6-5}$$

式(7-6-5)中的 $C, R_2, n$ 和 $S$ 均已知,故由 $U_C$ 可确定 $B$.

综上所述,将图 7-6-5 中的 $U_1$ 和 $U_C$ 分别加到示波器的"X 输入"和"Y 输入"中便可得到样品的动态磁滞回线,此时直接测出 $U_1$ 和 $U_C$ 的值,便可绘制出 $B-H$ 曲线,进而测定样品的饱和磁感应强度 $B_s$、剩磁 $B_r$、矫顽力 $H_c$、磁滞损耗($BH$)以及磁导率 $\mu$ 等参数.

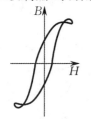

在上述实验条件下,$U_C$ 的幅度通常很小,若将其直接加在 Y 轴偏转板上,则得不到大小合适的磁滞回线. 为此,需将 $U_C$ 经过示波器 Y 轴放大器增幅后再输至 Y 轴偏转板上. 这就要求在实验磁场的频率范围内,放大器的放大系数必须稳定,不会带来较大的相位畸变. 事实上示波器难以完全达到这个要求,因此在实验时样品的磁滞回线经常会出现如图 7-6-6 所示的畸变. 为避免这种畸变,可将示波器 X 轴输入设为"AC"耦合,Y 轴输入设为"DC"耦合,并选择合适的 $R_1$ 和 $R_2$ 的电阻值,以得到最佳磁滞回线图形.

图 7-6-6　畸变图形

这样,在励磁电流变化的一个周期内,电子束的径迹将描出一条完整的磁滞回线. 适当调节示波器 X 和 Y 轴增益,再由小到大调节信号发生器的输出电压,即能在荧光屏上观察到由小到大扩展的磁滞回线图形. 逐次记录其正顶点的坐标,并在坐标纸上把它们连成光滑的曲线,就得到样品的基本磁化曲线.

**【实验仪器】**

HLD-ML-I 型动态磁滞回线实验仪、双踪示波器.

**【实验内容与步骤】**

1. 先熟悉实验原理和仪器的构成,记录下仪器相关参数($L,N,n,R_1,R_2,C,S$),然后将信号源输出幅度调节旋钮逆时针旋到底(多圈电位器),使输出信号为最小.标有箭头的线,其所标箭头表示接线的方向,样品的更换是通过更换连接线来完成的.

注意:由于信号源、电阻 $R_1$ 和电容 $C$ 的一端已经与地相连,因此不能与其他接线端相连接,否则会造成信号源、$R_1$ 或 $C$ 短路,从而无法正常进行实验.

2. 按图 7-6-5 所示的线路接线.

3. 将示波器显示工作方式设为 X-Y 方式,即图示仪方式.

4. 示波器 X 输入设为 AC 耦合,测量采样电阻 $R_1$ 的电压.

5. 示波器 Y 输入设为 DC 耦合,测量电容 $C$ 的电压.

6. 选择样品 1 进行实验,接通示波器和动态磁滞回线实验仪电源,适当调节示波器亮度,以免荧光屏中心受损,预热 10 min 后开始测量.

7. 将示波器荧光屏上的光斑调至荧光屏中心,调节实验仪上的频率调节旋钮,设置合适的信号频率,此时频率显示窗内会显示所设置的信号频率数值.

8. 逐渐增加励磁电流的大小,同时观察示波器上的磁滞回线,直至样品中的磁感应强度达到饱和,然后逐渐减小励磁电流的大小直至为零,目的是对样品进行退磁.

9. 从零开始单调逐次增加励磁电流,即顺时针缓慢调节信号幅度调节旋钮,使示波器荧光屏上显示的磁滞回线上的 $B$ 值缓慢增加,直至达到饱和.改变示波器上 X,Y 输入增益开关并锁定增益电位器(一般为顺时针旋到底),调节 $R_1$,$R_2$ 的大小,使荧光屏上显示出典型美观的磁滞回线图形.记录下励磁电流逐次增加过程中每条磁滞回线的顶点以及饱和状态下磁滞回线各关键点的参数.

10. 单调减小励磁电流,即逆时针缓慢调节信号幅度调节旋钮,直到示波器荧光屏上显示的磁滞回线最后显示为一点,并位于荧光屏的中心,即 X 和 Y 轴的交点,如不在中心,可调节示波器的 X 和 Y 移位旋钮.

11. 逆时针调节信号幅度调节旋钮到底,使信号输出最小,改变信号频率,重复上述步骤 9—10 的操作,比较磁滞回线形状的变化.实验表明磁滞回线的形状与信号频率有关,磁滞回线包围的面积越大,用于信号传输时磁滞损耗也大.

**【数据表格及数据处理要求】**

1. 自拟表格记录实验数据.

2. 画出样品 1 的基本磁化曲线和饱和状态下的动态磁滞回线,计算 $H_c$,$H_s$,$B_r$,$B_s$ 等有关参数.

3. 对实验结果进行分析.

**【实验后思考题】**

1. 说明实验中的退磁原理.

2. 磁滞回线所包围面积的大小有何物理意义?

3. 变压器铁芯用硅钢片叠合制成,这种硅钢片为什么要用磁性能好的软磁材料制作?

# 7.7 周期信号的傅里叶分解与合成研究

傅里叶分解合成仪是学习傅里叶分析方法的一种较为直观的教学仪器,它可以将方波通过 $RLC$ 串联谐振电路分解为基波及各阶谐波的叠加,并用示波器显示基波和各阶谐波的相对振幅和相对相位;它也可以用来研究相反过程,即利用加法器将一组可调振幅和相位的正弦波信号合成为方波.

**【实验目的】**

1. 理解周期函数傅里叶分解的物理意义.
2. 掌握 $RLC$ 串联谐振电路从方波中选出不同频率简谐波的原理.

**【预习思考题】**

选频电路输出的信号幅值小于理论值的原因是什么? 怎样校正?

**【实验原理】**

根据傅里叶级数理论, 任何周期为 $T$ 的波函数 $u(t)$ 都可以表示为三角函数所构成的级数之和, 即

$$u(t) = \frac{1}{2}a_0 + \sum_{n=1}^{\infty} (a_n \cos n\omega t + b_n \sin n\omega t),$$

式中 $\omega = \dfrac{2\pi}{T}$ 为角频率, $\dfrac{a_0}{2}$ 为直流分量,

$$a_n = \frac{2}{T}\int_{-T/2}^{T/2} u(t)\cos n\omega t\, dt, \quad b_n = \frac{2}{T}\int_{-T/2}^{T/2} u(t)\sin n\omega t\, dt.$$

所谓周期函数的傅里叶分解就是将周期函数展开成直流分量、基波和所有 $n$ 阶谐波的叠加.

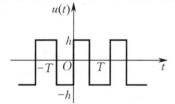

图 7 - 7 - 1  方波

如图 7 - 7 - 1 所示的方波在一个周期 $\left[-\dfrac{T}{2}, \dfrac{T}{2}\right)$ 内可以写成

$$u(t) = \begin{cases} h, & 0 \leqslant t < \dfrac{T}{2}, \\ -h, & -\dfrac{T}{2} \leqslant t < 0. \end{cases}$$

此方波为奇函数, 它展开后没有直流分量. 数学上可以证明, 此方波可表示为

$$u(t) = \frac{4h}{\pi}\left(\sin \omega t + \frac{1}{3}\sin 3\omega t + \frac{1}{5}\sin 5\omega t + \frac{1}{7}\sin 7\omega t + \cdots\right)$$

$$= \frac{4h}{\pi}\sum_{n=1}^{\infty} \frac{1}{2n-1}\sin(2n-1)\omega t.$$

**1. 周期波形傅里叶分解的选频电路**

我们用 $RLC$ 串联谐振电路作为选频电路, 对方波进行频谱分解并在示波器上显示这些被分解的波形, 测量它们的相对振幅. 我们还可以用一参考正弦波与被分解出的波构成李萨如图形, 确定基波与各阶谐波的初相位关系.

实验线路图如图 7 - 7 - 2 所示. 这是一个简单的 $RLC$ 串联谐振电路, 其中 $R, C$ 是可变的, $L$ 一般取 $0.1 \sim 1$ H.

当输入信号的频率与电路的谐振频率相匹配时, 此电路将有最大的响应. 此时的谐振角频率为

$$\omega_0 = \frac{1}{\sqrt{LC}},$$

即谐振频率为

$$f_0 = \frac{1}{2\pi\sqrt{LC}}.$$

以 $Q$ 值来表示这个响应的频带宽度, 则有

$$Q = \frac{\omega_0 L}{R}.$$

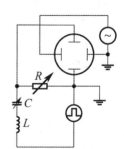

图 7 - 7 - 2  波形分解的 $RLC$ 串联谐振电路

当 $Q$ 值较大时, $\omega_0$ 附近的响应频带宽度较狭窄, 所以实验中我们选择的 $Q$ 值应该足够大, 大到足

够将基波与各阶谐波分离出来.

调节图 $7-7-2$ 中的可变电容 $C$,使电路的谐振角频率为 $n\omega_0$,此时电路选出的 $n$ 阶谐波为

$$u(t) = b_n \sin n\omega_0 t.$$

这时电阻 $R$ 两端的电压为

$$u_R(t) = I_0 R \sin(n\omega_0 t + \varphi),$$

式中 $\varphi = \arctan \dfrac{X}{R}$,$X$ 为串联电路感抗和容抗之和,$I_0 = \dfrac{b_n}{Z}$,$Z$ 为串联电路的总阻抗.

在谐振状态下,$X = 0$,总阻抗 $Z = r + R + R_L + R_C = r + R + R_L$,其中 $r$ 为方波电源的内阻,$R$ 为取样电阻,$R_L$ 为电感的损耗电阻,$R_C$ 为标准电容的损耗电阻($R_C$ 常因较小而被忽略).

电感由良导体缠绕而成,由于趋肤效应,$R_L$ 的数值将随频率的增加而增加.实验证明,碳膜电阻及电阻箱的电阻值在 $1 \sim 7\,\mathrm{kHz}$ 范围内,电阻值不随频率变化.

**2. 傅里叶级数的合成**

如果将不同阶次的谐波的初相位和振幅按一定要求调节好以后,输入到加法器,叠加后,就可以分别合成出方波等波形.

【实验仪器】

HLD－ZDF－Ⅱ型傅里叶分解合成仪、数字示波器、标准电感、电容箱.

【实验内容与步骤】

1. 方波的傅里叶分解.

(1) 测 $RLC$ 串联谐振电路对 $1\,\mathrm{kHz}$,$3\,\mathrm{kHz}$,$5\,\mathrm{kHz}$ 正弦波谐振时的电容值 $C_1$,$C_3$,$C_5$,并与理论值(见表 $7-7-1$)进行比较.实验中要求观察谐振时电源电压与电阻两端电压的关系(李萨如图形为一直线).

表 $7-7-1$ $RLC$ 谐振电容值

| $i$ | 1 | 3 | 5 |
|---|---|---|---|
| 谐振频率 $f_i$ | $1\,\mathrm{kHz}$ | $3\,\mathrm{kHz}$ | $5\,\mathrm{kHz}$ |
| $C_i$ 理论值 $/\mu\mathrm{F}$ | 0.253 0 | 0.028 0 | 0.010 1 |

测量以上数据时所用电感 $L = 0.1\,\mathrm{H}$(标准电感),电容为 RX7/0 型十进制电容箱. $C_i(i = 1,3,5)$ 的理论计算公式为

$$C_i = \frac{1}{\omega_i^2 L} = \frac{1}{(2\pi f_i)^2 L}.$$

(2) 对频率为 $1\,\mathrm{kHz}$ 的方波进行频谱分解,测量基波和 $n$ 阶谐波的相对振幅和相对相位.

将频率为 $1\,\mathrm{kHz}$ 的方波输入如图 $7-7-2$ 所示的 $RLC$ 串联谐振电路,然后调节电容箱使其分别等于上面的 $C_1$,$C_3$,$C_5$,此时可以从示波器上读出对应谐振的振幅 $b_1$,$b_3$,$b_5$.

实验数据(见表 $7-7-2$、表 $7-7-3$)如下(供参考):

① 取方波频率 $f = 1\,\mathrm{kHz}$,取样电阻 $R = 22\,\Omega$,信号源内阻 $r = 6.0\,\Omega$,电感 $L = 0.10\,\mathrm{H}$.

表 $7-7-2$ 实验数据一

| $i$ | 1 | — | 3 | — | 5 |
|---|---|---|---|---|---|
| 谐振时电容值 $C_i/\mu\mathrm{F}$ | 0.253 | $C_1$ 和 $C_3$ 之间 | 0.028 | $C_3$ 和 $C_5$ 之间 | 0.010 |
| 谐振频率 $/\mathrm{kHz}$ | 1 | 无谐振 | 3 | 无谐振 | 5 |
| 相对振幅 $/\mathrm{cm}$ | 6.00 | — | 1.80 | — | 0.90 |
| 李萨如图形 | | — | | — | |
| 与参考正弦波相位差 | $\pi$ | — | $\pi$ | — | $\pi$ |

② 取方波频率 $f = 1\,\text{kHz}$,取样电阻 $R = 500\,\Omega$,信号源内阻 $r = 6.0\,\Omega$,电感 $L = 1.00\,\text{H}$(选做).

表 7-7-3　实验数据二

| $i$ | 1 | — | 3 | — | 5 |
|---|---|---|---|---|---|
| 谐振时电容值 $C_i/\mu\text{F}$ | 0.025 3 | $C_1$ 和 $C_3$ 之间 | 0.002 8 | $C_3$ 和 $C_5$ 之间 | 0.001 0 |
| 谐振频率 /kHz | 1 | 无谐振 | 3 | 无谐振 | 5 |
| 相对振幅 /cm | 6.00 | — | 1.60 | — | 0.50 |
| 李萨如图形 | / | — | ∿ | — | ∿∿ |
| 与参考正弦波相位差 | $\pi$ | — | $\pi$ | — | $\pi$ |

从上述实验数据中可以看出:

① 对方波进行傅里叶分解时,只能得到 $1\,\text{kHz}$,$3\,\text{kHz}$,$5\,\text{kHz}$ 正弦波,而 $2\,\text{kHz}$,$4\,\text{kHz}$,$6\,\text{kHz}$ 等正弦波是不存在的.

② 电感用铜线缠绕,由于存在趋肤效应,其损耗电阻随频率升高而增加,因此 $3\,\text{kHz}$,$5\,\text{kHz}$ 谐波振幅数值比理论值偏小,此系统误差应进行校正.

③ 基波和各阶谐波与同一参考正弦波($1\,\text{kHz}$)的相位差均为 $\pi$,说明方波分解为基波和各阶谐波时初相位相同.

(3) 不同频率电流通过电感时损耗电阻的测定.

$1\,\text{H}$ 空心电感的损耗电阻 $R_L$ 可采用 Q5 型品质因数测量仪测量. 实验测得某电感($1\,\text{H}$)损耗电阻和使用频率的关系如表 7-7-4 所示.

表 7-7-4

| 使用频率 $f/\text{kHz}$ | 损耗电阻 $R_L/\Omega$ |
|---|---|
| 1.00 | 307 |
| 3.00 | 362 |
| 5.00 | 602 |

$0.1\,\text{H}$ 空心电感的损耗电阻 $R_L$ 可用图 7-7-3 所示的串联谐振电路进行测量. 在谐振状态时,测量信号源输出电压 $U_{AB}$ 和取样电阻 $R$ 两端的电压 $U_R$,可计算出 $R_L + R_C$ 的值,其中 $R_C$ 为标准电容的损耗电阻,一般较小可忽略.

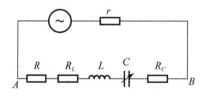

图 7-7-3　串联谐振电路

$L = 0.1\,\text{H}$ 的电感的损耗电阻和使用频率的关系如表 7-7-5 所示.

表 7-7-5

| 使用频率 $f/\text{kHz}$ | 损耗电阻 $R_L/\Omega$ |
|---|---|
| 1.00 | 26.0 |
| 3.00 | 34.0 |
| 5.00 | 53.0 |

测量 $U_{AB}$，$U_R$ 时可用示波器，也可用其他交流电压表.

(4) 测量相对振幅时，可用分压原理校正系统误差.

若 $b_3$ 为 3 kHz 谐波校正后的振幅，$b_3'$ 为 3 kHz 谐波未被校正时的振幅，$R_{L1}$ 为 1 kHz 使用频率时电感的损耗电阻，$R_{L3}$ 为 3 kHz 使用频率时电感的损耗电阻，则有

$$b_3 : b_3' = \frac{R}{R_{L1} + R + r} : \frac{R}{R_{L3} + R + r},$$

即

$$b_3 = b_3' \frac{R_{L3} + R + r}{R_{L1} + R + r}.$$

对 5 kHz 谐波也可做类似的校正，例如对表 7-7-2 所列的数据：

1 kHz 基波， $b_1 = 6.00$ cm;

3 kHz 谐波， $b_3 = 1.80 \times \dfrac{34.0 + 22.0 + 6.0}{26.0 + 22.0 + 6.0}$ cm $= 2.07$ cm;

5 kHz 谐波， $b_5 = 0.90 \times \dfrac{53.0 + 22.0 + 6.0}{26.0 + 22.0 + 6.0}$ cm $= 1.35$ cm.

经校正后，基波和各阶谐波的振幅之比与理论值符合较好.

2. 方波的傅里叶合成.

方波

$$u(t) = \frac{4h}{\pi} \left( \sin \omega t + \frac{1}{3} \sin 3\omega t + \frac{1}{5} \sin 5\omega t + \frac{1}{7} \sin 7\omega t + \cdots \right)$$

由一系列正弦波(奇函数)合成. 这一系列正弦波振幅之比为 $1 : \frac{1}{3} : \frac{1}{5} : \frac{1}{7} : \cdots$，它们的初相位相同.

方波合成步骤如下：

(1) 把 1 kHz，3 kHz，5 kHz 正弦波调成同相位.

(2) 调节 1 kHz，3 kHz，5 kHz 正弦波振幅比为 $1 : \frac{1}{3} : \frac{1}{5}$.

(3) 将 1 kHz，3 kHz，5 kHz 正弦波逐次输入加法器，观察合成波形变化.

从傅里叶级数叠加过程可以得出：

① 合成的方波的振幅与它的基波振幅比为 $1 : \frac{4}{\pi}$;

② 基波上叠加谐波越多，合成后的波形越趋近于方波;

③ 叠加谐波越多，合成波前沿、后沿越陡直.

**【数据表格及数据处理要求】**

1. 方波的分解.

方波频率 $f = 1$ kHz，取样电阻 $R = \underline{\qquad}$ Ω，信号源内阻 $r = 6.0$ Ω，$L = 0.10$ H. 实验数据记录在表 7-7-6 和 7-7-7 中，要求对相对振幅进行修正并对实验误差进行分析.

表 7-7-6

| $i$ | 1 | 3 | 5 |
|---|---|---|---|
| 谐振频率 $f_i$ | 1 kHz | 3 kHz | 5 kHz |
| $C_i$ 理论值 /$\mu$F | 0.253 0 | 0.028 0 | 0.010 1 |
| $C_i$ 实验值 /$\mu$F | | | |
| 相对振幅理论值 /cm | 6 | 2 | 1.2 |
| 相对振幅测量值 /cm | | | |

表 7-7-7

| $i$ | 1 | — | 3 | — | 5 |
|---|---|---|---|---|---|
| 谐振时电容值 $C_i/\mu F$ | | $C_1$ 和 $C_3$ 之间 | | $C_3$ 和 $C_5$ 之间 | |
| 谐振频率 /kHz | 1 | 无谐振 | 3 | 无谐振 | 5 |
| 相对振幅 /cm | — | — | — | — | — |
| 李萨如图形 | \ | — | N | — | ∿∿ |
| 与参考正弦波相位差 | $\pi$ | — | $\pi$ | — | $\pi$ |

2. 方波的合成.

在坐标纸上画出合成后的近似方波的波形图(画两个周期).

【实验后思考题】

1. 通过增加 $RLC$ 串联谐振电路中电阻 $R$ 的值,使 $Q$ 值减小,观察电路的选频效果,从中理解 $Q$ 值的物理意义.

2. 良导体的趋肤效应是怎样产生的? 如何测量不同使用频率时电感的损耗电阻?

3. 如何校正傅里叶分解中各阶谐波振幅测量值的系统误差?

4. 证明方波的振幅与它的基波振幅之比为 $1:\dfrac{4}{\pi}$.

# 7.8 $RLC$ 电路的特性研究

电容、电感元件在交流电路中的阻抗是随着电源频率的改变而变化的. 将正弦交流电压加载到电阻、电容和电感组成的电路中时,各元件上的电压及相位会随着时间变化,这称为 $RLC$ 电路的稳态特性;将一个阶跃电压加载到电阻、电容和电感组成的电路中时,电路的状态会从一个平衡态转变为另一个平衡态,同时各元件上的电压也会呈现出有规律的变化,这称为 $RLC$ 电路的暂态特性. 本实验将研究 $RLC$ 电路的这些变化特征.

【实验目的】

1. 观测 $RC$ 和 $RL$ 串联电路的幅频特性和相频特性.

2. 了解 $RLC$ 串联、并联电路的幅频特性和相频特性.

3. 观察和研究 $RLC$ 电路的串联谐振和并联谐振现象.

4. 观察 $RC$ 和 $RL$ 串联电路的暂态过程,理解时间常量 $\tau$ 的意义.

5. 观察 $RLC$ 串联电路的暂态过程及其阻尼振荡规律.

6. 了解和熟悉半波整流和桥式整流电路以及 $RC$ 低通滤波电路的特性.

【预习思考题】

1. 什么是 $RLC$ 电路的稳态特性和暂态特性?

2. 什么是 $RC$ 和 $RL$ 串联电路的幅频特性和相频特性?

3. $RLC$ 谐振电路中 $Q$ 值的物理意义是什么?

4. 根据 $RLC$ 串联谐振的特点,在实验中如何判断电路达到了谐振?

5. 为什么串联谐振称为电压谐振,并联谐振称为电流谐振?

6. 理解时间常量 $\tau$ 的物理意义,写出 $RL$ 和 $RC$ 串联电路中 $\tau$ 的表示式.

**【实验原理】**

**1.RLC 电路的稳态特性**

把简谐交流电压加载到由电阻、电感和电容组成的电路上,电路中的电流和各元件两端的电压将随电源频率的变化而变化,这称为 RLC 电路的幅频特性;而且总电压和电流之间的相位差也随电源频率的变化而变化,这称为 RLC 电路的相频特性.

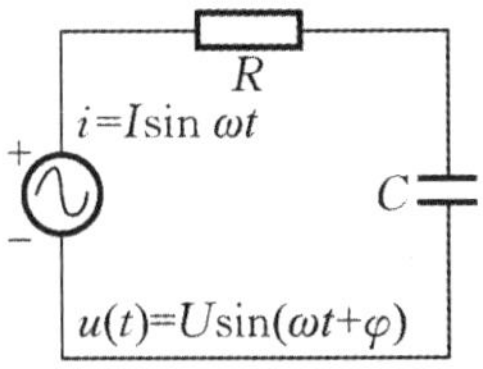

(1) RC 串联电路的稳态特性.

① RC 串联电路的幅频特性和相频特性.

在图 7-8-1 所示的 RC 串联电路中,电阻 $R$、电容 $C$ 两端的电压 $U_R$,$U_C$ 以及电路中的电流 $I$ 与交流电源输出的电压 $U$ 满足以下关系式:

**图 7-8-1 RC 串联电路**

$$I = \frac{U}{\sqrt{R^2 + \left(\frac{1}{\omega C}\right)^2}}, \quad U_R = IR = \frac{UR}{\sqrt{R^2 + \left(\frac{1}{\omega C}\right)^2}}, \quad U_C = \frac{I}{\omega C} = \frac{U}{\sqrt{(\omega RC)^2 + 1}}.$$

上式表明,当交流电源的角频率 $\omega$ 增加时,$I$ 和 $U_R$ 增加,而 $U_C$ 减小.如果用 $\varphi$ 来表示电路中电流和电源电压的相位差,则有

$$\varphi = -\arctan \frac{1}{\omega RC}.$$

$U_R$,$U_C$ 与角频率 $\omega$ 的关系,即 RC 串联电路的幅频特性如图 7-8-2(a) 所示.$\varphi$ 与角频率 $\omega$ 的关系,即 RC 串联电路的相频特性如图 7-8-2(b) 所示,由图可知,当 $\omega \to 0$ 时,$\varphi \to -\frac{\pi}{2}$;当 $\omega \to \infty$ 时,$\varphi \to 0$.

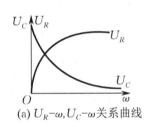
(a) $U_R$-$\omega$,$U_C$-$\omega$ 关系曲线

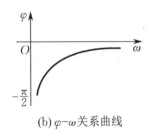
(b) $\varphi$-$\omega$ 关系曲线

**图 7-8-2 RC 串联电路的幅频特性和相频特性**

② RC 低通滤波电路.

RC 低通滤波电路如图 7-8-3 所示,图中 $u_i$ 为输入电压,$u_o$ 为输出电压,两者的比

$$\frac{u_o}{u_i} = \frac{1}{1 + j\omega RC}$$

为一复数(j 为虚数单位),其模 $\left|\frac{u_o}{u_i}\right| = \frac{1}{\sqrt{1 + (\omega RC)^2}}$.

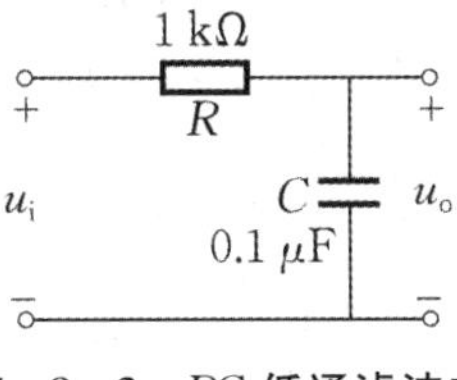

**图 7-8-3 RC 低通滤波电路**

令 $\omega_0 = \dfrac{1}{RC}$，则有

$$\left|\frac{u_o}{u_i}\right| = \begin{cases} 1, & \omega = 0, \\ \dfrac{\sqrt{2}}{2}, & \omega = \omega_0, \\ 0, & \omega \to \infty. \end{cases}$$

由此可知，$\left|\dfrac{u_o}{u_i}\right|$ 随 $\omega$ 的变化而变化，当 $\omega < \omega_0$ 时，$\left|\dfrac{u_o}{u_i}\right|$ 变化较小；当 $\omega > \omega_0$ 时，$\left|\dfrac{u_o}{u_i}\right|$ 明显下降，这就是低通滤波电路的工作原理，即低通滤波电路使频率较低的信号容易通过，而频率较高的信号则不易通过.

③ $RC$ 高通滤波电路.

$RC$ 高通滤波电路如图 7-8-4 所示，此电路中输出电压和输入电压之比的模

$$\left|\frac{u_o}{u_i}\right| = \frac{1}{\sqrt{1 + \left(\dfrac{1}{\omega RC}\right)^2}}.$$

同样，令 $\omega_0 = \dfrac{1}{RC}$，则有

$$\left|\frac{u_o}{u_i}\right| = \begin{cases} 0, & \omega = 0, \\ \dfrac{\sqrt{2}}{2}, & \omega = \omega_0, \\ 1, & \omega \to \infty. \end{cases}$$

高通滤波电路的滤波特性与低通滤波电路的正好相反，频率较低的信号不易通过，而频率较高的信号则容易通过.

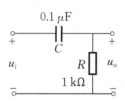

图 7-8-4　$RC$ 高通滤波电路

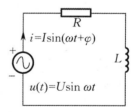

图 7-8-5　$RL$ 串联电路

(2) $RL$ 串联电路的稳态特性.

在图 7-8-5 所示的 $RL$ 串联电路中，电阻 $R$、电感 $L$ 两端的电压 $U_R$，$U_L$ 以及电路中的电流 $I$ 与交流电源输出的电压 $U$ 满足以下关系式：

$$I = \frac{U}{\sqrt{R^2 + (\omega L)^2}}, \quad U_R = IR = \frac{UR}{\sqrt{R^2 + (\omega L)^2}}, \quad U_L = I\omega L = \frac{U}{\sqrt{\left(\dfrac{R}{\omega L}\right)^2 + 1}}.$$

上式表明，$RL$ 串联电路的幅频特性（见图 7-8-6(a)）与 $RC$ 串联电路的相反，当交流电源的角频率 $\omega$ 增加时，$I$ 和 $U_R$ 减小，$U_L$ 则增大. 如果用 $\varphi$ 来表示电路中电流和电源电压的相位差，则有

$$\varphi = \arctan \frac{\omega L}{R}.$$

$\varphi$ 与 $\omega$ 的关系，即 $RL$ 串联电路的相频特性如图 7-8-6(b) 所示，由图可知，当 $\omega \to 0$ 时，$\varphi \to 0$；当 $\omega \to \infty$ 时，$\varphi \to \dfrac{\pi}{2}$.

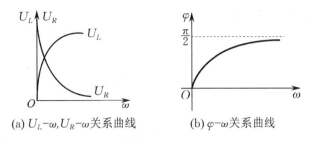

(a) $U_L$-$\omega$, $U_R$-$\omega$ 关系曲线　　(b) $\varphi$-$\omega$ 关系曲线

**图 7 - 8 - 6　RL 串联电路的幅频特性和相频特性**

（3）RLC 串联电路的稳态特性.

在电路中如果同时存在电感和电容元件,那么在一定条件下会存在某种特殊状态,能量会在电容和电感元件中产生交换,我们称之为谐振现象.

在如图 7 - 8 - 7 所示电路中,电路的总阻抗 $|Z|$、交流电源输出的电压 $U$、电路中的电流 $I$ 以及电流和电源电压的相位差 $\varphi$ 满足以下关系式：

$$|Z| = \sqrt{R^2 + \left(\omega L - \frac{1}{\omega C}\right)^2}, \quad I = \frac{U}{\sqrt{R^2 + \left(\omega L - \frac{1}{\omega C}\right)^2}}, \quad \varphi = \arctan \frac{\omega L - \frac{1}{\omega C}}{R},$$

式中 $\omega$ 为交流电源的角频率. 可见,以上各物理量均与 $\omega$ 有关,它们与交流电源信号频率 $f(\omega = 2\pi f)$ 的关系称为频响特性,如图 7 - 8 - 8 所示.

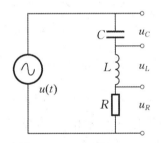

**图 7 - 8 - 7　RLC 串联电路**

由图 7 - 8 - 8 可知,在频率 $f_0 = \frac{1}{2\pi \sqrt{LC}}$ 处,串联电路的总阻抗最小,此时整个电路呈纯电阻性,电流 $I$ 达到最大值,我们称 $f_0$ 为 RLC 串联电路的谐振频率（对应的 $\omega_0$ 称为谐振角频率）. 如图 7 - 8 - 8(b) 所示,在 $f_1 < f_0 < f_2$ 的频率范围内 $I$ 值较大,我们称为通频带.

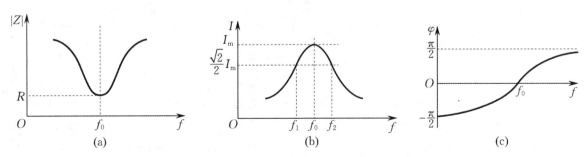

(a)　　　　　　　　(b)　　　　　　　　(c)

**图 7 - 8 - 8　RLC 串联电路的阻抗、幅频和相频特性**

下面介绍 RLC 串联电路中另一个重要的参数 —— 品质因数 $Q$.

当 $\omega L = \frac{1}{\omega C}$ 时,

$$|Z| = R, \quad \varphi = 0, \quad I = I_m = \frac{U}{R}, \quad \omega = \omega_0 = \frac{1}{\sqrt{LC}}, \quad f = f_0 = \frac{1}{2\pi\sqrt{LC}}.$$

这时电感上的电压

$$U_L = I_m|Z_L| = \frac{\omega_0 L}{R}U. \tag{7-8-1}$$

电容上的电压

$$U_C = I_m|Z_C| = \frac{1}{R\omega_0 C}U. \tag{7-8-2}$$

$U_C$ 或 $U_L$ 与 $U$ 的比值称为 $RLC$ 串联电路的品质因数 $Q$. 由式(7-8-1)和(7-8-2)可得

$$Q = \frac{U_L}{U} = \frac{U_C}{U} = \frac{\omega_0 L}{R} = \frac{1}{R\omega_0 C}. \tag{7-8-3}$$

在图 7-8-8(b)中,当 $f = f_1$ 或 $f = f_2$ 时,$I = \frac{\sqrt{2}}{2}I_m$,可以证明通频带宽度 $\Delta f = f_2 - f_1 = \frac{f_0}{Q}$,

即 $Q = \frac{f_0}{\Delta f}$.

（4）$RLC$ 并联电路的稳态特性.

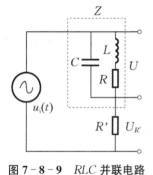

图 7-8-9　$RLC$ 并联电路

在图 7-8-9 所示的电路中,$R,L,C$ 并联的阻抗为

$$|Z| = \sqrt{\frac{R^2 + (\omega L)^2}{(1 - \omega^2 LC)^2 + (\omega CR)^2}},$$

此部分并联电路中电流和电压的相位差为

$$\varphi = \arctan\frac{\omega L - \omega C(R^2 + \omega^2 L^2)}{R}.$$

可以求得并联谐振角频率为

$$\omega_p = 2\pi f_p = \sqrt{\frac{1}{LC} - \left(\frac{R}{L}\right)^2} = \omega_0\sqrt{1 - \frac{1}{Q^2}}.$$

由此可见,并联谐振频率 $f_p$ 与串联谐振频率 $f_0$ 不相等(当 $Q$ 值很大时才近似相等). 图 7-8-10 给出了 $RLC$ 并联电路的阻抗、幅频和相频特性. 和 $RLC$ 串联电路类似,$RLC$ 并联电路的品质因数

$$Q = \frac{\omega_0 L}{R} = \frac{1}{R\omega_0 C}.$$

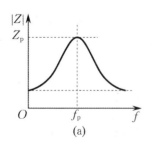
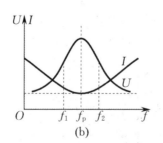
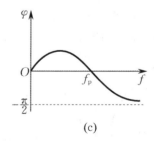

图 7-8-10　$RLC$ 并联电路的阻抗、幅频和相频特性

由以上分析可知,$RLC$ 串联、并联电路对交流信号具有选频特性,在谐振频率点附近,电路有较大的信号输出,正是 $RLC$ 电路的这一特性使得它在通信领域的高频电路中得到了非常广泛的应用.

**2. $RLC$ 电路的暂态特性**

接有 $L,C$ 元件的电路在接通或断开电源时,由于能量不能发生突变,电路将从一个稳态变成另一个稳态,这个中间过程叫过渡过程,也叫暂态过程.

（1）RC 串联电路的暂态特性.

在图 7-8-11 所示的 RC 串联电路中,当开关 K 打向"1"时,设电容器 C 的极板上所带电量为 0,则电源 E 通过电阻 R 对 C 充电;充电完成后,把 K 打向"2",电容器 C 通过 R 放电. 在这一充放电过程中,充电方程为

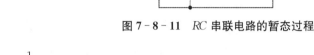

图 7-8-11 RC 串联电路的暂态过程

$$\frac{\mathrm{d}u_C}{\mathrm{d}t} + \frac{1}{RC}u_C = \frac{E}{RC};$$

放电方程为

$$\frac{\mathrm{d}u_C}{\mathrm{d}t} + \frac{1}{RC}u_C = 0.$$

可求得充电过程时,

$$u_C = E(1 - \mathrm{e}^{-\frac{t}{RC}}), \quad u_R = E\mathrm{e}^{-\frac{t}{RC}}, \quad i = \frac{E}{R}\mathrm{e}^{-\frac{t}{RC}};$$

放电过程时,

$$u_C = E\mathrm{e}^{-\frac{t}{RC}}, \quad u_R = -E\mathrm{e}^{-\frac{t}{RC}}, \quad i = -\frac{E}{R}\mathrm{e}^{-\frac{t}{RC}}.$$

由上述公式可知,$u_C$,$u_R$ 和电路中的电流 $i$ 均按指数规律变化. 令 $\tau = RC$,$\tau$ 称为 RC 串联电路的时间常量. $\tau$ 值越大,则 $u_C$ 变化越慢,即电容的充电或放电越慢. 图 7-8-12 给出了不同 $\tau$ 值的 $u_C$ 变化情况,其中 $\tau_1 < \tau_2 < \tau_3$.

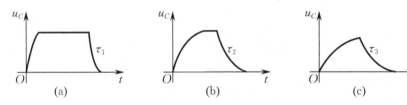

图 7-8-12 不同 $\tau$ 值的 $u_C$ 的变化示意图

（2）RL 串联电路的暂态特性.

在图 7-8-13 所示的 RL 串联电路中,当 K 打向"1"时,电感中的电流不能突变;当 K 打向"2"时,电流也不能突变为 0,这两个过程中电路中的电流均有相应的变化过程. 类似于 RC 串联电路,RL 串联电路的电流、电压方程分别为

电流增长过程:

$$\begin{cases} u_L = E\mathrm{e}^{-\frac{R}{L}t}, \\ u_R = E(1 - \mathrm{e}^{-\frac{R}{L}t}); \end{cases}$$

电流衰减过程:

$$\begin{cases} u_L = -E\mathrm{e}^{-\frac{R}{L}t}, \\ u_R = E\mathrm{e}^{-\frac{R}{L}t}. \end{cases}$$

对 RL 串联电路,其时间常量 $\tau = \dfrac{L}{R}$.

（3）RLC 串联电路的暂态特性.

在图 7-8-14 所示的 RLC 串联电路中,先将 K 打向"1",待稳定后再将 K 打向"2",这称为 RLC 串联电路的放电过程,这时的电路方程为

$$LC \frac{\mathrm{d}^2 u_C}{\mathrm{d}t^2} + RC \frac{\mathrm{d}u_C}{\mathrm{d}t} + u_C = 0.$$

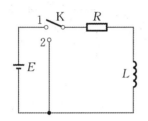

图 7 - 8 - 13   RL 串联电路的暂态过程                   图 7 - 8 - 14   RLC 串联电路的暂态过程

此方程的初始条件为 $t = 0$ 时，$u_C = E$，$\dfrac{\mathrm{d}U_C}{\mathrm{d}t} = 0$. 上述微分方程的解一般按 $R$ 值的大小可分为以下三种情况：

① $R < 2\sqrt{\dfrac{L}{C}}$ 时，称为欠阻尼状态，此时

$$u_C = \sqrt{\frac{4L}{4L - R^2 C}} E \mathrm{e}^{-\frac{t}{\tau}} \cos(\omega t + \varphi),$$

式中 $\tau = \dfrac{2L}{R}$，$\omega = \dfrac{1}{\sqrt{LC}} \sqrt{1 - \dfrac{R^2 C}{4L}}$.

② $R > 2\sqrt{\dfrac{L}{C}}$ 时，称为过阻尼状态，此时

$$u_C = \sqrt{\frac{4L}{R^2 C - 4L}} E \mathrm{e}^{-\frac{t}{\tau}} \mathrm{sh}(\omega t + \varphi),$$

式中 $\tau = \dfrac{2L}{R}$，$\omega = \dfrac{1}{\sqrt{LC}} \sqrt{\dfrac{R^2 C}{4L} - 1}$.

③ $R = 2\sqrt{\dfrac{L}{C}}$ 时，称为临界阻尼状态，此时

$$u_C = \left(1 + \frac{t}{\tau}\right) E \mathrm{e}^{-\frac{t}{\tau}},$$

式中 $\tau = \dfrac{2L}{R}$.

图 7 - 8 - 15 所示为这三种情况下的 $u_C$ 变化曲线，图中曲线 1 为欠阻尼，曲线 2 为过阻尼，曲线 3 为临界阻尼.

当 $R \ll 2\sqrt{\dfrac{L}{C}}$ 时，曲线 1 的振幅衰减很慢，能量的损耗较小，能量能够在 $L$ 与 $C$ 之间不断交换，此时电路的状态近似为 $LC$ 串联电路的自由振荡，这时 $\omega \approx \dfrac{1}{\sqrt{LC}} = \omega_0$，而 $\omega_0$ 是 $R = 0$ 时 $LC$ 串联电路的固有频率.

对于充电过程，与放电过程类似，只是初始条件和最后的平衡位置不同. 图 7 - 8 - 16 给出了充电时不同阻尼状态下 $u_C$ 变化曲线图.

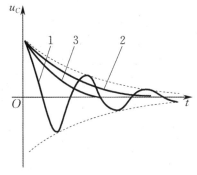

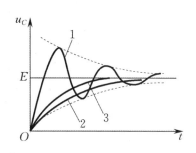

图 7-8-15　放电时的 $u_C$ 曲线示意图　　　图 7-8-16　充电时的 $u_C$ 曲线示意图

### 3. 整流滤波电路

常见的整流电路有半波整流、全波整流和桥式整流电路等. 这里介绍半波整流电路和桥式整流电路.

(1) 半波整流电路.

如图 7-8-17 所示为半波整流电路, 交流电压经二极管 D 后, 由于二极管的单向导电性, 只有信号的正半周 D 能够导通, 并在 $R$ 上形成电压降; 负半周 D 截止. 电容 $C$ 并联于 $R$ 两端, 起滤波作用. 在 D 导通期间, 电容 $C$ 充电; D 截止期间, 电容 $C$ 放电. 用示波器可以观察 $C$ 接入和不接入电路以及 $R$ 值、$C$ 值、电源频率不同时输出波形的差别.

(2) 桥式整流电路.

如图 7-8-18 所示为桥式整流电路, 在交流信号的正半周 $D_2$, $D_3$ 导通, $D_1$, $D_4$ 截止; 负半周 $D_1$, $D_4$ 导通, $D_2$, $D_3$ 截止, 所以电阻 $R$ 上的电压降始终为上"+"下"－". 与半波整流相比, 信号的整个周期都被有效地利用起来了, 从而减小了输出电压的脉动性. 在桥式整流电路中, 电容 $C$ 同样起到了滤波的作用. 用示波器可以比较桥式整流与半波整流的波形区别.

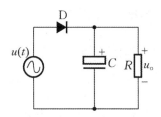

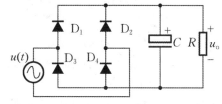

图 7-8-17　半波整流电路　　　　　图 7-8-18　桥式整流电路

【实验仪器】

FB318 型 $RLC$ 电路实验仪、双踪示波器、数字存储示波器(选用).

FB318 型 $RLC$ 电路实验仪采用开放式设计, 由学生自己连线来完成 $RC$, $RL$, $RLC$ 电路的稳态和暂态特性的研究, 从而掌握一阶电路、二阶电路的正弦波和阶跃波的响应特性, 并理解积分电路、微分电路和整流电路的工作原理.

仪器由功率信号发生器、频率计、电阻箱、电感箱、电容箱和整流滤波电路等组成, 如图 7-8-19 所示.

仪器主要技术参数:

① 供电: 单相 220 V, 50 Hz.

② 工作温度范围: 5 ～ 35 ℃, 相对湿度: 25% ～ 85%.

③ 信号源: 正弦波分 50 Hz ～ 1 kHz, 1 kHz ～ 10 kHz, 10 kHz ～ 100 kHz 三个波段; 方波为 50 Hz ～ 1 kHz, 信号幅度均为 0 ～ 8 V 可调, 直流 2 ～ 8 V 可调.

④ 频率计工作范围: 0 ～ 99.999 kHz, 5 位数显, 分辨率为 1 Hz.

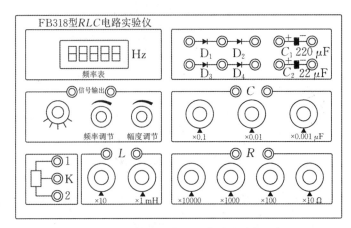

**图 7-8-19  FB318 型 RLC 电路实验仪面板图**

⑤ 十进制电阻箱：$10 \times (10\,000 + 1\,000 + 100 + 10)\Omega$，精度为 $0.5\%$.

⑥ 十进制电感箱：$10 \times (10 + 1)\text{mH}$，精度为 $2\%$.

⑦ 十进制电容箱：$10 \times (0.1 + 0.01 + 0.001)\mu\text{F}$，精度为 $1\%$.

⑧ 仪器外形尺寸：$400\,\text{mm} \times 250\,\text{mm} \times 120\,\text{mm}$.

**【实验内容与步骤】**

观测 $RC$，$RL$，$RLC$ 电路的稳态特性时采用正弦波. 观测 $RLC$ 电路的暂态特性时可采用直流电源和方波信号. 用方波作为测试信号时，可用普通示波器进行观测；以直流信号做实验时，需要用数字存储示波器才能较好地进行观测.

1. 观测 $RC$ 串联电路的稳态特性.

（1）观测 $RC$ 串联电路的幅频特性.

选择正弦波信号，保持其输出幅度不变，分别用示波器测量不同频率时的 $U_R$，$U_C$，可取 $C = 0.1\,\mu\text{F}$，$R = 1\,000\,\Omega$，也可根据实际情况自选 $R$ 和 $C$ 的参数.

用双踪示波器观测时可用一个通道监测信号源电压，另一个通道分别测 $U_R$，$U_C$，但需注意两个通道的接地点应位于线路的同一点，否则会引起部分电路短路.

（2）观测 $RC$ 串联电路的相频特性.

将信号源输出电压和电阻 $R$ 两端的电压分别接至示波器的两个通道，可取 $C = 0.1\,\mu\text{F}$，$R = 1\,000\,\Omega$（也可自选）. 从低到高调节信号源频率，观察示波器上两个波形的相位变化情况，先用李萨如图形法观测，并记录不同频率时的相位差.

2. 观测 $RL$ 串联电路的稳态特性.

$RL$ 串联电路的幅频特性和相频特性的测量与 $RC$ 串联电路类似，可选 $L = 10\,\text{mH}$，$R = 1\,000\,\Omega$，也可自行确定.

3. 观测 $RLC$ 串联电路的稳态特性.

自选合适的 $L$ 值、$C$ 值和 $R$ 值，用示波器的两个通道测信号源电压 $U$ 和电阻电压 $U_R$，同时必须注意两个通道的公共线必须接在电路中的同一点上，否则会造成短路.

（1）观测 $RLC$ 串联电路的幅频特性.

保持信号源电压幅值不变（可取 $U_{pp} = 5\,\text{V}$），根据所选的 $L$，$C$ 值，估算谐振频率，以选择合适的正弦波频率范围. 从低到高调节信号源频率，$U_R$ 最大时对应的频率即为谐振频率，记录不同频率下 $U_R$ 的大小.

（2）观测 $RLC$ 串联电路相频特性.

用示波器的双通道观测电路中电流和信号源电压的相位差,观测在不同频率下的相位变化,记录下对应频率的相位差值.

4. 观测 RLC 并联电路的稳态特性.

按图 7-8-9 进行连线,注意图中 R 实际为电感的内阻,不同的电感 R 的值不同,可用直流电阻表测量.选取 $L = 10\,\text{mH}, C = 0.1\,\mu\text{F}, R' = 10\,\text{k}\Omega$,也可自行设计选定.注意 R' 的取值不能过小,否则会由于电路中的总电流变化大而影响 $U_{R'}$ 的大小.

(1) 观测 RLC 并联电路的幅频特性时需保持信号源的幅值不变(可取 $U_{pp} = 2 \sim 5\,\text{V}$).改变信号源的频率,用示波器测量 U 和 $U_{R'}$ 的变化情况.注意示波器的公共端接线,以免造成电路短路.

(2) 观测 RLC 并联电路的相频特性.

用示波器的两个通道进行观测,测量 U 和 $U_{R'}$ 的相位变化情况.自行确定电路参数.

5. 观测 RC 串联电路的暂态特性.

如果选择的信号源为直流电压,观察单次充电过程时需要用到数字存储示波器.本实验中我们选择方波作为信号源进行实验,以便用普通示波器进行观测.由于采用了功率信号输出,实验中应防止短路.

(1) 选择合适的 R 和 C 值,根据时间常量 $\tau$,选择合适的方波频率,一般要求方波的周期 $T > 10\tau$,这样能较完整地反映暂态过程,并且选用合适的示波器扫描速率,以完整地显示暂态过程.

(2) 改变 R 值或 C 值,观测 $u_R$ 或 $u_C$ 的变化规律,记录下不同 R,C 值时的波形情况,并分别测量时间常量 $\tau$.

(3) 改变方波频率,观察输出波形的变化情况,分析相同的 $\tau$ 值在不同频率时的波形变化情况.

6. 观测 RL 电路的暂态过程.

选取合适的 L 与 R 值,注意 R 的取值不能过小,因为 L 存在内阻.如果波形有失真、自激现象,则应重新调整 L 值与 R 值进行实验,方法与观测 RC 串联电路的暂态特性实验类似.

7. 观测 RLC 串联电路的暂态特性.

(1) 选择合适的 L 和 C 值,根据选定参数,调节 R 的大小,观察三种阻尼振荡的波形.如果欠阻尼时振荡的周期数较少,则应重新调整 L 和 C 的值.

(2) 用示波器测量欠阻尼时的振荡周期 T 和时间常量 $\tau$.$\tau$ 值反映了振荡幅度的衰减速度,从最大幅度衰减到 0.368 倍的最大幅度处的时间即为 $\tau$ 值.

8. 观测整流滤波电路的特性(选做).

(1) 观测半波整流电路的特性.

按图 7-8-17 所示接线,选择正弦波信号作为电源信号.先不接入滤波电容,观察 u 与 $u_o$ 的波形.再接入不同大小的 C,观察 $u_o$ 波形的变化情况.

(2) 观测桥式整流电路的特性.

按图 7-8-18 所示接线,先不接入滤波电容,观察 $u_o$ 的波形,再接入不同大小的 C,观察 $u_o$ 波形的变化情况,并与半波整流电路比较.

【注意事项】

1. 仪器使用前应预热 $10 \sim 15\,\text{min}$,并避免周围有强磁场源或磁性物质.

2. 仪器采用开放式设计,使用时要正确接线,不得短路功率信号源,以防损坏.使用完毕应关闭电源.

3. 仪器使用和存放时应注意清洁,避免腐蚀和阳光暴晒.

【数据表格及数据处理要求】

1. 根据测量结果作 RC 串联电路的幅频特性和相频特性图.

2. 根据测量结果作 RL 串联电路的幅频特性和相频特性图.

3. 分析 $RC$ 低通滤波电路和 $RC$ 高通滤波电路的频率特性.

4. 根据测量结果作 $RLC$ 串联电路、$RLC$ 并联电路的幅频特性和相频特性图并计算电路的 $Q$ 值.

5. 根据不同的 $R$ 值、$C$ 值和 $L$ 值,分别画出 $RC$ 电路和 $RL$ 电路的暂态响应曲线并分析它们之间的区别.

6. 根据不同的 $R$ 值画出 $RLC$ 串联电路的暂态响应曲线,分析 $R$ 值大小对充放电的影响.

7. 根据示波器的波形画出半波整流电路和桥式整流电路的输出电压波形,并讨论滤波电容数值大小对输出电压波形的影响.

【实验后思考题】

1. 在 $RC$ 串联电路中为何测量 $U_C$ 的幅频特性?

2. 测量相频特性时是否要保持电源输出电压幅值不变?

3. 实验测量的 $RC$ 串联电路的 $\tau$ 值与理论计算值比较是否有误差,原因是什么?

4. 在比较两正弦信号的相位差时,它们的零电势线是否要一致?

5. 如何利用幅频特性曲线求 $RLC$ 串联电路的品质因数?

6. 在研究 $RC$ 串联电路的暂态过程时,如何利用记录的波形测量 $RC$ 串联电路的时间常量?

7. 在研究 $RC$ 串联电路的稳态过程时,$U_C$ 与 $U_R$ 的幅频特性随 $\omega$ 的变化为何正好相反?

# 第 3 部分
## 综合实验

3

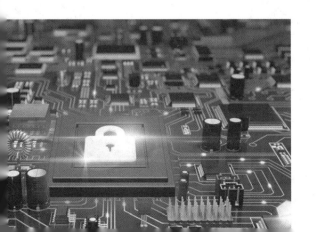
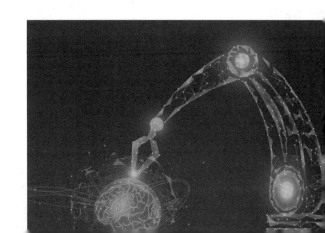

# 第8章
## 综合物理实验

## 8.1 巨磁电阻实验

巨磁电阻(giant magnetoresistance,GMR)效应是一种量子力学和凝聚态物理学现象,是磁阻效应中的一种,这种效应可以在磁性材料和非磁性材料相间的薄膜层(几个纳米厚)结构中观察到.巨磁电阻就是电阻值对磁场变化十分敏感的一种电阻材料.

2007年诺贝尔物理学奖授予巨磁电阻效应的发现者:法国物理学家费尔和德国物理学家格伦贝格.诺贝尔奖委员会说明:"这是一次因好奇心带来的发现,但其随后的应用却是革命性的,因为它使计算机硬盘的容量从几百、几千兆,一跃而提高几百倍,达到几百G乃至上千G."

【实验目的】

1. 了解GMR效应的原理.
2. 学会测量GMR模拟传感器的磁电转换特性曲线.
3. 学会测量GMR模拟传感器的磁阻特性曲线.
4. 学会测量GMR开关(数字)传感器的磁电转换特性曲线.
5. 学会用GMR模拟传感器测量电流.
6. 学会用GMR梯度传感器测量齿轮的角位移,了解GMR梯度传感器的原理.
7. 通过实验了解磁信息记录与读取的原理.

【预习思考题】

1. 为什么恒流源只能单方向调节,不可回调?
2. 磁读写组件为什么要"读写"交替?

【实验原理】

根据导体导电的微观机理,电子在参与导电时并不是沿电场方向直线前进的,而是不断地和晶格中的原子发生碰撞(又称散射),每次散射后电子都会改变运动方向,因此电子总的运动是电场对电子的定向加速与这种无规则散射运动的叠加.电子在两次散射之间走过的平均路程称为平均自由程.电子在定向漂移过程中被散射的概率越小,则其平均自由程越长,对应导体的电阻率就越低.在电阻定律 $R = \rho \dfrac{l}{S}$ 中,通常把电阻率 $\rho$ 视为与材料的几何尺寸无关的常数,这是因为通常材料的几何尺寸远大于电子的平均自由程(如金属铜中电子的平均自由程约为34 nm),可以忽略边界效应.当材料的几何尺寸小到纳米量级,只有几个原子的厚度时(铜原子的直径约为0.3 nm),电子在边界上发生散射的概率大大增加,这时可以明显观察到厚度减小,电阻率增加的现象.

电子除携带电荷外,还具有自旋特性,自旋磁矩有平行或反平行于外磁场两种可能取向.在过渡金属中,自旋磁矩与材料的磁场方向平行的电子发生散射的概率远小于自旋磁矩与材料的磁场方向反平行的电子.总电流是两类自旋电流之和;总电阻是两类自旋电流的并联电阻,这就是所谓的两电流模型.

在图8-1-1所示的多层膜GMR结构中,无外磁场时,上、下两层磁性材料是反平行(反铁磁)耦合的.施加足够强的外磁场后,两层铁磁膜的磁场方向都与外磁场方向一致,外磁场使两层铁磁膜从反平行耦合变成了平行耦合.电流的方向在多数应用中是平行于膜面的.

图8-1-2是采用图8-1-1所示结构的某种GMR材料的磁阻特性曲线.由图8-1-2可见,随着外磁场增大,材料的电阻逐渐减小,其间有一段线性区域.当外磁场已使两铁磁膜的磁场完全平行耦合后,继续加大磁场,电阻不再减小,此时材料进入磁饱和区域,此时磁阻变化率 $\Delta R/R$ 可达百分之十几,加反向磁场时磁阻特性是对称的.注意到图8-1-2中的曲线有两条,分别对应增大和减小磁场时的磁阻特性,这是因为铁磁材料都具有磁滞特性.

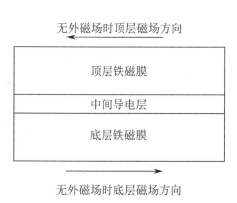

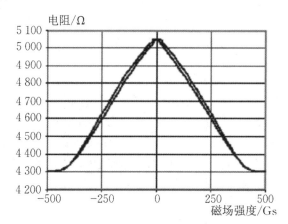

图8-1-1　多层膜GMR结构图　　　　图8-1-2　某种GMR材料的磁阻特性

有两类与自旋相关的散射对巨磁电阻效应有贡献.

其一是界面上的散射.无外磁场时,上、下两层铁磁膜的磁场方向相反,无论电子的初始自旋状态如何,从一层铁磁膜进入另一层铁磁膜时都面临状态改变(平行 → 反平行,或反平行 → 平行),电子在界面上的散射概率很大,对应于高电阻状态.有外磁场时,上、下两层铁磁膜的磁场方向一致,电子在界面上的散射概率很小,对应于低电阻状态.

其二是铁磁膜内的散射.即使电流方向平行于膜面,由于无规则散射,电子也有一定的概率在上、下两层铁磁膜之间穿行.无外磁场时,上、下两层铁磁膜的磁场方向相反,无论电子的初始自旋状态如何,在穿行过程中都会经历散射概率小(平行)和散射概率大(反平行)两种过程,此时两类自旋电流的并联电阻类似于两个中等阻值电阻并联,对应于高电阻状态.有外磁场时,上、下两层铁磁膜的磁场方向一致,自旋平行的电子散射概率小,自旋反平行的电子散射概率大,此时两类自旋电流的并联电阻类似于一个小电阻与一个大电阻的并联,对应于低电阻状态.

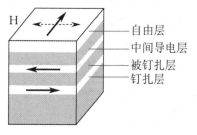

图8-1-3　SV-GMR结构图

多层膜GMR结构简单,工作可靠,磁阻随外磁场线性变化的范围大,在制作GMR模拟传感器时得到了广泛的应用.

在数字记录与读取领域,为进一步提高灵敏度,还发展出了自旋阀结构的GMR,如图8-1-3所示.

自旋阀结构的GMR(spin valve GMR,SV-GMR)由钉扎层、被钉扎层、中间导电层和自由层构成.其中,钉扎层使用反铁磁材料,被钉扎层使用硬铁磁材料,铁磁和反铁磁材料在交换耦合作用下形成一个偏转场,此偏转场将被钉扎层的磁化方向固定,使其不随外磁场改变. 自由层使用软铁磁材料,它的磁化方向易于随外磁场转动. 这样,很弱的外磁场就会改变自由层与被钉扎层磁场的相对取向,对应于很高的灵敏度. 制造时,使自由层的初始磁化方向与被钉扎层垂直,磁记录材料的磁化方向与被钉扎层的方向相同或相反(对应于 0 或 1),当感应到磁记录材料的磁场时,自由层的磁化方向就向与被钉扎层磁化方向相同(低电阻)或相反(高电阻)的方向偏转,通过检测电阻的变化,就可确定记录材料所记录的信息. 硬盘所用的 GMR 磁头就是采用的这种结构.

**【实验仪器】**

**1. ZKY-JCZ 巨磁电阻效应及应用实验仪**

巨磁电阻效应及应用实验仪操作面板如图 8-1-4 所示,面板一共分为三个区域.

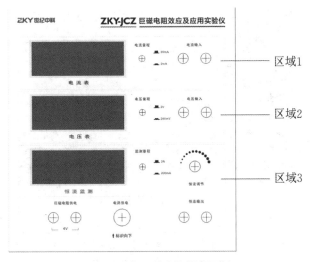

图 8-1-4　实验仪操作面板

① 区域 1——电流表部分:作为一个独立的电流表使用,有 2 mA 挡和 20 mA 挡两个挡位,可通过电流量程切换开关选择合适的电流挡位测量电流.

② 区域 2——电压表部分:作为一个独立的电压表使用,有 2 V 挡和 200 mV 挡两个挡位,可通过电压量程切换开关选择合适的电压挡位测量电压.

③ 区域 3——恒流源部分:可变恒流源.

**2. 基本特性组件**

基本特性组件由 GMR 模拟传感器、螺线管线圈、比较电路及输入输出插孔组成,用以对 GMR 的磁电转换特性和磁阻特性进行测量,如图 8-1-5 所示.

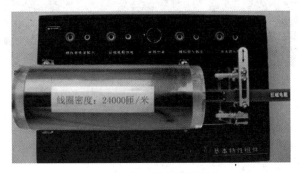

图 8-1-5　基本特性组件

GMR 模拟传感器置于螺线管线圈的中央. 螺线管线圈用于在实验过程中产生大小可计算的磁场,由理论分析可知,无限长直螺线管内部轴线上任一点的磁感应强度为

$$B = \mu_0 nI,$$

式中 $n$ 为线圈密度(轴线方向单位长度上的线圈匝数),$I$ 为流经线圈的电流,$\mu_0$ 为真空中的磁导率. 采用国际单位制时,由上式计算出的磁感应强度单位为 T($1\ T = 10^4\ Gs$).

### 3. 电流测量组件

电流测量组件将导线置于 GMR 模拟传感器近旁,用 GMR 模拟传感器测量导线通过不同大小电流时导线周围的磁场变化,就可确定电流大小. 与一般测量电流需将电流表接入电路相比,这种非接触测量不干扰原电路的工作,具有特殊的优点.

电流测量组件前面板如图 8-1-6 所示.

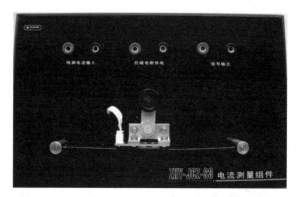

图 8-1-6   电流测量组件

### 4. 角位移测量组件

角位移测量组件是用 GMR 梯度传感器作传感元件,铁磁性齿轮转动时,齿牙干扰了 GMR 梯度传感器上偏置磁场的分布,使 GMR 梯度传感器输出发生变化,每转过一齿,就输出类似正弦波一个周期的波形. 利用该原理可以测量角位移. 汽车上的转速与速度测量仪就是利用该原理制成的.

角位移测量组件前面板如图 8-1-7 所示.

图 8-1-7   角位移测量组件

### 5. 磁读写组件

磁读写组件用于演示磁信息记录与读取的原理. 用磁卡作记录介质,当磁卡通过写磁头时可写入数据;当磁卡通过读磁头时可将写入的数据读取出来.

磁读写组件前面板如图 8-1-8 所示.

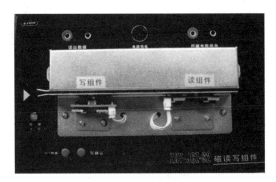

图 8-1-8 磁读写组件

**【实验内容与步骤】**

进入实验室后请仔细阅读仪器使用说明书,选择合适的实验器材,设计实验方案,拟定实验步骤,完成以下实验内容:

1. 测量 GMR 模拟传感器的磁电转换特性曲线.

2. 测量 GMR 模拟传感器的磁阻特性曲线.

3. 测量 GMR 开关(数字)传感器的磁电转换特性曲线.

4. 用 GMR 模拟传感器测量电流.

5. 用 GMR 梯度传感器测量齿轮的角位移,了解 GMR 梯度传感器的工作原理.

**【注意事项】**

1. 由于 GMR 传感器具有磁滞现象,因此,在实验中,恒流源只能单方向调节,不可回调,否则测得的实验数据将不准确.

2. 磁读写组件不能长期处于"写"状态.

3. 实验过程中,实验仪器不得处于强磁场环境中.

**【数据表格及数据处理要求】**

1. 自行设计数据表格,完成前述实验内容,并且分析数据得出结论.

2. 在坐标纸上画出所测的各特性曲线图.

**【实验后思考题】**

1. 巨磁电阻效应产生的根本原因是什么?

2. GMR 的磁阻特性曲线有什么特点?

# 8.2 多普勒效应综合实验

当波源和接收器之间有相对运动时,接收器接收到的波的频率与波源的频率不同的现象称为多普勒效应. 多普勒效应在科学研究、工程技术、交通管理、医疗诊断等各方面都有十分广泛的应用. 例如,原子、分子和离子由于热运动而出现的发射和吸收谱线变宽的现象称为多普勒增宽,在天体物理和受控热核聚变实验装置中,光谱线的多普勒增宽分析已成为一种研究恒星大气及等离子体物理状态的重要测量和诊断手段. 基于多普勒效应原理的雷达系统已广泛用于监测导弹、卫星、车辆等运动目标的速度. 在医学上利用超声波的多普勒效应来检查人体内脏的活动情况、血液的流速等.

电磁波(光波)与声波(超声波)的多普勒效应原理是一致的. 本实验利用超声波的多普勒效应研究物体的运动状态.

**【实验目的】**

1. 测量超声接收器运动速度与接收频率之间的关系,验证多普勒效应,并由 $f\text{-}v$ 关系直线的斜率求声速.

2. 掌握利用多普勒效应测量物体运动速度的方法.

**【预习思考题】**

1. 日常生活中有哪些多普勒效应应用的例子?

2. 我们可以利用多普勒效应测量哪些物理量?

**【实验原理】**

**1. 超声的多普勒效应**

根据声波的多普勒效应公式,当声源与接收器之间有相对运动时,接收器接收到的声波频率为

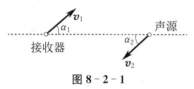

图 8 - 2 - 1

$$f = f_0 \frac{u + v_1 \cos \alpha_1}{u - v_2 \cos \alpha_2}, \qquad (8\text{-}2\text{-}1)$$

式中 $f_0$ 为声源发射频率,$u$ 为声速,$v_1$ 为接收器运动速率,$\alpha_1$ 为声源和接收器连线与接收器运动方向之间的夹角,$v_2$ 为声源运动速率,$\alpha_2$ 为声源和接收器连线与声源运动方向之间的夹角,如图 8 - 2 - 1 所示.

若声源保持不动,运动物体上的接收器沿声源与接收器连线方向以速度 $v$ 运动,则从式(8 - 2 - 1)可得接收器接收到的声波频率应为

$$f = f_0 \left(1 \pm \frac{v}{u}\right), \qquad (8\text{-}2\text{-}2)$$

式中当接收器向着声源运动时,取正号,反之取负号.

若 $f_0$ 保持不变,用光电门测量物体的运动速度,并由仪器对接收器接收到的声波频率自动进行计数,根据式(8 - 2 - 2),作 $f\text{-}v$ 关系图可直观验证多普勒效应,且由实验点作直线,其斜率 $k = f_0/u$,由此可得出声速 $u = f_0/k$.

由式(8 - 2 - 2)可得

$$v = \pm u \left(\frac{f}{f_0} - 1\right). \qquad (8\text{-}2\text{-}3)$$

若已知声速 $u$ 及声源频率 $f_0$,通过一些设置使仪器以设定的时间间隔对接收器接收到的声波频率 $f$ 进行采样计数,然后由微处理器按式(8 - 2 - 3)实时计算出接收器的运动速度,并在显示屏上显示出 $v\text{-}t$ 关系图,即可得到物体在运动过程中的速度变化情况,进而对物体运动状态及规律进行研究.

**2. 超声的红外调制与接收**

早期产品中,接收器接收的超声信号由导线接入实验仪进行处理. 由于超声接收器安装在运动体上,导线的存在对运动状态有一定影响,同样也给使用带来麻烦. 新仪器对接收到的超声信号采用了无线的红外调制—发射—接收方式,即用超声接收器信号对红外波进行调制后发射,固定在运动导轨一端的红外接收器接收红外信号后,再将超声信号解调出来. 由于红外发射和接收的过程中信号是以光速传输,由此引起的多普勒效应可忽略不计. 采用此技术可将实验中运动物体上的导线去掉,进而使得测量更准确,操作更方便. 信号的调制—发射—接收—解调,在信号的无线传输过程中是一种常用的技术.

**【实验仪器】**

ZKY - DPL - 3 多普勒效应综合实验仪.

**1. 仪器面板介绍**

多普勒效应综合实验仪由实验仪、超声发射／接收器、红外发射／接收器、导轨、运动小车、支架、光电门、电磁铁、弹簧、滑轮、砝码及电机控制器等组成. 实验仪内置微处理器,带有液晶显示屏,如

图 8-2-2 所示为实验仪的面板图.

实验仪采用菜单操作,显示屏上显示有菜单及操作提示,实验中可用"▲""▼""◀""▶"键来选择菜单或修改参数,按"确认"键后仪器开始执行所选操作.在"查询"页面中,可查询到实验中已保存的实验数据.操作者只需按每个实验的步骤提示即可完成操作.

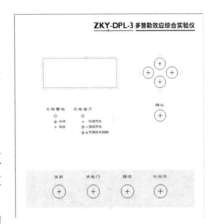

图 8-2-2　实验仪面板图

**2. 仪器面板上两个指示灯状态介绍**

① 失锁警告指示灯亮,表示频率失锁,即接收信号较弱(原因:超声接收器电量不足),此时不能进行实验,需对超声接收器进行充电.

② 失锁警告指示灯灭,表示频率锁定,即接收信号能够满足实验要求,可以进行实验.

③ 充电指示灯灭,表示正在快速充电.

④ 充电指示灯亮绿色,表示正在涓流充电.

⑤ 充电指示灯亮黄色,表示已经充满.

⑥ 充电指示灯亮红色,表示已经充满或充电针未接触.

**3. 电机控制器功能介绍**

(1) 手动控制小车变换 5 种速度.

(2) 手动控制小车启动,并自动控制小车倒回.

(3) 5 只 LED 灯指示当前设定速度,根据指示灯状态可判断当前电机控制器与小车之间出现的故障.表 8-2-1 列出了电机控制器和小车之间的一些常见故障和对应的处理方法.

表 8-2-1　故障现象、原因及处理方法

| 故障现象 | 故障原因 | 处理方法 |
|---|---|---|
| 小车未能启动 | 小车尾部磁钢未处于电机控制器前端磁感应范围内 | 将小车移至电机控制器前端 |
|  | 传送带未绷紧 | 调节电机控制器的位置使传送带绷紧 |
| 小车倒回后撞击电机控制器 | 传送带与滑轮之间有滑动 | 同上 |
| 5 只 LED 灯闪烁 | 电机控制器运转受阻(传送带安装过紧或外力阻碍小车运动),控制器进入保护状态 | 排除外在受阻因素,手动滑动小车到控制器位置,恢复正常使用 |

**【实验内容与步骤】**

进入实验室后请仔细阅读仪器使用说明书(仪器安装连接见图 8-2-3),选择合适的实验器材,设计实验方案,拟定实验步骤,完成以下实验内容:

1. 验证多普勒效应并由测量数据计算声速.

2. 研究自由落体运动,求重力加速度.

3. 研究简谐振动.

4. 研究匀变速直线运动,验证牛顿第二定律.

5. 其他变速运动的测量.

**【注意事项】**

1. 安装时要尽量保证红外接收器、小车上的红外发射器和超声接收器、超声发射器四者在同一轴线上,以保证信号传输良好.

2. 安装时不可挤压连接电缆,以免折断,同时确认橡胶圈套在主动轮上.

3. 务必将自由落体接收器保护盒套于超声发射器上,以免发射器在非正常操作时受到冲击而损坏.

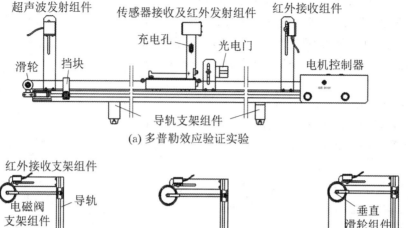

(a) 多普勒效应验证实验

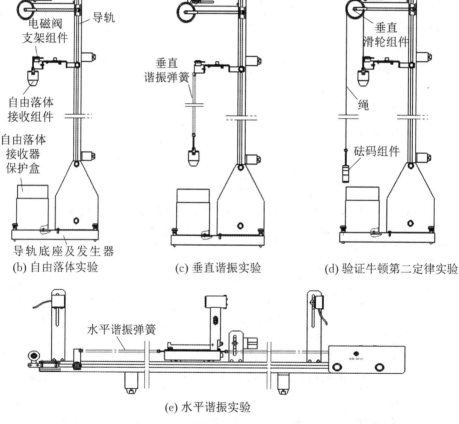

(b) 自由落体实验　　　　(c) 垂直谐振实验　　　　(d) 验证牛顿第二定律实验

(e) 水平谐振实验

图 8-2-3　多普勒效应各实验装置安装示意图

**【数据表格及数据处理要求】**

自行设计数据表格,完成前述实验内容,并且分析数据得出结论.

**【实验后思考题】**

1. 为什么在使用多普勒效应综合实验仪时,首先要求输入室温?如果输入的室温不准确,会影响哪些实验的结果?如何影响?

2. 在研究自由落体运动的实验中,自由落体接收组件下落时,若其运动方向不是严格地沿声源与接收器的连线方向,会造成怎样的结果?

# 8.3 莫尔效应及光栅传感器实验

几百年前,法国人莫尔发现了一种现象:当两层被称作莫尔丝绸的绸子叠在一起时将产生复杂的水波状图案,若薄绸间相对挪动,图案也随之晃动,这种图案当时称为莫尔或者莫尔条纹.一般来说,任何具有一定排列规律的几何图案的叠合,均能形成按新规律分布的莫尔条纹图案.

瑞利首次将莫尔条纹图案作为一种计测手段,即根据条纹的结构形状来评价光栅尺各线纹间的间隔均匀性,从而创立了莫尔计量学.随着时间的推移,莫尔条纹测量技术现已经广泛应用于多种计量和测控中,并在位移测量、数字控制、伺服跟踪、运动比较、应变分析、振动测量以及诸如特形零件、生物体形貌、服装及艺术造型等方面的三维计测中展示了广阔的应用前景.例如广泛使用于精密程控设备中的光栅传感器,可实现优于 $1\ \mu m$ 的线位移和优于 $1''$ 的角位移的测量和控制.

**【实验目的】**

1. 理解莫尔条纹现象的产生机理.

2. 了解光栅传感器的结构.

3. 观察直线光栅、径向圆光栅、切向圆光栅的莫尔条纹并验证其特性.

4. 掌握用直线光栅测量线位移的方法.

5. 掌握用圆光栅测量角位移的方法.

**【预习思考题】**

1. 日常生活中有哪些应用莫尔效应的例子?

2. 我们可以利用莫尔效应测量哪些物理量?

**【实验原理】**

**1. 莫尔条纹现象**

两只光栅以很小的交角相向叠合,在相干或非相干光的照明下,在叠合面上将出现明暗相间的条纹,称为莫尔条纹.莫尔条纹现象是光栅传感器的理论基础,粗光栅和细光栅均可以产生莫尔条纹现象.栅距远大于波长的光栅叫粗光栅,栅距接近波长的光栅叫细光栅.

(1) 直线光栅.

两只光栅常量相同的光栅,当其刻划面相向叠合且在栅线间存在一个很小的交角 $\theta$ 时,由于挡光效应(光栅常量 $d>20\ \mu m$)或光的衍射作用(光栅常量 $d<10\ \mu m$),在与光栅刻线大致垂直的方向上将形成明暗相间的条纹,如图 8-3-1 所示.

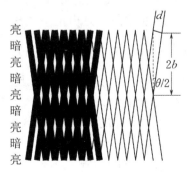

若主光栅与副光栅之间的夹角为 $\theta$,光栅常量为 $d$,由图 8-3-1 中的几何关系可得出相邻莫尔条纹之间的距离为

$$b=\frac{d}{2\sin\frac{\theta}{2}}\approx\frac{d}{\theta},\qquad(8-3-1)$$

式中 $\theta$ 的单位为弧度. 由式(8-3-1)可知,改变光栅夹角 $\theta$,莫尔条纹宽度 $b$ 也将随之改变.

**图 8-3-1 直线光栅莫尔条纹**

直线光栅的莫尔条纹有如下主要特性:

① 同步性:在保持两光栅夹角一定的情况下,使一个光栅固定,另一个光栅沿栅线的垂直方向运动,每移动一个栅距 $d$,莫尔条纹移动一个条纹间距 $b$,若光栅反向运动,则莫尔条纹的移动方向也相反.

② 位移放大作用:当两光栅夹角 $\theta$ 很小时,相当于把栅距 $d$ 放大了 $1/\theta$ 倍,莫尔条纹可以将很小的光栅位移同步放大为莫尔条纹的位移. 例如,当 $\theta = 0.06° = \pi/3\,000$ rad 时,莫尔条纹宽度比光栅栅距大近千倍. 当光栅移动微米量级时,莫尔条纹移动毫米量级,这样就将不便检测的微小位移转换成用光电器件易于测量的莫尔条纹位移. 测得莫尔条纹移动的条纹间距个数 $k$ 就可以得到光栅的位移为 $\Delta L = kd$.

③ 误差减小作用:光电器件获取的莫尔条纹是两光栅重合区域所有光栅线综合作用的结果,即使光栅在刻划过程中存在误差,但由于莫尔条纹对刻划误差有平均作用,因此莫尔条纹在很大程度上可以消除栅距局部误差的影响,这也是光栅传感器准确度高的重要原因.

(2) 径向圆光栅.

径向圆光栅是指大量沿圆周均匀分布且指向圆心的刻线形成的光栅,相邻刻线之间的夹角 $\alpha$ 称为栅距角. 图 8-3-2(a) 所示是径向圆光栅,图 8-3-2(b) 所示是两只栅距角相同($\alpha_1 = \alpha_2 = \alpha$),圆心相距 $2s$ 的径向圆光栅相向叠合产生的莫尔条纹.

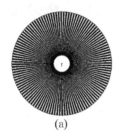 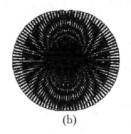

(a)　　　　　　　　　　　(b)

图 8-3-2　径向圆光栅及径向圆光栅莫尔条纹

若两光栅的刻划中心相距 $2s$,在以两光栅中心连线方向为 $x$ 轴方向,两光栅中心连线的中点为原点的直角坐标系中,莫尔条纹满足如下方程:

$$x^2 + \left(y - \frac{s}{\tan k\alpha}\right)^2 = \left(\frac{s\sqrt{\tan^2 k\alpha + 1}}{\tan k\alpha}\right)^2, \tag{8-3-2}$$

式中 $k$ 为自然数,代表莫尔条纹的级次.

径向圆光栅的莫尔条纹有如下特点:

① 当其中一只光栅绕过其圆心的垂直轴转动时,式(8-3-2)所描述的圆族将向外扩张或向内收缩. 圆光栅每转动 1 个栅距角,莫尔条纹向外扩张或向内收缩一个条纹. 用光电器件测得莫尔条纹收缩或扩张的个数 $k$ 就可以得到光栅的角位移为 $\Delta\theta = k\alpha$. 用径向圆光栅测量角位移同样具有减小误差的作用.

② 莫尔条纹是由上下两组不同半径、不同圆心的圆族组成的,其中上半圆族的圆心位置为 $\left(0, \dfrac{s}{\tan k\alpha}\right)$,下半圆族的圆心位置为 $\left(0, -\dfrac{s}{\tan k\alpha}\right)$. 条纹的曲率半径为 $\dfrac{s\sqrt{\tan^2 k\alpha + 1}}{\tan k\alpha}$.

③ $k$ 越大,莫尔条纹半径越小,条纹间距也越小,所以靠近光栅传感器中心的莫尔条纹不易分辨,半径最小值为 $s$.

④ 两光栅的中心坐标 $(s, 0)$ 和 $(-s, 0)$ 恒满足式(8-3-2)所表示的圆方程,即所有的圆均通过两光栅的中心.

(3) 切向圆光栅.

切向圆光栅是沿圆周均匀分布且都与一个半径很小的圆相切的众多刻线形成的圆光栅. 取两只图 8-3-3(a) 所示的切向圆光栅相向叠合时,两只光栅的切线方向相反. 图 8-3-3(b) 所示是两只小圆半径相同,栅距角相同的切向圆光栅相向叠合产生的莫尔条纹.

两只小圆半径均为 $r$,栅距角均为 $\alpha$ 的切向圆光栅相向同心叠合,其莫尔条纹满足的方程为

$$x^2 + y^2 = \left(\frac{2r}{k\alpha}\right)^2, \tag{8-3-3}$$

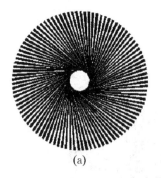 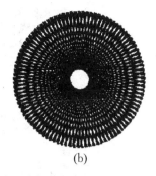

(a)　　　　　　　　　　　(b)

**图 8 - 3 - 3　切向圆光栅与切向圆光栅莫尔条纹**

式中的自然数 $k$ 为莫尔条纹的级次.

切向圆光栅的莫尔条纹有如下特点:

① 当其中一只光栅转动时,式(8-3-3)所描述的圆族将向外扩张或向内收缩. 光栅绕过其圆心的垂直轴每转动 1 个栅距角,莫尔条纹向外扩张或向内收缩一个条纹. 用光电器件测得莫尔条纹收缩或扩张的个数 $k$ 就可以得到光栅的角位移为 $\Delta\theta = k\alpha$. 用切向圆光栅测量角位移也具有减小误差的作用.

② 莫尔条纹是一组同心圆环,圆环半径为 $R = \dfrac{2r}{k\alpha}$,相邻圆环的间隔为 $\Delta R = \dfrac{2r}{k^2\alpha}$.

③ $k$ 越大,莫尔条纹半径越小,条纹间距也越小,因此靠近光栅传感器中心的莫尔条纹不易分辨.

(4) 光栅传感器.

光栅传感器由光源、光栅系统、光电转换及处理系统组成,如图 8-3-4 所示.

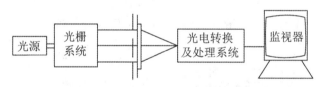

**图 8 - 3 - 4　光栅传感器系统组成示意图**

光栅系统主要用于产生各种类型的莫尔条纹,在实用的光栅传感器中,为了达到高测量精度,直线光栅的光栅常量或圆光栅的栅距角都取得很小,但学生实验系统重在说明原理,因此为使视觉效果更直观,实验所用光栅的光栅常量或栅距角都取得比较大.

光电转换及处理系统用于检测莫尔条纹的变化并经适当处理后转换为位移或角度的变化. 在实用的光栅传感器中,光电器件检测到的莫尔条纹强度变化经细分电路处理,能分辨出若干分之一条的条纹移动,经数字化后直接显示出位移值或将位移量反馈给控制系统. 学生实验系统重在说明原理,为使视觉效果更直观,本实验用监视器将莫尔条纹放大后显示.

**【实验仪器】**

光栅传感实验仪.

光栅传感实验仪由主光栅基座、副光栅滑座、摄像头、监视器以及软件系统组成,如图 8-3-5 所示.

**1. 主光栅基座**

主光栅基座由主光栅板和位移装置构成,主光栅板上刻有实验原理中介绍的三种光栅,如图 8-3-6 所示. 转动百分手轮 2 会带动副光栅滑座上的副光栅与主光栅产生相应位移. 在实际的光栅传感器应用系统中,由莫尔条纹的移动量即可测量出位移量. 在本实验系统中,可由主光栅基座上的读数装置读取副光栅的移动距离,以便与由莫尔条纹测量出的位移量相比较. 读数装置由直尺和百分手轮组成.

1—主光栅基座;2—副光栅滑座;3—摄像头;4—监视器

图 8-3-5　实验装置结构图

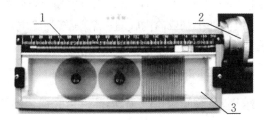

1—直尺;2—百分手轮;3—主光栅板

图 8-3-6　主光栅基座

本实验中主光栅和副光栅采用的是可组装、开放式结构,以便使学生更加直观地了解光栅传感器的结构.

### 2. 副光栅滑座

副光栅滑座由副光栅、可转动副光栅座及角度读数盘组成,如图 8-3-7 所示.副光栅安装于副光栅座上,转动副光栅座可改变主、副光栅之间的夹角,其角度由角度读数盘读出.

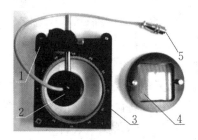

1—读数位置;2—摄像头;3—角度读数盘;4—副光栅;5—视频接头

图 8-3-7　副光栅滑座

### 3. 摄像头及监视器

摄像头及监视器用于观察和测量莫尔条纹特性,它由摄像头升降台、摄像头及监视器组成,如图 8-3-8 所示.摄像头升降台位于副光栅滑座上,用于调整摄像头的位置,以便在监视器中观察到清晰的莫尔条纹.

摄像头升降台的调节方法:

(1) 旋松螺钉 2,前后移动摄像头使其对准副光栅中间位置,

图 8-3-8　摄像头升降台

然后紧固螺钉 2.

（2）调节旋钮 3 使摄像头上下移动，直至在监视器中观察到清晰的莫尔条纹.

（3）旋松旋钮 1 后转动旋钮 4 可以调节莫尔条纹在监视器上的倾斜角度，以便定标和测量，调整好角度后紧固旋钮 1.

**【实验内容与步骤】**

进入实验室后请仔细阅读仪器使用说明书，选择合适的实验器材，设计实验方案，拟定实验步骤，完成以下实验内容：

1. 观察直线光栅的莫尔条纹特性.

2. 利用直线光栅测量线位移.

3. 观察径向圆光栅的莫尔条纹特性.

4. 利用径向圆光栅测量角位移.

5. 观察切向圆光栅莫尔条纹特性.

6. 利用切向圆光栅测量角位移.

**【注意事项】**

1. 实验开始前应首先详细阅读仪器使用说明书.

2. 为保证安全，三芯电源线须可靠接地.

3. 实验仪器应在清洁干净的场所中使用，避免阳光直射和剧烈振动.

4. 切勿用手触摸光栅表面. 如果光栅被弄脏，建议用清水加少量的洗洁精清洗然后晾干.

5. 测量时应注意避免回程误差.

6. 测量时应尽量避免光栅的垂直上方有其他直射光源.

7. 光栅片是玻璃材质，易碎，勿以硬物击之，同时避免摔碎.

**【数据表格及数据处理要求】**

自行设计数据表格记录实验数据，完成前述实验内容，并且分析数据得出结论.

**【实验后思考题】**

1. 莫尔条纹是如何产生的，它有哪些应用？

2. 在印刷行业中，莫尔效应会引起龟纹现象，这是由于各色版所用网点角度安排不当等原因，间断性的网点组成直线光栅相互干涉，导致印刷图像出现不应有的花纹. 我们可以采取什么方法避免它的出现？

# 8.4 基于 PASCO 设备的综合物理实验

PASCO 实验平台是一个将计算机数据采集与分析应用于物理实验的软硬件系统. 此系统运用现代电子技术，采用传感器进行数据采集，在计算机上进行过程控制和数据处理，对一些瞬态变化的物理量能做到实时测量，尤其是对一些不易观察的物理现象能实现感官展示. 配合其计算机接口、传感器和实验软件，PASCO 公司开发了一系列实验项目，包括一些典型的普通物理实验以及一些综合性实验.

**【实验特点】**

PASCO 实验平台由三个必要的部分组成：

（1）测量各种物理量并将其转换成电信号的传感器及其连接组件；

（2）将传感器信号转换成计算机数字信号的通用接口模块；

（3）将测量数据在计算机上进行分析处理和可视化的软件.

相对于传统实验教学仪器,PASCO 实验系统具有广泛的适用性、功能的多样性和对实践操作能力培养的有效性,可以最大程度地发挥学生在实验课程中的主观能动作用,起到更好的教学效果. 此外,由于实验数据的测量、收集到处理全程实现了数字化,在有效提高实验数据采集效率的同时,也大大提高了实验的精度,有效降低了人为误操作所带来的实验误差. 最后,由于组件的通用性,在本实验平台上操作者可以利用数量有限的传感器配合不同的设计思路,组合出大量的实验仪器,在达到教学效果的同时,也节约了成本.

【实验方法】

本实验中,操作者需分 7 ～ 10 次进入实验室完成所有实验内容,每次 4 个学时,所有实验均为设计性实验,学生在完成实验时,需要根据给定实验目的,自主选择组件,自由搭建符合要求的实验仪器. 同时,还要对实验数据的采集和处理自主设计出合理的方案.

【实验目的】

1. 掌握 PASCO Capstone 软件的使用方法,了解各类 PASCO 传感器的性能.

2. 自行设计实验研究以下各个项目中的任意三个:热量和温度;辐射的能量转移;比热;热功当量;玻意耳定律:恒温下气体压强和体积的关系;绝对零度.

3. 自行设计实验研究以下各个项目中的任意三个:声波的表现和特性;弹簧的驻波;管中声波的共振模式;空气中的声速;声波叠加;声波干涉.

4. 自行设计实验研究以下各个项目中的任意两个:薄透镜的物像距关系;反射和折射;凹面镜焦距;望远镜和显微镜;光强变化;光强与距离的关系.

5. 自行设计实验研究以下各个项目中的任意两个:马吕斯定律;布儒斯特角;光的衍射;光的干涉.

6. 自行设计实验研究以下各个项目中的任意三个:静电荷;电场绘图;欧姆定律;串并联电路;基尔霍夫定律;串联和并联电阻;$RLC$ 电路的谐振频率.

7. 自行设计实验研究以下各个项目中的任意两个:地球磁场;磁场绘图;电磁感应:磁铁穿过线圈;通电线圈的磁场.

【实验原理】

自行查阅所需测量的各个物理量的相关知识,提前做好准备.

【实验仪器】

PASCO 实验平台.

【实验内容与步骤】

1. 首次进入实验室后请仔细阅读仪器使用说明书,熟悉各个传感器的特性和软件操作方法.

2. 按照各自分组,选择实验器材,设计实验方案,拟定实验步骤,完成所选实验.

【注意事项】

1. 务必首先熟悉各类传感器的性能和特点,而后再设计实验.

2. 每个小组成员需分工明确,实验中通力合作.

【数据表格及数据处理要求】

自行设计数据表格,完成前述实验内容,自行分析数据得出结论.

【实验后思考题】

在完成每个实验中物理量的测量后,请提出后续的实验改进方法,并对实验优化给出建议.

# 第 4 部分
## 近代物理实验

**4**

# 第9章
## 近代物理实验

## 9.1 普朗克常量的测量

普朗克常量是在热辐射定律的研究过程中,由普朗克于1900年引入的与黑体的发射和吸收相关的普适常量.普朗克在解释黑体辐射时提出了与经典理论相悖的假设,他认为辐射能量不能连续变化,只能取一些分立值,这些值是最小能量的整数倍.普朗克的理论解释和公式推导是量子论诞生的标志.1887年,赫兹发现光电效应,此后许多物理学家对光电效应进行了深入的研究,总结出光电效应的实验规律.1905年,爱因斯坦把普朗克的量子观点推广到光辐射,提出了光量子概念,用爱因斯坦光电效应方程成功地解释了光电效应.密立根用十年时间对光电效应进行定量的实验研究,证实了爱因斯坦光电效应方程的正确性,并精确测量出了普朗克常量 $h$.爱因斯坦和密立根因光电效应等方面的杰出贡献,分别于1921年和1923年获得诺贝尔物理学奖.

用光电效应法可以简单而又较准确地求出普朗克常量,对光电效应实验结果进行深入的分析可以得出光存在最小能量单元 —— 光子的结论,正是这一结论奠定了量子力学的基础.利用光电效应制成的光电管、光电倍增管、光电池等光电转换器件在科学技术中已得到广泛应用.目前,普朗克常量已被定义为 $h = 6.626\,070\,15 \times 10^{-34}$ J · s.

【实验目的】

1. 了解光电效应的规律,加深对光的量子性的理解.

2. 掌握利用光电效应测量普朗克常量 $h$ 的方法.

3. 学会用最小二乘法处理数据.

【预习思考题】

1. 光电效应的实验规律有哪几条?

2. 本实验是如何测量普朗克常量的?请简述设计思想.

3. 由于光电管阴极和阳极金属材料不相同,两者之间存在接触电势差,这个电势差对遏止电压的测量有何影响?

4. 确定遏止电压的交点法和拐点法各适用于什么性质的光电管?

【实验原理】

在光照射下,物体表面有电子逸出的现象叫作光电效应.光电效应的实验原理如图 9-1-1 所示,入射光照射到光电管阴极 K 上,产生的光电子在电场的作用下向阳极 A 迁移形成光电流,改变外加电压 $U_{AK}$,测量出光电流 $I$ 的大小,即可得出光电管的伏安特性曲线.

光电效应的基本实验事实如下：

（1）对应于某一光波频率，光电效应的 $I$-$U_{AK}$ 关系如图 9-1-2 所示．从图中可见，对一定的光波频率，存在电压 $U_0$，当 $U_{AK} \leqslant -U_0$ 时，电流为零，这个反向电压 $U_0$ 被称为遏止电压．

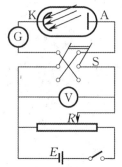 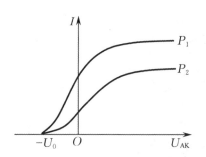

图 9-1-1　光电效应实验原理图　　　图 9-1-2　不同光强时光电管的伏安特性曲线

（2）$U_{AK} \geqslant -U_0$ 后，随着 $U_{AK}$ 的增大，$I$ 迅速增加，然后趋于饱和，对于同频率的光，饱和光电流 $I_M$ 的大小与入射光的强度 $P$ 成正比．

（3）对于不同频率的光，其遏止电压的值不同，如图 9-1-3 所示．

（4）作遏止电压 $U_0$ 与入射光频率 $\nu$ 的关系曲线，如图 9-1-4 所示．由图可见，$U_0$ 与 $\nu$ 呈正比关系，当入射光频率低于某极限值 $\nu_0$（$\nu_0$ 随不同金属而异）时，不论光的强度如何、照射时间多长，都没有光电流产生．

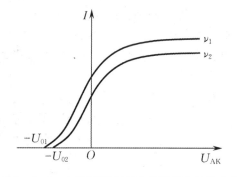

图 9-1-3　不同频率时光电管的伏安特性曲线　　图 9-1-4　遏止电压 $U_0$ 与入射光频率 $\nu$ 的关系曲线

（5）光电效应是瞬时效应．即便入射光的强度非常微弱，但只要频率大于 $\nu_0$，在光开始照射后立即有光电子产生，从光波入射到光电子产生所经过的时间至多为 $10^{-9}$ s 的数量级．

按照爱因斯坦的光量子理论，光能并不像经典电磁波理论所想象的那样分布在波阵面上，而是集中在被称为光子的微粒上，但这种微粒仍然保持着频率（或波长）的概念．频率为 $\nu$ 的光子具有能量 $E = h\nu$，其中 $h$ 为普朗克常量．当光子照射到金属表面上时，被金属中的电子一次性全部吸收，电子吸收的光子能量一部分用来克服金属对它的吸引力，余下的就变为光电子离开金属表面后的动能，按照能量守恒原理，爱因斯坦提出了著名的光电效应方程

$$h\nu = \frac{1}{2}mv^2 + W, \tag{9-1-1}$$

式中 $W$ 为金属的逸出功，$\frac{1}{2}mv^2$ 为光电子逸出金属表面后获得的初动能．由该式可见，入射到金属表面的光频率越高，逸出的光电子动能越大，所以即使阳极电势与阴极电势相等时也会有光电子落入阳极形成光电流，直至阳极电势低于阴极电势的差值达到遏止电压，光电流才为零，此时有

$$eU_0 = \frac{1}{2}mv^2. \qquad (9-1-2)$$

此后,随着阳极电势的继续升高,阳极对光电子的收集作用越来越强,光电流随之增加;当阳极电势高到一定程度时,阴极发射的光电子几乎全收集到阳极,再增加 $U_{AK}$ 时光电流不再变化,出现饱和,饱和光电流 $I_M$ 的大小与入射光的强度 $P$ 成正比.

光子的能量 $h\nu < W$ 时,电子不能逸出金属表面,因而没有光电流产生.因此,产生光电效应的截止频率(红限频率)是 $\nu_0 = W/h$.

将式(9-1-2)代入(9-1-1)可得

$$U_0 = \frac{h}{e}\nu - \frac{W}{e} = \frac{h}{e}(\nu - \nu_0). \qquad (9-1-3)$$

式(9-1-3)表明遏止电压 $U_0$ 是入射光频率 $\nu$ 的线性函数,直线斜率 $k = h/e$.用不同频率的单色光分别照射光电阴极,作出相应的伏安特性曲线,并据此确定各频率对应的遏止电压,画出 $U_0$-$\nu$ 直线,用直线斜率 $k$ 乘以元电荷 $e$,即可算出普朗克常量 $h = ek$,其中 $e = 1.602 \times 10^{-19}$ C.

测定普朗克常量 $h$ 的关键是正确地测定遏止电压 $U_0$,但实际的光电管由于制造工艺等原因很难准确测定遏止电压.影响遏止电压测量的主要因素有以下几个方面:

(1)暗电流.光电管在没有受到光照时,也会产生电流,称为暗电流.它是由阴极在常温下的热电子发射形成的热电流与封闭在暗盒里的光电管在外加电压下因管子阴极和阳极间绝缘电阻漏电而产生的漏电流两部分组成.

(2)受环境杂散光影响形成的本底电流.

(3)反向电流.由于制作光电管时阳极上往往溅有阴极材料,因此当光照射到阳极上或杂散光漫射到阳极上时,阳极上也往往会有光电子发射.此外,阴极发射的光电子也可能被阳极的表面所反射.当阳极 A 为负电势,阴极 K 为正电势时,对阴极 K 上发射的光电子而言起减速作用,而对阳极 A 发射或反射的光电子而言却起了加速作用,如此一来阳极 A 发射或反射的光电子就会到达阴极 K 形成反向电流.

由于上述原因,实测的光电管伏安特性曲线与理想曲线是有区别的,且不同光电管的伏安特性曲线也不同.一般光电管的伏安特性曲线可以参考图9-1-5,图中实线表示实测曲线,虚线表示理想曲线,即阴极光电流曲线(理想伏安特性曲线应与 $U$ 轴相切),点划线表示影响较大的反向电流及暗电流曲线.实测曲线上每一点的电流值是以上3个电流值的代数和.显然,实测曲线上光电流 $I$ 为零的点所对应的电压值并不是遏止电压.由于暗电流是由阴极的热电子发射及光电管管壳漏电等原因产生的,与阴极正向电流相比,其值很小,且基本随 $U$ 呈线性变化,因此可忽略其对遏止电压的影响.阳极反向电流虽然在实验中较显著,但它遵从一定规律,因此确定遏止电压,可采用以下两种方法.

(1)交点法.

光电管阳极用逸出功较大的材料制作,制作过程中尽量防止阴极材料蒸发;实验前对光电管阳极通电,以减少其上溅射的阴极材料,实验中避免入射光直接照射到阳极上,这样可使它的反向电流大大减少,暗电流水平也很低.此时伏安特性曲线与 $U$ 轴交点确定的电压值近似等于遏止电压 $U_0$,此即交点法.

本实验采用新型结构的光电管,由于其结构的特殊性使光不能直接照射到阳极上,由阴极反射照射到阳极上的光也很少,加上采用新型的阴、阳极材料及制造工艺,使得阳极反向电流大大减少,暗电流水平也很低,因此在测量各谱线的遏止电压 $U_0$ 时可采用交点法.实验时交点法又可细分为零电流法和补偿法.

① 零电流法是直接将各谱线照射下测得的电流为零时对应的电压 $U_{AK}$ 的绝对值作为遏止电压

$U_0$. 此法的前提条件是阳极反向电流、暗电流和本底电流都很小. 用零电流法测得的遏止电压与真实值相差很小,且此时各谱线实测的遏止电压与真实值都相差 $\Delta U$,由于这个差值对 $U_0$-$\nu$ 直线的斜率无大的影响,故对 $h$ 的测量也不会产生大的影响.

② 补偿法是调节电压 $U_{AK}$ 使电流为零后,保持 $U_{AK}$ 不变,遮挡汞灯光源,此时测得的电流 $I_0$ 为电压接近遏止电压时的暗电流和本底电流. 重新让汞灯照射光电管,调节电压 $U_{AK}$ 使测得的电流值为 $I_0$,将此时对应的电压 $U_{AK}$ 的绝对值作为遏止电压 $U_0$. 此法可补偿暗电流和本底电流对测量结果的影响.

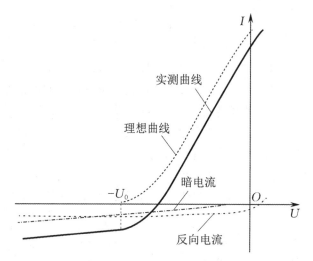

图 9-1-5　光电流曲线分析

(2) 拐点法.

从图 9-1-5可看出阳极光电流(反向电流和暗电流)的存在使阴极光电流曲线在负电压区下沉,遏止电压并不对应光电流为零的位置,反向电流过大对用交点法测量得到的数据将有很大影响,进而导致遏止电压 $U_0$ 的测量值偏小. 根据光电效应原理,饱和光电流的强度与入射光强度成正比,同理光强越强,反向饱和电流也越大,如果通过结构设计使反向电流能较快达到饱和,则伏安特性曲线在反向电流进入饱和段后会出现明显的拐点. 从图中可以看出实测曲线拐点处的电压值与遏止电压近似相等,因此采用拐点法处理数据可减小误差,即以反向电流开始趋于常量(饱和)的起点(拐点)作为遏止电压 $U_0$.

当光源和光电管的距离较近时,反向电流较大,且开始趋于常量(饱和)的起点(拐点)明显,可采用拐点法,用拐点处的电压作为遏止电压 $U_0$ 可抵消反向电流的影响,得到较好的实验结果. 当光源与光电管之间的距离较远时,光强较小,反向饱和电流也较小,对实际测得的伏安特性曲线影响不大,此时可用交点法进行处理,即直接取电流为零时对应的电压(交点)作为遏止电压 $U_0$.

【实验仪器】

GD-Ⅲ 型光电效应实验仪.

GD-Ⅲ 型光电效应实验仪包括光电管暗盒(包括 GD-27 型光电管、光阑和滤光片转盘)、光源(包括 GGQ-50 高压汞灯及 50 W 镇流器)、微电流测量放大器、连接电缆等,如图 9-1-6 所示.

(1) GD-27 型光电管:阳极为镍圈,阴极为银-氧-钾,光谱响应范围为 $340\sim700$ nm,阴极灵敏度为 $1\ \mu A/lm$,暗电流 $I\leqslant10^{-12}$ A. 光电管工作电源 $-3\sim3$ V 连续可调.

(2) GGQ-50 高压汞灯:光谱范围为 $303.2\sim872$ nm,可用谱线 365.0 nm,404.7 nm,435.8 nm,491.6 nm,546.1 nm,577.0 nm.

(3) 滤光片:仪器配有五种带通型滤光片,其透射波长分别为 365.0 nm,405.0 nm,

436.0 nm,546.0 nm,577.0 nm.使用时,将滤光片安装在光电管暗盒的进光窗口上,以获得所需要的单色光.

(4) 微电流测量放大器:电流测量范围为 $10^{-6} \sim 10^{-13}$ A,十进制变换;三位半数字电流表 0.1 $\mu$A 挡用于调零和校准,1 $\mu$A 挡用于测量;三位半直流数字电压表读数精度为 0.01 V.

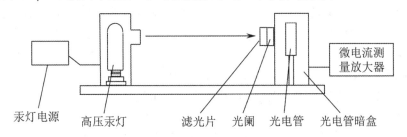

汞灯电源　　高压汞灯　　　滤光片　光阑　光电管　光电管暗盒

图 9 - 1 - 6　GD - Ⅲ 型光电效应实验仪结构示意图

**【实验内容与步骤】**

1.仪器的调整.

(1) 将光源、光电管暗盒、微电流测量放大器安放在适当位置,暂不连线,并将微电流测量放大器面板上的"电流调节"旋钮置于"短路"挡,"调零校准、测量"转换开关置于"调零校准"挡,"电压调节"旋钮逆时针旋到底.

(2) 打开微电流测量放大器电源开关,预热 20 ~ 30 min,盖上遮光罩,使光不能进入光电管,打开光源开关,让汞灯预热.

(3) 待微电流测量放大器充分预热后,在"电流调节"旋钮置于"短路"挡,"调零校准、测量"转换开关置于"调零校准"挡的前提下,调节"调零"旋钮使电流表指示为零,然后将"电流调节"旋钮置于"校准"挡,调"校准"旋钮使电流指示"- 100",反复调整"调零"和"校准",使两者都能满足要求.

(4) 将"调零校准、测量"转换开关置于"测量"挡,拨动"电流调节"旋钮于各挡,电流表指示都应为零(在"$10^{-7}$"挡因零点漂移,指示不大于 4 个字).在下面的测量过程中若出现零点漂移,可随时进行调零和校准操作,注意调零和校准时要断开电流输入电缆.调好后,将"调零校准、测量"转换开关置于"测量"挡开始测量.

2.测定普朗克常量.

(1) 连接好光电管暗盒与微电流测量放大器之间的屏蔽电缆、地线、阳极(A)电压输出线和阴极(K)电流输入线,微电流测量放大器"电流调节"旋钮置于"$10^{-7}$"挡,顺时针旋转"电压调节"旋钮读出相应的电压、电流值,此即光电管的暗电流值.

(2) 零电流法测遏止电压.让光源出射孔对准暗盒进光窗口,并让暗盒距离光源 40 ~ 50 cm.调节光阑转盘,使光阑通光孔径为 5 mm.调节滤光片转盘,滤光片按波长由短到长逐次更换,微电流测量放大器"电流调节"旋钮置于"$10^{-7}$"挡,取下遮光罩,"电压调节"旋钮从最小值(- 3 V)调起,从低到高调节电压,将测量电流为零时对应的电压 $U_{AK}$ 的绝对值作为遏止电压 $U_0$.

(3) 补偿法测遏止电压.在零电流法基础上调节电压 $U_{AK}$ 使电流为零后,保持 $U_{AK}$ 不变,遮挡汞灯光源,测得电压接近遏止电压时的暗电流和本底电流 $I_0$.重新让汞灯照射光电管,调节电压 $U_{AK}$ 使电流值为 $I_0$,将此时对应的电压 $U_{AK}$ 的绝对值作为遏止电压 $U_0$.

(4) 拐点法测遏止电压.让光源出射孔对准暗盒进光窗口,并让暗盒距离光源 30 ~ 40 cm.调节光阑转盘,使光阑通光孔径为 5 mm.调节滤光片转盘,滤光片按波长由短到长逐次更换,微电流测量放大器"电流调节"旋钮置于"$10^{-6}$"挡,取下遮光罩,"电压调节"旋钮从最小值(- 3 V)调起.每换一枚

滤光片读取一组 $I\text{-}U$ 值. 根据测出的不同光频率的 $I\text{-}U$ 值,用精度合适的计算方格纸作出 $I\text{-}U$ 曲线,从曲线中认真审视曲线的拐点,找出拐点处的电压 $U_0$. 作 $U_0\text{-}\nu$ 直线($\nu$ 为光频率),由直线的斜率 $k$ 求出普朗克常量 $h = ek$.

3. 仪器整理.

实验完毕,用遮光罩盖住光电管暗盒进光窗口,断开微电流测量放大器上的阴极(K)电流输入线,"电压调节"旋钮逆时针旋到底,关闭光源开关和微电流测量放大器开关.

**【注意事项】**

1. 微电流测量放大器必须充分预热 20 ~ 30 min,测量方能准确.

2. 本实验所用仪器是精密测量仪器,不可在温度变化很快及有强电磁干扰的环境中工作,使用时应小心轻放.

3. 本实验可不必在暗室环境中进行,但实验中应减少杂散光的干扰,尽量避免背景光强的剧烈变化. 使用时,室内人员不要在靠近仪器的地方走动,以免使入射到光电管的光强发生变化.

4. 在仪器的使用过程中,汞灯不宜直接照射光电管,也不宜长时间连续照射加有光阑和滤光片的光电管,以免光电管长期受光照而老化,减少光电管的使用寿命. 因此,更换滤光片时,请用遮光罩盖住光电管暗盒进光窗口. 仪器使用完毕,请调节光阑转盘和盖上遮光罩,使光不能入射到光电管.

5. 保持滤光片表面光洁,小心使用防止损坏.

6. 随着时间的推移,光电管遏止电压会向零点方向偏移,这时,只要能测出相应的 $I\text{-}U$ 曲线,不影响仪器的使用.

7. 作图时坐标轴的标度要合适,以保证测量数据的精度不降低.

8. 仪器的短路调零和校准都能满足要求,但在高灵敏挡("$10^{-5}$"挡以上)无光电流输入(不接屏蔽线)的条件下电流不为零时,则应更换仪器屏蔽盒内的干燥剂. 更换时,只需取下仪器底部的圆盖,更换好后一定要旋紧,平时也应注意检查不要让其松开,以免干燥剂失效.

**【数据表格及数据处理要求】**

1. 根据实验内容自拟表格记录实验数据.

2. 用坐标纸画出 $U_0\text{-}\nu$ 直线($\nu$ 为光频率),从图上求出直线斜率 $k$,然后计算出普朗克常量 $h$.

3. 计算普朗克常量测量值与真值的相对误差.

4. 计算金属材料的逸出功和截止波长.

**【实验后思考题】**

1. 怎样设计实验步骤才能既快又准地找到遏止电压?

2. 怎样测量电子逸出金属表面后的最大动能?

3. 实验中是如何验证爱因斯坦光电效应方程的?

4. 自由电子能不能吸收光子?

# 9.2 密立根油滴实验

物理学家密立根在 1909 年到 1917 年期间所做的测量微小油滴上所带电荷的工作,即油滴实验,是物理学发展史上具有重要意义的实验. 密立根在这一实验工作上花费了近 10 年的心血,取得了具有重大意义的结果,证明了电荷的不连续性(量子性),测量并得到了元电荷即为电子电荷的结论. 正是由于这一实验的巨大成就及在光电效应研究上所做的工作,密立根荣获了 1923 年的诺贝尔物理学奖.这一实验的设计思想简明巧妙,而结论却具有毋庸置疑的说服力,可谓极富启发性,其设计思想值得学习.

近百年来,物理学发生了根本的变化,而这个实验又重新站到实验物理的前列,近年来根据这一实验的设计思想改进的用磁漂浮的方法测量分数电荷的实验,使古老的实验又焕发了青春,也就更说明密立根油滴实验是富有巨大生命力的实验.

在 26 届国际计量学大会上,电子所带电量,即元电荷的值已被定义为 $1.602\,176\,634 \times 10^{-19}$ C.

【实验目的】

1. 理解密立根油滴实验的设计思想.
2. 了解利用动态非平衡测量法测量油滴带电量的方法.
3. 掌握利用静态平衡测量法测量油滴带电量的方法,并验证电荷的量子性.
4. 掌握选择油滴和控制油滴运动的方法.

【预习思考题】

1. 在调平衡电压的同时,能否加上升降电压?
2. 实验中测量油滴匀速运动的时间 $t$ 时,如何保证油滴做匀速运动?

【实验原理】

密立根油滴实验测定元电荷的基本设计思想是使带电油滴在测量范围内处于受力平衡的状态.按油滴做匀速运动或静止两种运动方式分类,油滴法测元电荷分为动态非平衡测量法和静态平衡测量法.

(1) 动态非平衡测量法.

一个质量为 $m$、带电量为 $q$ 的油滴处在两块平行极板之间,在平行极板间未加电压时,油滴受重力作用而加速下降.由于空气黏滞阻力 $f_r$ 的作用,下降一段距离后,油滴将做匀速运动,此时速度为 $v_g$,油滴所受重力 $G$ 与阻力 $f_r$ 平衡(空气浮力忽略不计),如图 9-2-1 所示.

根据斯托克斯定律,油滴所受黏滞阻力 $f_r = 6\pi\eta r v_g$,式中 $\eta$ 是空气的黏滞系数,$r$ 是油滴的半径.这时根据 $f_r = G$ 可得

$$6\pi\eta r v_g = G. \tag{9-2-1}$$

当在相距为 $d$ 的两平行极板间加上电压 $U$ 时,油滴处在场强为 $E$ 的静电场中,设油滴所受电场力 $qE$ 与重力 $G$ 相反,如图 9-2-2 所示.

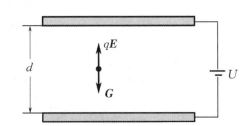

图 9-2-1　油滴在重力场中受力　　　　图 9-2-2　油滴在电场中的受力分析

油滴受电场力作用加速上升,由于空气黏滞阻力的作用,上升一段距离后,油滴所受的空气黏滞阻力、重力与电场力达到平衡(空气浮力忽略不计),之后油滴将以速度 $v_e$ 匀速上升,此时油滴的力平衡方程为

$$6\pi\eta r v_e = qE - G. \tag{9-2-2}$$

又因为

$$E = U/d, \tag{9-2-3}$$

所以由式$(9-2-1)$,$(9-2-2)$和$(9-2-3)$可得

$$q = G \frac{d}{U} \left( \frac{v_g + v_e}{v_g} \right). \tag{9-2-4}$$

为测定油滴所带电荷$q$,除应测出$U$,$d$和速度$v_g$,$v_e$外,还需知油滴质量$m$. 由于空气浮力和表面张力的作用,可将油滴看作圆球,设油滴的密度为$\rho$,半径为$r$,则其质量

$$m = \frac{4 \pi r^3 \rho}{3}. \tag{9-2-5}$$

由式$(9-2-1)$和$(9-2-5)$得油滴的半径

$$r = \left( \frac{9 \eta v_g}{2 \rho g} \right)^{\frac{1}{2}}, \tag{9-2-6}$$

式中$g$为重力加速度. 考虑到油滴半径$r$小到$10^{-6}$ m,此时空气已不能看成连续介质,空气的黏滞系数$\eta$应修正为

$$\eta' = \frac{\eta}{1 + \dfrac{b}{pr}}, \tag{9-2-7}$$

式中$b$为修正常数,$p$为空气压强,$r$为未经修正过的油滴半径. 由于$r$在修正项中不必计算得很精确,故由式$(9-2-6)$计算$r$即可.

实验时取油滴匀速下降和匀速上升的距离相等,设为$l$,测出油滴匀速下降的时间$t_g$和匀速上升的时间$t_e$,则

$$\begin{cases} v_g = \dfrac{l}{t_g}, \\ v_e = \dfrac{l}{t_e}. \end{cases} \tag{9-2-8}$$

将式$(9-2-5)$,$(9-2-6)$,$(9-2-7)$,$(9-2-8)$代入$(9-2-4)$可得

$$q = \frac{18\pi}{\sqrt{2\rho g}} \left[ \frac{\eta l}{1 + \dfrac{b}{pr}} \right]^{\frac{3}{2}} \cdot \frac{d}{U} \left( \frac{1}{t_e} + \frac{1}{t_g} \right) \left( \frac{1}{t_g} \right)^{\frac{1}{2}},$$

令

$$K = \frac{18\pi}{\sqrt{2\rho g}} \left[ \frac{\eta l}{1 + \dfrac{b}{pr}} \right]^{\frac{3}{2}} \cdot d,$$

则

$$q = K \cdot \left( \frac{1}{t_e} + \frac{1}{t_g} \right) \left( \frac{1}{t_g} \right)^{\frac{1}{2}} \cdot \frac{1}{U}. \tag{9-2-9}$$

式$(9-2-9)$即为动态非平衡法测油滴电荷的公式.

(2) 静态平衡测量法.

静态平衡测量法的出发点是使油滴在均匀电场中静止在某一位置,或在重力场中做匀速运动.

调节平行极板间的电压,使油滴不动,此时$v_e = 0$,对应$t_e \to \infty$,由式$(9-2-9)$可求得

$$q = K \cdot \left( \frac{1}{t_g} \right)^{\frac{3}{2}} \cdot \frac{1}{U}$$

或

$$q = \frac{18\pi}{\sqrt{2\rho g}} \left[ \frac{\eta l}{t_g \left(1 + \frac{b}{pr}\right)} \right]^{\frac{3}{2}} \cdot \frac{d}{U}. \tag{9-2-10}$$

实验中对不同的油滴进行测量,可以得到油滴所带电荷 $q_i$ 均为某一最小量 $e$ 的整数倍,即

$$q_i = n_i e, \tag{9-2-11}$$

式中 $n_i$ 为正整数. 此外,也可采用紫外线、X射线或放射源等改变同一油滴所带的电荷,然后测量油滴上所带电荷的改变值 $\Delta q_j$,$\Delta q_j$ 应是某一最小量 $e$ 的整数倍,即

$$\Delta q_j = n_j e, \tag{9-2-12}$$

式中 $n_j$ 为正整数. 由此即可证实电荷的量子性,并能推测出 $e$ 的大小.

测量油滴电荷的目的是找出电荷的最小单位 $e$,常用的方法有以下几种.

(1) 最大公约数法.

对不同的油滴分别测出其所带的电荷 $q_i$,它们应近似为某一最小电荷单位的整数倍,可以从求出油滴所带电荷的最大公约数来获得这个最小电荷单位,或由油滴带电量的数据依次求出差值,在这组差值中求出最大公约数,即为元电荷. 此法是在不知道元电荷公认值的前提下,从实验数据出发获得元电荷的实验值. 这样做符合物理实验的研究规律,学生容易理解和接受,但在实际处理中这是件比较困难的事,一是必须测量大量的油滴数据,二是仪器误差和实验者的熟练程度决定了最大公约数的误差限.

(2) 倒证法.

由于求最大公约数比较困难,通常用倒过来验证的方法进行数据处理,即用公认的元电荷值 $e = 1.602 \times 10^{-19}$ C 去除实验测得的电量,得到一个接近某一正整数 $n_i$ 的数值,这个正整数 $n_i$ 就是油滴所带的元电荷的数目. 最后再用这个 $n_i$ 去除实验测得的电量 $q_i$,即得元电荷 $e$.

(3) 作图法.

设实验得到 $N$ 个油滴的带电量分别为 $q_1, q_2, \cdots, q_N$,由于电荷的量子化特性,应有

$$q_i = n_i e \quad (i = 1, 2, \cdots, N). \tag{9-2-13}$$

式 (9-2-13) 为一过原点的直线方程,$n$ 为自变量,$q$ 为因变量,$e$ 为斜率,因此 $N$ 个油滴对应的数据在 $q$-$n$ 图中将在同一条过原点的直线上,若能找到满足这一关系的直线,就可用斜率求得 $e$ 值.

具体方法是在线性坐标系中沿纵轴标出 $q_i$ 点,然后过这些点作平行于横轴的直线,再沿横轴等间隔地标出若干整数点,接着过这些点作平行于纵轴的直线,如此一来就在 $q$-$n$ 图中形成一张网,满足 $q_i = n_i e$ 关系的那些点必定位于网的节点上,如图 9-2-3 所示.

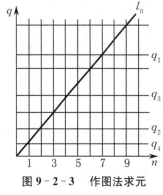

图 9-2-3 作图法求元电荷实验值

用直尺将原点和距原点最近的一个节点连成一条直线 $l_0$,然后让 $l_0$ 绕原点慢慢向下方扫过,直到前面所画的每一条平行线上都有一个节点落在新的 $l_0$ 上(由于 $q_i$ 存在实验误差,实际上应为每一条平行线上都有一个节点落在或接近新的 $l_0$),画出这条直线,该直线的斜率 $k$ 即为元电荷的实验值.

【实验仪器】

MOD5 型 CCD 微机密立根油滴仪、显示器、实验用油、喷雾器等.

**1. 仪器介绍**

MOD5 型 CCD 微机密立根油滴仪由油滴盒、油雾室、照明装置、CCD 显微镜、计时器、供电电源等组成,其装置如图 9-2-4 所示,其中油滴盒是由两块经过精磨的金属平板(中间垫以胶木圆环)构成的平行板电容器. 上电极板中心处有孔径为 0.4 mm 的落油孔,微小油滴可由此孔进入电容器中的电

场空间,胶木圆环上有照明孔和观察孔.进入电场空间内的油滴由照明装置提供照明,油滴盒可借助水准仪并通过调平螺旋调整水平.油滴盒防风罩前装有 CCD 显微镜(放大倍数为"60×"),可将数字电压表、数字计时器、油滴成像和分划板刻度直接显示在显示器上.

此外,该仪器还备有两套分划板:标准分划板 A(见图 9-2-5)是 3×8(每格 0.25 mm)结构,垂直视场为 2 mm;分划板 B 是 15×15(每格 0.08 mm)结构,换上高倍显微镜后,每格值为 0.04 mm,用以观察布朗运动.按住"计时/停"按钮 5 s 以上即可切换分划板.

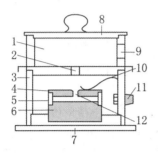

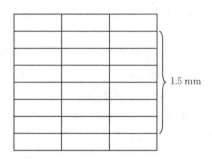

图 9-2-5　分划板的刻度

1—油雾室;2—油雾孔;3—防风罩;4—上电极板;5—胶木圆环;
6—下电极板;7—底板;8—上盖板;9—喷雾口;10—上电极板压簧;
11—上电极板电源插孔;12—落油孔

图 9-2-4　油滴实验装置图

**2. 喷雾器使用说明**

本实验选用的是上海中华牌 701 型钟表油,其密度随温度的变化如表 9-2-1 所示.

表 9-2-1　钟表油密度随温度变化情况表

| $\theta/℃$ | 0 | 10 | 20 | 30 | 40 |
|---|---|---|---|---|---|
| $\rho/(kg/m^3)$ | 991 | 986 | 981 | 976 | 971 |

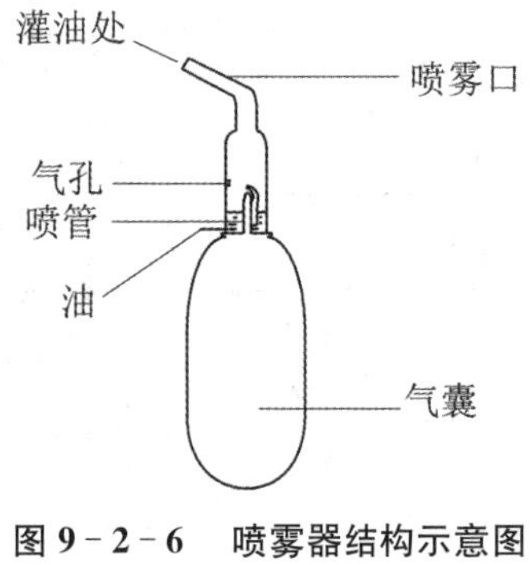

喷雾器结构如图 9-2-6 所示,使用喷雾器请注意以下几个方面:

(1)用滴管从油瓶里取油,并由灌油处滴入喷雾器内,一次不要滴太多,油的液面有 3～5 mm 高即可,千万不可高于喷管上口;

(2)喷雾器的喷雾口比较脆弱,一般将其置于油滴仪的喷雾口外 1～2 mm 即可,不必伸入油雾室内喷油;

(3)如果喷雾器里还有剩余的油,不用时将喷雾器立置(如放在杯子里),以免油泄漏至实验台上;

(4)每学期结束后,将喷雾器里剩余的油倒出,空捏几次气囊,以清空喷雾器.

灌油处
喷雾口
气孔
喷管
油
气囊

图 9-2-6　喷雾器结构示意图

**【实验内容与步骤】**

1.仪器调整.

(1)用 Q9 电缆线连接油滴仪和显示器.

(2)调节仪器底座的三只调平螺旋,使水准仪水泡居中.此时,平行板间的电场方向与重力方向平行.

(3)将显微镜筒前端和油雾室底座前端对齐,喷油后再稍微做前后调节即可在显示器上观察到油滴.使用中,前后聚焦范围不要过大,取前后调焦 1 mm 内的油滴较好.

(4)将"电压调节"旋钮逆时针调到最小位置,打开电源和显示器开关,预热 10 min.显示器打开后会在显示屏上显示出标准分划板及电压和时间数值.

2. 观察油滴的运动.

(1) 往喷雾器中滴入几滴油,然后将油从喷雾口轻轻喷入油滴仪(一次即可).微调显微镜的调焦轮,使视场中的油滴清晰.

(2) 选择合适油滴准备测量.转动"电压调节"旋钮,将平衡电压控制在 $200 \sim 400$ V 之间,驱走不需要的油滴,直到剩下几颗缓慢运动且较为清晰的油滴.按下测量按钮,此时极板间电压为 0,观察各颗油滴匀速下落 0.5 mm(2 格)所需的时间,从中选择出匀速下降的时间在 5 s 左右的油滴,并仔细调节平衡电压使其静止.

(3) 学会控制所选油滴上下移动.保持平衡电压不变,再次按下测量按钮,让油滴自由下降,下降一段距离后,再利用反向电压按钮,使它上升.反复练习,以能准确控制所选油滴移动到指定位置为止.

3. 测量平衡电压及油滴匀速运动的时间.

(1) 选用静态平衡测量法测量.将所选油滴移动到"起跑线"(第 2 格上线)并对齐.按下计时联动按钮,让计时器停止计时(显示时间未必要为 0).

(2) 按下测量按钮,撤去平衡电压(极板间电压变为 0),油滴下降同时,计时器开始计时.油滴运动到"终点线"(第 7 格下线)时,按起测量按钮(极板间电压恢复为先前的平衡电压值),油滴立即停在"终点线"上,计时结束.测量出油滴匀速运动 1.5 mm 所用的时间和平衡电压.

(3) 对同一油滴进行 3 次测量,然后再用同样的方法选 $3 \sim 5$ 滴油滴进行测量.每次测量时都要检查和调整平衡电压,以减小偶然误差和因油滴挥发而带来的平衡电压变化.

**【注意事项】**

1. MOD5 型 CCD 微机密立根油滴仪的电源部分提供四种电压,其中有高电压,因此实验操作时严禁打开油滴盒.

2. 将喷雾器对准油雾室的喷雾口,轻轻喷入少许油滴即可.切勿将喷雾器插入油雾室并对着油雾孔喷油,否则容易造成堵塞.

3. 要做好本实验,很重要一点是选择合适的油滴.所选油滴的体积不能太大,太大的油滴虽然比较亮,但一般带的电量比较多,下降速度也比较快,时间不容易测准确.所选油滴的体积也不能太小,太小则布朗运动明显.通常选择平衡电压为 $200 \sim 400$ V,匀速下落 1.5 mm 用时在 $10 \sim 30$ s 的油滴较适宜.

4. 测量前,应按上述要求选择几颗运动速度快慢不同的油滴反复训练,以掌握测量油滴运动时间的方法.

**【数据表格及数据处理要求】**

1. 根据实验内容自拟表格记录实验数据,计算油滴所带的电量,并验证电荷的量子性.计算时,可使用以下参数:

油的密度(20 ℃):$\rho = 981$ kg/m³;      重力加速度(荆州地区):$g = 9.781$ m/s²;

空气黏滞系数:$\eta = 1.83 \times 10^{-5}$ Pa·s;      大气压强:$p = 1.013 \times 10^5$ Pa;

修正系数:$b = 8.23 \times 10^{-3}$ m·Pa;      平行板间距离:$d = 5.00 \times 10^{-3}$ m;

油滴匀速下降距离:$l = 1.50 \times 10^{-3}$ m.

2. 对测量结果进行误差分析.

**【实验后思考题】**

1. 长时间监测一颗油滴,由于挥发导致油滴质量不断减少,此时将影响哪些量的测量?

2. 在选择被测油滴时,希望油滴所带电量多还是少?为什么?

## 9.3　核磁共振实验

核磁共振(nuclear magnetic resonance, NMR)的研究,始于核磁矩的探测. 1939 年,美国物理学家拉比在其创立的分子束共振法中首先实现了核磁共振,并精确地测定了一些原子核的磁矩,从而获得了 1944 年诺贝尔物理学奖. 但分子束技术要把样品物质高温蒸发后才能进行实验,这就破坏了凝聚态物质的宏观结构,其应用范围自然受到限制. 1945 年底和 1946 年初,珀塞尔小组和布洛赫小组分别在石蜡和在水中观测到稳态的核磁共振信号,从而宣布了核磁共振在宏观的凝聚态物质中取得成功. 为此,珀塞尔和布洛赫荣获了 1952 年诺贝尔物理学奖.

磁共振是指磁矩不为零的原子或原子核处于恒定磁场中,由射频或微波电磁场引起的塞曼能级之间的共振跃迁现象. 这种共振现象若为原子核磁矩的能级跃迁便是核磁共振;若为电子自旋磁矩的能级跃迁则为电子自旋共振(由于电子轨道磁矩的贡献往往可忽略,故又称电子顺磁共振). 此外,还有铁磁性物质的铁磁共振,核电荷分布非球对称物质的核电四极矩共振,以及建立在光抽运基础上的光泵磁共振等.

核磁共振技术在当代科技中有着极其重要的应用,它已成为样品分析测试中不可缺少的技术手段. 用核磁共振方法测磁场,其测量精度可达 0.01%. 20 世纪 80 年代发展起来的核磁共振成像技术,具有清晰、快速、无害等优点,在医学上可准确地诊断肿瘤等疾病. 核磁共振的相关技术仍在不断发展之中,其应用范围也还在不断扩大. 本实验旨在让学生了解核磁共振仪器的基本原理和操作方法.

### 【实验目的】

1. 了解核磁共振的基本原理和相关仪器的操作方法.
2. 观察核磁共振现象,分析各种因素对核磁共振的影响.
3. 掌握利用核磁共振测量磁感应强度和弛豫时间的方法.

### 【预习思考题】

1. 观测核磁共振的稳态吸收信号时要提供哪几种磁场? 各起什么作用?
2. 核磁共振的稳态吸收有哪两个物理过程? 实验中怎样避免饱和现象的出现?
3. 观察核磁共振信号为什么要用扫场,它和旋转磁场是一回事吗?
4. 如何确定对应磁场 $B_0$ 的核磁共振频率 $\nu_0$?
5. 实验中不加扫场信号,能否产生共振? 为什么?

### 【实验原理】

对于处于恒定外磁场中的原子核,如果同时再在与恒定外磁场垂直的方向上加一交变电磁场,就有可能引起原子核在子能级间的跃迁,跃迁的选择定则是:磁量子数 $m$ 的改变为 $\Delta m = \pm 1$,即只有在相邻的两子能级间的跃迁才是允许的. 这样,当交变电磁场的频率为 $\nu_0$,而 $h\nu_0$ 刚好等于原子核两相邻子能级的能量差,即

$$h\nu_0 = g_N \mu_N B_0 = \gamma h B_0 \qquad (9-3-1)$$

时,处于低子能级的原子核就可以从交变电磁场中吸收能量而跃迁到高子能级. 这就是前面提到的,原子核在恒定和交变磁场同时作用下,并且满足一定条件时所发生的共振吸收现象 —— 核磁共振现象. 式(9-3-1)中 $h = 2\pi\hbar$ 为普朗克常量;$g_N$ 为核子的朗德因子;$\mu_N$ 为核磁子;$\gamma$ 为原子核的旋磁比,对于固定的原子核,旋磁比一定;$B_0$ 为恒定磁场的磁感应强度.

由式(9-3-1)可以得到发生核磁共振的条件是

$$\nu_0 = \frac{\gamma B_0}{2\pi}. \tag{9-3-2}$$

满足式(9-3-2)的频率 $\nu_0$ 称为核磁共振频率. 如果用角频率 $\omega_0 = 2\pi\nu_0$ 来表示,则上面的共振条件可以写成

$$\omega_0 = 2\pi\nu_0 = \gamma B_0. \tag{9-3-3}$$

由式(9-3-3)可知,对于固定的原子核,旋磁比 $\gamma$ 一定,调节交变电磁场的频率和恒定磁场的磁感应强度或者固定其一调节另一个使式(9-3-3)所表示的共振条件得到满足即可观察到核磁共振现象.

本实验中的核磁共振实验仪采用永久磁铁,$B_0$ 是定值,所以对不同的样品,只需调节交变电磁场的频率使之达到核磁共振频率 $\nu_0$,原子核便可吸收交变电磁场的能量从低子能级跃迁至高子能级,进而获得共振信号.

为了方便用示波器观察上述共振信号,还需使核磁共振信号交替出现,本实验所用的核磁共振实验仪采用扫场法来满足这一要求. 在恒定磁场 $B_0$ 上叠加一个低频调制磁场 $B_m \sin \omega' t$,这个调制磁场实际由一对亥姆霍兹线圈产生,此时样品所在区域的实际磁场为 $B_0 + B_m \sin \omega' t$. 由于调制磁场的幅值 $B_m$ 很小,故合成磁场的方向保持不变,只是实际磁场的幅值按调制频率发生周期性变化,此时交变电磁场的共振角频率也相应地发生周期性变化,即

$$\omega_0 = \gamma(B_0 + B_m \sin \omega' t). \tag{9-3-4}$$

这时只要交变电磁场的角频率在 $\omega_0$ 变化范围之内,则共振条件在调制磁场的一个周期内被满足两次,如图9-3-1(b)所示,此时,若调节交变电磁场的频率,则吸收曲线上的吸收峰将左右移动. 当这些吸收峰间距相等时,如图9-3-1(a)所示,则说明对应频率下的共振磁场为 $B_0$.

如果扫场(低频调制磁场)速度很快,也就是通过共振点的时间比弛豫时间小得多,这时共振吸收信号的形状会发生很大的变化. 在通过共振点后,共振吸收信号会出现衰减振荡,这个衰减的振荡称为"尾波",尾波越大,说明磁场越均匀.

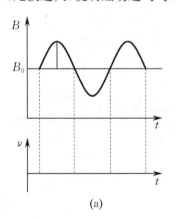
(a)

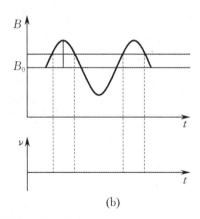
(b)

**图9-3-1 扫场法检测共振吸收信号**

下面以氢核为例来介绍核磁共振的基本原理和观测方法. 氢核虽然是最简单的原子核,但同时也是目前核磁共振应用中最常见和最有用的核.

**1. 核磁共振的量子力学描述**

(1) 单个核的磁共振.

自旋角动量为 $\boldsymbol{P}$ 的原子核,其核[自旋]磁矩为

$$\boldsymbol{\mu} = \gamma\boldsymbol{P} = g_{N}\frac{e}{2m_{p}}\boldsymbol{P}, \tag{9-3-5}$$

式中 $\gamma = g_{N}\dfrac{e}{2m_{p}}$ 为旋磁比，$e$ 为元电荷，$m_{p}$ 为质子质量，$g_{N}$ 为朗德因子. 对氢核来说，$g_{N} = 5.585$.

按照量子力学原理，原子核自旋角动量的大小由下式决定：

$$P = \sqrt{I(I+1)}\,\hbar, \tag{9-3-6}$$

式中 $\hbar = h/2\pi$ 为约化普朗克常量，$I$ 为核的自旋量子数，可以取 $I = 0,1/2,1,3/2,\cdots$. 对氢核来说，$I = 1/2$.

把氢核放入外磁场 $\boldsymbol{B}_{0}$ 中，取磁场 $\boldsymbol{B}_{0}$ 的方向为坐标轴 $z$ 方向. 核的自旋角动量在 $z$ 方向上的投影值由下式决定：

$$P_{z} = m\hbar, \tag{9-3-7}$$

式中 $m$ 为磁量子数，可取 $m = I,I-1,\cdots,-(I-1),-I$. 核磁矩在 $z$ 方向上的投影值为

$$\mu_{z} = g_{N}\frac{e}{2m_{p}}P_{z} = g_{N}\left(\frac{e\hbar}{2m_{p}}\right)m.$$

如果令 $\mu_{N} = \dfrac{e\hbar}{2m_{p}}$，则有

$$\mu_{z} = g_{N}\mu_{N}m, \tag{9-3-8}$$

式中核磁子 $\mu_{N}$ 是核磁矩的单位.

核磁矩为 $\boldsymbol{\mu}$ 的原子核在恒定磁场 $\boldsymbol{B}_{0}$ 中具有的势能为

$$E = -\boldsymbol{\mu}\cdot\boldsymbol{B}_{0} = -\mu_{z}B_{0} = -g_{N}\mu_{N}mB_{0}.$$

此时任何两个能级之间的能量差为

$$\Delta E = E_{m_{1}} - E_{m_{2}} = -g_{N}\mu_{N}B_{0}(m_{1}-m_{2}). \tag{9-3-9}$$

对氢核而言，自旋量子数 $I = 1/2$，所以磁量子数 $m$ 只能取两个值，即 $m = 1/2$ 或 $m = -1/2$. 磁矩在外磁场方向上的投影也只能取两个值，如图 9-3-2(a) 所示，与此相对应的能级则如图 9-3-2(b) 所示.

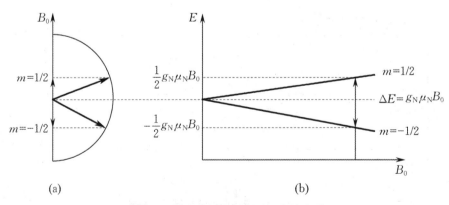

图 9-3-2　氢核能级在磁场中的分裂

根据量子力学中的选择定则，只有 $\Delta m = \pm 1$ 的两个能级之间才能发生跃迁，这两个跃迁能级之间的能量差为

$$\Delta E = g_{N}\mu_{N}B_{0}. \tag{9-3-10}$$

由式(9-3-10)可知，相邻两个能级之间的能量差 $\Delta E$ 与外磁场 $\boldsymbol{B}_{0}$ 的大小成正比，磁场越强，则相邻两个能级分裂也越大.

若此时在外磁场区域叠加一个电磁波作用于氢核，且电磁波的频率 $\nu_{0}$ 恰好满足

$$h\nu_0 = g_N \mu_N B_0, \tag{9-3-11}$$

则氢核就会吸收电磁波的能量,由 $m = 1/2$ 的能级跃迁到 $m = -1/2$ 的能级,这就是核磁共振吸收现象.

(2) 核磁共振信号的强度.

上面讨论的是单个的核放在外磁场中的核磁共振理论,但实验中所用的样品是大量同类核的集合. 如果处于高能级上的核数目与处于低能级上的核数目没有差别,则在电磁波的激发下,上下能级上的核都要发生跃迁,并且跃迁概率是相等的,吸收能量等于辐射能量,此时就观察不到任何核磁共振信号. 只有当低能级上的原子核数目大于高能级上的原子核数目,即原子核吸收的能量比辐射出来的能量多时,才能观察到核磁共振信号. 在热平衡状态下,原子核在两个能级上的相对分布由玻尔兹曼因子决定:

$$\frac{N_1}{N_2} = \exp\left(\frac{\Delta E}{kT}\right) = \exp\left(\frac{g_N \mu_N B_0}{kT}\right), \tag{9-3-12}$$

式中 $N_1$ 为低能级上的核数目,$N_2$ 为高能级上的核数目,$\Delta E$ 为上下能级间的能量差,$k$ 为玻尔兹曼常量,$T$ 为热力学温度. 当 $g_N \mu_N B_0 \ll kT$ 时,式 $(9-3-12)$ 可以近似写成

$$\frac{N_1}{N_2} = 1 + \frac{g_N \mu_N B_0}{kT}. \tag{9-3-13}$$

式 $(9-3-13)$ 说明,处于低能级上的核数目比高能级上的核数目略微多一点. 对氢核来说,如果实验温度 $T = 300$ K,外磁场 $B_0 = 1$ T,则

$$N_2/N_1 \approx 1 - 7 \times 10^{-6} \quad \text{或} \quad (N_1 - N_2)/N_1 \approx 7 \times 10^{-6}.$$

这说明,在室温下,每百万个低能级上的核比高能级上的核大约只多出 7 个. 这就是说,在低能级上参与核磁共振吸收的每一百万个核中只有 7 个核的核磁共振吸收未被共振辐射所抵消. 由此可见,核磁共振信号非常微弱,检测如此微弱的信号,需要高质量的接收器.

由式 $(9-3-13)$ 还可以看出,温度越高,粒子数差越小,对观察核磁共振信号越不利;外磁场 $B_0$ 越强,粒子数差越大,越有利于观察核磁共振信号. 一般核磁共振实验要求磁场强一些,其原因就在这里.

另外,要想观察到核磁共振信号,仅靠磁场强一些还不够,磁场在样品范围内还应高度均匀,否则不管磁场多强也观察不到核磁共振信号. 其原因之一是核磁共振信号由式 $(9-3-11)$ 决定,如果磁场不均匀,则样品内各部分的共振频率不同. 此时,对某个频率的电磁波来说,将只有少数核参与共振,其结果是核磁共振信号被噪声所淹没而难以被观察到.

**2. 核磁共振的经典力学描述**

以下用经典理论观点来讨论核磁共振问题. 需要说明的是,将经典理论中的关于原子核的矢量模型应用于微观粒子是不严格的,但是它对于某些问题可以做出一定的解释. 用经典力学理论解释微观粒子的运动虽然数值上不一定正确,但它可以给出一个清晰的物理图像,帮助我们了解问题的实质.

(1) 单个核的拉莫尔进动.

我们知道,如果陀螺不旋转,当它的轴线偏离竖直方向时,在重力作用下,它会倒下. 但是如果陀螺本身在做自转运动,它就不会倒下而是绕着竖直轴进动,如图 $9-3-3$ 所示.

由于原子核具有自旋和磁矩,在外磁场中它的行为同于陀螺在重力场中的行为. 设核的自旋角动量为 $\boldsymbol{P}$,核磁矩为 $\boldsymbol{\mu}$,外磁场为 $\boldsymbol{B}_0$,由经典理论可知

$$\frac{d\boldsymbol{P}}{dt} = \boldsymbol{\mu} \times \boldsymbol{B}_0. \tag{9-3-14}$$

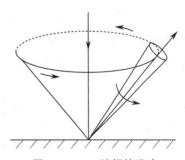

**图 9-3-3 陀螺的进动**

又因 $\boldsymbol{\mu} = \gamma \boldsymbol{P}$,故有

$$\frac{\mathrm{d}\boldsymbol{\mu}}{\mathrm{d}t} = \gamma \boldsymbol{\mu} \times \boldsymbol{B}_0. \tag{9-3-15}$$

写成分量的形式则为

$$\begin{cases} \dfrac{\mathrm{d}\mu_x}{\mathrm{d}t} = \gamma(\mu_y B_{0z} - \mu_z B_{0y}), \\[2mm] \dfrac{\mathrm{d}\mu_y}{\mathrm{d}t} = \gamma(\mu_z B_{0x} - \mu_x B_{0z}), \\[2mm] \dfrac{\mathrm{d}\mu_z}{\mathrm{d}t} = \gamma(\mu_x B_{0y} - \mu_y B_{0x}). \end{cases} \tag{9-3-16}$$

若设 $z$ 轴沿外磁场 $\boldsymbol{B}_0$ 的方向,即 $B_{0x} = B_{0y} = 0, B_{0z} = B_0$,则式(9-3-16)将变为

$$\begin{cases} \dfrac{\mathrm{d}\mu_x}{\mathrm{d}t} = \gamma \mu_y B_0, \\[2mm] \dfrac{\mathrm{d}\mu_y}{\mathrm{d}t} = -\gamma \mu_x B_0, \\[2mm] \dfrac{\mathrm{d}\mu_z}{\mathrm{d}t} = 0. \end{cases} \tag{9-3-17}$$

由此可见,核磁矩分量 $\mu_z$ 是一个常数,即核磁矩 $\boldsymbol{\mu}$ 在 $\boldsymbol{B}_0$ 的方向上的投影将保持不变. 将式(9-3-17)中的第一式对 $t$ 求导,并将第二式代入有

$$\frac{\mathrm{d}^2 \mu_x}{\mathrm{d}t^2} = \gamma B_0 \frac{\mathrm{d}\mu_y}{\mathrm{d}t} = -\gamma^2 B_0^2 \mu_x$$

或

$$\frac{\mathrm{d}^2 \mu_x}{\mathrm{d}t^2} + \gamma^2 B_0^2 \mu_x = 0. \tag{9-3-18}$$

式(9-3-18)是一个典型的简谐运动方程,其解为 $\mu_x = A\cos(\gamma B_0 t + \varphi)$. 令 $\omega_0 = \gamma B_0$ 并结合式(9-3-17)中的第一式可得

$$\begin{cases} \mu_x = A\cos(\omega_0 t + \varphi), \\ \mu_y = -A\sin(\omega_0 t + \varphi), \\ \mu_L = \sqrt{\mu_x^2 + \mu_y^2} = A = 常数. \end{cases} \tag{9-3-19}$$

由此可知,核磁矩为 $\boldsymbol{\mu}$ 的核在恒定磁场中运动的特点为

① 它围绕外磁场 $\boldsymbol{B}_0$ 做进动,进动角频率 $\omega_0 = \gamma B_0$ 与 $\boldsymbol{\mu}$ 和 $\boldsymbol{B}_0$ 之间的夹角 $\theta$ 无关;

② 它在 $xy$ 平面上的投影 $\mu_L$ 是常数;

③ 它在外磁场 $\boldsymbol{B}_0$ 方向上的投影 $\mu_z$ 为常数.

其运动图像如图 9-3-4 所示. 这时,如果再在垂直于 $\boldsymbol{B}_0$ 的平面内加上一个弱的旋转磁场 $\boldsymbol{B}_1(B_1 \ll B_0)$,且 $\boldsymbol{B}_1$ 的角频率和转动方向与核磁矩 $\boldsymbol{\mu}$ 的进动角频率和进动方向都相同,如图 9-3-5 所示,则核磁矩为 $\boldsymbol{\mu}$ 的核除了受到 $\boldsymbol{B}_0$ 的作用之外,还要受到旋转磁场 $\boldsymbol{B}_1$ 的影响. 也就是说,$\boldsymbol{\mu}$ 除了要围绕 $\boldsymbol{B}_0$ 进动之外,还要绕 $\boldsymbol{B}_1$ 进动,所以 $\boldsymbol{\mu}$ 与 $\boldsymbol{B}_0$ 之间的夹角 $\theta$ 将发生变化. 由核磁矩的势能

$$E = -\boldsymbol{\mu} \cdot \boldsymbol{B}_0 = -\mu B_0 \cos\theta \tag{9-3-20}$$

可知,$\theta$ 的变化意味着核的能量状态发生变化. 当 $\theta$ 值增加时,核要从旋转磁场 $\boldsymbol{B}_1$ 中吸收能量,这就是核磁共振. 产生共振的条件为

$$\omega = \omega_0 = \gamma B_0, \tag{9-3-21}$$

这一结论与量子力学得出的结论完全一致.

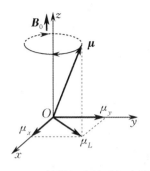

图 9-3-4 核磁矩在外磁场中的进动

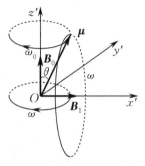

图 9-3-5 转动坐标系中的核磁矩

如果旋转磁场 $\boldsymbol{B}_1$ 的转动角频率 $\omega$ 与核磁矩 $\boldsymbol{\mu}$ 的进动角频率 $\omega_0$ 不相等,即 $\omega \neq \omega_0$,则 $\theta$ 的变化不显著. 平均说来,$\theta$ 的变化为零. 此时原子核没有吸收旋转磁场的能量,因此就观察不到核磁共振信号.

(2) 布洛赫方程.

上面讨论的是单个核的核磁共振,但实验中研究的是样品中多个核磁矩构成的磁化强度矢量 $\boldsymbol{M}$;另外,被研究的系统也并不是孤立的,而是与周围物质有一定的相互作用. 全面考虑这些问题,才能建立起完善的核磁共振理论.

因为磁化强度矢量 $\boldsymbol{M}$ 是单位体积内核磁矩 $\boldsymbol{\mu}$ 的矢量和,所以由式(9-3-15)可得

$$\frac{\mathrm{d}\boldsymbol{M}}{\mathrm{d}t} = \gamma(\boldsymbol{M} \times \boldsymbol{B}_0). \tag{9-3-22}$$

式(9-3-22)表明,磁化强度矢量 $\boldsymbol{M}$ 围绕着外磁场 $\boldsymbol{B}_0$ 做进动,进动角频率 $\omega_0 = \gamma B_0$. 现在假定外磁场 $\boldsymbol{B}_0$ 沿 $z$ 轴方向,同时再沿 $x$ 轴方向加一射频场

$$\boldsymbol{B}_r = 2B_1 \cos \omega t \boldsymbol{i}, \tag{9-3-23}$$

式中 $\boldsymbol{i}$ 为 $x$ 轴方向上的单位矢量,$2B_1$ 为振幅. 这个线偏振场可以看作是左旋圆偏振场和右旋圆偏振场的叠加,如图 9-3-6 所示. 在这两个圆偏振场中,只有当圆偏振场的旋转方向与 $\boldsymbol{M}$ 的进动方向相同时才起作用,所以对于 $\gamma$ 为正的系统,起作用的是顺时针方向的圆偏振场,即

$$M_z = M_0 = \chi_0 H_0 = \chi_0 B_0/\mu_0,$$

式中 $\chi_0$ 是静磁化率,$\mu_0$ 为真空中的磁导率,$M_0$ 是自旋系统与晶格达到热平衡时自旋系统的磁化强度.

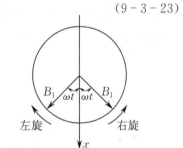

图 9-3-6 线偏振磁场分解为
圆偏振磁场

原子核系统吸收了射频场能量之后,处于高能态的粒子数目增多,使得 $M_z < M_0$,此时系统将偏离热平衡状态. 由于自旋与晶格的相互作用,晶格将吸收核的能量,使原子核跃迁到低能态而向热平衡过渡. 用来描述这个过渡的特征时间称为纵向弛豫时间,用 $T_1$ 表示(它反映了沿外磁场方向上磁化强度矢量 $M_z$ 恢复到平衡值 $M_0$ 所需时间的大小). 考虑了纵向弛豫作用后,假定 $M_z$ 向平衡值 $M_0$ 过渡的速度与 $M_z$ 偏离 $M_0$ 的程度($M_0 - M_z$)成正比,即有

$$\frac{\mathrm{d}M_z}{\mathrm{d}t} = -\frac{M_z - M_0}{T_1}. \tag{9-3-24}$$

此外,自旋与自旋之间也存在相互作用,$\boldsymbol{M}$ 的横向分量也要由非平衡态时的 $M_x$ 和 $M_y$ 向平衡态时的值 $M_x = M_y = 0$ 过渡,表征这个过程的特征时间称为横向弛豫时间,用 $T_2$ 表示. 与 $M_z$ 类似,可以假定

$$\begin{cases} \dfrac{\mathrm{d}M_x}{\mathrm{d}t} = -\dfrac{M_x}{T_2}, \\ \dfrac{\mathrm{d}M_y}{\mathrm{d}t} = -\dfrac{M_y}{T_2}. \end{cases} \tag{9-3-25}$$

前面分别分析了外磁场和弛豫过程对核磁化强度矢量 $\boldsymbol{M}$ 的作用,当上述两种作用同时存在时,描述核磁共振现象的基本运动方程为

$$\frac{\mathrm{d}\boldsymbol{M}}{\mathrm{d}t} = \gamma(\boldsymbol{M} \times \boldsymbol{B}) - \frac{1}{T_2}(M_x\boldsymbol{i} + M_y\boldsymbol{j}) - \frac{M_z - M_0}{T_1}\boldsymbol{k}. \tag{9-3-26}$$

该方程称为布洛赫方程,式中 $\boldsymbol{i}, \boldsymbol{j}, \boldsymbol{k}$ 分别是 $x$ 轴、$y$ 轴、$z$ 轴方向上的单位矢量.

值得注意的是,式中 $\boldsymbol{B}$ 是外磁场 $\boldsymbol{B}_0$ 与圆偏振场 $\boldsymbol{B}_1$ 的叠加,其中 $\boldsymbol{B}_0 = B_0\boldsymbol{k}, \boldsymbol{B}_1 = B_1\cos\omega t\boldsymbol{i} - B_1\sin\omega t\boldsymbol{j}$, $\boldsymbol{M} \times \boldsymbol{B}$ 的三个分量是

$$\begin{cases} (M_yB_0 + M_zB_1\sin\omega t)\boldsymbol{i}, \\ (M_zB_1\cos\omega t - M_xB_0)\boldsymbol{j}, \\ (-M_xB_1\sin\omega t - M_yB_1\cos\omega t)\boldsymbol{k}. \end{cases} \tag{9-3-27}$$

这样,布洛赫方程写成分量形式即为

$$\begin{cases} \dfrac{\mathrm{d}M_x}{\mathrm{d}t} = \gamma(M_yB_0 + M_zB_1\sin\omega t) - \dfrac{M_x}{T_2}, \\ \dfrac{\mathrm{d}M_y}{\mathrm{d}t} = \gamma(M_zB_1\cos\omega t - M_xB_0) - \dfrac{M_y}{T_2}, \\ \dfrac{\mathrm{d}M_z}{\mathrm{d}t} = -\gamma(M_xB_1\sin\omega t + M_yB_1\cos\omega t) - \dfrac{M_z - M_0}{T_1}. \end{cases} \tag{9-3-28}$$

在各种条件下来解布洛赫方程,可以解释各种核磁共振现象.一般来说,布洛赫方程中含有 $\cos\omega t$ 和 $\sin\omega t$ 这些高频振荡项,求解起来比较麻烦.如果我们能对它做一坐标变换,把它变换到旋转坐标系中去,求解起来就会容易得多.

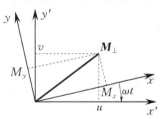

如图 $9-3-7$ 所示,取新坐标系 $x'y'z'$, $z'$ 轴与原来的实验室坐标系中的 $z$ 轴重合(未画出),旋转磁场 $\boldsymbol{B}_1$ 的方向与 $x'$ 轴重合.显然,新坐标系是与旋转磁场以同一频率 $\omega$ 转动的旋转坐标系.图中 $\boldsymbol{M}_\perp$ 是 $\boldsymbol{M}$ 在垂直于恒定磁场方向上的分量,即 $\boldsymbol{M}$ 在 $xy$ 平面内的分量,设 $u$ 和 $v$ 分别是 $\boldsymbol{M}_\perp$ 在 $x'$ 轴和 $y'$ 轴方向上的分量,则

图 $9-3-7$  旋转坐标系

$$\begin{cases} M_x = u\cos\omega t + v\sin\omega t, \\ M_y = v\cos\omega t - u\sin\omega t. \end{cases}$$

把它们代入式(9-3-28)即得

$$\begin{cases} \dfrac{\mathrm{d}u}{\mathrm{d}t} = (\omega_0 - \omega)v - \dfrac{u}{T_2}, \\ \dfrac{\mathrm{d}v}{\mathrm{d}t} = -(\omega_0 - \omega)u - \dfrac{v}{T_2} + \gamma B_1 M_z, \\ \dfrac{\mathrm{d}M_z}{\mathrm{d}t} = \dfrac{M_0 - M_z}{T_1} - \gamma B_1 v, \end{cases} \tag{9-3-29}$$

式中 $\omega_0 = \gamma B_0$.式(9-3-29)表明,$M_z$ 的变化是 $v$ 的函数而与 $u$ 无关.$M_z$ 的变化反映了与核磁化强度矢量对应的系统能量的变化,所以 $v$ 的变化反映了系统能量的变化.

从式(9-3-29)可以看出 $u, v$ 和 $M_z$ 已经不包含 $\cos\omega t$ 和 $\sin\omega t$ 这些高频振荡项了,但要严格求解仍是相当困难的,通常是根据实验条件来进行简化.如果磁场或频率的变化十分缓慢,则可以认为 $u, v, M_z$ 都不随时间发生变化,即 $\mathrm{d}u/\mathrm{d}t = 0, \mathrm{d}v/\mathrm{d}t = 0, \mathrm{d}M_z/\mathrm{d}t = 0$,此时系统达到稳定状态,与之对

应的式(9-3-29)的解称为稳态解：

$$\begin{cases} u = \dfrac{\gamma B_1 T_2^2 (\omega_0 - \omega) M_0}{1 + T_2^2 (\omega_0 - \omega)^2 + \gamma^2 B_1^2 T_1 T_2}, \\[3mm] v = \dfrac{\gamma B_1 T_2 M_0}{1 + T_2^2 (\omega_0 - \omega)^2 + \gamma^2 B_1^2 T_1 T_2}, \\[3mm] M_z = \dfrac{\left[1 + T_2^2 (\omega_0 - \omega)^2\right] M_0}{1 + T_2^2 (\omega_0 - \omega)^2 + \gamma^2 B_1^2 T_1 T_2}. \end{cases} \quad (9-3-30)$$

根据式(9-3-30)中前两式可以画出 $u$ 和 $v$ 随 $\omega$ 变化的函数关系曲线.根据曲线知道,当外加旋转磁场 $\boldsymbol{B}_1$ 的角频率 $\omega$ 等于 $\boldsymbol{M}$ 在磁场 $\boldsymbol{B}_0$ 中的进动角频率 $\omega_0$ 时,吸收信号最强,即出现共振吸收现象.

（3）结果分析.

由上面得到的布洛赫方程的稳态解可看出,当 $\omega = \omega_0$ 时, $v$ 值为极大,且

$$v_{极大} = \gamma B_1 T_2 M_0 (1 + \gamma^2 B_1^2 T_1 T_2)^{-1}.$$

在共振条件下,当 $B_1 = \dfrac{1}{\gamma (T_1 T_2)^{1/2}}$ 时, $v$ 达到最大值,且 $v_{\max} = \dfrac{1}{2} \sqrt{\dfrac{T_2}{T_1}} M_0$.此结果表明,要想获得最大的吸收信号并不是要求 $B_1$ 无限小,而是要求它有一定的大小.

共振时, $\Delta \omega = \omega_0 - \omega = 0$,吸收信号的表达式中包含有 $S = (1 + \gamma^2 B_1^2 T_1 T_2)^{-1}$ 项,也就是说, $B_1$ 增加时, $S$ 值减小,这意味着自旋系统吸收的能量减少,相当于高能级部分地被饱和,所以称 $S$ 为饱和因子.

实际的核磁共振吸收不是只发生在由式(9-3-11)所决定的单一频率上,而是发生在一定的频率范围内,即谱线存在一定的宽度.通常把吸收曲线半高度的宽度所对应的频率间隔称为共振线宽.由于弛豫过程造成的线宽称为本征线宽.外磁场 $\boldsymbol{B}_0$ 不均匀也会使吸收谱线加宽.由式(9-3-30)可以看出,吸收曲线半宽度为

$$\Delta \omega = \omega_0 - \omega = \frac{\sqrt{1 + \gamma^2 B_1^2 T_1 T_2}}{T_2}. \quad (9-3-31)$$

可见,线宽主要由 $T_2$ 决定,所以横向弛豫时间是线宽的主要参数.

**【实验仪器】**

FD-CNMR-I 型核磁共振实验仪、Q9 电缆线等.

核磁共振实验仪主要由永久磁铁及扫场线圈、扫描磁场电源、边限振荡器（其上装有探头和样品）、频率计和示波器等组成,如图9-3-8所示.

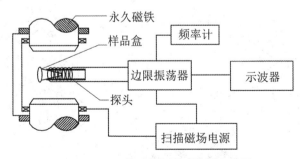

**图 9-3-8　核磁共振实验装置示意图**

（1）永久磁铁：产生恒定磁场 $B_0$,也称主场,是核磁共振实验装置的核心.磁铁要能够产生尽量强、非常稳定且均匀的磁场.首先,强磁场有利于更好地观察核磁共振信号；其次,磁场空间分布均匀性和稳定性越好则核磁共振实验仪的分辨率越高.核磁共振实验装置中的磁铁有三类：永久磁铁、电磁铁和超导磁铁.永久磁铁的优点是不需要磁铁电源和冷却装置,运行费用低,而且稳定度高.电磁铁

的优点是通过改变励磁电流可以在较大范围内改变磁场的大小.为了产生所需要的磁场,电磁铁需要很稳定的大功率直流电源和冷却系统,另外还要保持电磁铁温度恒定.超导磁铁最大的优点是能够产生高达十几特斯拉的强磁场,这对大幅度提高核磁共振实验仪的灵敏度和分辨率极为有益,同时磁场的均匀性和稳定性也很好,是现代谱仪较理想的磁铁,但仪器使用中需要用到液氮或液氦,这给实验带来了不便.本实验所用磁铁的中心磁场 $B_0 \geqslant 0.5$ T,在磁场中心 5 mm$^3$ 范围内,磁场均匀度优于 $5 \times 10^{-6}$.

(2)边限振荡器:边限振荡器具有与一般振荡器不同的输出特性,其输出幅度随外界吸收能量的轻微增加而明显下降,当吸收能量大于某一阈值时即停振,通常被调整在振荡和不振荡的边缘状态,故称为边限振荡器.

如图 9-3-8 所示,样品放在边限振荡器的振荡线圈中,振荡线圈放在恒定磁场 **B**$_0$ 中,由于边限振荡器处于振荡与不振荡的边缘,样品吸收的能量不同(线圈的 $Q$ 值发生变化)时,振荡器的振幅将有较大的变化.当发生共振时,样品吸收增强,振荡变弱,经过二极管的倍压检波,就可以把反映振荡器振幅大小变化的共振吸收信号检测出来,进而用示波器显示.由于采用边限振荡器,所以射频场很弱,饱和效应的影响很小.但如果电路调节得不好,偏离边限振荡器状态很远,一方面射频场很强,出现饱和效应,另一方面,样品中少量的能量吸收对振幅的影响很小,这时就有可能观察不到共振吸收信号.这种把发射线圈兼作接收线圈的探测方法称为单线圈法.

(3)扫场线圈:用来产生扫描磁场 $B'$,也称调制磁场.扫场为可调交变磁场,其幅度大小在零点几高斯到十几高斯,用于在示波器上观察共振信号.扫场线圈的电流由可调变阻器的输出提供,故扫场的幅度可通过可调变阻器调节.

(4)探头:用来产生射频场(方向与恒定磁场垂直),探测共振信号,内装有样品.本实验提供含顺磁离子的低浓度水溶液(1%)、有机物和纯水等样品,如表 9-3-1 所示.

表 9-3-1　本实验所用样品

| 核类型 | 样品名称 | | | | |
|---|---|---|---|---|---|
| 氢核$^1$H | 1# CuSO$_4$ | 2# FeCl$_3$ | 4# 丙三醇 | 5# 纯水 | 6# MnSO$_4$ |
| 氟核$^{19}$F | 3# 氟碳 | | | | |

**【实验内容与步骤】**

1.熟悉各仪器的性能.

仪器连线如图 9-3-9 所示.

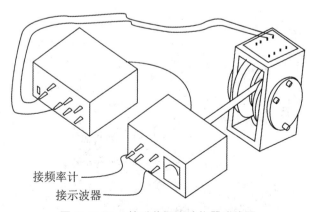

接频率计

接示波器

图 9-3-9　核磁共振实验仪器连线图

（1）将探头旋进边限振荡器后面板指定位置,并将 $1\sharp CuSO_4$ 样品插入探头内.

（2）将扫描磁场电源上"扫描输出"的两个输出端接磁铁面板中的一组接线柱(磁铁面板上共有四组,是等同的,实验中可以任选一组),并将扫描磁场电源机箱后面板上的接头与边限振荡器后面板上的接头用电缆线连接起来.

（3）将边限振荡器的"共振信号输出"用电缆线接至示波器"CH1"或者"CH2"通道,"频率输出"用电缆线接至频率计的"CHANNEL1"通道.

（4）移动边限振荡器将探头连同样品放入磁场中,调节边限振荡器机箱底部四个调节螺丝,确保内部线圈产生的射频场方向与恒定磁场方向垂直.

（5）打开扫描磁场电源、边限振荡器、频率计和示波器的电源,准备仪器调试.

2.用扫场法观察核磁共振的稳态吸收信号.

（1）缓慢调整边限振荡器的位置,使放有 $1\sharp CuSO_4$ 样品(共振信号比较明显)的探头处于恒定磁场中心.

（2）将扫描磁场电源的"扫描幅度"调节旋钮顺时针调节至接近最大(旋至最大后,再往回旋半圈,因为最大时电位器电阻为零,输出短路,对仪器有一定的损伤),这样可以加大捕捉信号的范围.接着将示波器的扫描速率旋钮旋至 $0.5\sim 2$ ms/div,纵向放大旋钮旋至 $0.1\sim 0.2$ V/div.

（3）调节边限振荡器的幅度旋钮使边限(射频)电压约为 $2$ V.调节频率"粗调"旋钮,将射频频率调节至氢核[1]H 的共振值 $\omega_0$ 附近,然后缓慢调节"细调"旋钮,在此附近捕捉信号,当满足共振条件 $\omega_0 = \gamma B_0$ 时,可以观察到如图 $9-3-10$ 所示的共振信号.调节旋钮时要尽量慢,因为共振范围非常小,很容易跳过,可在共振频率附近 $\pm 1$ MHz 的范围内进行信号捕捉.

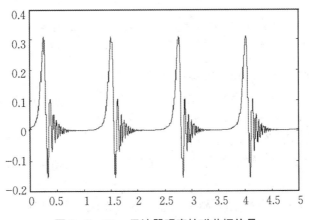

图 $9-3-10$　示波器观察核磁共振信号

（4）调出大致共振信号后,逆时针缓慢调节扫描电源的"扫描幅度"旋钮,降低扫描幅度,减少信号失真,然后缓慢调节边限振荡器的频率"细调"旋钮使信号等宽,同时调节样品在磁铁中的空间位置以得到尾波最多的共振信号.当示波器上显示较强而稳定的稳态吸收信号以后:① 适当改变边限振荡器上射频场的强度,观察吸收信号幅值的变化;② 改变扫描电源上扫场电压的大小,观察吸收信号的变化;③ 上下、前后、左右缓慢移动边限振荡器,改变样品在磁场中的位置,仔细观察磁场的均匀度对吸收信号波形的影响.

3.测量永久磁铁中心的磁感应强度大小 $B_0$.

通过上述观测发现,扫场电压不变而频率变化时,连续三个尖峰间的距离会发生变化.当达到共振时,改变扫场电压,共振状态不变(尖峰间的距离不变).若不处于共振状态,改变扫场电压,尖峰间的距离则会发生变化.由此规律,测定三峰等间距时的射频频率 $\nu_0$,根据公式 $h\nu_0 = g_N \mu_N B_0$ 计算 $B_0$.

4.稳态法(连续波法)估测横向弛豫时间 $T_2$.

用连续的弱射频场作用于原子核系统,以观测 NMR 波谱,具体方法分如下两种.

(1)内扫法:先用示波器测定三峰等间距时的射频频率 $\nu_0$,然后测定相邻两共振峰合二为一刚消失时的射频频率 $\nu_1$,接着测量三峰等间隔时的半高宽 $\Delta t$,计算氢核 [1]H 的横向弛豫时间 $T_2$.

(2)移相法:用示波器测定两共振信号合二为一居于李萨如图形中央时的射频频率 $\nu_0$,然后测定对应两共振信号居于李萨如图形两侧边缘刚消失时的射频频率 $\nu_1$,接着测量两共振信号一起在李萨如图形中心时两个半高宽的平均值,计算 [1]H 的横向弛豫时间 $T_2$.测量线路连接如图 9-3-11 所示,在前面共振信号调节的基础上,将扫描磁场电源前面板上的"X轴输出"经Q9叉片连接线接至示波器的CH1通道,再将边限振荡器前面板上"共振信号输出"用Q9电缆线接至示波器的CH2通道,示波器用"X-Y"方式进行显示,观测蝶形李萨如图形.

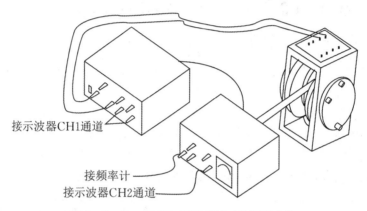

接示波器CH1通道

接频率计
接示波器CH2通道

**图 9-3-11　李萨如图形观测时仪器的连接**

【注意事项】

1.不要随便移动桌面上仪器的摆放位置,特别是不准移动永久磁铁的位置,不要动上面的任何螺丝.恒定磁场由永久磁铁产生,永久磁铁选用高性能永磁材料,具有体积小、场强大和性能稳定等优点.磁钢两边有六颗螺丝,出厂前已经过严格调整,并得到最佳的信噪比,一般情况不必加以调整.如果磁钢因搬运,导致信噪比下降,可以在有信号的状态下,先选择其中的一颗螺丝小心调整一下,使信号增大、尾波节数增多直至信号最佳,如无效可以选择调整另一颗螺丝.切忌无信号时或几颗螺丝同时操作.

2.接通电源前应把输出电流和电压调到 0 挡,经检查无误后再开启电源.实验过程中所有按键和旋钮要轻按慢旋,没有搞清功能前不得使用仪器.

3.将样品安置在磁场均匀区域内,信号会十分明显.所以,样品在磁场中的位置尤为重要,必须认真仔细观测信号随样品位置的变化,力求取得最佳效果.

4.为减少各类干扰,本实验中所用仪器的电源插座必须有良好的接地措施,由于射频线圈既是发射线圈又是接收线圈,容易受到空间周围环境的影响,实验室周围须无明显的高频信号和无线电干扰源.

【数据表格及数据处理要求】

1.根据实验内容自拟表格记录实验数据.

2.计算磁感应强度 $B_0$,并与标准值进行比较,计算其相对误差.

3.根据公式 $T_2 = \dfrac{2}{|\omega_0 - \omega_1|_{\omega_{扫}} \Delta t}$,计算氢核 [1]H 的横向弛豫时间 $T_2$,式中 $\omega_0 - \omega_1 = 2\pi(\nu_0 - \nu_1)$,

$\nu_0$ 为三峰等间隔时的射频频率，$\nu_1$ 为两峰合一刚消失时的射频频率；$\omega_{扫} = 2\pi \times 50 \text{ Hz}$；$\Delta t$ 为三峰等间隔时的半高宽.

4. 通过已知磁感应强度 $B_0$，求核的旋磁比 $\gamma$ 和朗德因子 $g$ 等.

**【实验后思考题】**

1. 比较内扫法和移相法的异同点.

2. 结合实验，分析磁场空间分布不均匀性对共振信号的影响.

3. 样品中为什么要加入少许顺磁离子？

4. 当调节边限振荡器上"幅度调节"旋钮并由小调至最大时，会出现"射频场幅度"指示表头由大于 5 V 反打至零的现象，这是什么原因？

5. 在核磁共振成像技术中，设要确定空间每一点的共振信号，但又无法插入探头，这时对磁场的结构有一定的要求，对此请提出你的想法.

# 9.4 弗兰克-赫兹实验

1913 年，丹麦物理学家玻尔提出了氢原子模型，并指出原子存在能级. 该模型在预言氢光谱的实验观察中取得了显著的成功. 根据玻尔的原子理论，原子光谱中的每条谱线代表原子从某一个较高能态向另一个较低能态跃迁时的辐射.

1914 年，德国物理学家弗兰克和赫兹对勒纳用来测量电离电势的实验装置做了改进，他们同样采取慢电子（几个到几十个 eV）与单元素气体原子碰撞的办法，但着重观察碰撞后电子发生的变化（勒纳则观察碰撞后离子流的情况）. 通过实验测量发现，电子和原子碰撞时会交换某一定值的能量，对应的原子则从低能级跃迁到高能级，随后原子由激发态跃迁回基态时辐射出光谱线. 该实验直接证明了原子发生跃迁时吸收和发射的能量是分立的、不连续的，进而证实了原子能级的存在，为此弗兰克和赫兹获得了 1925 年的诺贝尔物理学奖.

**【实验目的】**

1. 了解弗兰克和赫兹研究原子内部能量量子化的基本思想和方法.

2. 了解电子与原子间的弹性碰撞与非弹性碰撞的区别.

3. 掌握测量氩原子第一激发电势的方法.

4. 证明原子能级的存在，加深对玻尔原子理论的理解.

**【预习思考题】**

1. 什么是能级？玻尔的能级跃迁理论是如何描述能级的？

2. 电子和原子的碰撞在什么情况下是弹性碰撞？什么情况下是非弹性碰撞？

**【实验原理】**

玻尔的原子模型指出：原子是由原子核和核外电子组成的. 原子核位于原子的中心，电子以核为中心沿着各种不同直径的轨道运动. 对于不同的原子，在轨道上运动的电子的分布各不相同.

在一定轨道上运动的电子，具有相应的能量. 当一个原子内的电子从低能量的轨道跃迁到较高能量的轨道时，该原子就处于一种受激状态，如图 9-4-1 所示. 若电子从轨道 Ⅰ 跃迁到轨道 Ⅱ，则该原子处于第一激发态；若电子跃迁到轨道 Ⅲ，则该原子处于第二激发态. 图 9-4-1 中，$E_1$，$E_2$，$E_3$ 分别是与轨道 Ⅰ，Ⅱ，Ⅲ 相对应的原子能级.

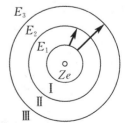

图 9-4-1 原子结构示意图

原子状态的改变将伴随着原子能量的变化. 若原子从低能级 $E_n$ 态跃迁到高能级 $E_m$ 态,则原子需吸收一定的能量 $\Delta E = E_m - E_n$. 原子状态的改变通常有两种方法:一是原子吸收或放出电磁辐射;二是原子与其他粒子发生碰撞而交换能量. 弗兰克-赫兹实验是通过使具有一定能量的慢电子与原子碰撞来交换能量从而实现原子从基态到高能态的跃迁.

根据玻尔理论,原子只能较长久地停留在一些稳定状态(定态),其中每一状态对应于一定的能量值,各定态的能量是分立的,原子只能吸收或辐射相当于两定态间能量差的能量. 如果处于基态的原子要发生状态改变,所获得的能量不能少于原子从基态跃迁到第一激发态时所需要的能量,这个能量称为临界能量.

当电子与原子相碰撞时,如果电子能量小于临界能量,则电子与原子之间发生弹性碰撞,电子的能量几乎不损失. 如果电子的能量大于临界能量,则电子与原子之间发生非弹性碰撞,电子把能量传递给原子,所传递的能量值恰好等于原子两个定态间的能量差,而其余的能量仍由电子保留. 设 $E_2$ 和 $E_1$ 分别为原子的第一激发态和基态能量. 初动能为零的电子在电势差为 $U_0$ 的电场作用下获得能量 $eU_0$,如果

$$eU_0 = \frac{1}{2}m_e v^2 = E_2 - E_1, \qquad (9-4-1)$$

那么当电子与原子发生碰撞时,原子将从电子获得能量而从基态跃迁到第一激发态,相应的电势差就称为原子的第一激发电势.

原子处于激发态是不稳定的,不久就会自动回到基态,并以电磁辐射的形式放出之前所获得的能量,其频率可由关系式 $h\nu = eU_0$ 求得. 在玻尔发表原子模型理论的第二年,弗兰克和赫兹参照勒纳创造的反向电压法,用慢电子与稀薄气体原子(Hg,He)碰撞,经过反复试验,获得了如图 9-4-2 所示的曲线.

1915 年,玻尔指出实验曲线中的电势正是他所预言的第一激发电势,从而为玻尔的能级理论找到了重要实验依据. 这是物理学发展史上理论与实验良性互动的又一个极好例证.

弗兰克-赫兹实验原理如图 9-4-3 所示. 在玻璃容器中充入待测气体(本实验充氩气). 电子由阴极 K 发出,阴极 K 和第一栅极 $G_1$ 之间的加速电压 $U_{G1K}$ 及与第二栅极 $G_2$ 之间的加速电压 $U_{G2K}$ 使电子加速. 第一栅极 $G_1$ 和阴极 K 之间的加速电压 $U_{G1K}$ 约为 1.5 V,用于消除阴极电压散射的影响. 在极板 P 和第二栅极 $G_2$ 之间可设置减速电压 $U_{G2P}$,容器内空间电压分布如图 9-4-4 所示.

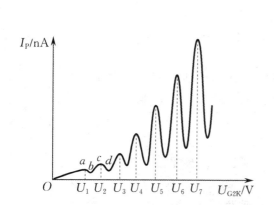

图 9-4-2 弗兰克-赫兹实验 $I_P$-$U_{G2K}$ 曲线

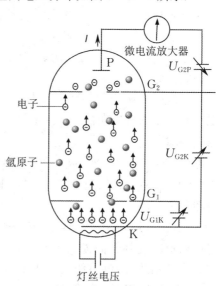

图 9-4-3 弗兰克-赫兹实验原理图

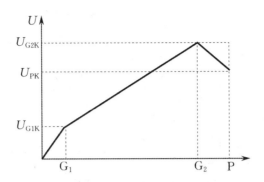

图 9-4-4 弗兰克-赫兹管内空间电势分布原理图

灯丝加热时,阴极的外层即发射电子,电子在 $G_1$ 和 $G_2$ 间的电场作用下被加速,能量越来越大,当电子通过第二栅极进入 $G_2P$ 空间时,如果能量大于 $eU_{G2P}$,就能到达板极 P 形成电流 $I_P$.

在电子发射的起始阶段,由于电压 $U_{G2K}$ 较低,电子的能量较小,在运动过程中即使它与原子相碰撞(为弹性碰撞)也只有微小的能量交换.这样,穿过第二栅极的电子所形成的电流 $I_P$ 随第二栅极电压 $U_{G2K}$ 的增加而增大(见图 9-4-2 中的 $Oa$ 段).

如果碰撞前电子的能量小于 $eU_0$(对氩原子,$U_0 = 11.62\ V$),那么它们之间的碰撞就是弹性的(这类碰撞过程中电子能量损失很小可忽略不计).然而当电子的能量达到或超过 $eU_0$ 时,电子与原子之间将发生非弹性碰撞.在碰撞过程中,电子的能量传递给氩原子.假设这种碰撞发生在第二栅极附近,那些因碰撞而损失了能量的电子在穿过栅极之后将无力克服减速电压 $U_{G2P}$ 而到达不了板极 P,因此这时板极电流 $I_P$ 是很小的.也就是说,当加速电压 $U_{G2K}$ 达到氩原子的第一激发电势时,第二栅极附近的电子将与氩原子发生非弹性碰撞.电子会把从加速电场中获得的全部能量传递给氩原子,使氩原子从基态跃迁到第一激发态,而电子本身由于把全部能量传递给了氩原子,它即使穿过第二栅极,也因不能克服反向减速电压而折回第二栅极,所以此时 $I_P$ 将显著减小(见图 9-4-2 中的 $ab$ 段).氩原子在第一激发态不稳定,会很快跃迁回基态,同时以光量子的形式向外辐射能量.

随着 $U_{G2K}$ 的增加,电子与原子的非弹性碰撞区域将向阴极 K 方向移动.经碰撞而损失能量的电子在奔向第二栅极的剩余路程上又得到加速,以致在穿过栅极之后有足够的能量来克服减速电压 $U_{G2P}$ 的作用而达到板极 P.此时,$I_P$ 又将随 $U_{G2K}$ 的增加而增大(见图 9-4-2 中的 $bc$ 段).

当 $U_{G2K}$ 达到 2 倍氩原子的第一激发电势时,经过第一次碰撞后的电子在到达第二栅极前其能量又达到 $eU_0$,此时电子会因与氩原子发生第二次非弹性碰撞而失去能量,造成 $I_P$ 再次减小(见图 9-4-2 中的 $cd$ 段).

随着加速电压的增加,电子在向第二栅极飞奔的路程上,将与氩原子多次发生非弹性碰撞,这种能量转移呈现周期性的变化,即当 $U_{G2K} = nU_0 (n = 1, 2, \cdots)$ 时,就会发生这种非弹性碰撞(实验中由于仪器接触电势的存在,每次 $I_P$ 达到极小值时,对应的 $U_{G2K}$ 并不是落在 $nU_0$ 处),因此实验中多次出现 $I_P$ 的增大和减小.若以 $U_{G2K}$ 为横坐标,以 $I_P$ 为纵坐标就可以得到谱峰曲线,对于氩原子,$I_P$ 的每两个相邻峰值的加速电压 $U_{G2K}$ 的差值应该是氩原子的第一激发电势 $U_0$.

**【实验仪器】**

弗兰克-赫兹实验仪、示波器、电源线、Q9 电缆线.

**1. 弗兰克-赫兹实验管(简称 F-H 管)**

F-H 管为弗兰克-赫兹实验仪的核心部件,由傍热式阴极、双栅极和板极共四个电极组成,各电极均为圆筒状,内充有氩气,用玻璃封装.

F-H 管各部分接线如图 9-4-5 所示,图中灯丝电压 $U_F$ 为直流 1.3～5 V 连续可调;栅极 $G_1$ 与阴极 K 之间的电源电压 $U_{G1K}$ 为直流 $0 \sim 6$ V 连续可调;栅极 $G_2$ 与阴极 K 之间的电源电压 $U_{G2K}$ 为直流 $0 \sim 90$ V 连续可调.

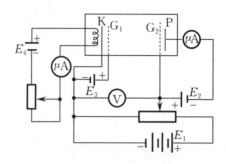

图 9 - 4 - 5　F - H 管各部分连接示意图

**2. 扫描电源和微电流放大器**

扫描电源提供可调直流电压或输出锯齿波电压作为 F - H 管电子加速电压. 微电流放大器用来检测 F - H 管的板极电流 $I_P$.

（1）扫描电源具有"手动"和"自动"两种扫描方式,"手动"输出直流电压,$0 \sim 90$ V 连续可调;"自动"输出 $0 \sim 90$ V 锯齿波电压,扫描上限可以设定.

（2）扫描电源的扫描速率分"快速"和"慢速"两挡,"快速"是输出频率约为 20 Hz 的锯齿波,供示波器和微机用;"慢速"是输出频率约为 0.5 Hz 的锯齿波,供 X - Y 记录仪用.

（3）微电流放大器有 $10^{-9}$ A,$10^{-8}$ A,$10^{-7}$ A,$10^{-6}$ A 四挡.

弗兰克-赫兹实验仪中的 $I_P$ 和 $U_{G2K}$ 除分别用三位半数字表头直接显示外,还另设端口可向示波器、X - Y 记录仪及微机提供输入.

**【实验内容与步骤】**

1. 示波器演示法.

（1）连好主机后面板的电源线,用 Q9 电缆线将主机正面板上"$U_{G2K}$ 输出"连接至示波器上的"CH1"（供外触发使用）,"$I_P$ 输出"连接至示波器的"CH2".

（2）将扫描电源的扫描开关置于"自动"挡,扫描速率开关置于"快速"挡,微电流放大器量程选择开关置于"$10^{-8}$ A"挡.

（3）分别将示波器的"CH1""CH2"电压调节旋钮调至"1 VOLTS/DIV"和"2 VOLTS/DIV",调节示波器处于"X - Y"模式,输入信号耦合方式全部打到"DC".

（4）确保接线无误后开启主机和示波器电源开关.

（5）分别调节 $U_{G1K}$,$U_{G2P}$,$U_F$ 至合适值（参考给出值）,然后将 $U_{G2K}$ 由小慢慢调大（以 F - H 管不击穿为界）,直至示波器上呈现出稳定的 $I_P$ - $U_{G2K}$ 曲线.

2. 手动测量法.

（1）将扫描电源的扫描开关置于"手动"挡,调节 $U_{G2K}$ 至最小.

（2）选取合适的实验条件,置 $U_{G1K}$,$U_{G2P}$,$U_F$ 于适当值,用手动方式逐渐增大 $U_{G2K}$,同时观察 $I_P$ 的变化,寻找 $I_P$ 的极大值和极小值点,以及相应的 $U_{G2K}$ 值. 适当调整 $U_{G1K}$,$U_{G2P}$,$U_F$ 值,使 $U_{G2K}$ 由小到大的过程中 $I_P$ 能够出现 6 个以上的峰. 找出对应的极值点（$U_{G2K}$,$I_P$）,即 $I_P$ - $U_{G2K}$ 曲线上波峰和波谷的位置,相邻波峰或波谷的横坐标之差就是氩的第一激发电势.

（3）$U_{G2K}$ 从 $0.0$ V 开始增加,步长为 $1.0$ V,一直加到 $80.0$ V 左右,直至出现 6 个峰为止. 其间从数字表头上读取峰值处 $I_P$ 和 $U_{G2K}$ 的值,再作图可得 $I_P$ - $U_{G2K}$ 曲线. 读数和记录实验数据时注意示值和实际值的关系,$I_P$ 为表头示值"$\times 10$ nA",$U_{G2K}$ 为表头示值"$\times 10$ V". 例如,$I_P$ 表头示值为"3.23",

则 $I_P$ 实际测量值应该为 32.3 nA(电流量程选择"$10^{-8}$ A"挡);$U_{G2K}$ 表头示值为"6.35",实际值为 63.5 V.

**【注意事项】**

1.仪器检查无误后才能接通电源,开关电源前应将各电位器逆时针旋转至最小位置.

2.F-H管容易因电压设置不合适而遭到损害,一定要按照规定的实验步骤和适当的状态进行实验.由于F-H管的离散性以及使用过程中的老化,每一只F-H管的最佳工作状态都是不同的,请按照建议参数设置将其调整至理想的工作状态.该建议参数是出厂时"自动测试"工作方式下的参数设置(手动、自动都可参照),如果波形不理想,还可适当调节 $U_F$,$U_{G1K}$,$U_{G2P}$(±0.3 V 范围内)以获得较理想的波形.

3.灯丝电压 $U_F$ 不宜过高,否则会加快F-H管的老化,一般在 2 V 左右即可,实验时若电流偏小可再适当增加.

4.实验时应防止F-H管被击穿(电流急剧增大),如发现击穿应立即调低 $U_{G2K}$ 以免损坏F-H管.实验中("手动"模式)电压加到 75.0 V 以后,要注意电流输出指示,当电流表指示突然骤增,应缓慢增加电压,并且注意观察示波器的波形显示,当第 6 个峰出现下滑时应立即停止增加电压,以免管子被击穿.

**【数据表格及数据处理要求】**

1.根据实验内容自拟表格记录实验数据.

2.在坐标纸上画出手动测量的 $I_P$-$U_{G2K}$ 曲线.

3.用逐差法处理数据,计算氩的第一激发电势 $U_0$ 及其与参考值 11.62 V 的相对误差.

**【实验后思考题】**

1.为什么对应板极电流 $I_P$ 第一个峰的加速电压不等于第一激发电势?

2.灯丝电压 $U_F$ 的大小对 $I_P$-$U_{G2K}$ 曲线有何影响?

3.反向减速电压 $U_{G2P}$ 对 $I_P$ 有何影响?

4.为什么 $I_P$-$U_{G2K}$ 曲线中特定电压值下的 $I_P$ 不发生突变,也不下降为零?

5.为什么 $I_P$-$U_{G2K}$ 呈周期性变化,其曲线峰值越来越高?

# 9.5 法拉第效应实验

1845 年,英国科学家法拉第在研究光现象与电磁现象的联系时发现,当一束平面偏振光穿过介质时,如果在介质中沿光的传播方向上加上一个磁场,就会观察到光经过介质后偏振面转过一个角度,即磁场使介质具有了旋光性,这种现象后来就称为法拉第效应.法拉第效应第一次显示了光和电磁现象之间的联系,促进了对光本性的研究.之后,韦尔代对许多介质的磁致旋光进行了研究,发现法拉第效应在固体、液体和气体中都存在.

法拉第效应在科学研究、医疗和工业中有着广泛的用途,如物质的纯度控制、糖分测定,不对称合成化合物的纯度测定,制药业中的产物分析和纯度检测,医疗和生物化学中酶作用的研究,生命科学中研究核糖和核酸以及生命物质中左旋氨基酸的测量,人体血液或尿液中糖分的测定等.在工业上,光偏振测量技术可以实现物质的在线测量;在磁光物质的研制方面,光偏振旋转角的测量技术也有很重要的应用.

现代激光技术发展起来后,法拉第效应的应用价值越来越受到重视.例如,用于光纤通信中的磁光隔离器是应用法拉第效应中偏振面的旋转只取决于磁场的方向,而与光的传播方向无关,这样使光沿规定方向通过的同时阻挡反方向传播的光,从而减少光纤中器件表面反射光对光源的干扰.磁光隔离器也被广泛应用于激光多级放大和高分辨率的激光光谱、激光选模等技术中.在磁场测量方面,利用法拉第效应弛豫时间短的特点制成的磁光效应磁强计可以测量脉冲强磁场、交变强磁场.在电流测量方面,利用电流的磁效应和光纤材料的法拉第效应,可以测量几千安培的大电流和几兆伏的高压.

**【实验目的】**

1. 了解法拉第效应中旋光角与磁感应强度的关系.

2. 了解磁致旋光与自然旋光的不同,掌握磁光测量的基本方法.

**【预习思考题】**

1. 什么是旋光效应?旋光现象在实际生活中有何应用?

2. 在法拉第效应实验中,光矢量旋转的角度 $\theta$ 与什么因素有关?

**【实验原理】**

光与电磁的相互作用是一类重要的物理现象.例如,把能产生光辐射的介质原子放在磁场中,则其原子光谱的谱线将发生分裂 —— 塞曼效应;平面偏振光沿着垂直于磁场的方向通过置于磁场中的透明介质时,会产生光的双折射现象 —— 佛埃特效应;在磁场作用下,平面偏振光沿着磁场方向通过置于磁场中的透明介质时,光的偏振面将发生旋转 —— 法拉第效应,即本实验研究内容.

**1. 法拉第效应及其特性**

实验表明,在磁场不是非常强时的法拉第效应中(见图 9-5-1),光矢量旋转的角度 $\theta$ 与光在介质中通过的距离 $D$ 及磁感应强度在光传播方向上的分量 $B$ 成正比,即

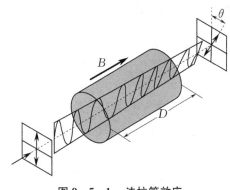

$$\theta = V(\lambda)BD, \qquad (9-5-1)$$

式中 $V(\lambda)$ 是表征物质磁光特性的系数(取决于样品介质的材料特性和工作波长),称为韦尔代常数.

韦尔代常数 $V$ 与磁光材料的性质有关,对于顺磁、弱磁和抗磁性材料(如重火石玻璃等),$V$ 为常数,即 $\theta$ 与磁感应强度 $B$ 呈线性关系;而对铁磁性或亚铁磁性材料(如钇铁石榴石等立方晶体材料),$\theta$ 与 $B$ 不是简单的线性关系.

几乎所有物质(包括气体、液体、固体)都存在法拉第效应,不过一般都不显著.一般物质的韦尔代常数值都很小,并且随温度和光的频率而变.如表 9-5-1 所示为几种材料的韦尔代常数.

图 9-5-1　法拉第效应

表 9-5-1　几种材料的韦尔代常数

| 物质 | 温度 /℃ | 波长 /nm | $V/(('\,)/(Gs \cdot cm))$ |
| --- | --- | --- | --- |
| 重火石玻璃 | 20 | 589 | $0.08 \sim 0.10$ |
| 水 | 20 | 589 | 0.013 1 |
| 石英 | 20 | 589 | 0.016 6 |
| 空气 | 0 | 580 | $6.27 \times 10^{-6}$ |
| 甲醇 | 20 | 589 | 0.009 |
| 稀土玻璃 | 20 | 589 | $0.13 \sim 0.27$ |

不同的物质,偏振面旋转的方向也可能不同.习惯上规定:顺着磁场方向观察,偏振面旋转绕向与磁场方向满足右手螺旋关系的称为正(右)旋介质,其韦尔代常数 $V > 0$;反向旋转的称为负(左)旋介质,其韦尔代常数 $V < 0$.

对于每一种给定的物质,法拉第效应中偏振面的旋转方向仅由磁场方向决定,而与光的传播方向无关(不管传播方向与磁场同向或者反向),这是法拉第效应与某些物质的固有旋光效应(如发生于糖溶液中的自然旋光效应)的重要区别.固有旋光效应的旋光方向与光的传播方向有关,即随着顺光线和逆光线的方向观察,线偏振光偏振面的旋转方向是相反的,因此当光线往返穿过固有旋光物质时,线偏振光的偏振面没有旋转.而法拉第效应则不然,在磁场方向不变的情况下,光线往返穿过磁致旋光物质时,法拉第旋转角将加倍,这称为法拉第效应的旋光非互易性.利用这一特性,可以增加光线在介质中往返次数,从而使旋转角度加大.这一性质使得磁致旋光晶体在激光技术、光纤通信技术中获得重要应用.

与固有旋光效应类似,法拉第效应也有旋光色散,即韦尔代常数随波长而变.一束白色的线偏振光穿过磁致旋光介质,紫光的偏振面要比红光的偏振面转过的角度大,这就是旋光色散.实验表明,磁致旋光物质的韦尔代常数 $V$ 随波长 $\lambda$ 的增大而减小(见图 $9-5-2$),旋光色散曲线又称为法拉第旋转谱.

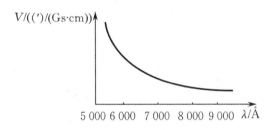

图 $9-5-2$    磁致旋光色散曲线

**2. 法拉第效应的唯象解释**

在磁场作用下,处于磁场中的介质呈现各向异性,令其光轴方向沿着磁场的方向.当一束平面偏振光沿着磁场方向通过磁场中的介质时,便会产生如图 $9-5-3$ 所示的情形.

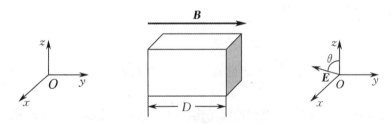

图 $9-5-3$    平面偏振光沿磁场 $B$ 通过介质

设平面偏振光的电矢量为 $E$,角频率为 $\omega$,研究问题时我们可以把 $E$ 看成两个圆偏振光成分(左旋圆偏振光 $E_l$ 和右旋圆偏振光 $E_r$)的矢量合成,如图 $9-5-4$ 所示.在磁场 $B$ 的作用下,偏振光通过介质时,可以认为 $E_r$ 的传播速度比 $E_l$ 慢,那么通过介质后 $E_r$ 和 $E_l$ 之间将产生相位差 $\varphi$,合成矢量 $E$ 则旋转一个角度 $\theta = \varphi/2$.这就是说,在磁场 $B$ 的作用下,一束平面偏振光沿着磁场方向通过介质后,它的电矢量的振动方向旋转了一个角度,也就是该平面偏振光的偏振面旋转了一个角度.

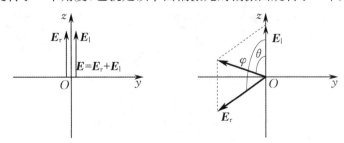

图 $9-5-4$    在波振面内平面偏振光电矢量的旋转

设介质的厚度为 $D$，$E_l$ 的传播速度为 $v_l$，$E_r$ 的传播速度为 $v_r$，则有

$$\varphi = \omega(t_r - t_l) = \omega\left(\frac{D}{v_r} - \frac{D}{v_l}\right) = \frac{\omega D}{c}(n_r - n_l), \tag{9-5-2}$$

$$\theta = \frac{\omega D}{2c}(n_r - n_l), \tag{9-5-3}$$

式中 $n_r$ 为在磁场 $\boldsymbol{B}$ 的作用下，右旋圆偏振光通过介质的折射率，$n_l$ 为左旋圆偏振光通过介质的折射率，$c$ 为真空中的光速.

### 3. 法拉第旋光角的理论计算

由量子力学理论可知，介质中原子的轨道电子具有磁矩 $\boldsymbol{\mu}$，且

$$\boldsymbol{\mu} = -\frac{e}{2m}\boldsymbol{L}, \tag{9-5-4}$$

式中 $e$ 为元电荷，$m$ 为电子质量，$\boldsymbol{L}$ 为电子的轨道角动量.

在磁场 $\boldsymbol{B}$ 的作用下，电子磁矩 $\boldsymbol{\mu}$ 具有的势能为

$$E_p = -\boldsymbol{\mu} \cdot \boldsymbol{B} = \frac{e}{2m}\boldsymbol{L} \cdot \boldsymbol{B} = \frac{eB}{2m}L_B, \tag{9-5-5}$$

式中 $L_B$ 为电子的轨道角动量沿磁场方向的分量.

在磁场 $\boldsymbol{B}$ 的作用下，当平面偏振光通过介质时，光子与轨道电子发生交互作用，使轨道电子发生能级跃迁. 跃迁时轨道电子吸收角动量 $\Delta L = \Delta L_B = \pm\hbar$，跃迁后轨道电子动能不变，而势能则增加了

$$\Delta E_p = \frac{eB}{2m}\Delta L_B = \pm\frac{eB}{2m}\hbar. \tag{9-5-6}$$

当左旋光子参与交互作用时，

$$\Delta E_p = \Delta E_{pl} = \frac{eB}{2m}\hbar; \tag{9-5-7}$$

而当右旋光子参与交互作用时，

$$\Delta E_p = \Delta E_{pr} = -\frac{eB}{2m}\hbar. \tag{9-5-8}$$

我们知道，介质对光的折射率是光子能量 $\hbar\omega$ 的函数，即折射率

$$n = n(\hbar\omega), \tag{9-5-9}$$

其函数的具体形式取决于介质的轨道电子能级结构. 可以认为，在磁场的作用下，能量为 $\hbar\omega$ 的左旋光子所遇到的轨道电子能级结构等价于不加磁场时能量为 $\hbar\omega - \Delta E_{pl}$ 的左旋光子所遇到的轨道电子能级结构，即

$$n_l(\hbar\omega) = n(\hbar\omega - \Delta E_{pl}) \approx n(\hbar\omega) - \frac{dn}{d\omega} \cdot \frac{\Delta E_{pl}}{\hbar} = n(\hbar\omega) - \frac{eB}{2m} \cdot \frac{dn}{d\omega}. \tag{9-5-10}$$

同理可得

$$n_r(\hbar\omega) = n(\hbar\omega - \Delta E_{pr}) \approx n(\hbar\omega) - \frac{dn}{d\omega} \cdot \frac{\Delta E_{pr}}{\hbar} = n(\hbar\omega) + \frac{eB}{2m} \cdot \frac{dn}{d\omega}. \tag{9-5-11}$$

将式（9-5-10）和（9-5-11）代入（9-5-3）可得

$$\theta = \frac{eBD}{2mc} \cdot \omega \cdot \frac{dn}{d\omega}. \tag{9-5-12}$$

将 $\omega = \dfrac{2\pi c}{\lambda}$ 代入式（9-5-12）得

$$\theta = -\frac{eBD}{2mc} \cdot \lambda \cdot \frac{dn}{d\lambda}. \tag{9-5-13}$$

比较式（9-5-13）和（9-5-1）可得

$$V(\lambda) = -\frac{e}{2mc} \cdot \lambda \cdot \frac{dn}{d\lambda}. \tag{9-5-14}$$

式(9-5-1)和(9-5-13)即为法拉第旋光角的计算公式. 它表示法拉第旋光角的大小和介质厚度成正比,和磁感应强度成正比,并且和入射光波长及介质的色散 $dn/d\lambda$ 有密切关系.

**【实验仪器】**

WFC法拉第效应测试仪(包括光源、单色仪、起偏器、电磁铁、光电倍增管、数显表、电流表)、待测样品.

法拉第效应测试仪结构如图9-5-5所示,其各部分功能简介如下.

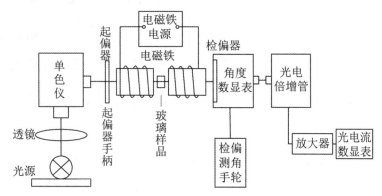

图 9-5-5　法拉第效应测试仪结构示意图

**1. 光源系统**

钨卤素灯用于产生复合白光,发出的白光通过狭缝入射到三棱镜上,被三棱镜色散的光由出射狭缝射出,成近似的单色光进入电磁铁通光孔,由此可获得波长为 $360 \sim 670$ nm 的近单色光,单色光经过偏振片后变成平面偏振光. 单色光的波长由鼓轮读数在定标曲线上读取. 表9-5-2列出了温度为 $20\ ℃$,棱镜顶角为 $30°$ 时,单色光波长与鼓轮读数的对应关系.

表 9-5-2　单色光波长与鼓轮读数的对应关系

| 鼓轮读数 /mm | 2.808 | 3.807 | 4.037 | 4.588 | 4.895 | 4.913 | 5.000 | 5.540 |
| --- | --- | --- | --- | --- | --- | --- | --- | --- |
| 波长 /nm | 435.8 | 486.1 | 501.6 | 546.1 | 577.0 | 579.0 | 589.3 | 667.8 |

**2. 磁场和样品介质**

用 DT4 电工纯铁做成一对圆柱形磁极,磁极直径为 40 mm,磁极柱的轴向中心开有直径为 6 mm 的通光孔,能保证入射光的光轴方向与磁场 $\boldsymbol{B}$ 的方向一致. 直流电源提供励磁电源,励磁电流为 4 A 时,两磁极间的磁感应强度可达 8 200 Gs,如图9-5-6所示为励磁电流与磁感应强度的关系曲线. 磁极之间的间隙为 11 mm,样品介质置于此间隙中. 本实验所用样品介质是加工成正三棱柱形状的 ZF6 重火石玻璃,通光厚度 $D$ 为 10.1 mm.

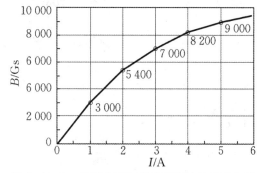

图 9-5-6　励磁电流与磁感应强度的关系曲线

### 3. 旋光角检测系统

本实验所用法拉第效应测试仪含有检偏装置和光强测量装置. 检偏装置由起偏器和检偏器组成,旋光角则由角度数显表直接读出,角度示值范围为 $0 \sim 99°59'$,分辨率为 $1'$. 光强测量装置中,光电倍增管用于接收旋光信号,经放大后反映到光电流数显表上,以监测透射光强的最大和最小值.

**【实验内容与步骤】**

1. 实验准备.

(1) 将钨卤素灯电源线插入光源电源插孔,开启单色仪入射狭缝(注意开启方向,切勿关闭过零).

(2) 将光源、单色仪与电磁铁衔接起来,把偏振片座套插入电磁铁的圆凹槽里. 此时,从电磁铁另一磁极圆孔中,用"30×"读数显微镜观察,调整单色仪与电磁铁的配合,使光束位于圆孔中心,然后将光电接收部分的连接罩插入电磁铁的另一圆凹槽中.

(3) 样品介质为 ZF6 重火石玻璃,呈三棱柱状,用弹性固定圈固定在电磁铁磁极中间.

2. 仪器调节.

(1) 接通仪器及钨卤素灯电源,预热 10 min.

(2) 将起偏器手柄上的红点与连接座的标记及电磁铁一端的标记(均为红色)三点调成一直线.

(3) 调节单色仪鼓轮,使单色仪输出波长分别为 435.8 nm,546.1 nm,589.3 nm,667.8 nm 的光束.

3. 测量法拉第旋光角.

(1) 调角度数显表灵敏度旋钮至合适位置(顺时针升高,逆时针降低). 灵敏度不同角度数显表数值跳动的快慢不同(注意:同一波长下应选用同一灵敏度).

(2) 将检偏测角手轮顺时针转到头,再逆时针旋转 8 周,按一下清零按钮,使角度显示值为零.

(3) 微动光电流数显表的调零旋钮,使其示值为零.

(4) 开启励磁电源,给样品加稳定磁场,此时法拉第效应开始产生.

(5) 将励磁电流由零增加到 1 A.

(6) 调节检偏测角手轮,使角度数显表的示数从零开始增加,直到光电流数显表示值变化到零,记下此时角度数显表的读数 $\theta$.

(7) 将励磁电流分别调到 2 A,3 A,4 A,5 A,重复步骤(6)(励磁电流应由小到大单向变化).

**【注意事项】**

1. 关启单色仪入射狭缝时,切勿过零.

2. 数显表未与整机相连之前切勿接通电源,以免烧坏器件;数显表显示溢出时,可关小单色仪入射狭缝或调整放大倍率(灵敏度).

3. 不能直接关闭励磁电源,要逐渐减小电流直到为零,以防止接通或切断电源时励磁电流的突变.

4. 为了保证能重复测得磁感应强度及与之相应的磁体励磁电流的数据,励磁电流应从零上升到正向最大值,否则要进行消磁.

**【数据表格及数据处理要求】**

1. 根据实验内容自拟表格记录实验数据.

2. 作 $\lambda = 589.3$ nm 时的 $\theta$-$B$ 关系曲线.

3. 根据公式 $V(\lambda) = \dfrac{\theta(\lambda)}{BD}$ 计算样品介质的韦尔代常数.

4. 取 $B = 8\,200$ Gs,作 $\theta$-$\lambda$ 关系曲线.

5.作 $V$-$\lambda$ 旋光色散曲线.

**【实验后思考题】**

1.法拉第效应和晶体的自然旋光效应有何相同点和不同点?

2.电磁铁的剩磁现象会对实验数据带来一定程度的影响,实验过程中可用何种方法进行消磁?

# 9.6 氢、氘原子光谱

18 世纪中叶,物理学家已发现炽热气体火焰发出的光谱是线状光谱,随后各种受激原子发出的发射光谱或白光被原子气体吸收时产生的吸收光谱也都被发现是线状光谱.19 世纪末,分辨本领较大的衍射光栅出现以后,基尔霍夫首先指出某种元素的原子只能发射或吸收一些该元素特定频率的谱线.原子光谱线的排列具有明显的规律性,它反映了原子及其电子壳层结构的某种特性.氢原子是结构最简单的原子,其光谱也是最简单的.1885 年,巴耳末根据人们的观测数据,总结出了氢原子光谱线的经验公式.1913 年,玻尔在巴耳末研究成果的基础上,提出了氢原子的玻尔模型.1925 年,海森伯提出的量子力学理论也是建立在原子光谱的测量基础之上.现在,原子光谱的观测研究,仍然是研究原子结构的重要方法之一.

20 世纪初,人们根据实验预测氢有同位素.1919 年发明质谱仪后,物理学家用质谱仪测得氢的原子量为 1.007 78,而化学家由各种化合物测得的结果为 1.007 79.基于上述微小的差异,伯奇认为氢有同位素 $^2H$,它的质量约为 $^1H$ 的 2 倍,据此他算得 $^1H$ 和 $^2H$ 在自然界中的含量比大约为 4 000∶1.由于里德伯常量和原子核的质量有关,$^2H$ 的光谱相对于 $^1H$ 的应该会有位移.1932 年,尤里将 3 L 液氢在低压下蒸发至 1 mL 以提高 $^2H$ 的含量,然后将这 1 mL 液氢注入放电管中,用它拍得的光谱果然出现了相对于 $^1H$ 移位了的 $^2H$ 的光谱,从而发现了重氢,取名为氘,化学符号用 D 表示.由此可见,对样品的考究,实验的细心,测量的精确,于科学进步非常重要.

在氢、氘原子光谱实验中,可以观察到由同位素效应引起的氢、氘原子光谱的巴耳末系前 6 条氢谱线,采用适当的辅助手段就能测得与公认值符合很好的许多基本物理量,如氢的巴耳末系的线系限、里德伯常量、电离电势和电子的荷质比等.

**【实验目的】**

1.加深对氢光谱规律和同位素位移的认识.

2.通过测量氢和氘谱线的波长,计算氢和氘的原子核质量比以及里德伯常量.

3.掌握光栅光谱仪的原理和使用方法并学会用光谱进行分析.

**【预习思考题】**

1.在同一 $n$ 值下氢、氘谱线的波长 $\lambda_H$ 与 $\lambda_D$ 哪一个大一点?为什么?

2.对于不同的原子,是什么原因使其里德伯常量发生了变化?

3.实验过程中,如何使测得的谱线峰值变大?

4.氢光谱巴耳末系的极限波长是多少?

**【实验原理】**

**1.巴耳末公式与里德伯常量**

氢原子光谱是所有原子光谱中最简单、最基本的光谱.它有 5 个相互独立的光谱线系,即莱曼系、巴耳末系、帕邢系、布拉开系和普丰德系.每个线系中,各条谱线的强度和相邻谱线的间隔都向短波长方向有规律地递减.在氢、氘原子光谱实验中,可以观察到由同位素效应引起的氢、氘原子光谱的巴耳末系在可见光波段有 6 条比较明亮的谱线,如图 9-6-1 所示.

**图 9-6-1　氢原子光谱巴耳末系位于可见光波段的 6 条明亮谱线**

氢原子光谱谱线的规律性,促使人们去寻找一个可以表示这些谱线波长的经验公式.1885 年,巴耳末首先提出经验公式,以表示这些谱线的波长大小:

$$\lambda = B\frac{n^2}{n^2 - 4}, \quad n = 3, 4, \cdots, \tag{9-6-1}$$

式中 $B = 364.56\ \text{nm}$ 为一常数.当 $n = 3, 4, 5, 6$ 时,式(9-6-1)分别给出了氢原子光谱中 $H_\alpha$,$H_\beta$,$H_\gamma$,$H_\delta$ 谱线的波长,其结果与实验结果一致.1896 年,里德伯引进波数 $\tilde{\nu} = 1/\lambda$ 的概念将巴耳末经验公式改写为

$$\tilde{\nu}_H = R_H\left(\frac{1}{2^2} - \frac{1}{n^2}\right), \quad n = 3, 4, \cdots, \tag{9-6-2}$$

式中 $\tilde{\nu}_H$ 是波数,$R_H = 1.096\,78 \times 10^5\ \text{cm}^{-1}$ 是氢的里德伯常量.式(9-6-2)完全是从实验中得到的经验公式,然而它在实验误差范围内与测定值的符合是非常惊人的.

在这些经验公式的基础上,玻尔利用普朗克的量子假设和经典物理理论建立了玻尔理论.根据玻尔理论,原子的能量是量子化的,即原子具有能级.每条光谱线的产生,都是处于相同状态的原子中的电子从一个能级跃迁到另一个较低的能级时释放出能量的结果.将玻尔理论推广到视原子核的质量与电子质量相比为有限且原子核与电子都绕它们的质心转动的情况时,氢原子和类氢离子光谱各线系每条谱线的波数可表示为

$$\tilde{\nu}_A = R_A\left[\frac{1}{(n_1/Z)^2} - \frac{1}{(n_2/Z)^2}\right], \tag{9-6-3}$$

式中

$$R_A = \frac{2\pi^2 m e^4}{(4\pi\varepsilon_0)^2 h^3 c(1 + m/M_A)} \tag{9-6-4}$$

为元素 A 的理论里德伯常量,$Z$ 是元素 A 的核电荷数,$n_1$ 和 $n_2$ 为整数,$m$ 和 $e$ 分别是电子的质量和电荷,$\varepsilon_0$ 是真空电容率,$c$ 是真空中的光速,$h$ 是普朗克常量,$M_A$ 是核的质量.显然,$R_A$ 随 A 不同略有不同,当 $M_A \rightarrow \infty$ 时,便得到里德伯常量

$$R_\infty = \frac{2\pi^2 m e^4}{(4\pi\varepsilon_0)^2 h^3 c}. \tag{9-6-5}$$

这与玻尔理论(电子绕不动的核运动)所得出的 R 值完全一样.里德伯常量 $R_\infty$ 是重要的基本物理常量之一,对它的精密测量在科学上有重要意义,目前它的推荐值为 $R_\infty = 1.097\,373\,157 \times 10^7\ \text{m}^{-1}$.由此可见

$$R_A = \frac{R_\infty}{1 + m/M_A}. \tag{9-6-6}$$

由式(9-6-6)可见,$R_A$ 是随 $M_A$ 变化的,对不同元素或同一元素的不同同位素,$M_A$ 的值不等,故 $R_A$ 亦不同.

**2. 同位素位移与 $M_D/M_H$**

同一元素的不同同位素有不同的核质量和电荷分布,由此引起原子光谱波长的微小差别称为同

位素位移. 一般来说,元素光谱线同位素位移的定量关系是很复杂的,只有像氢原子这样的系统,同位素位移才可以用简单的公式计算.

如果氢原子同位素存在,并且用符号$^n$H($n=1,2,\cdots$)来表示,则$^1$H 的巴耳末系各条谱线的波数与$^n$H($n\neq1$)的巴耳末系的相应谱线的波数应是有区别的. 反映在谱线上,就应该是核质量大的$^n$H 的谱线相对$^1$H 的谱线向波数增大的方向发生位移. 但是从式(9-6-6)可以看出,因为$M_A\gg m$,所以$M_A$ 对于$R_A$ 的影响很小,$^1$H 和$^n$H 对应谱线的波数相差不大,于是大光谱上形成的将是很难分开的双线或多重线.

1932 年,尤里、布里克维德将氢放电管中重氢的浓度提高到正常值以上以便增强通常难以检测的氘谱线的强度,然后激发放电并摄谱,发现氢的巴耳末系各条谱线都是双线,这是氢有两种同位素存在的重要实验证据,若能算出两者的核质量比,则可进一步判定这两种同位素就是氢$^1$H 和氘$^2$H(D).

根据巴耳末公式,设氢和氘谱线的波数分别为$\tilde{\nu}_H$ 和$\tilde{\nu}_D$,则

$$\begin{cases}\tilde{\nu}_H=\dfrac{1}{\lambda_H}=R_H\left(\dfrac{1}{2^2}-\dfrac{1}{n^2}\right),\\[2mm]\tilde{\nu}_D=\dfrac{1}{\lambda_D}=R_D\left(\dfrac{1}{2^2}-\dfrac{1}{n^2}\right),\end{cases} \tag{9-6-7}$$

式中 $n=3,4,\cdots$. 对于相同的 $n$,式(9-6-7)给出的氢和氘的同位素位移为

$$\Delta\lambda=\lambda_H-\lambda_D=\lambda_H\frac{m}{M_H}\frac{1-M_H/M_D}{1+m/M_H}, \tag{9-6-8}$$

式中 $M_H,M_D$ 分别为 H 和 D 原子核的质量. 将氢和氘的里德伯常量按式(9-6-6)写为

$$R_H=\frac{R_\infty}{1+m/M_H}, \tag{9-6-9}$$

$$R_D=\frac{R_\infty}{1+m/M_D}. \tag{9-6-10}$$

式(9-6-10)除以(9-6-9)得

$$\frac{R_D}{R_H}=\frac{1+m/M_H}{1+m/M_D}, \tag{9-6-11}$$

稍加变化后可得

$$\frac{M_D}{M_H}=\frac{R_D/R_H}{1-\left(\dfrac{R_D}{R_H}-1\right)\cdot\dfrac{M_H}{m}}. \tag{9-6-12}$$

将式(9-6-7)代入(9-6-12),$M_D$ 和 $M_H$ 的比值也可写为

$$\frac{M_D}{M_H}=\frac{m}{M_H}\cdot\frac{\lambda_H}{\lambda_D-\lambda_H+\lambda_D m/M_H}, \tag{9-6-13}$$

式中 $M_H/m$ 为氢原子核质量与电子质量之比,可采用公认值 1 836.152 7. 将通过实验测得的 $\lambda_H,\lambda_D$ 值代入式(9-6-13),即可得氘核对氢核的质量比,比值约为 2,从而就从实验上证实了氢中有核质量为$^1$H 核 2 倍的同位素.

表 9-6-1 中列出了氢、氘巴耳末系可见光区波长. 值得注意的是,计算 $R_H$ 和 $R_\infty$ 时,应用氢谱线在真空中的波长,而实验是在空气中进行的,所以应将空气中的波长转换成真空中的波长,即 $\lambda_{真空}=\lambda_{空气}+\Delta\lambda_1$. 氢巴耳末系前 6 条谱线的修正值如表 9-6-2 所示.

表 9-6-1　氢、氘巴耳末系可见光区波长表

| 氢(H) | | 氘(D) | |
|---|---|---|---|
| 符号 | 波长 /nm | 符号 | 波长 /nm |
| $H_\alpha$ | 656.280 | $D_\alpha$ | 656.100 |
| $H_\beta$ | 486.133 | $D_\beta$ | 485.999 |
| $H_\gamma$ | 434.047 | $D_\gamma$ | 433.928 |
| $H_\delta$ | 410.174 | $D_\delta$ | 410.062 |

表 9-6-2　氢谱线的波长修正值

| 氢谱线 | $H_\alpha$ | $H_\beta$ | $H_\gamma$ | $H_\delta$ | $H_\varepsilon$ | $H_\xi$ |
|---|---|---|---|---|---|---|
| $\Delta\lambda_1$ /nm | 0.181 | 0.136 | 0.121 | 0.116 | 0.112 | 0.110 |

## 【实验仪器】

WGD-8A 型多功能光栅光谱仪、氢氘光源、定标用光源.

WGD-8A 型多功能光栅光谱仪由光栅单色仪、接收单元、扫描系统、电子放大器、A/D 采集单元和计算机组成,光学原理如图 9-6-2 所示.

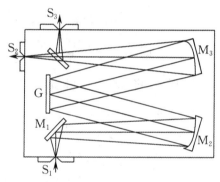

$M_1$ —反射镜;$M_2$ —准光镜;$M_3$ —物镜;G —平面衍射光栅;$S_1$ —入射狭缝;$S_2$ —光电倍增管接收;$S_3$ — CCD 接收

图 9-6-2　光栅光谱仪光学原理图

### 1. 光路

入射狭缝、出射狭缝均为直狭缝. 光源发出的光束进入入射狭缝 $S_1$,因 $S_1$ 位于反射式准光镜 $M_2$ 的焦平面上,故通过 $S_1$ 射入的光束经 $M_2$ 反射后成为平行光束射向平面衍射光栅 G,衍射后的平行光束经物镜 $M_3$ 成像在 $S_2$ 或 $S_3$ 上. 在狭缝 $S_3$ 处放置有电荷耦合器件(CCD),利用 CCD 可将光信号转变成电信号;在狭缝 $S_2$ 处放置有光电倍增管也可获得衍射光的信息.

### 2. 光源

氢氘光谱灯内所充的纯净氢氘气体在高压小电流放电时分解成原子并被激发到高能态,处于高能态的原子在跃迁到低能态的退激过程中会发出原子光谱.

### 3. 狭缝

狭缝宽度为 0～2 mm 连续可调,顺时针旋转螺旋测微器可使狭缝宽度加大,反之减小,每旋转一周狭缝宽度变化 0.5 mm. 为延长使用寿命,调节时注意狭缝宽度最大不超过 2 mm,不使用时,狭缝最好开到 0.1～0.5 mm.

### 4. 光栅

本实验中光栅光谱仪使用的是反射式闪耀光栅,光栅刻痕为锯齿形(见图 9-6-3). 现考虑相邻刻痕的同一位置(例如中点)上反射的光线. $PQ$ 和 $P'Q'$ 是以与图中水平线成 $i$ 角入射的两条光线,

$QR$ 和 $Q'R'$ 是以与图中水平线成 $i'$ 角反射的两条光线. $PQR$ 和 $P'Q'R'$ 两条光线之间的光程差是 $d(\sin i + \sin i')$,其中 $d = QQ'$ 是相邻刻槽间的距离,也称为光栅常量.当光程差满足光栅方程

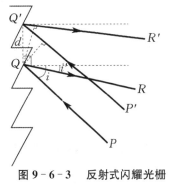

图 9-6-3　反射式闪耀光栅

$$d(\sin i + \sin i') = k\lambda, \quad k = 0, \pm 1, \pm 2, \cdots \tag{9-6-14}$$

时,光强有一极大值,或者说将出现一条亮的光谱线.

对于特定的衍射级次 $k$,根据 $i, i'$ 可以确定反射光的波长 $\lambda$,这就是光栅测量光谱的原理.

为了对光谱进行扫描,可将光栅安装在转盘上,转盘由电机驱动,转盘转动即可改变入射角 $i$,进而实现较大波长范围内的扫描.

**【实验内容与步骤】**

1. 实验准备.

(1) 系统连接.认真检查接线,然后接通光栅光谱仪电源,将"负高压调节"设置在 $500 \sim 900$ V,预热 5 min.

(2) 狭缝调节.根据光源实际情况,适当调节 $S_1, S_2, S_3$ 这三个狭缝.狭缝调节时用力要轻,狭缝不可开得太大,也不要使狭缝完全关闭,以防刀口触碰损伤.

(3) 开启计算机.启动 WGD-8A 倍增管系统处理软件.

(4) 初始化.屏幕上显示工作界面后会弹出对话框,让操作者确认当前的波长位置否有效,是否重新初始化.

2. 波长校准.

(1) 选择氖灯为定标用光源(氖原子标准谱 653.288 nm,650.653 nm),开启后预热 3 min,将光源对准入射狭缝 $S_1$,将 $S_1$ 宽度调节为 0.80 mm.

(2) 待初始化完毕,设定工作方式、范围及状态,检查"起始波长"是否在当前波长之后,然后点击工具栏中的"单程"扫描,开始显示图像.参数设置区中"系统""高级"两个选项一般不要改动.

(3) 如果在扫描过程中发现峰位超出最高标度,可点击"停止",然后寻找最高峰对应的波长,进行定波长扫描(在"工作"菜单内).适当减小"负高压",将峰值调到合适位置.调节完毕重新初始化,再单程扫描.

(4) 扫描完成后,对曲线进行"寻峰"工作,并和氖原子标准谱对比,点开"系统"下拉菜单进行"波长修正".当标准峰波长偏长时,输入的修正值为负值,反之为正值;重复上述测峰、修正步骤,直至波长修正至小数点后 1 位,总修正值不得超过 $\pm 50$ nm.

3. 测量氢、氖各光谱线的波长.

(1) 关闭定标用光源并移开,选择氢氖光谱灯置于狭缝前,开启后先预热.

(2) 设定工作参数及"负高压调节"值,分别将狭缝 $S_1, S_2$ 和 $S_3$ 的宽度设置为 0.80 mm,0.40 mm,0.20 mm,然后进行扫描、寻峰工作,获得氢氖巴耳末系在可见光范围内的 $\alpha$ 谱线(谱线波长在 $650 \sim 660$ nm 之间),记录相应波长值三组.

(3) 实验完毕,将"负高压调节"旋钮调至零点再关闭电源.

**【注意事项】**

1. 光栅光谱仪是精密仪器,使用时要注意爱护.使用前要详细阅读仪器和软件的使用说明.未经教师许可,不可随意调节各仪器.

2. 操作时应先打开光栅光谱仪,再启动计算机软件,以便对仪器正常初始化.仪器掉电或者先启动软件再给光谱仪通电,均可能造成波长混乱,此时应先关闭软件,在保证连线正确、仪器加电的情况

下,重新启动软件对仪器进行初始化.

3.用光栅光谱仪测量光谱时,禁止将光电倍增管等光电接收装置在通电情况下暴露于强光下;软件中各参数设置不可超出仪器的限制范围.

4.手动调节负高压时,注意不要超过 1 000 V,关机时应先将负高压调至零点.

5.调节入射与出射狭缝时请缓慢旋转,以防狭缝刀口受损.

6.改换定标用光源时应先关闭电源,待安装完毕再开启电源.氢氘光谱灯的电压很高,请注意安全,防止触电.

**【数据表格及数据处理要求】**

1.根据实验内容自拟表格记录实验数据.

2.求出氘和氢的原子质量比 $M_D/M_H$.

3.计算 $R_H, R_D, R_\infty$,并求出其相对误差.

**【实验后思考题】**

1.光栅光谱仪测得的谱线强度与哪些因素有关?实验中如何调整?

2.为什么光栅光谱仪在测量前要进行波长修正?重新初始化后,是否要再次进行波长修正?

3.谱线计算值是确定的值,但实测谱线均有一定宽度,其主要原因是什么?

4.画出氢原子巴耳末系的能级图,标出前四条谱线对应的能级跃迁和波数.

5.在计算 $R_H, R_D$ 时,应以真空中的波长代入公式计算,但是实验所测光谱波长为空气中的波长.已知空气折射率 $n_0 = 1.000\ 29$,对两参数值进行修正并与公认值比较.


# 9.7 电子荷质比的测量

19 世纪 80 年代,英国物理学家汤姆孙让阴极射线在强磁场的作用下发生偏转,以显示射线运行的曲率半径,然后采用静电偏转力与磁场偏转力平衡的方法求得粒子的速度,结果发现了"电子",并且还得出了它的电荷量与质量之比 $e/m$,即电子荷质比.

电子荷质比是研究物质结构的基础,其测定在物理学发展史上占有重要的地位.经现代科学技术测定的电子荷质比的标准值是 $1.759 \times 10^{11}$ C/kg.测定电子荷质比的方法有很多,如磁偏转法、磁聚焦法、磁控管法、滤速器法等.本实验沿用汤姆孙的思路,利用电子束在磁场中偏转的方法来测量电子荷质比.

**【实验目的】**

1.了解电子在电场和磁场中的运动规律,通过实验加深对洛伦兹力的认识.

2.掌握电子荷质比测试仪的测量原理.

3.学会用磁聚焦法测量电子荷质比.

**【预习思考题】**

1.电子枪是如何发射出电子束的?

2.产生均匀磁场的主要方法有哪些?

**【实验原理】**

如图 9-7-1 所示,当一个电子以速度 $v$ 垂直磁场方向进入均匀磁场时,电子受到的洛伦兹力为

$$f = -ev \times B. \qquad (9-7-1)$$

由于洛伦兹力的方向垂直于速度方向,因此电子的运动轨迹为一个圆.电子在磁场中做匀速圆周运动,根据圆周运动知识,有

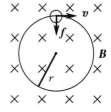

**图 9-7-1 电子在磁场中受力图**

$$f = mv^2/r, \qquad (9-7-2)$$

式中 $r$ 是电子运动圆周的半径. 联立式(9-7-1)和(9-7-2)可得

$$evB = mv^2/r. \tag{9-7-3}$$

于是由式(9-7-3)可得

$$\frac{e}{m} = \frac{v}{rB}. \tag{9-7-4}$$

本实验中, 电子枪发射出来的电子在加速电压 $U$ 的作用下, 射入均匀磁场. 加速电场对电子所做的功 $eU$ 全部转变成电子的动能, 即

$$eU = mv^2/2. \tag{9-7-5}$$

联立式(9-7-4)和(9-7-5)可得

$$\frac{e}{m} = \frac{2U}{(rB)^2}. \tag{9-7-6}$$

本实验中必须仔细调整电子枪, 使电子束入射方向与磁场方向严格保持垂直, 以产生完全封闭的圆形电子轨迹.

按照亥姆霍兹线圈产生磁场的原理, 有

$$B = KI, \tag{9-7-7}$$

式中 $K$ 为磁电变换系数, 其计算公式为

$$K = \left(\frac{4}{5}\right)^{\frac{3}{2}} \mu_0 \frac{N}{R}, \tag{9-7-8}$$

其中 $\mu_0 = 4\pi \times 10^{-7} \ \text{N/A}^2$ 为真空磁导率, $R$ 为亥姆霍兹线圈的平均半径, $N$ 为单个线圈的匝数, 由厂家提供的参数可知 $R = 158 \ \text{mm}$, $N = 130$ 匝. 将式(9-7-7)和(9-7-8)代入(9-7-6)可得

$$\frac{e}{m} = \frac{125}{32} \times \frac{R^2 U}{\mu_0^2 N^2 I^2 r^2}. \tag{9-7-9}$$

式(9-7-9)即为本实验中计算电子荷质比所依据的公式.

**【实验仪器】**

FB710 型电子荷质比测试仪(包括亥姆霍兹线圈、威尔尼氏管、电源、标尺、反射镜等).

电子荷质比测试仪由两部分结构组成.

第一部分主体结构包括: 发射电子束和显示电子运动轨迹的威尔尼氏管、产生磁场的亥姆霍兹线圈、度量电子束半径的滑动标尺、反射镜(用于电子束光圈半径测量的辅助工具).

第二部分是整个仪器的工作电源, 加速电压(范围为 $0 \sim 200 \ \text{V}$)、聚焦电压(范围为 $0 \sim 15 \ \text{V}$)都有各自的控制调节旋钮. 电源还备有可以提供最大 $3 \ \text{A}$ 电流的恒流电源, 用以通入亥姆霍兹线圈产生磁场. 因为本实验要求在光线较暗的环境中进行, 所以电源还提供一组照明电压, 方便读取滑动标尺上的刻度.

**【实验内容与步骤】**

1. 按图 9-7-2 所示接好线路.

图 9-7-2 电子荷质比测试仪整体外观及接线图

2. 开启电源,预热 $10 \sim 20$ min. 在工作电源上将加速电压设定为 $100 \sim 120$ V,待电子枪射出翠绿色的电子束后,再将加速电压调小到 100 V. 本实验是以固定加速电压,改变磁场的方式来测量偏转电子束的圆周半径.

3. 仔细调节聚焦电压,使电子束明亮,再缓慢改变亥姆霍兹线圈中的电流,观察电子束运动轨迹的变化.

4. 测量步骤:

(1) 调节仪器后线圈上反射镜的位置,以方便观察.

(2) 移动测量机构上的滑动标尺,用黑白分界的中心刻度线对准电子枪口与反射镜中的像,采用"三线相切"的方法测出电子束圆形轨迹的右端点(见图 9-7-3),从游标上读出刻度读数 $x_0$;再次移动滑动标尺到电子束圆形轨迹的左端点,采用同样的方法读出刻度读数 $x_1$;由 $r = (x_1 - x_0)/2$ 求出电子束圆形轨迹的半径.

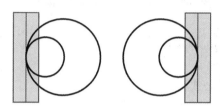

图 9-7-3 "三线相切"法确定电子轨迹端点

(3) 依次增加亥姆霍兹线圈中的电流($\Delta I = 0.05$ A),改变电子束运动轨迹的半径大小,用(2) 中的方法测出不同电流激发的磁场中电子运动轨迹两端点的读数 $x_{n0}, x_{n1}$,共测 8 次.

**【注意事项】**

1. 实验测量开始前应细心调节电子束使其与磁场方向垂直,以形成一个不带任何重影的电子运动轨迹(调焦).

2. 电子束的加速电压不要调得过高,过高的电压容易引起电子束散焦. 电子束刚激发时的加速电压需要偏高一些,大约在 120 V,开始激发后,电子束在 $90 \sim 100$ V 的加压电压作用下即可维持发射,故此时应将加速电压调至此范围内.

3. 测量电子束圆形轨迹半径时,应仔细按"三线相切"法进行. 读数过程中切勿用圆珠笔等物划伤标尺表面,实验中还要注意保持标尺表面干燥、洁净.

4. 测量结束后,将电流和电压均调至零后再关掉电源.

**【数据表格及数据处理要求】**

1. 根据实验内容自拟表格记录实验数据.

2. 计算电子荷质比及其相对误差.

**【实验后思考题】**

1. 本实验对电子荷质比的测量采用的是什么方法? 测量电子荷质比还有其他什么实验方法?

2. 本实验采用的测量电子束圆形轨迹半径大小的方法是什么? 你有更好更简捷的方法来测量圆形轨迹的半径吗?

3. 如果电子束运动方向与磁场方向不垂直,可采用何种方法测量电子荷质比?

# 9.8　光泵磁共振

物理学最初是利用光谱学的方法来研究物质内部结构,推动了原子和分子物理学的发展,但如果要研究原子、分子等微观粒子内部更精细的结构和变化,光谱学的方法则会受到仪器分辨率和谱线线宽的限制.在此情况下发展起来的波谱学方法利用物质的微波或射频共振研究原子的精细、超精细结构以及在外加磁场中分裂形成的塞曼子能级,这比光谱学方法有更高的分辨率.然而热平衡下磁共振涉及的能级上粒子布居数差别很小,加之磁偶极跃迁概率也较小,因此核磁共振波谱方法也有如何提高信息强度的问题.对于固态和液态物质的波谱学,如核磁共振(NMR)和电子顺磁共振(EPR),由于样品浓度大,再配合高灵敏度的电子探测技术,能够得到足够强的共振信号.但对气态的自由原子,样品的浓度降低了几个数量级,就需要另外想新办法来提高共振信号强度.

1950年,法国物理学家卡斯特勒等人提出光抽运技术(又称光泵),提高了探测信号的灵敏度.光抽运是用圆偏振光束激发气态原子的方法来打破原子在所研究的能级间的玻尔兹曼热平衡分布,造成所需的布居数差,从而在低浓度的条件下提高了共振信号强度,这时再用相应频率的射频场激励原子的磁共振.在探测磁共振方面,不直接探测原子对射频量子的发射或吸收,而是采用光探测的方法,探测原子对光量子的发射或吸收.由于光量子的能量比射频量子高七八个数量级,所以探测信号的灵敏度得以提高.这种方法很快就发展成为研究原子物理的一种重要的实验方法.使用光抽运—磁共振—光探测技术对许多原子、离子和分子进行的大量研究,增进了我们对原子能级精细结构和超精细结构、能级寿命、塞曼分裂和斯塔克分裂、原子磁矩和朗德因子、原子与原子间以及原子与其他物质间相互作用的了解,推动了结构理论方面的研究.卡斯特勒由于在这一实验技术上的杰出贡献,荣获了1966年的诺贝尔物理学奖.

光抽运技术在激光、电子频率标准和精测弱磁场等方面也有重要应用.近年来出现的激光射频双共振技术为原子、分子高激发态的精密测量开辟了广阔的前景.利用光磁共振原理在量子频标和精密测定磁场上已经开发了精密仪器,即原子频率标准(原子钟)和原子磁强计,更重要的是光磁共振原理为激光的发现奠定了基础.

本实验中应用了光探测的方法,既保持了磁共振分辨率高的优点,同时又将探测灵敏度提高了几个乃至十几个数量级.此方法一方面可用于基础物理研究,另一方面在量子频标、精确测定磁场等问题上也都有很大的实际应用价值.

**【实验目的】**

1. 观察铷原子光抽运信号,加深对原子超精细结构的理解.
2. 观察铷原子的磁共振信号,测定铷原子超精细结构塞曼子能级的朗德因子.
3. 学会利用光磁共振的方法测量地磁场.

**【预习思考题】**

1. 什么是光抽运效应? 光抽运的物理过程如何?
2. 如何区分磁共振信号与光抽运信号?
3. 为什么射频磁场必须跟产生塞曼子能级的恒定弱磁场相垂直?
4. 实验装置中为什么要用垂直磁场线圈抵消地磁场的垂直分量? 不抵消会有什么不良后果?

**【实验原理】**

光磁共振是把光频跃迁和射频磁共振跃迁结合起来的一种物理过程,是利用光抽运效应来研究原子超精细结构塞曼子能级间的磁共振.本实验的研究对象是碱金属原子铷(Rb).

**1. 铷原子基态和最低激发态的能级**

铷是一价的碱金属,它的价电子处于第5壳层,主量子数 $n = 5$.由于电子轨道角动量与自旋角动量的相互作用(LS耦合),原子能级具有精细结构,用 $J$ 来表示电子总角动量量子数,则有 $J = L + S$,$L + S - 1, \cdots, |L - S|$.对于基态,$L = 0$,$S = 1/2$,只有 $J = 1/2$ 一个态,标记为 $5^2S_{1/2}$.对于最低激发态,$L = 1$,$S = 1/2$,则有 $J = 3/2$ 和 $J = 1/2$ 双重态,标记为 $5^2P_{3/2}$ 和 $5^2P_{1/2}$(见图 9-8-1).

由于铷原子的核自旋 $I \neq 0$,存在核自旋角动量与电子总角动量的相互作用($IJ$ 耦合),因此原子能级具有超精细结构,$F = I+J, I+J-1, \cdots, |I-J|$,其中 $F$ 为原子总角动量量子数. 天然气态铷中含量大的同位素有两种:$^{85}$Rb 占 72.15%,$^{87}$Rb 占 27.85%. 它们的自旋量子数不同,$^{87}$Rb 的 $I = 3/2$,基态($J = 1/2$)具有 $F = 1$ 和 2 两个状态,其最低激发态($J = 1/2$)亦具有 $F = 1$ 和 2 两个状态;$^{85}$Rb 的 $I = 5/2$,其基态则有 $F = 3$ 和 2 两个状态,最低激发态亦有 $F = 3$ 和 2 两个状态.

在原子物理学中,通常用矢量合成的方法处理角动量耦合问题. 在 $LS$ 耦合情形下,总角动量 $\boldsymbol{P}_J$ 与原子总磁矩 $\boldsymbol{\mu}_J$ 的关系为

$$\boldsymbol{\mu}_J = -g_J \frac{e}{2m_e} \boldsymbol{P}_J, \qquad (9-8-1)$$

式中

$$g_J = 1 + \frac{J(J+1)-L(L+1)+S(S+1)}{2J(J+1)} \qquad (9-8-2)$$

称为朗德因子.

用矢量模型来处理 $IJ$ 耦合问题,同样可以得到

$$\boldsymbol{\mu}_F = -g_F \frac{e}{2m_e} \boldsymbol{P}_F, \qquad (9-8-3)$$

式中

$$g_F = g_J \frac{F(F+1)-I(I+1)+J(J+1)}{2F(F+1)} \qquad (9-8-4)$$

为 $IJ$ 耦合情形下的朗德因子. 这里 $\boldsymbol{P}_F$ 和 $\boldsymbol{\mu}_F$ 是考虑核自旋以后原子的总角动量和总磁矩,$g_F$ 是对应于 $\boldsymbol{\mu}_F$ 与 $\boldsymbol{P}_F$ 关系的朗德因子. 显然,$g_F$ 和 $g_J$ 并不相同. 以上讨论的是没有外磁场条件下的情形.

如果铷原子处于外磁场 $\boldsymbol{B}_0$ 中,由于其总磁矩 $\boldsymbol{\mu}_F$ 与磁场 $\boldsymbol{B}_0$ 的相互作用,超精细结构能级还要进一步发生塞曼分裂,形成塞曼子能级. 根据空间量子化的原理,原子的总角动量 $\boldsymbol{P}_F$ 在 $\boldsymbol{B}_0$ 方向的投影值应为 $m_F \hbar$,$m_F = F, F-1, \cdots, (-F)$,其中 $m_F$ 为磁量子数. 故塞曼子能级数目共有 $2F+1$ 个.

原子总磁矩 $\boldsymbol{\mu}_F$ 与磁场 $\boldsymbol{B}_0$ 相互作用的势能为

$$E = -\boldsymbol{\mu}_F \cdot \boldsymbol{B}_0 = g_F \frac{e}{2m_e} \boldsymbol{P}_F \cdot \boldsymbol{B}_0 = g_F \frac{e}{2m_e} m_F B_0 \hbar = g_F m_F \mu_B B_0, \qquad (9-8-5)$$

式中 $\mu_B$ 为玻尔磁子. 式(9-8-5)可求得相邻塞曼子能级之间的能量差为

$$\Delta E = g_F \mu_B B_0. \qquad (9-8-6)$$

可见,在弱磁场中 $\Delta E$ 与 $B_0$ 成正比. 当 $B_0 = 0$ 时,各塞曼子能级将重新简并为原来的超精细结构能级,因而图 9-8-1 中把塞曼子能级绘成斜线.

**2. 圆偏振光对铷原子的激发与光抽运效应**

光抽运的基础是光和原子之间的相互作用. 在磁场中,偏振光只能引起某些特定塞曼子能级之间的跃迁. 铷原子从 5P 到 5S 的跃迁有两条光谱线,一条是 $5^2P_{1/2} \rightarrow 5^2S_{1/2}$,叫 $D_1$ 线,波长为 794.8 nm;另一条是 $5^2P_{3/2} \rightarrow 5^2S_{1/2}$,叫 $D_2$ 线,波长为 780 nm. 这两条谱线在铷灯光谱中特别强,用它们去激发铷原子时,铷原子将会吸收它们的能量而引起相应方向上的能级跃迁.

然而频率一定而角动量不同的光所引起的塞曼子能级之间的跃迁是不同的. 对于左旋圆偏振光即 $\sigma^+$ 光,角动量为 $+\hbar$,根据角动量守恒定律,由理论推导可得能级之间跃迁的选择定则为 $\Delta F = 0, \pm 1$ 和 $\Delta m_F = \pm 1$. 所以,当 $D_1 \sigma^+$ 光作用于 $^{87}$Rb 时,由于 $^{87}$Rb 的 $5^2S_{1/2}$ 态和 $5^2P_{1/2}$ 态的磁量子数 $m_F$ 的最大值均为 $+2$,而光子的角动量为 $\hbar$,它只能引起 $\Delta m_F = +1$ 的跃迁,故 $D_1 \sigma^+$ 光只能把基态中除 $m_F = +2$ 以外各子能级上的原子激发到 $5^2P_{1/2}$ 的相应子能级上,如图 9-8-2 所示.

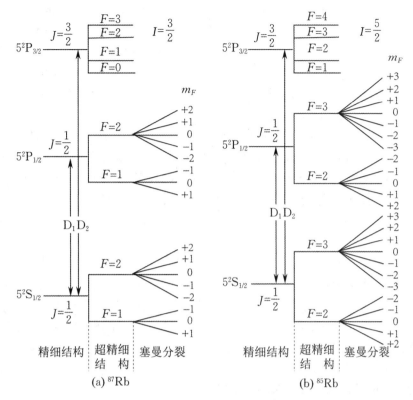

图 9-8-1　铷原子能级示意图

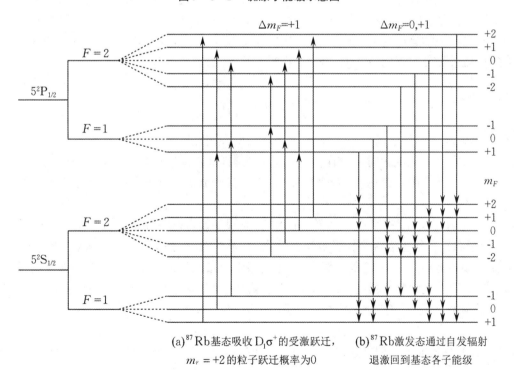

(a) $^{87}$Rb基态吸收 $D_1\sigma^+$的受激跃迁，　(b) $^{87}$Rb激发态通过自发辐射

$m_F = +2$ 的粒子跃迁概率为0　　　退激回到基态各子能级

图 9-8-2　$^{87}$Rb 光跃迁和光抽运效应示意图

跃迁到 $5^2P_{1/2}$ 上的原子经过大约 $10^{-2}$ s后，通过自发辐射以及无辐射跃迁两种方式回到基态 $5^2S_{1/2}$.向下跃迁时，发出的光子可以有各种角动量（$\sigma^+,\sigma^-$ 和 $\pi$ 光），选择定则为 $\Delta F = 0, \pm 1$ 和

$\Delta m_F = 0, \pm 1$,故基态各子能级以几乎相等的概率接收到这些返回的粒子,$m_F = +2$ 子能级也不例外. 由于落在基态 $m_F = +2$ 上的粒子不能向上跃迁,这样每经过一次激发,基态 $m_F = +2$ 子能级上的粒子数就会多一些. 继续用 $\sigma^+$ 光照射 $^{87}$Rb 原子,经过多次循环之后,基态 $m_F = +2$ 子能级上的粒子数就会大大增加,即基态其他子能级上大量的粒子被"抽运"到基态 $m_F = +2$ 子能级上,这就是光抽运效应. 各子能级上粒子数的这种远远偏离玻尔兹曼分布的不均匀分布称为偏极化,光抽运的目的就是要造成偏极化,有了偏极化就可以在子能级之间进行磁共振实验.

右旋偏振光 $\sigma^-$ 光也有同样的作用,它将大量的粒子抽运到基态 $m_F = -2$ 子能级上. $\sigma^+$ 光与 $\sigma^-$ 光对光抽运有相反的作用. 当入射光为等量 $\sigma^+$ 光与 $\sigma^-$ 光混合的线偏振光时,铷原子对光有强烈吸收,但无光抽运效应;当入射光为不等量 $\sigma^+$ 光与 $\sigma^-$ 光混合的椭圆偏振光时,光抽运效应较圆偏振光小;当入射光为 $\pi$ 光时,铷原子对光有强烈吸收,但无光抽运效应.

对 $^{85}$Rb 有类似结论,不同之处是 $\sigma^+$ 光及 $\sigma^-$ 光分别将 $^{85}$Rb 抽运到基态 $m_F = \pm 3$ 子能级上.

### 3. 弛豫过程

光抽运引起原子系统偏极化,使系统处于非平衡分布状态,在没有外加因素干扰时,这个系统将趋于热平衡分布,此过程称为弛豫过程. 它反映原子之间以及原子与其他物质之间的相互作用. 在实验过程中要使原子具有较大的偏极化程度,就要尽量减少返回玻尔兹曼分布的趋势. 但铷原子与容器壁的碰撞以及铷原子之间的碰撞都会导致铷原子恢复到热平衡分布,失去光抽运所造成的偏极化. 为了减少弛豫过程的影响,需要在铷样品泡中充适量的惰性气体,并合理控制其温度,以使原子具有较大的偏极化程度.

### 4. 塞曼子能级之间的磁共振和光探测

在热平衡时,原子在超精细能级及其塞曼子能级之间基本是等概率分布的. 这时即使有一个方向及频率都适于在子能级间激发磁共振的射频场存在,也会因向上与向下跃迁的粒子数相同而无法形成输出信号. 在因光抽运出现偏极化以后,特定的子能级上有大量原子,其他能级基本空着,这时再有合适的条件,就会激发很强的磁共振. 由磁共振理论可知,共振条件为

$$\omega_0 \hbar = \Delta E = g_F \mu_B B_0, \qquad (9-8-7)$$

$$f_0 = \frac{1}{h} g_F \mu_B B_0. \qquad (9-8-8)$$

可见,若共振频率 $f_0$ 和外磁场 $B_0$ 可以测出,则可算出 $g_F$;若已知 $f_0$ 和 $g_F$,则可算出 $B_0$.

需要指出,在激发磁共振时一直保持有抽运光照射,这就使得可以用"是否吸收抽运光"来判断磁共振是否发生,即可用光探测方法来收集信息. 下面详细分析铷原子在什么情况下会吸收入射的抽运光.

起初,按玻尔兹曼分布,基态各塞曼子能级上铷原子数目基本相同. $D_1 \sigma^+$ 光开始照射样品时,$m_F = +2$ 以外各子能级上有许多原子被激发,因而样品对 $D_1 \sigma^+$ 抽运光有强烈吸收,透过的光强就很小. 随着原子被抽运到 $m_F = +2$ 的能级上,其他能级上可被激发的原子数目不断减少,对抽运光的吸收便不断降低,透射光强便不断增大. 当抽运与弛豫两种过程达到动态平衡时,透射光强就达到并保持最大值. 透射光强的这种变化是由抽运作用是否发生及程度如何所决定的,因而这就是"抽运信号".

在原子因光抽运而发生偏极化以后,加上合适的射频场就会激发塞曼子能级间的磁共振. 大量的原子从 $m_F = +2$ 的能级跃迁到 $m_F = +1$ 的能级,以后又可以跃迁到 $m_F = 0, -1, -2$ 等能级. 这就是说,一旦出现磁共振,$m_F \neq +2$ 的各能级又会有许多原子在 $D_1 \sigma^+$ 光照射下受激发而被抽运. 随着它们被激发就出现对于入射光的吸收. 可见,这一次对抽运光的吸收取决于磁共振是否发生及其程度,这就是"共振信号".

由以上分析可知,作用在样品上的 $D_1\sigma^+$ 光一方面起抽运作用,另一方面透过样品的 $D_1\sigma^+$ 光又可兼作探测光,即一束光起了抽运与探测两个作用.对磁共振信号进行光探测是很有意义的,因为塞曼子能级的磁共振跃迁信号很微弱,特别是对于密度非常低的气体样品,信号更加微弱,难以直接观测.光探测技术利用磁共振时 $D_1\sigma^+$ 光光强的变化,巧妙地将一个低频率的射频量子($1\sim410$ MHz)的变化转换成一个高频率的光频量子($10^8$ MHz)的变化,使观测信号功率提高了 $7\sim8$ 个数量级,从而实现了对气体样品微弱磁共振信号的观测.

**【实验仪器】**

DH807A型光磁共振实验仪、射频信号发生器、数字频率计、双通道数字存储示波器、直流数字电压表等.

**1. 仪器简介**

实验装置结构如图 $9-8-3$ 所示.光磁共振实验仪由主体单元和辅助元件两部分组成.主体单元是实验仪的核心部分,它由 $D_1\sigma^+$ 抽运光源、吸收室和光电探测器三部分组成. $D_1\sigma^+$ 抽运光源包含铷光谱灯、干涉滤光片、偏振片、1/4 波片、透镜等.铷光谱灯放在 90 ℃ 左右的恒温槽内,它在高频电磁场的激励下产生无极放电而发光.灯的透光孔上装有干涉滤光片,它从铷光谱中把 794.8 nm 的 $D_1$ 光选择出来.偏振片和 1/4 波片将 $D_1$ 光变为左旋圆偏振光,即照射吸收泡(内置样品)的 $D_1\sigma^+$ 光,并由它对铷原子系统进行光抽运.

图 $9-8-3$ 实验装置结构图

吸收室由吸收池和两组亥姆霍兹线圈组成.吸收池处于亥姆霍兹线圈中央,内部是一个温度可调的恒温槽,槽内有一个充有天然铷和惰性缓冲气体的吸收泡.恒温槽温度一般保持在 $40\sim60$ ℃,吸收泡内形成铷的自由原子蒸气,这就是待研究的样品.吸收泡两侧对称绕有一对小线圈,作为射频信号发生器的负载,为铷原子的磁共振提供射频场.两组亥姆霍兹线圈分别在水平及垂直方向产生磁场,水平磁场导致塞曼分裂,垂直磁场则用于抵消地磁场的垂直分量,使得仅在仪器光轴方向上存在磁场.与水平线圈绕在一起的还有一对扫场线圈,用于在水平方向上提供扫描磁场.

光电探测器内装有硅光电池和前置放大器.透过铷原子吸收泡的 $D_1\sigma^+$ 光经透镜汇聚到硅光电池上,由它将接收到的透射光信号转换成电信号,再经放大滤波后送入示波器进行显示.若配用高灵敏的示波器,则信号可不经放大而直接输入示波器.

**2. 测量原理**

光泵磁共振能在弱磁场下精确检测气体原子能级的超精细结构,该弱磁场的大小与地磁场大小数量级相当,所以外加磁场中不能忽略地磁场的影响.加载在样品上的总磁场包括了外加恒定磁场(包括水平和垂直方向)以及水平扫场和不可忽略的地磁场.

利用光磁共振实验仪进行测量和研究一般都是调节提供垂直磁场的线圈的电流,使垂直磁场抵消地磁场的垂直分量,这样水平方向的磁场就是样品所处的总磁场.

为了确定水平方向上恒定磁场和扫场的方向,先将扫场置零,把小磁针放在吸收池上方,然后加大水平磁场的大小,若指针方向改变,说明水平磁场与地磁场方向反向,否则同向.判断扫场方向也是先将水平磁场置零,然后加大扫场的大小看指针是否偏转.

本实验中光抽运过程是始终存在的,即没有光抽运信号也有光抽运,而要产生光抽运信号,则需要满足特定的条件.光抽运信号产生的条件是水平方向的总磁场必须过零点.水平方向的总磁场包括水平方向的地磁场、扫场和水平磁场.换而言之,只要这三个场在同一方向上,无论怎么调节水平磁场的大小,都不会出现光抽运信号.假设这三个场中有一个场不同向,都能够通过调节水平磁场的大小使水平方向的总磁场过零点,从而观察到光抽运信号.

光抽运信号与磁共振信号一样,都是粒子布居数经历偏极化—退偏极化—偏极化的周期性过程.导致两信号粒子布居数偏极化的原因是一样的,光抽运信号与磁共振信号最大的区别是退偏极化的物理机理不一样.光抽运是当加在样品上的磁场穿越零点并反向时,塞曼能级跟随着发生简并并随即再分裂,重新分裂后各能级上的粒子数又近乎相等.磁共振信号是当分布偏极化粒子受到射频场的作用,产生受激跃迁,之后粒子又趋于均匀分布.

需要注意的是,无论有没有光抽运信号或磁共振信号,光抽运都是始终存在的.没有发生共振时,光抽运与弛豫过程达到动态平衡,光强不发生变化,此时示波器上看不到信号.可以说有磁共振就有磁共振信号,但不能说有光抽运就有光抽运信号,只有外加周期性磁场过零时才有光抽运信号.

### 3. 磁感应强度计算公式

亥姆霍兹线圈轴线中心处磁感应强度的计算公式为

$$B = \left(\frac{4}{5}\right)^{\frac{3}{2}} \mu_0 \cdot \frac{N}{r} \cdot I, \qquad (9-8-9)$$

式中真空磁导率 $\mu_0 = 4\pi \times 10^{-7}$ N/A$^2$,$N$ 为每边线圈的匝数,$r$ 为线圈的有效半径,$I$ 为流过线圈的电流.

由于本实验装置两个水平磁场线圈是并联的,数字表显示的电流是流过两线圈电流之和,因此对应中心处水平方向上的均匀磁场大小为

$$B = \left(\frac{4}{5}\right)^{\frac{3}{2}} \mu_0 \cdot \frac{N}{r} \cdot \frac{I}{2}. \qquad (9-8-10)$$

而两个垂直磁场线圈是串联的,数字表显示的电流是流过单个线圈的电流,因此中心处垂直方向上的均匀磁场大小为

$$B = \left(\frac{4}{5}\right)^{\frac{3}{2}} \mu_0 \cdot \frac{N}{r} \cdot I. \qquad (9-8-11)$$

### 【实验内容与步骤】

1. 调整仪器.

(1)将"垂直场""水平场""扫场幅度"旋钮调至最小,接通电源,按下"预热"键,加热样品吸收泡至 50 ℃ 并控温,同时加热铷光谱灯至 90 ℃ 并控温,约 30 min 后温度稳定,灯温、池温绿色指示灯亮,按下"工作"键,此时铷光谱灯应发出玫瑰色的光.

(2)将吸收池置于垂直和水平线圈的中央,然后以吸收池为准,调节光源、透镜、光电探测器等其他器件等高准直,前后调节透镜的位置使到达硅光电池的光强最大.

(3)把指南针放在吸收池顶部,给水平磁场线圈通微弱励磁电流,根据指南针的偏转情况,整体移动主体单元,使水平磁场方向平行于地磁场水平分量,此时指南针应不随励磁电流变化而偏转.

2. 观察光抽运信号.

(1)开启示波器,扫场选择"方波",适当增大"扫场幅度"使屏幕下半部分显示方波,上半部分显

示的即为光抽运信号.从高频振荡器中发出的光谱线经过干涉滤光片将$D_2$线滤掉,通过滤光片的$D_1$线经过偏振片后变成线偏振光,再经1/4波片变成圆偏振光.当1/4波片光轴与偏振片偏振方向的夹角为$\pi/4$或$3\pi/4$,而垂直磁场大小和方向正好抵消了地磁场垂直分量时,光抽运信号幅度最大.

(2)预置垂直磁场的励磁电流为0.047 A左右,用来抵消地磁场垂直分量.调节扫场幅度、垂直场大小和方向,至光抽运信号幅度最大时记下垂直场电流的具体数值,代入式(9-8-11)即可计算出此时垂直线圈的磁感应强度,也就是地磁场的垂直分量.

(3)当方波加到扫场线圈上后,会产生$1\sim2\times10^{-4}$ T的磁场.在刚加上磁场瞬间,各塞曼子能级上的粒子数相等,样品对$D_1\sigma^+$光吸收最强.随着粒子被抽运到$m_F=+2$子能级上,样品对$D_1\sigma^+$光的吸收减小,透射光强也逐渐增大.当$m_F=+2$子能级上的粒子达到饱和时,透射光强达到最大值.当磁场降到零后反向,塞曼能级则由分裂到简并再分裂.由于原子碰撞,能级发生简并的原子会退偏极化,当能级再分裂时,透射光强再次出现由小到大的变化过程.用方波扫描时,光抽运信号如图9-8-4所示.图中还可看出曲线斜率与抽运信号的关系.铷吸收泡对光的吸收强度仅在磁场过零点附近很灵敏地随相应磁场变化,故当磁场过零处的斜率很大时,磁场迅速变向,系统在短时间内处于非平衡状态,伴随着对左旋偏振光的强烈吸收,相应的光抽运信号出现较尖锐较强的吸收峰;而当磁场过零斜率很缓时,相当于磁场正以很缓的速度在零点附近变化,此时出现的吸收峰强度较小.

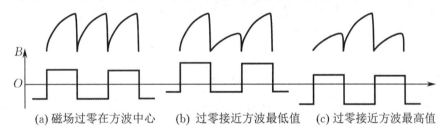

(a) 磁场过零在方波中心    (b) 过零接近方波最低值    (c) 过零接近方波最高值

图9-8-4    各种光抽运信号

在观察光抽运信号时,可按以下三种情况调节光抽运信号,并观察地磁场的影响,分析归纳产生光抽运信号的实验条件:

① 水平、垂直磁场为零,扫场与地磁场方向相反;

② 改变垂直磁场的大小和方向;

③ 扫场与地磁场同向,改变水平磁场的大小和方向.

另外,调出光抽运信号后,可以利用光抽运信号再进一步调整实验系统,使信号达到最佳状态.

3.观察磁共振信号.

在光泵磁共振信号存在的同时,也存在着光抽运信号:当不加射频信号时,存在的信号为光抽运信号;当加上射频信号后,又产生两组信号:$^{87}$Rb和$^{85}$Rb的磁共振信号.

打开射频振荡器,加上射频场,选择"三角波"扫场,采取固定磁场,改变射频频率的方式(扫频法),使之满足共振条件$f_0/B_0=7\times10^3$ MHz/T($^{87}$Rb)或$f_0/B_0=4.7\times10^3$ MHz/T($^{85}$Rb),便可获得$^{87}$Rb和$^{85}$Rb的磁共振信号.

扫频法步骤如下:

(1)旋转射频信号发生器"幅度调节"旋钮,使射频信号峰峰值为4.5 V.将水平场电流依次固定为某一特定值,同时缓慢调节射频信号发生器的频率,测出对应于三角波底端(或顶端)的共振信号(见图9-8-5),记录对应频率$f_{01}$.

(2)切换水平场方向开关,使水平场方向与地磁场水平分量方向相反,调节射频频率,当磁共振信号出现后,记下相应的射频频率$f_{02}$.

固定频率改变场强(扫场法),同样也可以获得上面的信号.

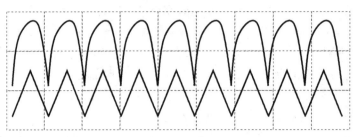

图 9 - 8 - 5

由于 Rb 元素有两种同位素,相对应的拉莫尔进动角频率不同,因而对应的射频共振频率也不同,当其中一种同位素发生磁共振时,另一种不受射频信号的影响. 射频频率大的共振信号对应于 $^{87}$Rb 原子,射频频率小的共振信号对应于 $^{85}$Rb 原子. 共振信号图像与光抽运信号图像相似,每次找到一个类似共振信号图像时,可关闭射频信号发生器,如果该信号消失,说明共振信号被找到了;反之,则说明不是共振信号,而是光抽运信号,这表明总磁场有过零行为,会加大搜索共振信号的难度. 此时,改变扫场方向或减小扫场幅度,使总磁场不存在过零情况,然后再按上述方法搜索共振信号.

共振信号图像性质必须一致,同时对应三角波底端(或顶端),不可一次高一次低.

4. 测量朗德因子 $g_F$.

由磁共振条件得

$$g_F = \frac{hf_0}{\mu_B B_0}. \qquad (9-8-12)$$

实验中如果测出 $f_0$ 和 $B_0$,便可求得 $g_F$. 然而实验中实际的磁场不完全是 $B_0$,由于实际还有地磁水平分量和扫描直流分量等的影响,引起能级塞曼分裂的水平磁场应记为

$$B = B_0 + B', \qquad (9-8-13)$$

式中 $B_0$ 是由亥姆霍兹线圈产生的水平方向上的均匀磁场,在测得其励磁电流 $I$、线圈有效半径 $r$ 和每边匝数 $N$ 后,由式(9-8-10)可知

$$B_0 = \left(\frac{4}{5}\right)^{\frac{3}{2}} \mu_0 \cdot \frac{N}{r} \cdot \frac{I}{2}; \qquad (9-8-14)$$

$B'$ 主要是扫场电流(包括其直流分量)形成的磁场,也包含地磁场及其他杂散磁场,这些场的大小都难以确定,故应采取措施在实验或数据处理中消除这些影响,以求得正确的 $g_F$ 值. 一般可采用下面两种方法来计算朗德因子 $g_F$.

一是采取切换水平磁场方向的方法,测得数据后通过取平均值来消除 $B'$ 的影响. 例如,采用扫频法,切换水平恒定磁场的方向,分别测出这两个方向上的共振频率 $f_{01}$ 和 $f_{02}$,取 $f_0 = (f_{01} + f_{02})/2$ 和 $B_0$ 代入式(9-8-12),便可计算出 $g_F$. 同理,若采用扫场法,固定频率 $f_0$,切换水平恒定磁场的方向,分别测出这两个方向上共振频率 $f_0$ 所对应的 $B_{01}$ 和 $B_{02}$,取 $B_0 = (B_{01} + B_{02})/2$ 代入式(9-8-12)便可计算出 $g_F$.

二是不切换水平磁场的方向,采用扫频法或扫场法连续测得等精度的多组数据后,选用最小二乘法进行直线拟合,由其斜率计算 $g_F$ 值.

将式(9-8-14)代入(9-8-8)可得

$$hf_0 = g_F\mu_B(B_0 + B') = g_F\mu_B \frac{4\mu_0}{5^{1.5}} \cdot \frac{N}{r} \cdot I + g_F\mu_B B'. \qquad (9-8-15)$$

若记

$$b = \frac{4\mu_0}{5^{1.5}} \cdot \frac{N}{r} \cdot \frac{\mu_B}{h} g_F, \quad\quad (9-8-16)$$

$$c = \frac{\mu_B}{h} g_F B', \quad\quad (9-8-17)$$

则有

$$f_0 = bI + c, \quad\quad (9-8-18)$$

即共振频率 $f_0$ 和 $I$ 是线性关系. 因此,可先求出 $b$ 和 $c$,再根据 $b$ 和 $g_F$ 的关系求 $g_F$.

实验中要求保持扫场的幅度不变,而且在水平场 $I$(射频频率 $f_0$)取一系列值时总是对应于扫场信号的谷点或峰点测量射频频率 $f_0$(水平场 $I$),这样才能保证 $c$ 是不变的常数.

对 $^{87}$Rb 和 $^{85}$Rb,光泵磁共振发生时,基态 $5^2S_{1/2}$ 上 $F$ 分别为 $2(^{87}$Rb$)$ 和 $3(^{85}$Rb$)$、磁量子数 $m_F$ 分别为 $+2(^{87}$Rb$)$ 和 $+3(^{85}$Rb$)$ 的塞曼子能级上的原子向相邻能级跃迁,因而两种原子的 $g_F$ 因子之比为

$$\frac{g_F(^{87}\text{Rb})}{g_F(^{85}\text{Rb})} = \frac{g_J(^{87}\text{Rb}) \cdot \dfrac{2(2+1) + \frac{1}{2}\left(1+\frac{1}{2}\right) - \frac{3}{2}\left(1+\frac{3}{2}\right)}{2 \times 2 \times (2+1)}}{g_J(^{85}\text{Rb}) \cdot \dfrac{3(3+1) + \frac{1}{2}\left(1+\frac{1}{2}\right) - \frac{5}{2}\left(1+\frac{5}{2}\right)}{2 \times 3 \times (3+1)}} = \frac{3}{2}. \quad (9-8-19)$$

所以,当水平场不变时,射频频率高的为 $^{87}$Rb 的共振谱线,射频频率低的为 $^{85}$Rb 的共振谱线;当射频频率不变时,水平场电流大的对应 $^{85}$Rb,电流小的对应 $^{87}$Rb.

5. 测量地磁场.

地磁场的垂直分量($B_\perp$)可用光抽运信号来测定,即利用当垂直恒定磁场刚好抵消地磁场的垂直分量时,光抽运信号最强. 地磁场的水平分量($B_{//}$)要用磁共振来测定,设 $B_{扫直}$ 表示扫场直流分量,当 $B_0, B_{//}$ 与 $B_{扫直}$ 三者同向,而满足共振条件时,得

$$hf_{01} = g_F\mu_B(B_0 + B_{扫直} + B_{//}). \quad\quad (9-8-20)$$

当 $B_0, B_{扫直}$ 方向同时改变,即它们与 $B_{//}$ 反向而满足共振条件时,得

$$hf_{02} = g_F\mu_B(B_0 + B_{扫直} - B_{//}). \quad\quad (9-8-21)$$

把上面两式相减可求得

$$B_{//} = \frac{h(f_{01} - f_{02})}{2g_F\mu_B}. \quad\quad (9-8-22)$$

至此可得到当地地磁场的大小和方向分别为

$$B_{地} = \sqrt{B_{//}^2 + B_\perp^2}, \quad \tan\theta = B_\perp / B_{//}.$$

**【注意事项】**

1. 注意区分 $^{85}$Rb 和 $^{87}$Rb 的共振谱线. 当水平场不变时,射频频率高的为 $^{87}$Rb 的共振谱线,射频频率低的为 $^{85}$Rb 的共振谱线. 同一射频信号下共振时,水平场电流大的对应 $^{85}$Rb,电流小的对应 $^{87}$Rb.

2. 在精确测量时,为了避免吸收池加热丝磁场对测量结果的影响,可暂时断开吸收池加热电流.

3. 由于实验在弱磁场中进行,为了确保测量的准确性,实验装置中的主体单元一定要避开铁磁性物质、强电磁场及大功率电源线的影响. 磁场方向判断好以后,务必取出指南针. 注意将装置的光轴尽量调节得与地磁场水平方向一致.

4. 主体单元应罩上黑布,可避免外界杂散光进入光电探测器.

5. 三角波扫场信号和射频信号应尽量取小些,以利于共振信号的观察.

6. 实验时观察共振信号应该对应"三角波"的同一位置(波峰或波谷).

【数据表格及数据处理要求】

1.根据实验内容自拟表格记录实验数据.

2.测量朗德因子 $g_F$(包括 Rb 的两种同位素),并将求得的 $g_F$ 值与理论值相比较,计算相对误差.

3.计算地磁场的水平分量(本实验中水平线圈匝数 $N = 250$,有效半径 $r = 0.238\,8\,\text{m}$).

【实验后思考题】

1.扫场、水平场在光抽运过程中起什么作用? 对扫场和水平场的方向、振幅有何要求?

2.在观察光抽运信号时,为什么方波扫场必须过零? 为什么仅当方波跃迁时才有光抽运信号? 当扫场不过零时,能否观察到光抽运信号? 为什么?

3.光抽运过程为什么要采用单一的左旋圆偏振光或单一的右旋圆偏振光? 为什么不能用 π 光或椭圆偏振光作为抽运光?

4.为什么要滤去 $D_2$ 光? 它对用 $D_1\sigma^+$ 光的抽运有利还是有害?

5.如果射频信号频率是相邻塞曼子能级能量差的两倍,能否产生由 $m_F = +2$ 到 $m_F = 0$ 的磁共振? 为什么?

6.实验中为了观察磁共振信号,在恒定磁场上叠加了直流分量不为零的三角波磁场信号,如果恒定磁场、地磁场的水平分量和三角波磁场的方向组合合适,有时也会出现光抽运信号.这样产生的光抽运信号和磁共振信号有什么不同? 如何区别? 如何避免在观测磁共振信号时出现光抽运信号?

# 9.9 塞曼效应

1845 年,英国物理学家法拉第在研究电磁场对光的影响时,发现了磁场能改变偏振光的偏振方向.1896 年,荷兰物理学家塞曼根据法拉第的想法,探测磁场对原子谱线的影响,发现了钠双黄线在磁场中的分裂.之后,洛伦兹根据经典电子论解释了上述现象.他们这一重要研究成就,有力地支持了光的电磁理论,同时也使我们对物质的光谱、原子和分子的结构有了更多的了解.1902 年,塞曼和洛伦兹因这一发现共同获得了诺贝尔物理学奖.

塞曼效应是由于电子的轨道磁矩和电子的自旋磁矩在外磁场的作用下,每个具有一定能量的定态原子获得一个附加能量,这个附加能量使原子能级分裂,进而使原子光谱线分裂成若干精细成分.塞曼效应的重要性,在于可利用其得到有关原子精细能级的数据,从而计算出原子总角动量量子数 $J$ 和对应朗德因子 $g$ 的数值,因此至今它仍是研究原子精细及至超精细能级结构的重要方法之一.本实验用高分辨率的分光仪法布里-珀罗(F-P)标准具去观察和拍摄汞原子 546.1 nm 谱线的塞曼分裂谱线,测量分裂谱线的波长差,并计算电子荷质比.

【实验目的】

1.掌握观测塞曼效应的方法,加深对原子磁矩及空间量子化等概念的理解.

2.观察汞原子 546.1 nm 谱线的分裂现象及偏振状态.

3.学习 F-P 标准具的原理、调节和使用方法.

4.掌握利用塞曼裂距计算电子荷质比的方法.

【预习思考题】

1.怎样观察和分辨 σ 谱线中的左旋圆偏振光和右旋圆偏振光?

2.如何鉴别 F-P 标准具的两反射面是否严格平行? 如发现不平行应该如何调节?

3.为何 F-P 腔的外表面与内表面不能平行?

**【实验原理】**

当光源置于足够强的外磁场 $B$ 中时,由于磁场的作用,原子的每条光谱线分裂成波长很靠近的几条偏振化的谱线,分裂的条数随光子跃迁能级的不同而不同,这种现象称为塞曼效应. 在强磁场中的原子谱线分裂为三条的现象叫作正常塞曼效应,分裂的三条谱线中,两边的谱线与中间的频率差正好等于 $\dfrac{eB}{4\pi mc}$,其中 $m$ 为电子质量,$e$ 为元电荷,$c$ 为光速. 这种分裂能够用经典电子论给予解释,但实验中发现大多数谱线的分裂多于三条,谱线的裂距是 $\dfrac{eB}{4\pi mc}$ 的简单分数倍,这种现象称为反常塞曼效应,反常塞曼效应只有用量子理论才能给予满意的解释. 例如,汞绿线($\lambda = 546.1$ nm) 和钠黄线($\lambda = 589.3$ nm) 的塞曼分裂均为反常塞曼分裂. 对反常塞曼效应及其复杂光谱的研究,促使朗德于 1921 年提出朗德因子的概念,乌伦贝克和古德斯密特于 1925 年提出电子自旋的概念,推动了量子理论的发展.

**1. 原子的总磁矩和总角动量的关系**

原子中的电子既做轨道运动也做自旋运动,塞曼效应的产生是由于原子磁矩与外磁场共同作用的结果. 在 $LS$ 耦合情况下,原子总轨道磁矩 $\boldsymbol{\mu}_L$ 与总轨道角动量 $\boldsymbol{P}_L$ 的关系为

$$\boldsymbol{\mu}_L = \frac{e}{2m}\boldsymbol{P}_L, \tag{9-9-1}$$

式中 $P_L = \sqrt{L(L+1)}\hbar$;原子总自旋磁矩 $\boldsymbol{\mu}_S$ 与总自旋角动量 $\boldsymbol{P}_S$ 的关系为

$$\boldsymbol{\mu}_S = \frac{e}{m}\boldsymbol{P}_S, \tag{9-9-2}$$

式中 $P_S = \sqrt{S(S+1)}\hbar$. 这里 $L,S$ 分别表示原子轨道量子数和自旋量子数,轨道角动量和自旋角动量合成原子的总角动量 $\boldsymbol{P}_J$,如图 9-9-1(a) 所示. 在忽略很小的核磁矩的情况下,原子的总磁矩 $\boldsymbol{\mu}$ 等于电子的轨道磁矩 $\boldsymbol{\mu}_L$ 和自旋磁矩 $\boldsymbol{\mu}_S$ 之和.

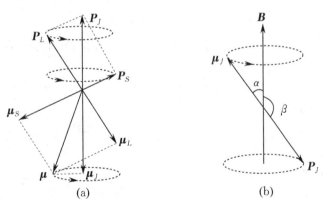

**图 9-9-1 原子角动量和磁矩矢量图**

由于 $\mu_L$ 与 $P_L$ 的比值不等于 $\mu_S$ 与 $P_S$ 的比值,因此总磁矩 $\boldsymbol{\mu}$ 不在总角动量 $\boldsymbol{P}_J$ 的延长线上. 但是 $\boldsymbol{P}_L$ 和 $\boldsymbol{P}_S$ 是绕 $\boldsymbol{P}_J$ 旋进的,故可将 $\boldsymbol{\mu}$ 分解为两个分量:一个沿 $\boldsymbol{P}_J$ 的延长线,以 $\boldsymbol{\mu}_J$ 表示;另一个垂直于 $\boldsymbol{P}_J$,以 $\boldsymbol{\mu}_\perp$ 表示. 由于 $\boldsymbol{\mu}$ 的旋进速度很快,$\boldsymbol{\mu}_\perp$ 绕 $\boldsymbol{P}_J$ 旋转对时间的平均效应为 0,因此只有平行于 $\boldsymbol{P}_J$ 的 $\boldsymbol{\mu}_J$ 是有效的. 这样有效总磁矩便是 $\boldsymbol{\mu}_J$,如图 9-9-1(b) 所示. 由量子力学理论可得 $\boldsymbol{\mu}_J$ 与 $\boldsymbol{P}_J$ 的关系为

$$\boldsymbol{\mu}_J = g\frac{e}{2m}\boldsymbol{P}_J, \tag{9-9-3}$$

式中 $P_J = \sqrt{J(J+1)}\hbar$,$g$ 为朗德因子. 对于 $LS$ 耦合,有

$$g = 1 + \frac{J(J+1) - L(L+1) + S(S+1)}{2J(J+1)}. \tag{9-9-4}$$

式($9-9-3$)表征了原子的总磁矩与总角动量的关系,决定了分裂后的能级在磁场中的裂距.

**2. 外磁场对原子能级的作用**

当原子处于外磁场中时,原子总磁矩在外磁场中受力矩 $\boldsymbol{M} = \boldsymbol{\mu}_J \times \boldsymbol{B}$ 的作用(见图 $9-9-1$(b)),该力矩使总角动量 $\boldsymbol{P}_J$,也就是总磁矩 $\boldsymbol{\mu}_J$ 绕磁场方向做进动,这使原子能级有一个附加能量

$$\Delta E = \mu_J B \cos(\boldsymbol{P}_J, \boldsymbol{B}) = g \frac{e}{2m} B P_J \cos(\boldsymbol{P}_J, \boldsymbol{B}). \tag{$9-9-5$}$$

由于 $\boldsymbol{P}_J$ 或 $\boldsymbol{\mu}_J$ 在磁场中的取向是量子化的,即 $\boldsymbol{P}_J$ 与磁感应强度 $\boldsymbol{B}$ 的夹角 $(\boldsymbol{P}_J, \boldsymbol{B})$ 不是任意的,因此 $\boldsymbol{P}_J$ 在磁场方向的分量 $P_J \cos(\boldsymbol{P}_J, \boldsymbol{B})$ 也是量子化的,它只能取如下的数值:

$$P_J \cos(\boldsymbol{P}_J, \boldsymbol{B}) = M_J \hbar, \quad M_J = J, J-1, \cdots, -J, \tag{$9-9-6$}$$

式中磁量子数 $M_J$ 共有 $2J+1$ 个值. 将式($9-9-6$)代入($9-9-5$)可得

$$\Delta E = M_J g \mu_B B, \tag{$9-9-7$}$$

式中 $\mu_B = \dfrac{eh}{2m}$ 为玻尔磁子. 式($9-9-7$)说明,在恒定磁场中,附加能量可有 $2J+1$ 个可能数值. 也就是说,无外磁场时的一个能级在外磁场的作用下分裂成 $2J+1$ 个能级,能级的间隔为 $g\mu_B B$,每个子能级的附加能量正比于外磁场 $B$,且与朗德因子 $g$ 有关.

**3. 塞曼效应的选择定则**

如图 $9-9-2$ 所示,未加磁场时,能级 $E_2$ 和 $E_1$ 之间的跃迁产生频率为 $\nu$ 的光子,且有

$$h\nu = E_2 - E_1. \tag{$9-9-8$}$$

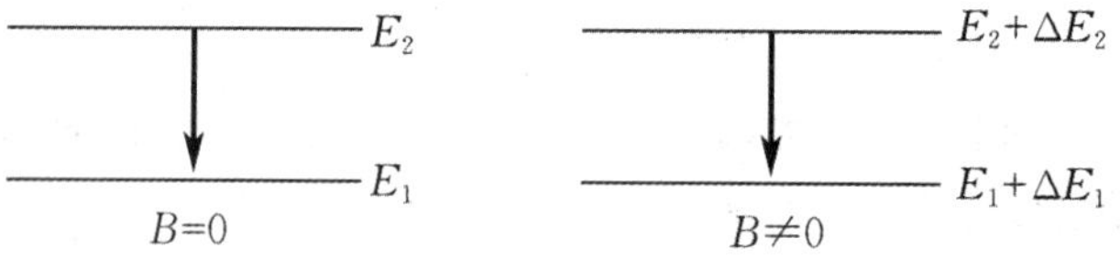

图 $9-9-2$　原子能级在外磁场中的变化

在外磁场中,由于 $E_2$ 和 $E_1$ 分裂为 $2J_2+1$ 和 $2J_1+1$ 个子能级,附加能量分别为 $\Delta E_2$ 和 $\Delta E_1$,则新的谱线频率 $\nu'$ 与能级的关系为

$$h\nu' = (E_2 + \Delta E_2) - (E_1 + \Delta E_1) = h\nu + (M_{J2} g_2 - M_{J1} g_1)\mu_B B. \tag{$9-9-9$}$$

发生能级分裂后的谱线与原谱线频率之差为

$$\Delta \nu = \nu' - \nu = \frac{1}{h}(\Delta E_2 - \Delta E_1) = (M_{J2} g_2 - M_{J1} g_1)\frac{\mu_B B}{h}. \tag{$9-9-10$}$$

将 $\mu_B = \dfrac{eh}{4\pi m}$ 代入式($9-9-10$)得

$$\Delta \nu = (M_{J_2} g_2 - M_{J_1} g_1)\frac{eB}{4\pi m}. \tag{$9-9-11$}$$

式($9-9-11$)两边同除以 $c$,可将式($9-9-11$)表示为波数差形式:

$$\Delta \sigma = (M_{J_2} g_2 - M_{J_1} g_1)\frac{eB}{4\pi mc}. \tag{$9-9-12$}$$

令 $L = \dfrac{eB}{4\pi mc}$,则式($9-9-12$)可变为

$$\Delta \sigma = (M_{J_2} g_2 - M_{J_1} g_1)L, \tag{$9-9-13$}$$

式中 $L = B \times 46.7 \text{ m}^{-1} \cdot \text{T}^{-1}$ 称为洛伦兹单位,为正常塞曼分裂的裂距(相邻谱线的波数差). 这里需要指出的是,并非任意两个能级之间都可能发生跃迁,跃迁必须满足选择定则: $\Delta M_J = 0, \pm 1$.

(1)当 $\Delta M_J = 0$,沿垂直于磁场的方向(横向)观察时,谱线为光振动方向平行于磁场的线偏振

光,称为 $\pi$ 光(当 $J_2 = J_1$ 时,不存在 $M_{J_2} = 0 \to M_{J_1} = 0$ 的跃迁). 如果沿与磁场平行的方向(纵向)观察,光强度为零,看不到谱线.

(2)当 $\Delta M_J = +1$,沿垂直于磁场的方向观察时,谱线为光振动方向垂直于磁场的线偏振光,称为 $\sigma^+$ 光. 若迎着磁场方向观察,谱线为左旋圆偏振光(电矢量转动方向与光传播方向成右手螺旋关系).

(3)当 $\Delta M_J = -1$,沿垂直于磁场的方向观察时,谱线为光振动方向垂直于磁场的线偏振光,称为 $\sigma^-$ 光. 若迎着磁场方向观察,谱线为右旋圆偏振光(电矢量转动方向与光传播方向成左手螺旋关系).

**4. 汞绿线在外磁场中的塞曼分裂**

以汞原子 546.1 nm 光谱线的塞曼分裂为例,该谱线是汞原子能级 $7^3S_1 \to 6^3P_2$ 之间的跃迁. 两能级及其塞曼分裂能级对应的量子数和 $g, M_J, M_J g$ 值如表 9-9-1 所示.这两个能级在外磁场作用下子能级间的跃迁如图 9-9-3 所示.

表 9-9-1 汞原子能级对应的量子数和 $g, M_J, M_J g$ 值

| 原子态符号 | $L$ | $J$ | $S$ | $g$ | $M_J$ | $M_J g$ |
|---|---|---|---|---|---|---|
| $7^3S_1$ | 0 | 1 | 1 | 2 | $1, 0, -1$ | $2, 0, -2$ |
| $6^3P_2$ | 1 | 2 | 1 | 3/2 | $2, 1, 0, -1, -2$ | $3, 3/2, 0, -3/2, -3$ |

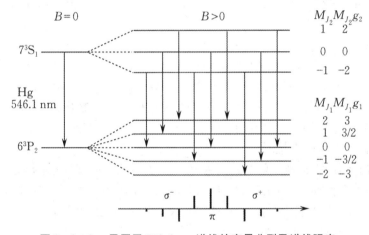

图 9-9-3 汞原子 546.1 nm 谱线的塞曼分裂及谱线强度

由图 9-9-3 可见,上下能级在外磁场中分别分裂为 3 个能级和 5 个能级.根据跃迁选择定则,上下子能级之间共有 9 种跃迁可能.图中还在能级图下方画出了与相应跃迁对应的谱线位置,它们的波数从左到右依次增加,相邻两谱线的间距均为 1/2 个洛伦兹单位.为了便于区分,将 $\pi$ 光的谱线画在横线上方,$\sigma$ 光的谱线画在横线下方.各线段的长度表示各光谱线的相对强度.在与磁场垂直的方向上可观察到 9 条塞曼分裂谱线,沿磁场方向只可观察到 6 条谱线.

由式(9-9-13)可知,正常塞曼分裂的裂距为 1 个洛伦兹单位,对应的波长差很小,我们知道波长和波数的关系为 $\Delta\lambda = \lambda^2 \Delta\sigma$. 波长 $\lambda = 500$ nm 的谱线,在 $B = 1$ T 的外磁场中,分裂谱线的波长差 $\Delta\lambda \approx 0.01$ nm. 要测量如此小的波长差,普通的棱镜摄谱仪是不能胜任的,应使用分辨本领高的光谱仪器,如大型光栅摄谱仪、陆末-格尔克板、迈克耳孙阶梯光栅、F-P 标准具等. 本实验中我们使用 F-P 标准具作为色散器件.

**【实验仪器】**

FD-ZM-A 型永磁塞曼效应实验仪.

塞曼效应实验仪主要由控制主机、笔形汞灯、毫特斯拉计、永久磁铁、会聚透镜、干涉滤光片、F-P 标准具、成像透镜、读数望远镜、导轨以及六个滑块组成,其结构如图 9-9-4 所示.

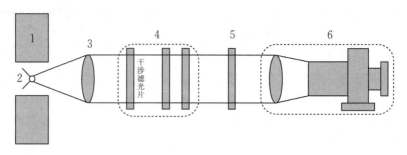

1—永久磁铁；2—笔形汞灯；3—会聚透镜；4——F-P标准具；5—偏振片；6—读数望远镜

**图 9-9-4　观测塞曼效应实验装置图**

### 1. 磁场系统

塞曼效应实验仪中的磁场系统包括永久磁铁、笔形汞灯及电源等器件. 永久磁铁间的磁极间隙大于 7 mm. 调节永久磁铁两端的内六角螺丝，可改变磁极间隙，以达到改变磁场场强的目的. 笔形汞灯是在外径为 7 mm 的石英玻璃管中充以汞蒸气的低压放电管，当放电管两电极间接以 1 700 V 电压时，就会激发出汞原子的光谱线. 这里应当强调的是，汞在紫外区有一条较强的紫外光谱线，因石英玻璃能透过紫外光，故实验中会有紫外光辐射出来，并可嗅到臭氧的气味，虽然汞灯的功率不大，但也应避免肉眼直视.

### 2. F-P 标准具

F-P 标准具是由两块表面光滑且平整的玻璃板及中间的间隔圈组成的. 玻璃板的内表面镀有反射率很高的薄膜(反射率 $R > 90\%$). 间隔圈用膨胀系数很小的石英或铟钢加工成一定厚度，以保证两玻璃板的间距 $d$ 不变. 玻璃板上还有三个用来调节玻璃板压力的螺丝，以确保两玻璃板达到精确的平行. 玻璃板的外表面不要求和内表面严格平行，一般在它们之间有一个小的角度($< 1°$)，这样可以避免玻璃外表面干涉所产生的干扰.

如图 9-9-5 所示，两平板玻璃间的距离为 $d$，板间的介质为空气(折射率设为 1)，单色平行光束 $S_0$ 以一小角度 $\theta$ 入射到标准具的平板玻璃之间时，光束在两个内表面上经多次反射和透射，形成一系列相互平行的透射光束 $1, 2, \cdots$ 及 $1', 2', \cdots$，这些光束中两相邻光束间的相位差为

$$\delta = \frac{2\pi}{\lambda}\left(\frac{2d}{\cos\theta} - 2d\tan\theta \cdot \sin\theta\right) = \frac{2\pi}{\lambda} \cdot 2d\cos\theta. \tag{9-9-14}$$

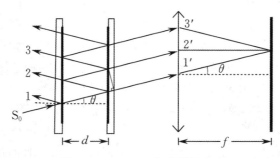

**图 9-9-5　F-P 标准具的光路**

形成亮条纹的条件是

$$2d\cos\theta = k\lambda, \tag{9-9-15}$$

式中 $k$ 取整数为干涉级次. 由于标准具的间隔 $d$ 是固定的，在波长不变的条件下，对于特定的级次 $k$，入射角 $\theta$ 满足式(9-9-15)的入射光束在透镜焦平面上形成一个亮环，中心亮斑($\cos\theta = 1$)对应的级次最大，$k_m = 2d/\lambda$，向外则依次为 $k = k_m - 1, k_m - 2, \cdots$ 的亮环，即在聚光透镜的焦平面上将出现一

套等倾干涉同心圆环. 由于 F-P 标准具的间距 $d$ 比波长大得多, 故中心亮斑的级次是很高的, 这有利于实现高的分辨率. 多光束干涉装置的主要参数有两个, 即仪器可以测量的最大波长差和最小波长差, 它们分别被称为自由光谱范围和分辨本领.

(1) 自由光谱范围.

设入射光中包含两种波长成分的光, 其波长分别为 $\lambda$ 与 $\lambda'$, 且两波长很接近. 由式 (9-9-15) 可知, 与不同波长 ($\lambda, \lambda'$) 对应的同一级次的干涉, 角半径 ($\theta, \theta'$) 不同, 故这两种波长的光在透镜焦平面上各产生一组亮环. 对同一干涉级, 波长大的干涉环直径小, 即如果 $\lambda < \lambda'$, 则与 $\lambda$ 对应的各级圆环套在与 $\lambda'$ 对应的各级圆环上, 如图 9-9-6 所示.

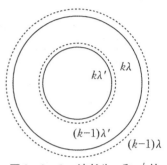

图 9-9-6 波长为 $\lambda$ 和 $\lambda'$ 的光的等倾干涉

波长差 $\Delta\lambda = \lambda' - \lambda$ 的值越大, 两组圆环离得越远, 当波长差 $\Delta\lambda$ 增大到使波长为 $\lambda$ 的光的 $k$ 级亮环移动到波长为 $\lambda'$ 的光的 $(k-1)$ 级亮环上, 以致两环重合时, 则此时的波长差称为 F-P 标准具的自由光谱范围, 以 $\Delta\lambda_{FSR}$ 表示. 为了计算 $\Delta\lambda_{FSR}$, 先引入与光栅相似的角色散率 $d\theta/d\lambda$ 来表示 F-P 标准具的色散能力.

自由光谱范围可由下式算得:

$$\Delta\lambda_{FSR} = \frac{d\lambda}{d\theta}\Delta\theta, \tag{9-9-16}$$

式中 $d\lambda/d\theta$ 是标准具的角色散率的倒数, $\Delta\theta$ 为与 $\Delta\lambda_{FSR}$ 相对应的角间距. 将 $k$ 看作常数对式 (9-9-15) 两边对 $\theta$ 求导得

$$\frac{d\lambda}{d\theta} = -\frac{2d\sin\theta}{k}. \tag{9-9-17}$$

将 $k = 2d\cos\theta/\lambda$ 代入式 (9-9-17) 得

$$\frac{d\lambda}{d\theta} = -\lambda\tan\theta. \tag{9-9-18}$$

将 $\lambda$ 看作常数对式 (9-9-15) 两边对 $k$ 求导得

$$\frac{d\theta}{dk} = -\frac{\lambda}{2d\sin\theta}. \tag{9-9-19}$$

令 $\Delta k = 1$, 则得相邻级次干涉亮环的角间距

$$\Delta\theta = -\frac{\lambda}{2d\sin\theta}. \tag{9-9-20}$$

将式 (9-9-18) 及 (9-9-20) 代入 (9-9-16) 得

$$\Delta\lambda_{FSR} = (-\lambda\tan\theta)\left(-\frac{\lambda}{2d\sin\theta}\right) = \frac{\lambda^2}{2d\cos\theta}. \tag{9-9-21}$$

对于近中心的干涉圆环, $\theta \approx 0$, 则有

$$\Delta\lambda_{FSR} = \frac{\lambda^2}{2d}. \tag{9-9-22}$$

设 $\lambda = 500$ nm, $d = 10$ mm, 则 $\Delta\lambda_{FSR} = 0.012\,5$ nm. 它表征了标准具所允许的不同波长的干涉图样不重叠的最大波长差. 若被研究的谱线波长差大于自由光谱范围, 相邻两级干涉圆环将发生重叠或错序, 而无法分辨. 所以, 使用标准具时, 必须先用摄谱仪、单色仪或滤光片将待测光谱线从入射光中分离出来, 并根据被研究对象的光谱波长范围来确定间隔圈的厚度, 再射入 F-P 标准具去进行观测.

(2) 分辨本领.

定义 $\lambda/\Delta\lambda$ 为光谱仪的分辨本领, 则 F-P 标准具的分辨本领为

$$\frac{\lambda}{\Delta\lambda} = kF_R, \qquad (9-9-23)$$

式中 $k$ 为干涉级次,$F_R$ 为精细度,表示相邻两环的间距与圆环条纹半宽度之比,即在自由光谱范围内,相邻两个干涉级之间能够分辨的最大条纹数,

$$F_R = \frac{\pi\sqrt{R}}{1-R}. \qquad (9-9-24)$$

由式(9-9-24)可见,$F_R$ 仅由标准具的反射率 $R$ 决定,反射率越高,精细度 $F_R$ 也越高,仪器能够分辨的条纹数就越多. 为了获得高分辨率,$R$ 一般在 90% 左右. 使用标准具时光近似于正入射,$\sin\theta \approx 0$,由式(9-9-15)可得 $k = 2d/\lambda$. 将 $k$ 与 $F_R$ 代入式(9-9-23)得

$$\frac{\lambda}{\Delta\lambda} = kF_R = \frac{2d\pi\sqrt{R}}{\lambda(1-R)}. \qquad (9-9-25)$$

例如,对于 $d = 5$ mm,$R = 90\%$ 的标准具,若入射光波长 $\lambda = 500$ nm,可得仪器分辨本领 $\lambda/\Delta\lambda \approx 6\times10^5$,$\Delta\lambda \approx 0.001$ nm. 可见,F-P 标准具是一种分辨本领很高的光谱仪器. 正因为如此,它才能被用来研究谱线的精细结构. 当然,实际上由于 F-P 标准具平板内表面加工误差,以及反射膜层的不均匀和散射耗损等因素,仪器的实际分辨本领要比理论值低.

(3) 微小波长差的测定公式.

由上述讨论可知,F-P 标准具只能用来测量微小的波长差,且此差值必须处于仪器分辨极限 $\Delta\lambda$ 与自由光谱范围 $\Delta\lambda_{FSR}$ 之间的范围内.

应用 F-P 标准具测量各分裂谱线的波长或波长差是通过测量干涉圆环的直径来实现的. 如图 9-9-5 所示,F-P 标准具的干涉圆环成像在透镜(焦距为 $f$)的焦平面上,出射角为 $\theta$ 的圆环,其直径 $D$ 与透镜焦距 $f$ 之间的关系为 $\tan\theta = \dfrac{D}{2f}$. 对于近中心的圆环,$\theta$ 很小,可认为 $\tan\theta \approx \sin\theta \approx \theta$. 因此,有关角度的参数可以用标准具和系统的其他参数表示为

$$\cos\theta = 1 - 2\sin^2\frac{\theta}{2} = 1 - \frac{\theta^2}{2} = 1 - \frac{D^2}{8f^2}. \qquad (9-9-26)$$

因此,观察的亮条纹的直径应满足

$$2d\cos\theta = 2d\left(1 - \frac{D_k^2}{8f^2}\right) = k\lambda. \qquad (9-9-27)$$

式(9-9-27)表明干涉级次 $k$ 与圆环直径的平方呈线性关系,随着圆环直径的增大,圆环越来越密,式中的负号表明,干涉环的直径越大,干涉级次 $k$ 越小,中心亮斑的干涉级次最大. 对波长为 $\lambda$ 的单色光,相邻 $k$ 和 $(k-1)$ 级圆环直径的平方差用 $\Delta D^2$ 表示,则

$$\Delta D^2 = D_{k-1}^2 - D_k^2 = \frac{4f^2\lambda}{d}. \qquad (9-9-28)$$

在 $d$ 和 $f$ 不变的情况下,相邻级次干涉圆环直径的平方差 $\Delta D^2$ 是与干涉级次无关的常数. 也就是说,任意相邻两环间的面积都相等.

将式(9-9-27)应用于同级次但不同波长的光($\lambda_a$ 和 $\lambda_b$),则有

$$\begin{cases} 2d\left(1 - \dfrac{D_a^2}{8f^2}\right) = k\lambda_a, \\[2mm] 2d\left(1 - \dfrac{D_b^2}{8f^2}\right) = k\lambda_b. \end{cases} \qquad (9-9-29)$$

式(9-9-29)中第一式和第二式相减得

$$\Delta\lambda = \lambda_a - \lambda_b = \frac{d}{4f^2k}(D_b^2 - D_a^2). \qquad (9-9-30)$$

将式 $(9-9-28)$ 代入 $(9-9-30)$ 得

$$\Delta\lambda = \frac{\lambda}{k}\left(\frac{D_b^2 - D_a^2}{D_{k-1}^2 - D_k^2}\right), \qquad (9-9-31)$$

式中 $D_k$ 和 $D_{k-1}$ 是对应波长为 $\lambda(\lambda_a$ 或 $\lambda_b)$ 的光的第 $k$ 级和第 $k-1$ 级干涉圆环的直径.

测量时所用的干涉圆环只是中心亮斑附近的几个干涉级. 考虑到标准具间隔厚度 $d$ 比波长 $\lambda$ 大得多, 中心圆环的干涉级次 $k$ 是很大的, 因此用中心亮斑的干涉级次 $(k = 2d/\lambda)$ 代替被测圆环的干涉级次, 引入的误差可忽略不计, 此时式 $(9-9-31)$ 可转化为

$$\Delta\lambda = \frac{\lambda^2}{2d}\left(\frac{D_b^2 - D_a^2}{D_{k-1}^2 - D_k^2}\right), \qquad (9-9-32)$$

而波数差则为

$$\Delta\sigma = \frac{1}{2d}\left(\frac{D_b^2 - D_a^2}{D_{k-1}^2 - D_k^2}\right). \qquad (9-9-33)$$

由式 $(9-9-33)$ 可见, 已知 $d$ 和 $\lambda$ 时, 通过测量干涉圆环的直径, 便可确定波长差或波数差, 从而计算出塞曼分裂的裂距.

(4) 用塞曼分裂计算电子荷质比.

对于正常塞曼效应, 各子谱线分裂的波数差为

$$\Delta\sigma = L = \frac{eB}{4\pi mc}. \qquad (9-9-34)$$

代入式 $(9-9-33)$ 得

$$\frac{e}{m} = \frac{2\pi c}{Bd}\left(\frac{D_b^2 - D_a^2}{D_{k-1}^2 - D_k^2}\right). \qquad (9-9-35)$$

对于汞绿线 $(\lambda = 546.1\ \text{nm})$ 的反常塞曼效应, 其 9 条子谱线的裂距是相等的, 均为 $L/2$, 将波数差 $\Delta\sigma = \dfrac{L}{2} = \dfrac{eB}{8\pi mc}$ 代入式 $(9-9-33)$ 得

$$\frac{e}{m} = \frac{4\pi c}{Bd}\left(\frac{D_b^2 - D_a^2}{D_{k-1}^2 - D_k^2}\right). \qquad (9-9-36)$$

若已知 $d$ 和 $B$, 从塞曼分裂的条纹中测出各环直径, 就可计算电子荷质比.

**【实验内容与步骤】**

1. 按照图 $9-9-4$ 所示依次放置各光学元件, 偏振片可以先不放置, 会聚透镜与汞灯的间距应大于透镜焦距 (130 mm), 然后调节光路上各光学元件等高共轴.

2. F-P 标准具出厂前已经调好, 请不要自行调节. 当标准具两玻璃板内表面达到严格平行时, 则从读数望远镜中可观察到清晰明亮的同心干涉圆环.

3. 从读数望远镜中观察细锐的干涉圆环图像. 调节会聚透镜的高度, 或者调节永久磁铁两端的内六角螺丝, 改变磁极间隙, 以达到改变磁场场强的目的, 此时可以看到随着磁场 $B$ 的增大, 谱线的分裂宽度也在不断增大. 放置偏振片 (直读测量时应将偏振片中的小孔光阑取掉, 以增加通光量), 旋转偏振片即可观察到偏振性质不同的 $\pi$ 线和 $\sigma$ 线.

4. 旋转偏振片使读数望远镜的视场中出现 $\pi$ 线, 此时通过读数望远镜能够清晰看到每级三个的分裂圆环, 如图 $9-9-7$ 所示. 旋转读数望远镜读数鼓轮, 使测量分划板的直线依次与被测圆环相切, 从读数鼓轮上读出相应的一组数据, 它们的差值即为被测干涉圆环的直径, 测量各个圆环的直径 $D_c, D_b, D_a$.

5. 用毫特斯拉计测量中心磁场的磁感应强度 $B$.

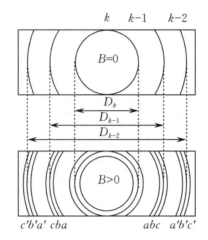

图 9-9-7 π 线干涉圆环读数示意图

**【注意事项】**

1. 笔形汞灯的起辉电压为 1 700 V，使用时务必注意安全. 汞灯放入磁极之间的间隙时，注意尽量不要使灯管接触磁头.

2. 汞灯工作时会辐射出较强的波长 $\lambda = 253.7$ nm 的紫外线，实验时操作者请不要直接观察汞灯灯光，如果确实需要观察请佩戴防护眼镜.

3. 所有的光学元件表面严禁用手触摸. 当元件表面有灰尘时可以用橡皮吹气球吹去，若元件表面沾有污渍可以用脱脂棉球蘸酒精和乙醚混合液轻轻擦拭.

4. 实验中要尽量使各光学元件的光轴保持一致. 调节时，要使各元件的轴心等高，注意各元件之间要保持平行，注意对光具座的调节，不要让各元件的横向位置相互错开，调整过程中不可用力过猛.

5. F-P 镜面粗调、微调螺丝的调节范围是有限的，请适度调节防止镜面变形.

6. 用测微目镜测量时，要避免回程误差.

**【数据表格及数据处理要求】**

1. 根据实验内容自拟表格记录实验数据.

2. 用逐差法处理数据，求得分裂后 3 个干涉级中各干涉级相邻圆环直径的平方差的平均值以及 3 个干涉级所对应的圆环之间的直径平方差的平均值.

3. 计算电子荷质比及其相对误差.

**【实验后思考题】**

1. 横向塞曼效应产生的干涉条纹中怎样区分 π 谱线和 σ 谱线？

2. 沿着磁场方向观察，对应 $\Delta M_J = +1$ 和 $\Delta M_J = -1$ 的跃迁各产生哪种圆偏振光？试用实验现象说明.

3. F-P 标准具与牛顿环、迈克耳孙干涉仪在工作原理和干涉图样上有何区别？

# 9.10 金属热电子逸出功测定

金属中存在大量的自由电子，但电子在金属内部所具有的能量低于在外部所具有的能量，因而电子逸出金属时需要给电子提供一定的能量，这份能量称为电子逸出功.

很多电子器件都与电子发射有关，如电视机的电子枪，它的发射效果会影响电视机的质量，因此研究电子逸出在实际应用中很有意义.

**【实验目的】**

1. 了解热电子发射的基本规律.

2. 用里查孙直线法测定金属钨的电子逸出功.

3. 了解直线测量法、外延测量法等基本实验方法.

**【预习思考题】**

1. 里查孙直线法是如何测量金属逸出功的,其优点是什么?

2. 比较热电子发射和光电子发射的异同点,是否可用光电效应法测定金属的电子逸出功?

**【实验原理】**

**1. 热电子发射测量电子逸出功的基本原理**

根据固体物理学中的金属电子理论,金属中的传导电子按能量的分布遵从费米-狄拉克分布,即

$$f(E) = \frac{\mathrm{d}N}{\mathrm{d}E} = \frac{4\pi}{h^3}(2m)^{\frac{3}{2}}E^{\frac{1}{2}}\left[\exp\left(\frac{E - E_F}{kT}\right) + 1\right]^{-1}, \qquad (9-10-1)$$

式中 $E_F$ 称为费米能级,$h$ 为普朗克常量,$m$ 为电子质量,$k$ 为玻尔兹曼常量,$T$ 为热力学温度.

在绝对零度时,电子的能量分布曲线如图 9-10-1 中曲线(1)所示,这时电子所具有的最大能量为 $E_F$. 当温度升高时,电子的能量分布曲线如图 9-10-1 中曲线(2)所示. 其中,能量较大的少数电子具有比 $E_F$ 更高的能量,其数量随能量的增加而指数减少.

通常情况下,由于金属表面与外界(真空)之间存在一个势垒 $E_b$,所以电子要从金属表面逸出必须至少具有能量 $E_b$. 由图 9-10-1 可见,在绝对零度时电子逸出金属至少需要从外界得到的能量为

$$W = E_b - E_F = e\varphi, \qquad (9-10-2)$$

式中 $W$ 称为金属的电子逸出功,其常用单位为电子伏特(eV),它表示的是处于绝对零度时金属中具有最大能量的电子逸出金属表面所需要获取的能量. $\varphi$ 称为逸出电势,其数值等于以电子伏特为单位时电子逸出功的大小.

如图 9-10-2 所示,真空二极管的阴极 K(用金属钨丝做成)通电以后温度开始升高,与此同时金属钨丝内动能大于 $E_F$ 的电子也开始增多. 当动能大于 $E_b$ 的电子数目达到可观测的大小并从金属表面发射出来时,即使连接两个电极的外电路中未加电压($U_A = 0$),电路中也将会检测到有热发射电流 $I$(称为零场电流)通过. 此零场电流 $I$ 由里查孙-热西曼公式确定,即

$$I = AST^2\exp\left(-\frac{e\varphi}{kT}\right), \qquad (9-10-3)$$

式中 $A$ 是和阴极表面化学纯度有关的系数(单位为 $A \cdot m^{-2} \cdot K^{-2}$),$S$ 为阴极的有效发射面积(单位为 $m^2$),$T$ 为阴极的热力学温度(单位为 K),$k$ 为玻尔兹曼常量. 此式显示出电子逸出功($e\varphi$)对热电子发射的强弱起着决定性作用.

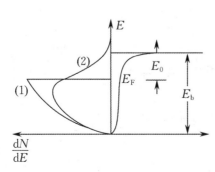

图 9-10-1 金属传导电子能量分布

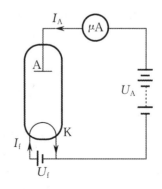

图 9-10-2 热电子发射电路图

式(9-10-3)两边除以 $T^2$,再取对数可得

$$\lg \frac{I}{T^2} = \lg(AS) - \frac{e\varphi}{2.30k} \cdot \frac{1}{T}. \qquad (9-10-4)$$

式(9-10-4)显示 $\lg \frac{I}{T^2}$ 与 $\frac{1}{T}$ 呈线性关系. 如以 $\lg \frac{I}{T^2}$ 为纵坐标,$\frac{1}{T}$ 为横坐标作图,由直线斜率即可求出电子的逸出电势 $\varphi$ 和电子逸出功 $e\varphi$,这样的数学处理方法叫里查孙直线法.

**2. 零场电流 $I$ 的测量**

热电子不断从阴极射出并飞向阳极的过程中会形成阻碍后续电子飞往阳极的空间电场,这就严重地影响了零场电流的测量. 为了克服空间电场的影响,使电子一旦逸出就能迅速飞往阳极,可在阳极和阴极之间加一个加速场 $E_A$. 但 $E_A$ 的存在又会产生肖特基效应,使阴极表面的势垒 $E_b$ 降低,电子逸出功减小,发射电流变大,因而测量得到的电流是在加速电场 $E_A$ 的作用下阴极表面发射电流 $I_A$,而不是零场电流 $I$. 理论上可以证明,零场电流 $I$ 与 $I_A$ 的关系为

$$I_A = I \exp\left(\frac{0.439\sqrt{E_A}}{T}\right). \qquad (9-10-5)$$

对式(9-10-5)取对数可得

$$\lg I_A = \lg I + \frac{0.439\sqrt{E_A}}{2.30T}. \qquad (9-10-6)$$

实验中通常把阴极和阳极做成共轴圆柱形,忽略接触电势差和其他影响,则阴极表面加速电场可表示为 $E_A = \frac{U_A}{r_1 \ln(r_2/r_1)}$,其中 $r_1$ 和 $r_2$ 分别为阴极和阳极的半径,$U_A$ 为阳极电压. 把 $E_A$ 代入式(9-10-6)得

$$\lg I_A = \lg I + \frac{0.439}{2.30T} \cdot \frac{1}{\sqrt{r_1 \ln(r_2/r_1)}} \sqrt{U_A}. \qquad (9-10-7)$$

由式(9-10-7)可见,对于一定尺寸的二极管,当阴极的温度 $T$ 一定时,$\lg I_A$ 和 $\sqrt{U_A}$ 呈线性关系. 如果以 $\lg I_A$ 为纵坐标,以 $\sqrt{U_A}$ 为横坐标作图,这些直线的延长线在 $\sqrt{U_A} = 0$ 处与纵轴的交点为 $\lg I$,如图9-10-3所示. 对 $\lg I$ 求反对数,即可求出温度为 $T$ 时的零场电流 $I$.

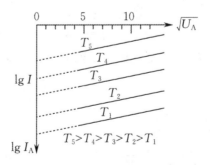

图9-10-3　外延测量法求零场电流

**【实验仪器】**

金属逸出功实验仪(包括主机、逸出功外置装置等,如图9-10-4所示).

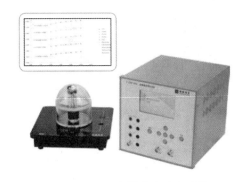

图 9 - 10 - 4　金属逸出功实验仪

## 1. 金属逸出功实验仪主机面板

如图 9 - 10 - 5 所示,主机面板主要由高精度显示屏、按钮、示波器接口、实验外置装置接口四部分组成.

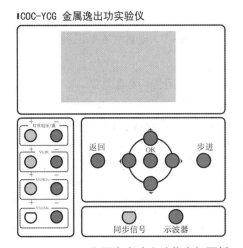

图 9 - 10 - 5　金属逸出功实验仪主机面板

如图 9 - 10 - 6 所示为主机面板上的外置装置接口与逸出功外置装置连线示意图. 逸出功外置装置用于金属电子逸出功实验,由线路接口和相应的电子管组成.

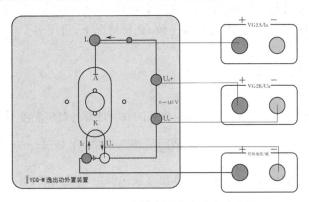

图 9 - 10 - 6　金属电子逸出功实验连线

## 2. 操作界面说明

逸出功外置装置连线确认无误后,可使用主机面板上的方向键选择曲线编号,然后按下"OK"按钮确认,接着移动光标至"开始测量",再按下"OK"按钮,光标会移动至 $U_A$ 设置位置,此时使用方向键设置 $U_A$ 的值,开始进行实验. 通过"保存数据"和"保存曲线"功能可对实验数据进行记录,如图 9-10-7 所示.

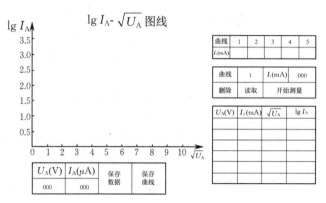

图 9-10-7　金属电子逸出功实验界面

### 【实验内容与步骤】

1. 按照图 9-10-6 所示连接好实验电路,接通电源.

2. 调节理想二极管的灯丝电流 $I_f$,在 $0.6 \sim 0.7$ A 之间每隔 $0.025$ A 进行一次测量. 对于每一灯丝电流,预热 $3 \sim 5$ min 后再进行测量,对应温度按照 $T = 900\,\mathrm{K} + 1\,430\,\mathrm{K} \cdot \mathrm{A}^{-1} \cdot I_f$ 求得(如果阳极电流 $I_A$ 偏小或偏大,也可适当增加或降低灯丝电流 $I_f$).

3. 对应每一灯丝电流,在阳极上依次加上 $25$ V,$36$ V,$49$ V,$64$ V,$81$ V,$100$ V 的电压,各测出一组阳极电流 $I_A$ 填入实验表格.

### 【注意事项】

1. 实验开始前连接线路及实验后拔除线路时,请勿触碰线路金属部分,避免高压对身体造成伤害.

2. 因实验过程中可能长期处于高压状态,故机箱温度较高,实验数据采集结束后请及时降压或关闭实验仪,同时注意降温.

3. 实验中所有电子管因生产原因,性能不会完全一致,故不同电子管的灯丝通以相同的电流时,温度可能不相同,所逸出电子数目也不会完全一致. 此种情况下,可用多个电子管进行实验,然后计算平均值以减小误差.

### 【数据表格及数据处理要求】

1. 根据实验内容自拟表格记录实验数据.

2. 根据测量数据,作出 $\lg I_A - \sqrt{U_A}$ 直线,并由直线的截距计算各对应温度下的零场热电子发射电流 $I$.

3. 将 $\lg I_A - \sqrt{U_A}$ 直线中各温度下的直线截距值填入表格,作 $\lg \dfrac{I}{T^2} - \dfrac{1}{T}$ 直线.

4. 根据 $\lg \dfrac{I}{T^2} - \dfrac{1}{T}$ 直线斜率求电子逸出电势和金属钨的电子逸出功,并与公认值 $4.54$ eV 比较,计算相对误差.

### 【实验后思考题】

1. 本实验直接测量的量有哪些?如何测定?

2. 什么是肖特基效应?实验中如何消除肖特基效应的影响?

# 9.11　电光调制

激光是一种光频电磁波,具有良好的相干性,与无线电波相似,可用来作为传递信息的载波.激光是一种很理想的传递信息的光源.激光具有很高的频率($10^{13} \sim 10^{15}$ Hz),可供利用的频带很宽,故传递信息的容量很大.再有,光具有极短的波长和极快的传递速度,加上光波的独立传播特性,可以借助光学系统把一个面上的二维信息以很高的分辨率瞬间传递到另一个面上,为二位并行光信息处理提供条件.电光效应在工程技术和科学研究中有许多重要应用,它有很短的响应时间(可以跟上$10^{10}$ Hz的电场变化),可以在高速摄影中作快门或在光速测量中作光束斩波器等.在激光出现以后,电光效应的研究和应用得到迅速的发展,电光器件被广泛应用在激光通信、激光测距、激光显示和光学数据处理等方面.

要用激光作为信息的载体,就必须解决如何将信息加载到激光上去的问题.例如激光电话,需要先将语言信息加载到激光上,然后由激光将所"携带"的信息通过一定的传输通道送到光接收器,再由光接收器鉴别并还原原来的信息.这种将信息加载到激光上的过程称为调制,到达目的地后,经光电转换从中分离出原信息的过程称之为解调.其中激光称为载波,起控制作用的信号称为调制信号.与无线电波相似,激光调制可采用调幅、调频、调相以及脉冲调制等几种形式,但常采用强度调制.强度调制是根据光载波电场振幅的平方正比于调制信号,使输出的激光辐射强度按照调制信号的规律变化.激光之所以常采用强度调制形式,主要是因为光接收器(探测器)一般都是直接地响应其所接收的光强度变化的缘故.

**【实验目的】**

1. 掌握晶体电光调制的原理和方法.
2. 观察晶体电光效应引起的晶体会聚偏振光的干涉现象.
3. 测量晶体的半波电压,计算晶体的电光系数.

**【预习思考题】**

1. 如何保证光束正入射于晶体的端面,怎样判断? 不是正入射时有何影响?
2. 本实验中起偏器和检偏器既不正交也不平行时,会出现何种情况?
3. 为什么本实验选用铌酸锂(LiNbO₃)晶体,它有什么优点?

**【实验原理】**

某些物质(固体或液体)处于外加电场中时,其晶体的折射率会随着电场强度的改变而发生变化,这种现象称为电光效应.通常,电场强度$E_0$和晶体折射率的关系可表示为

$$n = n_0 + aE_0 + bE_0^2 + \cdots, \qquad (9-11-1)$$

式中$a$和$b$为常数,$n_0$为$E_0 = 0$时晶体的折射率.由一次项$aE_0$引起折射率变化的效应,称为一次电光效应,也称线性电光效应或泡克耳斯效应;由二次项$bE_0^2$引起折射率变化的效应,称为二次电光效应,也称平方电光效应或克尔效应.由式(9-11-1)可知,一次电光效应只存在于不具有对称中心的晶体中,二次电光效应则可能存在于任何物质中,一次电光效应要比二次电光效应显著.光在各向异性晶体中传播时,因光的传播方向不同或电矢量振动方向不同,光的折射率也不同.通常用折射率椭球来描述折射率与光的传播方向、振动方向的关系,在主轴坐标中,折射率椭球方程为

$$\frac{x^2}{n_1^2} + \frac{y^2}{n_2^2} + \frac{z^2}{n_3^2} = 1, \qquad (9-11-2)$$

式中$n_1, n_2, n_3$为椭球三个主轴方向上的折射率,也称主折射率,如图9-11-1所示.

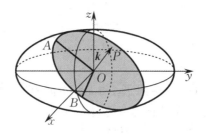

图 9-11-1　晶体折射率椭球

从折射率椭球的坐标原点 $O$ 出发,沿任一方向作一向量 $\overrightarrow{OP}$,令其代表光波的传播方向 $k$. 然后,过 $O$ 作垂直 $\overrightarrow{OP}$ 的椭球中心截面,该截面是一个椭圆,其长短半轴的长度 $|\overrightarrow{OA}|$ 和 $|\overrightarrow{OB}|$ 分别等于波法线沿 $\overrightarrow{OP}$、电位移矢量振动方向分别与 $\overrightarrow{OA}$ 和 $\overrightarrow{OB}$ 平行的两个线偏振光的折射率 $n'$ 和 $n''$. 显然 $k$,$\overrightarrow{OA}$,$\overrightarrow{OB}$ 三者互相垂直,如果 $k$ 平行于 $x$ 轴,则两个线偏振光的折射率分别等于 $n_2$ 和 $n_3$. 同样,当 $k$ 平行于 $y$ 轴或 $z$ 轴时,相应的光波折射率亦可知.

当晶体上加上电场后,折射率椭球的形状、大小和方位都将发生变化,椭球的方程变为

$$\frac{x^2}{n_{11}^2}+\frac{y^2}{n_{22}^2}+\frac{z^2}{n_{33}^2}+\frac{2}{n_{23}^2}yz+\frac{2}{n_{13}^2}xz+\frac{2}{n_{12}^2}xy=1. \tag{9-11-3}$$

只考虑一次电光效应,式(9-11-3)与(9-11-2)中相应项的系数之差和电场强度的一次方成正比. 由于晶体的各向异性,电场在 $x,y,z$ 各个方向上的分量对椭球方程的各个系数的影响是不同的,我们用下列形式表示:

$$\begin{cases}
\dfrac{1}{n_{11}^2}-\dfrac{1}{n_1^2}=\gamma_{11}E_x+\gamma_{12}E_y+\gamma_{13}E_z,\\[2mm]
\dfrac{1}{n_{22}^2}-\dfrac{1}{n_2^2}=\gamma_{21}E_x+\gamma_{22}E_y+\gamma_{23}E_z,\\[2mm]
\dfrac{1}{n_{33}^2}-\dfrac{1}{n_3^2}=\gamma_{31}E_x+\gamma_{32}E_y+\gamma_{33}E_z,\\[2mm]
\dfrac{1}{n_{23}^2}=\gamma_{41}E_x+\gamma_{42}E_y+\gamma_{43}E_z,\\[2mm]
\dfrac{1}{n_{13}^2}=\gamma_{51}E_x+\gamma_{52}E_y+\gamma_{53}E_z,\\[2mm]
\dfrac{1}{n_{12}^2}=\gamma_{61}E_x+\gamma_{62}E_y+\gamma_{63}E_z.
\end{cases} \tag{9-11-4}$$

式(9-11-4)是晶体一次电光效应的普遍表达式,式中 $\gamma_{ij}$ 叫作电光系数($i=1,2,\cdots,6;j=1,2,3$),共有 18 个,$E_x,E_y,E_z$ 是电场 $E$ 在 $x,y,z$ 方向上的分量. 式(9-11-4)可写成矩阵形式:

$$\begin{pmatrix}
\dfrac{1}{n_{11}^2}-\dfrac{1}{n_1^2}\\[2mm]
\dfrac{1}{n_{22}^2}-\dfrac{1}{n_2^2}\\[2mm]
\dfrac{1}{n_{33}^2}-\dfrac{1}{n_3^2}\\[2mm]
\dfrac{1}{n_{23}^2}\\[2mm]
\dfrac{1}{n_{13}^2}\\[2mm]
\dfrac{1}{n_{12}^2}
\end{pmatrix}=\begin{pmatrix}
\gamma_{11} & \gamma_{12} & \gamma_{13}\\
\gamma_{21} & \gamma_{22} & \gamma_{23}\\
\gamma_{31} & \gamma_{32} & \gamma_{33}\\
\gamma_{41} & \gamma_{42} & \gamma_{43}\\
\gamma_{51} & \gamma_{52} & \gamma_{53}\\
\gamma_{61} & \gamma_{62} & \gamma_{63}
\end{pmatrix}\begin{pmatrix}
E_x\\
E_y\\
E_z
\end{pmatrix}. \tag{9-11-5}$$

电光效应根据外加电场方向与光波传播方向的相对关系可分为纵向电光效应和横向电光效应.加在晶体上的电场方向与光在晶体中的传播方向平行时产生的电光效应,称为纵向电光效应,通常以磷酸二氢钾类型晶体为代表;加在晶体上的电场方向与光在晶体中的传播方向垂直时产生的电光效应,称为横向电光效应,以铌酸锂晶体为代表.

本次实验中,我们只做铌酸锂晶体的横向电光强度调制实验. 铌酸锂晶体属于三角晶系,3m 晶类,光轴与 $z$ 轴重合,是单轴晶体,折射率椭球是旋转椭球,其表达式为

$$\frac{x^2 + y^2}{n_o^2} + \frac{z^2}{n_e^2} = 1, \qquad (9-11-6)$$

式中 $n_o$ 和 $n_e$ 分别为晶体的寻常光和非寻常光的折射率. 加上电场后折射率椭球发生畸变,对于 3m 类晶体,由于晶体的对称性,电光系数矩阵形式为

$$\begin{pmatrix} 0 & -\gamma_{22} & \gamma_{13} \\ 0 & \gamma_{22} & \gamma_{13} \\ 0 & 0 & \gamma_{33} \\ 0 & -\gamma_{51} & 0 \\ \gamma_{51} & 0 & 0 \\ -\gamma_{22} & 0 & 0 \end{pmatrix}. \qquad (9-11-7)$$

当沿 $x$ 轴方向加上电场 $E_0$,同时光沿 $z$ 轴方向传播时,晶体由单轴晶体变为双轴晶体,垂直于光轴 $z$ 方向折射率椭球截面由圆变为椭圆,椭圆方程为

$$\frac{x^2}{n_o^2} + \frac{y^2}{n_o^2} - 2\gamma_{22}E_0 xy = 1. \qquad (9-11-8)$$

进行主轴变换(绕 $z$ 轴转动45°)后得到

$$\left(\frac{1}{n_o^2} - \gamma_{22}E_0\right)x'^2 + \left(\frac{1}{n_o^2} + \gamma_{22}E_0\right)y'^2 = 1. \qquad (9-11-9)$$

将其改写为标准的椭圆方程即为

$$\frac{x'^2}{n_{x'}^2} + \frac{y'^2}{n_{y'}^2} = 1. \qquad (9-11-10)$$

考虑到 $n_o^2 \gamma_{22} E_0 / 2 \ll 1$,则有

$$\begin{cases} n_{x'} \approx n_o + \frac{1}{2} n_o^3 \gamma_{22} E_0, \\ n_{y'} \approx n_o - \frac{1}{2} n_o^3 \gamma_{22} E_0. \end{cases} \qquad (9-11-11)$$

这里的 $x'$ 轴和 $y'$ 轴称为感应主轴,$n_{x'}$ 和 $n_{y'}$ 为对应方向上的感应主折射率.同时,从上面的分析可知,$x$ 轴和 $x'$ 轴的夹角为 45°.

如图 9-11-2 所示为典型的利用铌酸锂晶体横向电光效应原理制成的激光强度调制器.图中起偏器的偏振方向平行于电光晶体的 $x$ 轴,检偏器的偏振方向平行于 $y$ 轴.入射光经起偏器后变为振动方向平行于 $x$ 轴的线偏振光,它的电矢量在电光晶体的感应主轴 $x'$ 和 $y'$ 上的投影 $E_{x'}$ 和 $E_{y'}$ 的振幅和相位均相等($x$ 轴和 $x'$ 轴的夹角为45°),即

$$\begin{cases} E_{x'} = Ae^{-i\omega t}, \\ E_{y'} = Ae^{-i\omega t}, \end{cases} \qquad (9-11-12)$$

式中 $A$ 为振幅,$\omega$ 为入射光的角频率.

在晶体表面($z=0$),入射光的强度

$$I \propto |E_{x'}(0)|^2 + |E_{y'}(0)|^2 = 2A^2. \qquad (9-11-13)$$

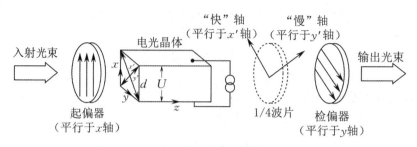

图 9-11-2　晶体电光调制器的原理示意图

由式(9-11-11)可知,当光经过长为 $l$ 的电光晶体后,$E_{x'}$ 和 $E_{y'}$ 之间就产生大小为 $\delta$ 的相位差. 通过检偏器后,$E_{x'}$ 和 $E_{y'}$ 在 $y$ 轴方向上的投影合成为 $E'$, 即

$$E' = -\frac{A}{\sqrt{2}} e^{-i\omega t} + \frac{A}{\sqrt{2}} e^{-i\omega t} \cdot e^{-i\delta}, \tag{9-11-14}$$

对应的输出光强

$$I_l \propto |E'|^2 = 2A^2 \sin^2 \frac{\delta}{2}. \tag{9-11-15}$$

由式(9-11-13)和(9-11-15),从电光晶体入射面到检偏器出射面光强透过率

$$T = \frac{I_l}{I} = \sin^2 \frac{\delta}{2}, \tag{9-11-16}$$

式中

$$\delta = \frac{2\pi}{\lambda}(n_{x'} - n_{y'})l = \frac{2\pi}{\lambda} n_o^3 \gamma_{22} U \frac{l}{d}, \tag{9-11-17}$$

其中 $U$ 为电光晶体 $x$ 轴方向上的电势差,$d$ 为 $x$ 轴方向上晶体的厚度. 由式(9-11-17)可见,$\delta$ 和 $U$ 有关,当电压增加到某一值时,$x'$ 轴和 $y'$ 轴方向上的偏振光经过晶体后产生 $\dfrac{\lambda}{2}$ 的光程差,相位差 $\delta = \pi$,此时 $T = 100\%$,这一电压叫半波电压,通常用 $U_\pi$ 或 $U_{\lambda/2}$ 表示.

$U_\pi$ 是描述晶体电光效应的重要参数,在实验中,这个电压越小越好,如果 $U_\pi$ 小,需要的调制信号电压也小,根据半波电压值,我们可以估计出电光效应控制透过强度所需电压.

由式(9-11-17)可得

$$U_\pi = \frac{\lambda}{2n_o^3 \gamma_{22}} \left(\frac{d}{l}\right). \tag{9-11-18}$$

又由式(9-11-17)和(9-11-18)可得

$$\delta = \pi \frac{U}{U_\pi}. \tag{9-11-19}$$

将式(9-11-19)代入(9-11-16)可得

$$T = \sin^2 \frac{\pi U}{2U_\pi} = \sin^2 \left[\frac{\pi}{2U_\pi}(U_0 + U_m \sin \omega' t)\right], \tag{9-11-20}$$

式中 $U_0$ 是直流偏压,$U_m \sin \omega' t$ 是交流调制信号,$U_m$ 是振幅,$\omega'$ 是调制信号频率. 从式(9-11-20)可以看出,改变 $U_0$ 或 $U_m$ 的输出特性,光强透过率 $T$ 将相应地发生变化.

对于单色光,$\dfrac{\pi n_o^3 \gamma_{22}}{\lambda}$ 为常数,$T$ 仅随晶体上所加外电压的变化而变化. 如图 9-11-3 所示,$T$ 与 $U$ 的关系是非线性的,若工作点选择不合适,会使输出信号发生畸变. 但在 $\dfrac{U_\pi}{2}$ 附近,$T-U$ 曲线有一近似直线部分,称为线性工作区. 由式(9-11-20)可以看出,当 $U = \dfrac{U_\pi}{2}$ 时,$T = 50\%$.

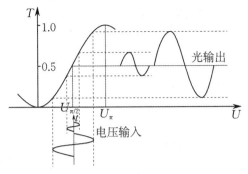

**图 9 - 11 - 3  $T$ 与 $U$ 的关系曲线**

下面讨论改变直流偏压选择工作点对输出特性的影响.

(1) 当 $U_0 = \dfrac{U_\pi}{2}$, $U_m \ll U_\pi$ 时, 将工作点选定在线性工作区的中心处, 可获得较高频率的线性调制. 把 $U_0 = \dfrac{U_m}{2}$ 代入式 (9 - 11 - 20), 得

$$T = \sin^2\left[\frac{\pi}{4} + \left(\frac{\pi}{2U_\pi}\right)U_m \sin\omega' t\right] = \frac{1}{2}\left[1 + \sin\left(\frac{\pi}{U_\pi}U_m \sin\omega' t\right)\right]. \qquad (9 - 11 - 21)$$

考虑到 $U_m \ll U_\pi$ 后,

$$T \approx \frac{1}{2}\left[1 + \left(\frac{\pi U_m}{U_\pi}\right)\sin\omega' t\right]. \qquad (9 - 11 - 22)$$

式 (9 - 11 - 22) 表明, 调制器输出的波形和信号波形频率相同, 称为线性调制.

(2) 当 $U_0 = \dfrac{U_\pi}{2}$, $U_m > U_\pi$ 时, 调制器的工作点虽然选定在线性工作区的中心, 但不满足小信号调制的要求, 式 (9 - 11 - 21) 不能写成 (9 - 11 - 22) 的形式, 此时式 (9 - 11 - 21) 可展开成贝塞尔函数的形式, 即

$$T = \frac{1}{2}\left[1 + \sin\left(\frac{\pi}{U_\pi}U_m \sin\omega' t\right)\right]$$
$$= 2\left[J_1\left(\frac{\pi U_m}{U_\pi}\right)\sin\omega' t - J_3\left(\frac{\pi U_m}{U_\pi}\right)\sin 3\omega' t + J_5\left(\frac{\pi U_m}{U_\pi}\right)\sin 5\omega' t + \cdots\right]. \qquad (9 - 11 - 23)$$

由式 (9 - 11 - 23) 可以看出, 从检偏器输出的光束除包含交流的基波外, 还含有奇次谐波, 且此时调制信号的幅度较大, 奇次谐波不能忽略, 因此, 输出波形会失真.

(3) 当 $U_0 = 0$, $U_m \ll U_\pi$ 时, 把 $U_0 = 0$ 代入式 (9 - 11 - 20) 可得

$$T = \sin^2\left(\frac{\pi}{2U_\pi}U_m \sin\omega' t\right) \approx \frac{1}{4}\left(\frac{\pi U_m}{U_\pi}\right)^2 \sin^2\omega' t = \frac{1}{8}\left(\frac{\pi U_m}{U_\pi}\right)^2 (1 - \cos 2\omega' t).$$

$$(9 - 11 - 24)$$

从式 (9 - 11 - 24) 可以看出, 此时输出光强信号频率是调制信号频率的 2 倍, 即产生倍频失真. 若把 $U_0 = U_\pi$ 代入式 (9 - 11 - 20), 经类似的推导, 可得

$$T \approx 1 - \frac{1}{8}\left(\frac{\pi U_m}{U_0}\right)^2 (1 - \cos 2\omega' t). \qquad (9 - 11 - 25)$$

式 (9 - 11 - 25) 表明, 此时输出光强信号仍将产生倍频失真.

(4) 当直流偏压 $U_0$ 在 0 V 附近或在 $U_\pi$ 附近变化时, 由于工作点不在线性工作区, 输出波形将分别出现上下失真.

综上所述, 电光调制是利用晶体的电光效应来改变晶体的折射率, 控制两个振动分量的相位差 $\delta$, 再利用光的叠加原理让两束光叠加, 从而实现对光强的调制. 晶体的电光效应灵敏度极高, 调制信

号频率最高可达 $10^9 \sim 10^{10}$ Hz,因此在激光通信、激光显示等领域内得到了非常广泛的应用.

**【实验仪器】**

电光调制实验仪.

电光调制实验仪的结构如图 9-11-4 所示.

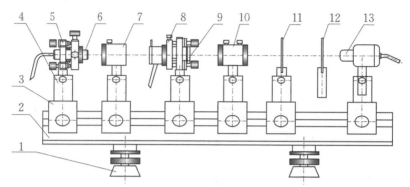

1—底脚;2—导轨;3—滑座;4—支座;5—四维调整架;6—半导体激光;7—起偏器;

8—二维调整架;9—铌酸锂晶体组;10—检偏器及1/4波片;11—小孔光阑;12—像屏;

13—接收器

**图 9-11-4　电光调制实验系统装置图**

**【实验内容与步骤】**

1.调整光路系统.

(1)先调节三角导轨底脚螺丝,使导轨在调节台上保持稳定,然后在导轨上放置好安装有半导体激光光源的滑座,接着将小孔光阑置于导轨上.在整个导轨上拉动并调整滑座,保证整个光路近场、远场都基本处于一条直线上,即确保激光光束始终通过小孔.

(2)放上起偏器,使激光束垂直穿过其光学表面中心.再放上检偏器,使其光学表面也与激光束垂直,接着转动检偏器,使其与起偏器正交,检偏器处于消光状态.

(3)将铌酸锂晶体组置于导轨上,调节晶体使其 $x$ 轴沿竖直方向且通光表面垂直于激光束(这时晶体的光轴与入射方向平行,呈正入射).观察晶体前后表面,查看激光束是否沿晶体中轴线传播,若没有,则仔细调节晶体上的二维调整架,确保激光束沿中轴线通过晶体,且从晶体出来的反射像与半导体的出射光束重合.

(4)拿掉检偏器滑座上的1/4波片,在晶体盒前端插入毛玻璃片,检偏器后放上像屏.将光强调到最大(此时晶体偏压为零),这时可观察到晶体的单轴锥光干涉图(见图 9-11-5),即一个清楚的暗十字线,它将整个光场分成均匀的四瓣.如果光场不均匀可调节晶体上的调整架.

(5)旋转起偏器和检偏器,使两者相互平行,此时出现的单轴锥光图与两者相互垂直时出现的单轴锥光图是互补的,如图 9-11-6 所示.

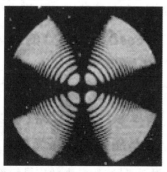

**图 9-11-5**

**图 9-11-6**

（6）沿 $x$ 轴方向给晶体加上偏压，此时像屏上呈现双轴锥光干涉图，这说明单轴晶体在电场作用下变成双轴晶体，即电致双折射，如图 9-11-7 所示.

（7）改变晶体所加偏压的极性，此时锥光图旋转 $90°$，如图 9-11-8 所示.

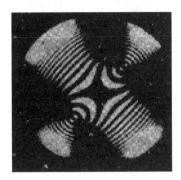 

图 9-11-7　　　　　　　　　　　图 9-11-8

（8）改变偏压大小，此时干涉图样不旋转，只是图样中的"双曲线"分开的距离发生变化. 这一现象说明外加电场只改变感应主轴方向上感应主折射率的大小，折射率椭球旋转的角度和电场大小无关.

2. 依据铌酸锂晶体的透过率曲线（$T$-$U$ 曲线）选择工作点，测出半波电压，算出电光系数，并和理论值比较.

具体方法有以下两种：

（1）极值法.

晶体上只加直流电压 $U_0$，不加交流信号，使直流偏压从小到大逐渐增大，在此过程中由示波器可观察到输出光强出现极小值和极大值.

具体做法是取出毛玻璃片，撤走像屏，让接收器对准出光点，使加在晶体上的电压从零开始逐渐增大，这时示波器上可看到输出光强在极大和极小之间有一明显起落. 直流偏压值可从电源面板上的三位半数字表上读出. 实验时先测出首次出现光强极大值对应的电压，然后改变电压极性，再测出电压增大过程中首次出现光强极大值对应的电压，两个极大值对应的电压绝对值之和就是半波电压的两倍，多次测量取平均值，可以减少误差.

（2）调制法.

晶体上同时加上直流电压和交流正弦信号，调节直流电压，当直流电压调到输出光强出现极小值或极大值时，通过示波器可看出输出的光强信号出现倍频失真. 出现相邻倍频失真对应的直流电压之差就是半波电压.

具体做法是把电源前面板上的调制信号"输出"接到示波器的 CH1 通道上，调制器的光强输出信号经放大后接到示波器的 CH2 通道上，CH1 和 CH2 上的信号做比较. 将检偏器旋转 $90°$，当晶体上所加的直流电压缓慢增大到半波电压时，光强输出会出现倍频失真，继续增大直流电压直到再次出现倍频失真，相继两次出现倍频失真时对应的直流电压值之差就是半波电压. 这种方法比极值法更精确，因为用极值法测半波电压时，视觉很难准确定位极大和极小值，因而误差较大.

3. 改变直流偏压，选择不同的工作点，观察正弦波电压的调制特性.

电源前面板上的信号选择开关可以提供三种不同的调制信号，按下"正弦"键，将正弦调制信号加到晶体上. 同时，通过前面板上的"输出"孔将此信号接到示波器的 CH1 通道上，作为参考信号. 改变直流偏压，使调制器工作在不同的状态，调制信号经光电转换并放大后接到示波器的 CH2 通道上，和 CH1 上的参考信号进行比较. 实验时，先将工作点选在 $U_0 = \dfrac{U_\pi}{2}$ 附近，进行线性调制；然后将工作

点选在 $T$-$U$ 曲线的极小值(或极大值)附近,观察输出信号的倍频失真. 注意,工作点选在极小值(或极大值)附近时,调制信号幅度不能太大,否则调制信号本身失真,输出信号的失真无法判断是由什么原因引起的. 实验过程中注意把观察到的波形描下来,并和前面的理论分析做比较. 做这步实验时要把电源上的调制信号幅度、调制器上的输入光强、放大器的输出、示波器的增益(或衰减)这四部分调好,以便能观察到很好的输出波形.

4. 用 1/4 波片来改变工作点,观察输出特性.

在上述实验中,去掉晶体上加载的直流偏压,把 1/4 波片置入晶体和偏振片之间,将其绕光轴缓慢旋转时,可以看到输出光强信号波形随着发生变化. 当波片的快、慢轴平行于晶体的感应主轴方向时,将输出线性调制信号;当波片的快、慢轴分别平行于晶体的 $x$ 轴和 $y$ 轴时,输出光强信号将出现倍频失真. 因此,波片旋转一周,示波器上显示的输出光强信号将出现四次线性调制和四次倍频失真.

理论和实验可以证明,晶体上加直流偏压改变调制器的工作点和用 1/4 波片选择工作点,效果是一样的,但两种方法的机理是不同的.

5. 光通信的演示.

按下电源前面板上信号选择开关中的"音频"键,此时,正弦信号被切断,电源输出音频信号,调制器的输出信号则通过放大器的扬声器进行播放,改变工作点,听到的音质不同. 若将音频信号接到示波器上,可以看到我们所听音频信号的波形,它是由振幅不同、频率不同的正弦波叠加而成. 可以用光缆把调制器输出信号和接收器连接起来,从而模拟激光光纤通信. 此外,调制信号也可以使用录音机输出的电信号,将此电信号接到电源前面板上的"输入"端,这时只要按下信号选择开关中的"外调"键,则其他信号源被切断,电源开始输出录音机传送过来的音频信号.

**【注意事项】**

1. 实验调节过程中必须避免激光直射人眼,以免对眼睛造成危害.

2. 调节调整架时动作要轻,以免损坏调整架.

3. 供电电源应提供保护地线,示波器的地线必须与系统连接良好.

4. 为防止因强激光光束长时间照射而导致光敏管疲劳或损坏,使用完毕请随即用塑料盖将光电接收孔盖好.

5. 光电探测器是半导体器件,应避免强光照射以免烧坏. 实验时光强应由弱到强缓慢改变,当出现饱和时可降低光强.

6. 仪器应置于干燥处保存,不宜在潮湿环境中使用. 工作环境温度高于 28 ℃ 时,仪器连续工作时间不能超过 4 h.

**【数据表格及数据处理要求】**

1. 根据实验内容自拟表格记录实验数据.

2. 计算铌酸锂晶体的半波电压,并和理论值进行比较,计算相对误差.

**【实验后思考题】**

1. 用 1/4 波片改变工作点,观察调制现象时为何只出现线性调制和倍频失真,而没有其他失真?

2. 工作点选在线性工作区中心,调制信号幅度过大时为什么仍然会引起失真? 请画图说明.

3. 测定输出特性曲线时,为什么光强不能太大? 如何调节光强? 这种调节光强的方法有何优缺点?

# 9.12　声光调制

早在 20 世纪 30 年代,物理学家就开始了声光衍射的实验研究,60 年代激光器的问世为声光衍射现象的研究提供了良好的光源,促进了声光效应理论和应用研究的迅速发展.声光效应为控制激光束的频率、方向和强度提供了一个有效的手段.利用声光效应制成的声光器件,如声光调制器、声光偏转器和可调谐滤光器等,在激光技术、光信号处理和集成光通信技术等方面有着重要应用.

声光效应已广泛应用于声学、光学和光电子学.近年来,随着声光技术的不断发展,人们已广泛地开始采用声光器件在激光腔内进行锁模或作为连续器件的 Q 开关.由于声光器件具有输入电压低、驱动功率小、温度稳定性好、能承受较大光功率、光学系统简单、响应时间快、控制方便等优点,加之新一代的优质声光材料的发现,使声光器件获得了空前的发展,并在工业、科学、军事等领域得到广泛应用.

**【实验目的】**

1. 掌握声光调制的基本原理,了解声光器件的工作原理.
2. 观察布拉格声光衍射现象.
3. 了解布拉格声光衍射和拉曼-奈斯声光衍射的区别.

**【预习思考题】**

1. 什么是弹光效应和声光效应?
2. 简述布拉格声光调制实现的过程.
3. 为什么声光衍射会存在两种类型,分别对应何种光栅类型?

**【实验原理】**

**1. 声光调制的物理基础**

(1)弹光效应.

若有一超声波通过某种均匀介质,介质材料在外力作用下发生形变,分子间因相互作用力发生改变而产生相对位移,进而引起介质内部密度的起伏或周期性变化,密度大的地方折射率大,密度小的地方折射率小,即介质折射率发生周期性改变.这种由于外力作用而引起折射率变化的现象称为弹光效应.弹光效应存在于一切物质中.

(2)声光栅.

当声波通过介质传播时,介质内部就会产生和声波信号相应的、随时间和空间周期性变化的改变.这部分受扰动的介质等效为一个"相位光栅",其光栅常量就是声波波长 $\lambda_s$,这种光栅称为超声光栅.声波在介质中传播时,有行波和驻波两种形式,两者的区别是行波形成的超声光栅的栅面在空间是移动的,而驻波形成的超声光栅的栅面是驻立不动的.

如果超声波在声光晶体中由一端传向另一端并在到达终端时遇到吸声物质,就会被吸声物质吸收,从而在声光晶体中形成行波.由于机械波的压缩和伸长作用,声光晶体中将形成行波式的疏密相间的构造,也就是行波形式的光栅.

如果超声波在声光晶体中由一端传向另一端并在到达终端时遇见反声物质,就会被反声物质反射,进而在返回途中和入射波叠加形成驻波.同样,由于机械波的压缩和伸长作用,声光晶体中将形成驻波形式的疏密相间的构造,也就是驻波形式的光栅.

首先考虑行波的情况,设平面声波在介质中沿 $x$ 轴方向传播,由于声波扰动,介质中的质点位移可写成

$$u_1 = u_0 \cos(\omega_s t - k_s x), \qquad (9-12-1)$$

式中 $u_0$ 是质点振动的振幅,$\omega_s$ 是声波角频率,$k_s$ 是声波波矢量的模.相应的应变场为

$$S = -\frac{\partial u_1}{\partial x} = u_0 k_s \sin(\omega_s t - k_s x). \qquad (9-12-2)$$

对各向同性介质,折射率分布为

$$n(x,t) = n + \Delta n \sin(\omega_s t - k_s x), \qquad (9-12-3)$$

式中 $\Delta n$ 为折射率周期性变化的振幅.

声行波在某一瞬间对介质的作用情况如图 9-12-1 所示,图中密集区(黑)表示介质受到压缩,密度增大,相应的折射率也增大;稀疏区(白)表示介质密度减小,相应的折射率也减小.介质折射率 $n$ 增大或减小呈现交替变化,变化的周期是声波周期,同时又以声速 $v_s = \dfrac{\omega_s}{k_s}$ 向前传播.

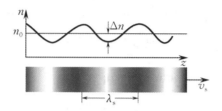

**图 9-12-1　声行波形成的超声光栅**

对于驻波的情况,考虑两个相向传播的同频声行波的叠加,质点位移可以写成

$$u_1 = 2u_0\cos(k_s x)\sin(\omega_s t). \tag{9-12-4}$$

与行波的情况类似,可以得到此时介质的折射率为

$$n(x,t) = n + \Delta n\sin(k_s x)\sin(\omega_s t). \tag{9-12-5}$$

因驻波效应,式(9-12-5)中的 $\Delta n$ 应是式(9-12-3)中的 2 倍.如图 9-12-2 所示为声驻波情况下介质折射率的变化情况,从图中可见,在一个周期 $T_s$ 内,介质呈现两种疏密层结构,在波节处介质密度保持不变,而在波腹处折射率每隔半个周期就变化一次,其交替变化的角频率为原驻波角频率的 2 倍,即 $2\omega_s$.

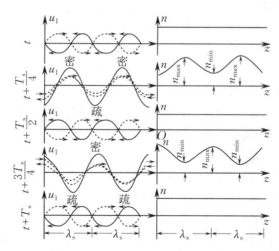

**图 9-12-2　声驻波形成的超声光栅**

(3)声光效应.

声光效应是指光波在介质中传播时,被超声波场衍射或散射的现象.由于声波是一种弹性波,声波在介质中传播会产生弹性应力或应变,引起折射率变化,这种现象即为弹光效应.介质弹性形变导致介质密度交替变化,从而引起介质折射率的周期变化,并形成折射率光栅,此时光波在介质中传播就会发生衍射现象,衍射光的强度、频率和方向等将随着超声场的变化而变化.声光调制就是基于这种效应来实现光调制及光偏转的.

(4)声光衍射分类.

根据声波频率的高低和声光作用的超声场长度的不同,声光效应可以分为拉曼-奈斯声光衍射和布拉格声光衍射两种.

从理论上来说,拉曼-奈斯声光衍射和布拉格声光衍射是在改变声光衍射参数时出现的两种极端衍射,而这里起主要作用的声光衍射参数为声波波长 $\lambda_s$、光波入射角 $\theta_i$ 及声光作用距离 $L$. 为了给出区分这两种声光衍射的定量标准,特引入参数 $G$,并令

$$G = \frac{k_s^2 L}{k_i \cos \theta_i} = \frac{2\pi \lambda L}{\lambda_s^2 \cos \theta_i}, \qquad (9-12-6)$$

式中 $k_i$ 为入射光波的波数,$k_s$ 为声波的波数,$\lambda$ 为入射光波的波长.

当 $L$ 小而 $\lambda_s$ 大,即 $G \ll 1$ 时,衍射为拉曼-奈斯声光衍射;当 $L$ 大而 $\lambda_s$ 小,即 $G \gg 1$ 时,衍射为布拉格声光衍射. 实际使用中需要确定一个实用标准,即当参数 $G$ 大到一定值后,除 0 级和 $\pm 1$ 级外,其他各级衍射光的强度都很小,以至于可以忽略不计,达到这种情况时即认为已进入布拉格声光衍射区. 经过多年的实践,现已普遍采用下列定量标准:

① $G \geqslant 4\pi$ 时为布拉格声光衍射区;

② $G \leqslant \pi$ 时为拉曼-奈斯声光衍射区.

为了便于应用,又引入量 $L_0 = \frac{\lambda_s \cos \theta_i}{\lambda} \approx \frac{\lambda_s^2}{\lambda}$,则 $G = \frac{2\pi L}{L_0}$. 因此,上面的定量标准又可以表述为

① $L \geqslant 2L_0$ 时为布拉格声光衍射区;

② $L \leqslant \frac{L_0}{2}$ 时为拉曼-奈斯声光衍射区.

$L_0$ 称为声光器件的特征长度. 引入 $L_0$ 可使器件的设计变得十分简便. 由于 $\lambda_s = \frac{v_s}{f_s}$ 和 $\lambda = \frac{\lambda_0}{n}$($\lambda_0$ 为真空中的光波波长),故 $L_0$ 不仅与介质的性质(介质中的声速 $v_s$ 和介质的折射率 $n$)有关,还与工作条件($f_s$ 和 $\lambda_0$)有关. 事实上,$L_0$ 反映了声光相互作用的主要特征.

如表 9-12-1 所示为拉曼-奈斯声光衍射和布拉格声光衍射产生条件上的区别.

**表 9-12-1  拉曼-奈斯声光衍射和布拉格声光衍射产生条件上的区别**

| 拉曼-奈斯声光衍射 | 布拉格声光衍射 |
| --- | --- |
| 声光作用长度较短 | 声光作用长度较长 |
| 超声波的频率较低 | 超声波的频率较高 |
| 光垂直于声场传播方向 | 光以一定的角度斜入射 |
| 声光晶体相当于一个"平面光栅" | 声光晶体相当于一个"立体光栅" |

拉曼-奈斯声光衍射和布拉格声光衍射现象上的各自特点如下:

① 拉曼-奈斯声光衍射的结果,是使声波在原场分成一组衍射光,它们分别对应于确定的衍射角 $\theta_m$(传播方向)和衍射强度,这一组光是离散型的. 各级衍射光对称地分布在零级衍射光两侧,且同级次衍射光的强度相等. 这是拉曼-奈斯声光衍射的主要特征之一. 另外,无吸收时衍射光各级极值光强之和等于入射光强,即光功率是守恒的.

② 对布拉格声光衍射,如果声波频率较高,且声光作用长度较长,则此时的声扰动介质也不再等效于平面相位光栅,而是形成立体相位光栅. 这时,相对声波方向以一定角度斜入射的光波,其衍射光在介质内相互干涉,使高级次的衍射光相互抵消,只出现 0 级和 $\pm 1$ 级的衍射光,亦即在屏上观察到的 0 级和 +1 级衍射光或者 0 级和 -1 级衍射光很强,而其他各级的衍射光非常弱.

**2. 声光调制原理**

(1)声光调制器的组成.

声光调制器由声光介质、电-声换能器、吸声(或反射)装置、耦合介质及驱动电源等组成,如图 9-12-3 所示.

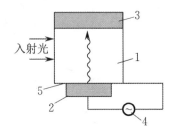

1—声光介质；2—电-声换能器；3—吸声(或反射)装置；4—驱动电源；5—耦合介质

**图 9 - 12 - 3　声光调制器**

① 声光介质是声光相互作用的场所.当一束光通过变化的超声场时,由于光和超声场的作用,其出射光就包含随时间变化的各级衍射光,利用衍射光的强度随超声波强度的变化而变化的性质,就可以制成光强调制器.

② 电-声换能器又称超声发生器,它是利用某些压电晶体(石英、铌酸锂等)或压电半导体(硫化镉、氧化锌等)的反压电效应,即在外加电场作用下这类物质会产生机械振动而形成超声波,所以它起着将电功率转换成声功率的作用.

③ 吸声(或反射)装置放置在超声源的对面,吸声装置用以吸收已通过介质的声波(工作于行波状态),以免声波在界面上发生发射而返回介质产生干扰.而要使超声场工作于驻波状态,则需要将吸声装置换成声反射装置.

④ 驱动电源用来产生调制电信号并施加于电-声换能器的两端电极上,以驱动声光调制器(换能器)工作.

⑤ 为了能以较小的损耗将超声能量传递到声光介质中去,换能器的声阻抗应该尽量接近介质的声阻抗,这样可以减小两者接触界面的反射损耗.实际上,调制器都是在两者之间加一过渡层耦合介质,它起三个作用:低损耗传能、粘结和用作电极.

声光调制是利用声光效应将信息加载到光频载波上的一种物理过程.调制信号是以电信号(调幅)的形式作用于电-声换能器上而使电信号的变化转化为超声场的变化,当光波通过声光介质时,由于声光作用,光频载波受到调制而成为"携带"信息的强度调制波.

(2) 布拉格声光调制.

如果声波频率较高,声光作用长度较长,而且入射光束以一定的角度斜入射声波波面,则光波在介质中穿过多个声波面时,介质相当于一个立体光栅.当入射光与声波面间夹角满足一定条件时,介质内各级衍射光将相互抵消,只出现 0 级和 ±1 级衍射光,即产生布拉格声光衍射,如图 9 - 12 - 4 所示.因此,若能合理选择参数,且超声场足够强,则可使入射光能量几乎全部转移到 +1 级和 -1 级衍射光上.此时,光能量可以得到充分利用,故利用布拉格声光衍射效应制成的声光器件可以获得较高的效率.

下面以波的干涉加强条件来推导布拉格方程.为此,如图 9 - 12 - 5,可把声波通过的介质近似看作许多相距 $\lambda_s$ 的部分反射、部分透射的镜面.对于行波场,这些镜面将以速度 $v_s$ 沿 $y$ 轴方向移动(因为超声波的频率远小于光波的频率,所以在某一瞬间,超声场可近似看成是静止的,因而对衍射光的分布没影响).对驻波场,这些镜面则完全是不动的.如图 9 - 12 - 5 所示,平面光波以 $\theta_i$ 入射至声波场,并在 $B,C,E$ 各点处发生部分反射,产生衍射光.各衍射光相干增强的条件是它们之间的光程差应为其波长的整数倍,或者说必须同相位.例如,入射光在 $B,C$ 两点的反射光同相位的条件是必须使光程差 $AC - BD$ 等于光波波长的整数倍,即

$$x(\cos\theta_i - \cos\theta_d) = m\frac{\lambda_0}{n}, \quad m = 0, \pm 1, \tag{9 - 12 - 7}$$

式中 $x$ 为 $B,C$ 两点间的距离, $n$ 为对应镜面处的折射率.要使声波面上所有点同时满足这一条件,只有使

$$\theta_i = \theta_d, \tag{9-12-8}$$

即入射角等于衍射角.对于相距 $\lambda_s$ 的两个不同镜面,要使上下镜面的衍射光具有相同的相位,其光程差必须等于光波波长的整数倍(对于布拉格声光衍射,这里只能取 1),即

$$\lambda_s (\sin\theta_i + \sin\theta_d) = \frac{\lambda_0}{n}. \tag{9-12-9}$$

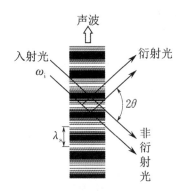

图 9-12-4 布拉格声光衍射

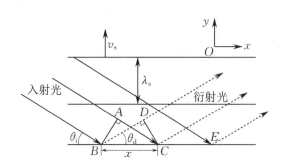

图 9-12-5 入射光束在镜面上发生衍射

考虑到 $\theta_i = \theta_d$,则有

$$\sin\theta_B = \frac{\lambda_0}{2n\lambda_s} = \frac{\lambda_0}{2nv_s} \cdot f_s, \tag{9-12-10}$$

式中 $\theta_B = \theta_d = \theta_i$ 称为布拉格角.可见,只有当入射角等于布拉格角 $\theta_B$ 时,在声波面上的光波才具有同相位,满足相干加强的条件,并得到衍射极值,式(9-12-10)称为布拉格方程.

理论分析表明,在布拉格声光衍射条件下,一级衍射光的光强 $I_1$ 和入射光的光强 $I_i$ 之比,即声光衍射效率为

$$\eta = \sin^2\left[\frac{\pi}{\sqrt{2}\lambda}\sqrt{\frac{L}{H}M_2 P_s}\right], \tag{9-12-11}$$

式中 $P_s$ 为超声功率; $L$ 和 $H$ 为声光介质的长和宽; $M_2 = \dfrac{n^6 P^2}{\rho v_s^3}$ 是声光介质的物理参数组合,其中 $\rho$ 为介质密度, $P$ 为介质的弹光系数,可见 $M_2$ 是由介质本身性质所决定的量,故称之为声光材料的品质因数(或声光优质指标),它是选择声光介质的主要指标之一.

由式(9-12-11)可见:

① 在超声功率 $P_s$ 一定的情况下,欲使衍射光强尽量大,则要求选择 $M_2$ 大的材料,并且把声光介质做成 $L$ 大 $H$ 小的形式;

② 如果超声功率足够大,当 $\dfrac{\pi}{\sqrt{2}\lambda}\sqrt{\dfrac{L}{H}M_2 P_s}$ 达到 $\dfrac{\pi}{2}$ 时,改变 $P_s$,一级衍射光强和入射光强之比也随之改变,因而可通过控制 $P_s$(控制加在电-声换能器上的电功率)就可以达到控制衍射光强的目的,从而实现声光调制.

**【实验仪器】**

声光调制实验仪.

声光调制实验仪如图 9-12-6 所示,本实验系统是由半导体激光器、声光调制器(声光晶体盒)、小孔光阑、光电探测器以及声光调制电源箱组成.

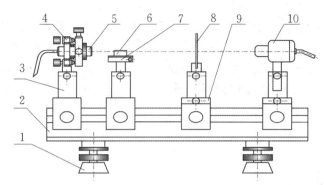

1—调平底脚；2—光具座导轨；3—滑座；4—四维调整架；5—半导体激光器；6—声光晶体盒；7—旋转平台；8—小孔光阑；9—横向滑座；10—光电探测器

**图 9 - 12 - 6　声光调制实验仪系统装置图**

**【实验内容与步骤】**

1. 光路的调节.

(1) 将半导体激光器、声光调制器、光电探测器等组件连接到声光调制电源箱上.

(2) 在光具座上依次放置好半导体激光器、小孔光阑和光电探测器，同时固定小孔光阑的高度（使小孔光阑上下左右均可移动即可）.

(3) 打开电源开关，接通激光电源，调节电源箱上的激光强度旋钮，使激光束达到足够强度. 利用小孔光阑来调整光路，先将半导体激光器放置在导轨零点处锁定，然后把小孔光阑移至半导体激光器附近，调整四维调整架上的旋钮，使激光束通过小孔，再把小孔光阑移至声光调制器放置的位置，再次通过旋转四维调整架上的旋钮，使激光束通过小孔，反复调节，直至激光束与导轨平行.

(4) 将声光调制器置于光具座上，载物平台尽量靠近半导体激光器，调整好声光调制器高度，使得激光束刚好通过通光孔.

(5) 将光电探测器固定在光具座尾端，调整光电探测器的高度，使得激光束落在光电探测器中心或与探测器中心在同一水平线上.

(6) 把小孔光阑置于靠近传感器的位置，重新调整好小孔光阑的高度，使得光束通过小孔或与小孔在同一水平线上.

2. 观察声光调制的衍射现象.

(1) 调节激光束的亮度，使接收屏（小孔光阑）上呈现清晰的光点.

(2) 将声光调制电压调至最大，此时以 100 MHz 为中心频率的超声波开始对声光晶体进行调制.

(3) 微调载物平台上声光调制器的转向，以改变声光调制器的光束入射角，此时即可观察到因声光调制而出现的衍射光斑.

(4) 仔细调节光束对声光调制器的角度，当 +1 级（或者 -1 级）衍射光最强时，声光调制器即运转在布拉格声光衍射条件下.

(5) 此时调节小孔光阑的横向微调旋钮使光强较强的 +1 或 -1 级衍射光通过小孔光阑，接着调节光电探测器的横向微调旋钮，使衍射光落在光电探测器的中心，以便达到最佳接收效果.

**注意**：布拉格衍射一级衍射达到极值的条件是：① 控制电压为一特定值；② 入射激光必须以特定的角度，即布拉格角 $\theta_B$ 入射.

3. 观察交流信号调制特性.

一级布拉格衍射光强 $I_1$ 和驱动高频电压振幅 $U_m$ 之间的关系为

$$I_1 = I_i \sin^2(a'U_m), \qquad\qquad (9 - 12 - 12)$$

式中 $a'$ 可以从式(9 - 12 - 11)推导获得. 由于调制电源是线性调制电源，所以驱动高频电压振幅 $U_m$ 和

控制电压 $U$ 是成正比例的,因此一级衍射光强也可以改写为

$$I_1 = I_i \sin^2(aU),\qquad\qquad (9\text{-}12\text{-}13)$$

式中 $a$ 为与 $a'$ 相关的系数. 从式(9-12-13)可以看出,只有当控制电压为一定值时,一级衍射光强才能达到极值.

打开信号发生器,输入交流正弦波信号,用加法器把直流偏压和信号发生器的交流电压叠加在一起输出到线性声光调制器上,此时在示波器上可看到被调制的半导体激光的正弦波,通过改变线性直流偏压,也就是改变衍射光的光强,可得到不同衍射光强下的调制波形,如图 9-12-7 所示.

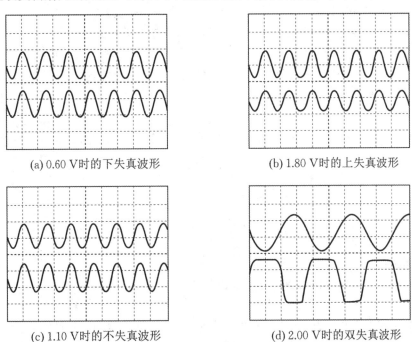

(a) 0.60 V时的下失真波形  (b) 1.80 V时的上失真波形

(c) 1.10 V时的不失真波形  (d) 2.00 V时的双失真波形

**图 9-12-7  不同电压下的波形**

4. 声光调制与光通信实验演示.

在驱动源输入端加入外调制信号(如音频信号),则衍射光强将随信号变化,从而达到控制激光传输特性和实现模拟光通信的目的,如图 9-12-8 所示.

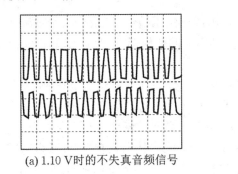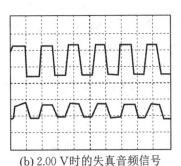

(a) 1.10 V时的不失真音频信号  (b) 2.00 V时的失真音频信号

**图 9-12-8  音频信号的传输**

5. 计算声光调制偏转角.

设 1 级衍射光和 0 级衍射光之间的距离为 $d$,声光调制器到接收孔之间的距离为 $L$,因 $L \gg d$,故声光调制的偏转角 $\theta_d \approx \sin \theta_d \approx \dfrac{d}{L}$.

6.测量超声波的波速.

将超声波频率 $f_s$、偏转角 $\theta_d$（利用上一步的实验结果）与激光波长 $\lambda$ 代入公式 $v_s = \dfrac{f_s\lambda}{\sin\theta_d}$，即计算出超声波的波速. 本实验中，$f_s = 100\ \text{MHz}$，$\lambda = 650\ \text{nm}$.

**【注意事项】**

1.调节过程中必须避免激光直射人眼，以免对眼睛造成危害.

2.调节调整架时动作要轻，以免损坏调整架.

3.供电电源应提供保护地线，示波器的地线必须与系统连接良好.

4.为防止因强激光光束长时间照射而导致光敏管疲劳或损坏，使用完毕请随即用塑料盖将光电接收孔盖好.

5.声光晶体易碎，要轻拿轻放，若长期不用，晶体要放在干燥器皿内保存.

6.光电探测器是半导体器件，应避免强光照射以免烧坏. 实验时，光强应由弱到强缓慢改变，当出现饱和时可降低光强.

7.仪器应放到干燥处保存，不宜在潮湿环境中使用. 工作环境温度高于 $28\ ℃$ 时，仪器连续工作不能超过 $4\ \text{h}$.

**【数据表格及数据处理要求】**

1.根据实验内容自拟表格记录实验数据.

2.根据所测数据计算声光调制的偏转角.

3.计算超声波的波速.

**【实验后思考题】**

1.产生布拉格声光衍射的条件是什么？请说明布拉格声光衍射及拉曼-奈斯声光衍射的区别及联系.

2.在进行声光调制实验时，信号会不会出现失真，如何提高信号的完整性？

3.试论述声光衍射效应的优、缺点以及拉曼-奈斯声光衍射和布拉格声光衍射的优、缺点.

# 9.13　傅里叶变换光谱仪实验

傅里叶变换能将满足一定条件的某个函数表示成三角函数（正弦或余弦函数）或者它们积分的线性组合. 在不同的研究领域，傅里叶变换具有多种不同的变换形式，最初傅里叶分析是作为热过程的解析分析工具被提出的.

现代光学的一个重大进展是引入"傅里叶变换"概念，由此发展成为光学领域内的一个崭新分支——傅里叶变换光学. 利用傅里叶光谱中干涉图和光谱图的变换关系，通过傅里叶变换的方法可以测定光源的辐射光谱. 傅里叶变换光谱技术是一项已经获得广泛应用且今天仍在高速发展的技术，它是光谱学中三种主要的分光手段之一. 由于傅里叶变换光谱技术具有高精度、多通道、高通量、宽光谱范围以及结构紧凑等优势，因此在光源较弱的红外光谱区占据了统治地位. 同时在其他光波段，如紫外、真空紫外波段，高精度、高分辨率、小型化的傅里叶变换光谱仪较之体积和重量庞大的光栅光谱仪在应用上更为便利，效率更高.

傅里叶变换光谱仪实验内容丰富，其实验结果不是直接用仪器测量出来的，而是通过傅里叶变换，将空间域变换到频率域再通过数学计算的方法得到的，这种方法在当今信息处理技术中具有广泛应用. 本实验选用的傅里叶变换光谱仪是基于动镜的移动产生干涉图，然后对干涉图进行傅里叶变换而得到光谱图,它具有多通道、高通量、高精度、高信噪比、宽光谱、非接触、数字化等优点,对于原子和分子物理学、天文物理学、光谱学、大气遥感以及分析化学等学科领域的研究都是十分重要的,同时它也是工业检测、海关检测等的必需设备.本实验装置将测量光谱范围设计在可见光区(400 ~ 800 nm)并且光路部分设计为开放式,以便更深刻、直观地了解傅里叶变换光学的实现与应用.

**【实验目的】**

1. 了解傅里叶变换光谱的基本原理.
2. 学会测量待测光源的光谱图.

**【预习思考题】**

1. 什么是傅里叶变换?
2. 实验中的傅里叶变换是如何实现的?
3. 简述傅里叶变换光谱仪实验装置的主要组成部分及各部分的特点.

**【实验原理】**

傅里叶变换光谱仪是基于迈克耳孙干涉仪结构的.在迈克耳孙干涉仪中,连续地移动其中的一个反射镜(动镜),干涉仪产生的两束相干光的光程差发生连续改变,干涉光强就会相应地发生改变.若在改变光程差的同时记录下光强接收器输出中的变化部分,就可以得到干涉光强随光程差变化的曲线,称为干涉图.这样,在获得干涉图之后,只要算出干涉图的傅里叶余弦变换,即可得到光源的光谱分布,这样得到的光谱称为傅里叶变换光谱,这样的光谱技术称为傅里叶变换光谱技术.

傅里叶变换过程实际上就是调制与解调的过程,通过调制我们将待测光的高频率调制成可以掌控、接收的频率.然后将接收到的信号送到解调器中进行分解,得出待测光中的频率成分及各频率对应的强度值,这样我们就得到了待测光的光谱图.

傅里叶光谱变换的调制方程为

$$I(x) = \int_{-\infty}^{+\infty} I(\sigma)\cos(2\pi\sigma x)\mathrm{d}\sigma;\tag{9-13-1}$$

解调方程为

$$I(\sigma) = \int_{-\infty}^{+\infty} I(x)\cos(2\pi\sigma x)\mathrm{d}x.\tag{9-13-2}$$

调制过程由迈克耳孙干涉仪实现,单色光进入干涉仪后将被分成两束并产生干涉,干涉后的光强值为 $I(x)\cos(2\pi\sigma x)\mathrm{d}\sigma$(其中 $x$ 为光程差,它随动镜的移动而变化,$\sigma$ 为单色光的波数值).如果待测光为连续光谱,那么干涉后的光强为

$$I(x) = \int_{-\infty}^{+\infty} I(\sigma)\cos(2\pi\sigma x)\mathrm{d}\sigma.\tag{9-13-3}$$

把从接收器上采集到的数据送入计算机中进行数据处理,这一步就是解调过程.解调方程(9-13-2)也是傅里叶变换光谱学中干涉图-光谱图关系的基本方程.对于给定的波数 $\sigma$,如果已知干涉图与光程差的关系式 $I(x)$,就可以利用解调方程计算出此波数处的光谱强度 $I(\sigma)$.为获得整个工作波数范围内的光谱图,只需对此波段内的每一个波数反复按解调方程进行傅里叶变换运算即可.

**【实验仪器】**

XGF-1型傅里叶变换光谱仪实验装置(包括数据传输设备、计算机、待测光源,见图9-13-1).

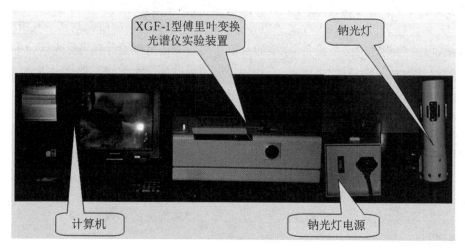

**图 9 - 13 - 1　XGF - 1 型傅里叶变换光谱仪实验装置图**

## 1. 仪器简介

XGF - 1 型傅里叶变换光谱仪是时间调制型动镜式光谱仪,它是通过对双光束干涉仪产生的干涉信息进行傅里叶变换来得到光谱图,其核心部分为迈克耳孙干涉光学系统,如图 9 - 13 - 2 所示.

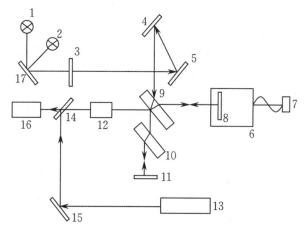

1—外置光源;2—内置光源(溴钨灯);3—可变光阑;4—准直镜;5—平面反射镜;6—精密平移台;7—慢速电机;8—动镜;9—干涉板;10—补偿板;11—定镜;12—接收器 Ⅰ;13—参考光源(氦氖激光器);14—半透半反镜;15—平面反射镜;16—接收器 Ⅱ;17—光源转换镜(物镜)

**图 9 - 13 - 2　傅里叶变换光谱实验仪装置光路图**

内置光源选用的是溴钨灯,待测光经过准直镜后变成平行光进入干涉仪,从干涉仪中出射后成为两束相干光,然后以一定的相位差进入接收器 Ⅰ.当干涉仪的动镜部分做连续移动以改变光程差时,干涉图的连续变化将被接收器接收,并被记录系统以一定的数据间隔记录下来.另外,在零光程差附近,操作者可以通过观察窗在接收器 Ⅰ 的端面上看到白光干涉的彩色条纹.

系统内置的参考光源为氦氖激光器,我们利用氦氖激光器突出的单色性对其他光源的干涉图进行位移校正,可有效地修正扫描过程中由于电机速度变化造成的位移误差.本套实验装置中设有测量外光源光谱的功能,外置光源可以由用户自行配置.使用外置光源时只需将光源转换旋钮拨至"其他光源"位置后关闭溴钨灯电源即可.

在实际的仪器中,光源不可能是理想的点光源,同时为了保证信号强度,实验中采用的光源均为扩展光源,但光源尺寸过大会造成仪器分辨率下降以及复原光谱波数偏移等问题,所以实验中使用的扩展光源要保证以下三点：① 不明显影响仪器分辨率指标；② 尺寸必须保证光谱的波数偏移值在仪器波数精度允许范围内；③ 干涉条纹的对比度仍能达到良好状态. 因此,在傅里叶变换光谱仪实验装置中通常备有一套光阑转换系统,经过严格计算,本实验中提供有 8 挡光阑可供选择. 在实验过程中,只要根据待测光源辐射光的强度去选择合适的光阑即可.

**2. 软件部分**

傅里叶变换光谱仪实验装置的应用控制软件主要基于 VC 开发,全中文显示,部分软件基于 Matlab 开发. 算法则采用快速傅里叶变换(FFT)的蝶型算法,数据长度采用2的整数幂以提高计算机的运算速度. 数据类型采用 64 位双精度型,从而有效地保证了数据的完整程度.

【实验内容与步骤】

1. 准备工作.

(1) 确认设备的工作软件以及 USB 的驱动程序已正确安装并工作正常.

(2) 打开实验装置和待测光源的电源,预热 15 min.

2. 测量光谱.

(1) 打开实验装置的应用软件后,系统将弹出如图 9-13-3 所示的工作界面,此时单击鼠标左键或键盘上的任意键,仪器开始初始化,如图 9-13-4 所示. 初始化结束后,软件工作界面上的状态栏显示"就绪",表示系统已进入正式工作状态并等待用户的下一步指令.

图 9-13-3                图 9-13-4

(2) 单击软件工具栏上的"参数设置"按钮,打开"设置参数"对话框,如图 9-13-5 所示.

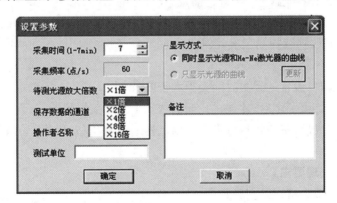

图 9-13-5

在"采集时间"栏中,设置数据采集时间. 采集时间的确定直接影响到最终傅里叶变换得到的光谱图的分辨率,设定的采集时间越长则得到的光谱图的分辨率越高. 例如,钠光灯的钠双线波长分别为 589.0 nm 和 589.6 nm,两条谱线之间的距离只有 0.6 nm,要使得变换出的光谱具有优于 0.6 nm 的分辨率,则实验中设置的采集时间就要大于 6 min(一般选择最大值 7 min).对于谱线分布情况未知的待测光源,可以设置短一点的采集时间.

在"待测光源放大倍数"一栏中,软件预先设定了五个放大倍数,分别为"×1""×2""×4""×8""×16".实验中可根据待测光源的强弱选择合适的放大倍数.

对话框中的其他设置,实验者可以根据需要自行设置.参数设定好后,单击"确定"按钮完成参数设置.

(3)将钠光灯放置在实验装置的光源入射狭缝处,然后把实验装置上的光源转换旋钮旋至"其他光源",如图 9 - 13 - 6 所示.

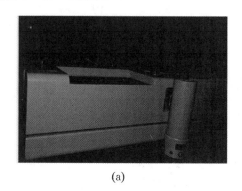

光源转换旋钮

(a)                                    (b)

图 9 - 13 - 6

单击软件工具栏上的"开始采集"按钮,系统开始执行采集命令,并将采集到的干涉图数据在工作区中绘制成干涉图.

(4)数据采集工作完成后,扫描机构将返回"零光程差"位置(在此过程中请不要强行退出软件或断电),在系统执行上述操作的过程中,实验者可以继续进行下一步的操作.

(5)单击工具栏上的"傅氏变换"按钮,将采集到的干涉图进行解调,此时系统将弹出对话框询问要对哪一个寄存器内的数据进行傅里叶变换.如果工作界面中已经有几组干涉图,那么选择想进行变换的干涉图,再单击"确定"按钮.接着系统会询问用哪种切趾函数进行切趾,默认的切趾函数为"三角窗函数".最后单击"确定"按钮可得到变换后的光谱图.

(6)扫描机构返回到"零光程差"位置之前,工具栏上的"开始采集""参数设置"和"退出"三个按钮呈灰度显示,无法点击.待扫描机构返回到"零光程差"位置以后,实验者才可以进行下一次扫描.

(7)重复上面的步骤,连续扫描三次并保存数据.

**【注意事项】**

1.测量钠光的光谱时,设置的采集时间必须大于 6 min.

2.待实验装置状态灯灭了之后,才能进行新的数据采集或关掉仪器.

3.一次采集工作完成后,系统将自行指挥扫描机构返回到"零光程差"位置,在此过程中,请不要强行退出软件或断电.

**【数据表格及数据处理要求】**

1.根据实验内容自拟表格记录实验数据.

2.记录溴钨灯和钠灯的光谱图.

3.对所测的三组干涉图样进行傅里叶变换后,记录所测钠光的波长,求平均值后与标准值进行比较,计算相对误差.

【实验后思考题】

1. 打开仪器后,仪器初始化的作用是什么?

2. 在调节仪器时,如何判断光程差减小的方向?

3. 用傅里叶变换测光波波长在实际应用中具有什么价值?

# 9.14 半导体激光器实验

半导体激光器是指以半导体材料为工作物质的一类激光器,亦称为激光二极管(SLD),是 20 世纪 60 年代初发展起来的一种新型固体激光光源.半导体激光器的激励方式有 pn 结注入电流激励、电子束激励、光激励和碰撞电离激励等 4 种,其中最常用、最为成熟的是 pn 结注入式.半导体激光器使用的工作物质为直接带隙半导体材料,如砷化镓、磷化砷铟镓等,根据构成材料的不同半导体激光器可分为同质结半导体激光器和异质结半导体激光器.

半导体激光器的发明使光信息技术产生了里程碑式的飞跃,经过半个多世纪的发展,半导体激光器的各项性能参数有了很大的提高,应用领域日益扩大.目前,半导体激光器已成为雷达测距、全息照相和再现、射击模拟器、红外夜视仪、报警器等的常用光源.半导体激光器、调频器和放大器集成在一起的集成光路将进一步促进光通信、光计算机的发展.

【实验目的】

1. 了解半导体激光器的基本工作原理,掌握其使用方法.

2. 掌握半导体激光器耦合、准直等光路的调节.

3. 通过实验熟悉半导体激光器的光学特性,考察其在光电子技术方面的应用,并学会半导体激光器性能的测试方法.

【预习思考题】

1. 简述半导体激光器的主要组成部件及各部件的特点.

2. 半导体激光器的基本结构单元是什么? 因基本结构单元的不同,半导体激光器可分为哪几种类型?

3. 简述半导体激光器的基本工作原理.

4. 试说明下述物理名词的含义:阈值电流、空间模、纵模.

5. 横向发散角与侧向发散角有何关系?

6. 开启和关闭半导体激光器的电源时,应注意什么?

【实验原理】

**1. 半导体激光器的产生与发展**

激光器的出现可以追溯到 1958 年,固体红宝石激光器和氦氖激光器分别于 1960 年和 1961 年研制成功. 1960 年前后,激光器的研究工作进展很快,在电子技术领域中,pn 结器件的研究工作是进展最快的,而研究的焦点是如何通过 pn 结注入非平衡载流子来产生受激辐射.冯·诺依曼提出利用 pn 结注入受激辐射产生光放大的可能性. 1962 年初,纳斯莱多夫等报道了在 77 K 温度下砷化镓二极管的电子发光谱在电流密度为 $1.5 \times 10^3$ A/cm² 时变窄的现象.他们利用晶体的自然解理面作为谐振腔的反射镜面,而没有专门制作谐振腔. 1962 年 9 月,霍尔等发现了加正向偏压的砷化镓的 pn 结的相干光的发射,推断为受激辐射.此类由单一半导体材料组成的激光器称为同质结激光器.继霍尔之后,何伦亚克和贝瓦奎在 77 K 温度下实现了脉冲注入受激辐射,首次制成了 III-V 族固溶体的注入型激光器,并实现了可见光发射.

在证明了同质结激光器中的 pn 结受激辐射后,物理学家开始关注温度对阈值电流的影响及其他几种激光二极管,并增添了 IV-VI 族化合物作为新材料. 而同质结注入型激光器有一个共同的缺点,即室温受激辐射的阈值电流特别高,通常大于或等于 5 000 A/cm², 许多研究工作只有在液氮温度(77 K) 或更低温度下才能进行.

20 世纪 80 年代以来,由于吸取了半导体物理研究的新成果,同时借助于晶体外延生长新工艺,包括分子束外延(MBE)、金属有机化学气相沉积(MOCVD) 和化学束外延(CBE) 等取得重大的成就,使得半导体激光器成功地采用了双异质结构、量子阱和应变量子阱结构、垂直腔面发射以及激光器列阵等新结构,克服了同质结激光器的缺点,获得了极低阈值、单频、高调制速率、扩展新波长以及高效率激射等优点.

**2. 半导体激光器的基本结构与工作原理**

激光器的基本结构包括三部分:能够产生粒子数反转的激光工作物质;能够使光子不断反馈振荡从而使光增益达到阈值的光学谐振腔;能激励起粒子数反转的电源. 对半导体激光器来说,激光工作物质是具有直接带隙跃迁的砷化镓等材料;光学谐振腔通常是由半导体晶体本身的自然解理面所构成的平行平面腔,腔面的反射率由半导体材料的折射率决定;激励电源为电压很低的直流电源.

一个具有少数载流子(复合补偿掺杂区)的有源平面波导,由于折射率高于周围介质,可将光束约束在其内部,从而构成了激光激活区. 在正向偏置的同质结中,载流子的复合发生在较宽的范围(1~10 μm),并由载流子的扩散长度决定,因此载流子本身浓度较低,复合发光效率不高. 后来在 p 型和 n 型材料中间加入半导体材料薄层,其带隙比两端的 p 型和 n 型材料小,折射率的突变使光约束大为增强,强的约束使异质结激光器在室温下比同质结激光器有高得多的发射效率. 如果该夹层是 p 型或 n 型半导体,则这种结构称为双异质结. 实用的半导体激光器通常制成模块结构,用光纤输出,如图 9-14-1 所示.

**图 9-14-1  实用的半导体激光器模块(用光纤输出)**

最简单的半导体激光器由带隙能量较高(带隙宽)的 p 型和 n 型半导体材料,中间夹一层很薄(约 0.1 μm)的带隙能量较低(带隙窄)的另一种半导体材料而构成,如图 9-14-2 所示. 工作时,激光由激活区的两个解理面输出,尽管在垂直于 pn 结平面的方向上载流子和光子都被限制在很窄的范围内(双异质结的性能),但在平行于 pn 结平面的方向上光子和载流子没有受到限制,因此输出的光斑为椭圆形,这种激光器称为宽面半导体激光器. 由于电流是沿平行于 pn 结的激活区平面注入,所以这种激光器的阈值电流很高. 利用某种方法使平行于 pn 结平面的激活区由平面结构变成条型结构,即在输出平面(横截面)的横向方向上再对载流子和光子进行限制,使载流子和光子都被局限在一个较窄

（约 2 μm）和很薄（约 0.1 μm）的条形区域内,以提高载流子和光子浓度,降低激光器的阈值. 相对于宽面激光器,这种激光器称为条形激光器,如图 9 - 14 - 3 所示. 目前,条形激光器采用了两种结构,即增益导引和折射率导引.

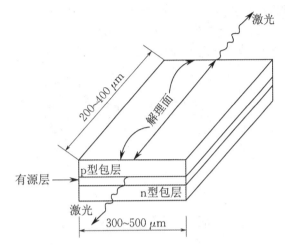

图 9 - 14 - 2 双异质结半导体激光器结构

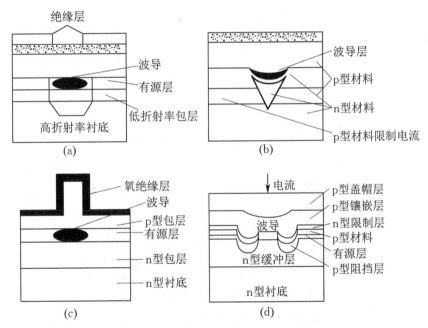

图 9 - 14 - 3 几种典型的条形激光器

### 3. 半导体激光器的主要性能

（1）半导体激光器的阈值特性.

阈值是所有激光器的基本属性,它标志着激光器的增益与损耗（包括内部损耗和输出损耗）的平衡点,即阈值以后激光器才开始净增益. 由于半导体激光器是直接注入电流的电子-光子转换器件,因此其阈值常用电流密度或电流来表示.

典型的半导体激光器的输出功率与电流的关系曲线（$P$-$I$ 特性曲线）如图 9 - 14 - 4 所示. 当激光器的正向偏置有注入电流时就有光输出,一开始发光效率很低,即曲线的斜率很小,这一阶段是自发辐射发光阶段. 注入电流增加到一定值 $I_{th}$ 后,发光效率开始增加,$P$-$I$ 特性曲线开始向上弯曲成直线,表明受激辐射发光开始起作用并逐渐加大比重,载流子复合转化为受激光辐射,即粒子数反转达到某种程度使得光子在谐振腔内所得到的增益与受到的损耗相等时,光子才能开始获得净增益并在腔内振荡激射,此后光输出功率随电流急骤上升.光子在谐振腔内振荡放大,开始出现增益时所必须满足的条件称为阈值条件,对应的电流值称为阈值电流 $I_{th}$.阈值电流是评定半导体激光器性能的一个主要参数,因此以正确的方法对其进行精确测定是十分必要的.实验中测定阈值电流通常采用的方法有直线拟合法、两段直线拟合法、一次微分法和二次微分法,如图 9-14-5 所示.本实验中采用直线拟合法将 $P$-$I$ 特性曲线中的陡峭部分进行外延,然后将延长线和 $I$ 轴的交点定义为阈值电流 $I_{th}$.

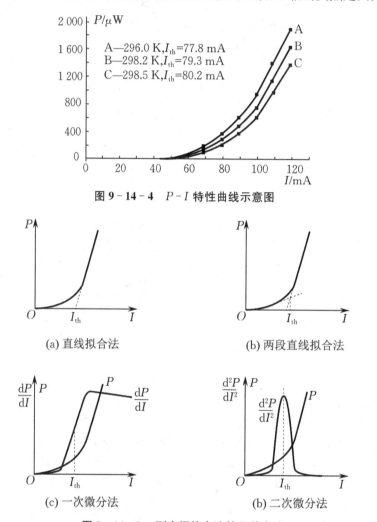

图 9-14-4 $P$-$I$ 特性曲线示意图

图 9-14-5 测定阈值电流的几种方法

改变温度可以得到不同的 $P$-$I$ 特性曲线.当注入电流进一步增加时,$P$-$I$ 特性曲线偏向 $I$ 轴,说明载流子泄露增加,载流子复合转化为光辐射的效率下降,半导体激光器出现饱和.

（2）横模和偏振态.

半导体激光器的共振腔具有介质波导的结构,所以在共振腔中传播的光以模的形式存在,其模式可分为空间模和纵模（轴模）两种.空间模描述围绕输出光束轴线某处的光强分布,或者是空间几何位置上的光强（或光功率）的分布;纵模则表示是一种频谱,它反映所发射的光束其功率在不同频率（或波长）分量上的分布.两者都可能是单模或者出现多个模式（多模）.边发射半导体激光器具有非圆对称的波导结构,而且在垂直于异质结平面方向（称横向）和平行于结平面方向（称侧向）有不同的波导结构和光场限制情况.横向上都是异质结构成的折射率波导,而在侧向目前多是折射率波导,但也可采取增益波导.半导体激光器的空间模式因而又有横模与侧模之分,如图 9-14-6 所示.

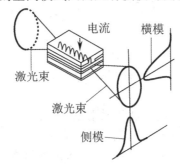

**图 9-14-6　半导体激光器横模与侧模**

横模经端面出射后形成辐射场,其角分布和共振腔的几何尺寸密切相关.如果半导体激光器发射的是理想高斯光束,其峰值半高宽处的发散角全角为

$$\theta = \frac{4\lambda}{\pi\omega} \approx \frac{1.27\lambda}{\omega}, \qquad (9-14-1)$$

式中 $\omega$ 为高斯光束半径,$\lambda$ 为光波波长.半导体激光器的远场并非严格的高斯分布,有较大的且在横向和侧向不对称的光束发散角.由于半导体激光器有源层较薄,因而在横向有较大的发散角 $\theta_\perp$.当有源层厚度 $d$ 能与波长相比拟,但仍工作在基横模时,有

$$\theta_\perp \approx \frac{1.2\lambda}{d}. \qquad (9-14-2)$$

而半导体激光器在侧向有较大的有源层宽度 $W$,其发散角 $\theta_{//}$ 较小(见图 9-14-7)并可表示为

$$\theta_{//} \approx \frac{\lambda}{W}. \qquad (9-14-3)$$

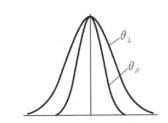

**图 9-14-7　半导体激光器的发散角**

辐射场的发散角还和共振腔长度成反比,而半导体激光器共振腔一般只有几百微米,所以其远场发散角远远大于气体激光器和晶体激光器的远场发散角.

半导体激光器共振腔面一般是晶体的解理面,对常用的砷化镓异质结激光器,砷化镓晶面对 TE 模的反射率大于对 TM 模的反射率,因而 TE 模需要的阈值增益低,首先产生受激辐射,反过来又抑制了 TM 模;另一方面形成半导体激光器共振腔的波导层一般都很薄,这一层越薄对偏振方向垂直于波导层的 TM 模吸收越大,这就使得 TE 模增益大,更容易产生受激辐射,因此半导体激光器输出的激光偏振度很高,一般大于 $90\%$.

偏振度计算公式为

$$P = \frac{I_{\text{TE}} - I_{\text{TM}}}{I_{\text{TE}} + I_{\text{TM}}}, \qquad (9-14-4)$$

式中 $I_{\text{TE}}$ 和 $I_{\text{TM}}$ 分别表示 TE 模和 TM 模的光强,可以用一个检偏器和探测器测量得到.

(3)纵模特性.

半导体激光器的辐射波长 $\lambda$ 由禁带宽度 $E_g$(单位:eV)决定:

$$\lambda = \frac{1.24}{E_g}(\mu m). \tag{9-14-5}$$

而该波长也必须满足谐振腔内的驻波条件式

$$2nL = m\lambda, \tag{9-14-6}$$

式中 $L$ 为激光二极管两端面之间的距离, $n$ 为激光器材料的折射率, $m$ 为正整数, 表示在腔内振荡的模式数.

式(9-14-6)所示的谐振条件决定着激光激射波长的精细结构或纵模模谱. 因为不同振荡波长间不存在损耗的差别, 而它们的增益差又小, 所以除了由式(9-14-5)所决定的波长能在腔内振荡外, 在它周围还有一些满足式(9-14-6)的波长也可能在有源介质的增益带宽内获得足够的增益而起振. 因而有可能存在一系列振荡波长, 每一波长构成一个振荡模式, 称为腔模或纵模, 并由它构成一个纵模谱, 如图9-14-8所示.

纵模之间的间隔由 $dm/d\lambda$ 确定, 即

$$\frac{dm}{d\lambda} = -\frac{2Ln}{\lambda^2} + \frac{2L}{\lambda}\frac{dn}{d\lambda}. \tag{9-14-7}$$

当 $dm = -1$ 时, 模的间隔为

$$d\lambda = \frac{\lambda^2}{2L(n - \lambda dn/d\lambda)}. \tag{9-14-8}$$

半导体激光器典型的光谱如图9-14-9所示. 实际使用中, 即使有些激光器连续工作时是单纵模, 但在高速调制下由于载流子的瞬态效应, 主模两旁的边模也会达到阈值增益而出现多纵模振荡. 因此, 通常同时存在几个纵模, 其波长接近自发辐射峰值波长. 砷化镓激光器纵模间隔的典型值为 $d\lambda \approx 0.3\ nm$. 实际应用中, 为了实现单模工作, 必须改进激光器的结构, 以抑制主模以外的所有其他模.

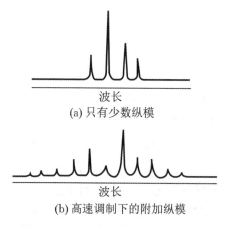

(a) 只有少数纵模

(b) 高速调制下的附加纵模

图 9-14-8　半导体激光器的纵模谱

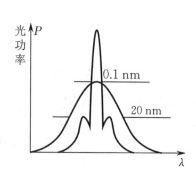

图 9-14-9　半导体激光器的光谱

【实验仪器】

WGL-5型半导体激光器实验装置.

本实验所用 WGL-5 型半导体激光器实验装置如图9-14-10所示, 其中 WGD-6 型光学多道分析器由光栅单色仪、CCD接收单元、扫描系统、电子放大器、A/D采集单元和计算机组成. 该设备集光学、精密机械、电子学和计算机技术于一体, 其中的光学系统采用 C-T 型, 如图9-14-11所示. 图中入射狭缝 $S_1$ 和出射狭缝 $S_3$ 均为直狭缝, 宽度范围 $0 \sim 2\ mm$ 连续可调. 光源发出的光束进入入射狭缝 $S_1$, $S_1$ 位于反射式准光镜 $M_2$ 的焦平面上, 通过 $S_1$ 射入的光束经 $M_1$ 和 $M_2$ 反射成为平行光束投向平面衍射光栅 $G$, 衍射后的平行光束经物镜 $M_3$ 成像在 $S_2$ 上.

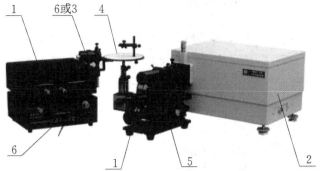

1—半导体激光器及可调电源(中心波长为 650 nm,功率小于 5 mW,电流 0～40 mA 连续可调);2—WGD-6 型光学多道分析器(光栅常量为 600 L/mm,$f = 302.5$ mm);3—可旋转偏振片(最小刻度值为 1°);4—旋转台(转动范围为 0～360°,最小刻度值为 1°);5—多功能光学升降台(升降范围大于 40 mm);6—光功率探头及指示仪(2 $\mu$W～200 mW,6 挡)

**图 9 - 14 - 10　WGL - 5 型半导体激光器实验装置示意图**

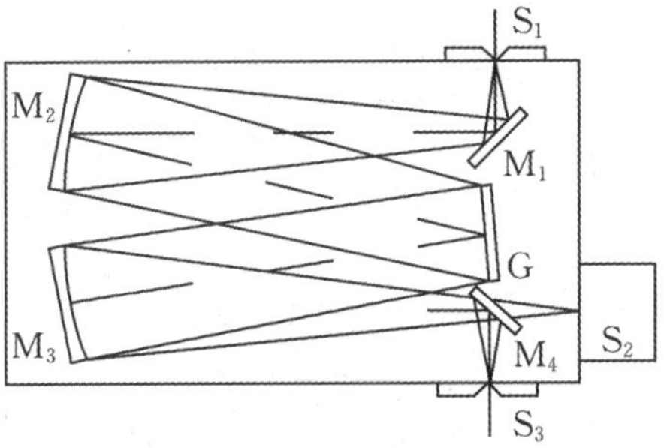

$M_1$ —反射镜;$M_2$ —准光镜;$M_3$ —物镜;$M_4$ —转镜;$G$ —平面衍射光栅;$S_1$ —入射狭缝;$S_2$ —CCD 接收位置;$S_3$ —观察窗(或出射狭缝)

**图 9 - 14 - 11　WGD - 6 型光学多道分析器光学原理图**

【实验内容与步骤】

1. 半导体激光器的操作步骤及注意事项.

(1) 开启激光功率计,将量程置于合适挡位(量程选择开关处于弹出状态),预热一段时间.

(2) 开启激光电源的开关,然后打开激光电源上的电流开关("SLD 短路" 开关,此开关位于激光电源的后面),通过电流调节旋钮来控制输出电流的大小,使半导体激光器输出激光.

**注意**:半导体激光器的 pn 结非常薄,极易被击穿,所以在开、关半导体激光器的电源时,一定要防止浪涌电流的产生,以免损坏半导体激光器. 开启时,先开电源开关,再开电流开关. 关闭时,先将电流调节旋钮逆时针旋转到底,使输出电流最小(最小输出电流大于 0 mA,切勿过于用力调节旋钮),再关电流开关,最后关闭电源开关.

(3) 调节激光器前面的准直透镜,使激光束经过准直后在工作范围内光斑的大小、形状变化不大. 然后调节激光器支架上的俯仰螺钉,使激光束平行于工作平台的台面.

2. 半导体激光器的输出特性研究.

研究半导体激光器输出特性的实验装置如图 9 - 14 - 12 所示,观察半导体激光器电源电流表(mA)的注入电流,并调节半导体激光器的准直透镜把光耦合进光功率指示仪的接收器,即将激光束垂直照射在功率计探测器光敏面的中心位置附近,用光功率指示仪读出半导体激光器的输出功率. 调节激光功率计的零点,使半导体激光器注入电流 $I$ 从零开始逐渐增加到 40 mA,观察半导体激光器输出功率 $P$ 的变化,每隔 0.5 mA 记录一次数据.

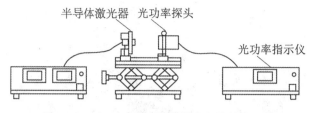

**图 9 - 14 - 12　研究半导体激光器的输出特性**

3. 半导体激光器的发散角测定.

测定半导体激光器发散角的实验装置如图 9 - 14 - 13 所示. 实验时先将半导体激光器置于旋转台中心,去掉准直透镜,使半导体激光器的光发散并平行于旋转台面. 光功率探头与半导体激光器的距离为 L, 当旋转台处于不同角度时,记下光功率指示仪所测到的输出值,每隔 1°记录一次数据. 改变半导体激光器的注入电流,作出不同注入电流下输出值随角度变化的曲线. 最后将半导体激光器旋转 90°, 再测量侧向发散角.

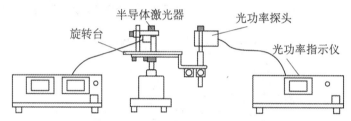

**图 9 - 14 - 13　测定半导体激光器的发散角**

4. 半导体激光器的偏振度测量.

测量半导体激光器的偏振度的实验装置如图 9 - 14 - 14 所示,偏振器是带有角度读数的旋转偏振片,读出偏振片处于不同角度时,对应的半导体激光器的输出值(每隔 5°读取一次数据),将实验值列表,并计算出其偏振度.

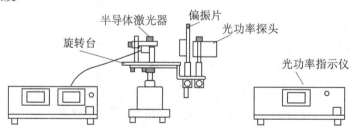

**图 9 - 14 - 14　测量半导体激光器的偏振度**

5. 半导体激光器的光谱特性测量.

如图 9 - 14 - 15 所示为测量半导体激光器光谱特性的实验装置. 半导体激光器的光信号通过透镜 L 耦合进 WGD - 6 型光学多道分析器的输入狭缝 $S_1$(见图 9 - 14 - 11),让光学多道分析器与计算机相连,从光栅单色仪输出的光信号通过 CCD 接收放大输出到计算机,通过控制软件的设置绘出半导体激光器的谱线.

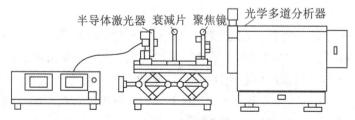

**图 9 - 14 - 15　测量半导体激光器的光谱特性**

**【注意事项】**

1. 实验过程中,实验者不可以直视激光束,以免眼睛受到损伤.

2. 半导体激光器不能承受电流或电压的突变.当电路接通时,半导体激光器的注入电流必须缓慢地上升,不要超过 65 mA,以防半导体激光器损坏.使用完毕,必须将半导体激光器的注入电流降回零后再关闭电源.

3. 静电感应对半导体激光器也有影响.如果需要用手触摸半导体激光器的外壳或电极,必须事先用手触摸别的金属.

4. 周围大型设备的启动和关闭极易损坏半导体激光器,遇到这种情况时,应先将半导体激光器的注入电流降低到零,然后再开关电器.

**【数据表格及数据处理要求】**

1. 根据实验内容自拟表格记录实验数据.

2. 以半导体激光器的注入电流值为横坐标、输出光功率值为纵坐标,在坐标纸上绘制出 $P$-$I$ 关系曲线,并求出阈值电流.

3. 作出不同注入电流下输出光功率值随角度变化的曲线并给出侧向发散角.

4. 计算本实验所用半导体激光器的偏振度.

5. 绘制出本实验所用半导体激光器的谱线.

**【实验后思考题】**

1. 半导体激光器的输出功率 $P$ 与注入电流 $I$ 有何关系?请解释原因.

2. 简述测定阈值电流四种方法的基本原理及优缺点.

3. 查阅资料,简述半导体激光器在光电子技术方面的应用.

# 9.15 黑体辐射实验

黑体辐射实验是量子理论的实验基础,本实验对黑体辐射进行研究,通过测定黑体辐射的光谱分布,验证普朗克辐射定律、斯特藩-玻尔兹曼定律以及维恩位移律,以正确认识物质热辐射的量子特性,并为进一步学习量子力学打下坚实的基础.

**【实验目的】**

1. 了解和掌握黑体辐射的光谱分布规律 —— 普朗克辐射定律.

2. 了解和掌握黑体辐射的积分辐射规律 —— 斯特藩-玻尔兹曼定律.

3. 了解和掌握维恩位移律.

**【预习思考题】**

1. 什么是普朗克辐射定律?

2. 什么是斯特藩-玻尔兹曼定律?

3. 什么是维恩位移律?

**【实验原理】**

黑体是指能够完全吸收所有外来辐射的物体.处于热平衡时,黑体吸收的能量等于其辐射出去的能量,由于黑体具有最大的吸收本领,黑体也就具有最大的辐射本领.黑体的辐射是一种温度辐射,其辐射的光谱分布只与辐射体的温度有关,而与辐射方向及周围环境无关.一般辐射体的辐射本领和吸收本领都小于黑体,且其辐射能力不仅与温度有关,还与材料表面的性质有关.实验中把辐射能力小于黑体,但辐射的光谱分布与黑体相同的辐射体称为灰体.由于标准黑体的价格昂贵,本实验用钨丝作为辐射体,通过一定修正替代黑体进行辐射测量及理论验证.

### 1. 黑体辐射的光谱分布

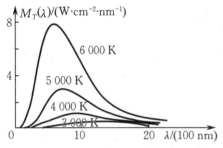

图 9-15-1　黑体辐射能量分布曲线

19世纪末,物理学家对黑体辐射进行了大量实验研究和理论分析,测出黑体的辐射能量在不同温度下与辐射波长的关系曲线如图9-15-1所示.

维恩用热力学的理论并加上一些特定的假设,得出一个分布公式——维恩公式.这个分布公式在短波部分与实验结果符合较好,而长波部分偏离较大.瑞利和金斯利用经典电动力学和统计物理学也得出了一个分布公式,他们得出的公式在长波部分与实验结果符合较好,而在短波部分则完全不符.在对黑体辐射规律进行解释时,经典理论遭遇了严重的失败,而此时物理学的发展也到了变革的转折点.

普朗克研究这个问题时,本着从实际出发,大胆引入了一个史无前例的特殊假设:一个原子只能吸收或者发射不连续的一份一份的能量(能量子),原子每次吸收或发射的能量份额正比于它的振荡频率$\nu$,并且这样的能量份额值必须是能量单元$h\nu$的整数倍,即能量子的整数倍,其中$h$为普朗克常量.由此,普朗克得到了黑体辐射的单色辐出度公式

$$M_T(\lambda) = 2\pi hc^2 \lambda^{-5} \frac{1}{e^{hc/\lambda kT} - 1}, \qquad (9-15-1)$$

而黑体光谱辐射亮度由下式给出:

$$L_T(\lambda) = \frac{M_T(\lambda)}{\pi}. \qquad (9-15-2)$$

### 2. 黑体的积分辐射——斯特藩-玻尔兹曼定律

斯特藩和玻尔兹曼先后从实验和理论上得出黑体的总辐出度与黑体的热力学温度$T$的四次方成正比的关系,即

$$M_T = \int_0^\infty M_T(\lambda)\,\mathrm{d}\lambda = \sigma \cdot T^4, \qquad (9-15-3)$$

式中比例系数$\sigma$为斯特藩常量,在一般的计算中可取

$$\sigma = 5.67 \times 10^{-8}\ \mathrm{W} \cdot \mathrm{m}^{-2} \cdot \mathrm{K}^{-4}. \qquad (9-15-4)$$

由于黑体辐射是各向同性的,因此其辐射亮度$L$与总辐出度的关系为$L = M_T/\pi$.于是,斯特藩-玻尔兹曼定律的辐射亮度表达式可表示为

$$L = \frac{\sigma T^4}{\pi}. \qquad (9-15-5)$$

### 3. 维恩位移律

维恩于1893年通过实验与理论分析发现,单色辐出度的峰值波长$\lambda_{\max}$与黑体的热力学温度$T$成反比,即

$$\lambda_{\max} = b/T, \qquad (9-15-6)$$

式中$b = 2.898 \times 10^{-3}$ m·K称为维恩常量.

式(9-15-6)显示,随着温度的升高,绝对黑体的单色辐出度峰值向短波方向移动.

### 4. 黑体修正

本实验用溴钨灯的钨丝作为辐射体,由于钨丝灯是一种选择性的辐射体,它与标准黑体的辐射光

谱有一定的偏差,因此必须进行一定的修正.钨丝灯辐射光谱是连续光谱,其总辐出度 $R_T$ 由下式给出:

$$R_T = \varepsilon_T \sigma T^4, \tag{9-15-7}$$

式中 $\varepsilon_T$ 为钨丝的温度为 $T$ 时的发射系数,其值为该温度下钨丝的总辐出度与绝对黑体的总辐出度之比,即

$$\varepsilon_T = R_T / M_T. \tag{9-15-8}$$

故钨丝灯的单色辐出度为

$$R_T(\lambda) = 2\pi h c^2 \lambda^{-5} \frac{\varepsilon_T(\lambda)}{e^{hc/\lambda kT} - 1}. \tag{9-15-9}$$

通过钨丝灯的总辐出度系数及测得的钨丝灯辐射光谱,利用式(9-15-9)即可将钨丝灯的单色辐出度谱修正为绝对黑体的单色辐出度谱,从而对黑体辐射定律进行验证.

本实验通过计算机自动扫描系统和黑体辐射自动处理软件对系统扫描到的谱线进行传递修正以及黑体修正,并给定同一色温下的绝对黑体的辐射谱线,以便进行比较验证.溴钨灯的工作电流与色温对应关系如表 9-15-1 所示.

表 9-15-1 溴钨灯工作电流与色温对应关系表

| 电流 /A | 1.40 | 1.50 | 1.60 | 1.70 | 1.80 | 1.90 | 2.00 | 2.10 | 2.20 | 2.30 | 2.50 |
| --- | --- | --- | --- | --- | --- | --- | --- | --- | --- | --- | --- |
| 色温 /K | 2 250 | 2 330 | 2 400 | 2 450 | 2 500 | 2 550 | 2 600 | 2 680 | 2 770 | 2 860 | 2 940 |

【实验仪器】

WGH-10 型黑体实验装置.

WGH-10 型黑体实验装置集光学、精密机械、电子学、计算机技术于一体,其光路图如图 9-15-2 所示.WGH-10 型黑体实验装置的控制软件可根据普朗克公式计算任意温度下的绝对黑体的理论曲线,实验者可以根据需要进行提取.WGH-10 型黑体实验装置所配的光源是溴钨灯,溴钨灯的谱线大致类似于黑体,但是由于钨的发射系数不是 1,所以需要进行修正.本实验装置的控制软件可以对不同温度下溴钨灯的单色辐出度曲线进行发射系数(仅限于溴钨灯)的修正.

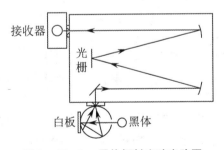

图 9-15-2 黑体辐射实验光路图

【实验内容与步骤】

1. 实验准备.

(1) 打开黑体辐射实验系统电控箱电源及溴钨灯电源开关,启动计算机.

(2) 双击"黑体"图标进入黑体辐射实验系统软件主界面,此时仪器自动进入检零状态.

(3) 在软件窗口左边栏进行参数设置:"工作方式"——"模式"为"能量","间隔"为"0.5 nm";"工作范围"——"起始波长"为"800 nm","终止波长"为"2 500 nm","最大值"为"10 000.0","最小值"为"0.0".

2.建立传递函数曲线.

(1)点击选中框"□ 传递函数"及"□ 修正为黑体",将其设为不选中状态.

(2)将标准光源的工作电流调整为 2.50 A(对应溴钨灯色温 2 940 K).

(3)预热 20 min 后,点击"单程"进行扫描,在系统上记录该条件下全波段图谱,该光谱曲线包含了传递函数的影响.

(4)点击"验证黑体辐射定律"菜单,选择"计算传递函数"命令将该光谱曲线与已知的光源能量曲线相除,即得到传递函数曲线.

3.验证黑体辐射定律.

(1)点击选中框"□ 传递函数"及"□ 修正为黑体",将其设为选中状态.

(2)在"电流与色温对应关系表"中选定一组色温-电流值,将溴钨灯工作电流调为该色温对应的电流值,点击"黑体"进行扫描,输入相应色温参数,记录溴钨灯曲线.

(3)设定不同的色温进行多次测试,选择不同的寄存器,分别将测试结果存入待用(至少测 5 次).

(4)分别对各个寄存器内的全谱进行归一化操作.

(5)验证普朗克辐射定律.

(6)验证斯特藩-玻尔兹曼定律和维恩位移律.

(7)将以上所测辐射曲线与绝对黑体的理论曲线进行比较并分析.

【注意事项】

1.溴钨灯发光时温度很高,请勿用手触摸,以免烫伤.

2.系统在进行数据扫描时所花时间较长,在此期间请不要在计算机上进行其他与实验无关的操作,以免计算机死机,造成测量数据丢失.

【数据表格及数据处理要求】

1.根据实验内容自拟表格记录实验数据.

2.验证普朗克辐射定律(取 5 个点,每条曲线上取 1 个).

打开 5 个寄存器中的数据,显示 5 条能量曲线,然后选择"验证黑体辐射定律"菜单中的"普朗克辐射定律",在界面弹出的数据表格中点击"计算"按钮即可.

注意:为了减小误差,应选取曲线上能量最大的那一点.

3.验证斯特藩-玻尔兹曼定律.

在系统软件中选择"验证黑体辐射定律"菜单中的"斯特藩-玻尔兹曼定律",选择 5 个寄存器中的数据,再单击"确定"按钮,抄录所得表格中的数据并计算相对误差(相对误差要求小于 1%).

4.验证维恩位移律.

选择"验证黑体辐射定律"菜单中的"维恩位移律",选择 5 个寄存器中的数据,再单击"确定"按钮,抄录所得表格中的数据并计算相对误差(相对误差要求小于 1%).

【实验后思考题】

1.实验为何能用溴钨灯模拟黑体辐射进行测量并验证黑体辐射定律?

2.实验数据处理中为何要对数据进行归一化处理?

3.黑体辐射在理论研究和应用研究方面具有什么价值?

# 9.16 等离子体实验

温度超过 0 ℃ 时冰会变成水,水的温度上升到 100 ℃ 时会变成水蒸气,这是我们熟知的物质固、液、气三态.当温度上升到几千摄氏度时,由于剧烈的分子热运动,分子之间的相互碰撞会使气体分子发生电离.在电离过程中,正离子和电子总是成对出现的,如此一来气态物质就会变成由存在相互作用的正离子和电子组成的物质的第四态——等离子体.由于等离子体中正离子和电子的数目大致相等,因此等离子体宏观上仍保持电中性,即等离子体实质上可以看作是粒子数密度大致相等的带正电荷的离子和带负电荷的电子组成的电离气体.

宇宙间的物质绝大部分处于等离子体状态.天体物理学和空间物理学所研究的对象中,如太阳耀斑、日冕、日珥、太阳黑子、太阳风、地球电离层、极光以及一般恒星、星云、脉冲星等,都涉及等离子体.处于等离子状态的轻核,在聚变过程中能够释放出大量的能量.受控核聚变的实现,将为人类提供巨大能源,而要利用这种能量,必须先解决等离子体的约束、加热等物理问题.综上可以看出,等离子体的研究是天体物理学、空间物理学和受控热核聚变研究的基础.此外,低温等离子体的多项技术应用,如磁流体发电、等离子体冶炼、等离子体化工、气体放电型的电子器件,以及火箭推进剂等的研究,也都离不开等离子体理论基础.

本实验以直流辉光等离子体为例对等离子体进行研究,希望学生通过实验能了解等离子体物理的基本知识和一些重要的应用领域,并掌握等离子体检测的常用方法,为今后的学习研究打下基础.

【实验目的】

1. 观察气体放电现象,了解等离子体的基本特性.

2. 利用等离子体诊断技术测定等离子体的一些基本参量.

【预习思考题】

1. 气体放电等离子体有什么特性?

2. 等离子体的主要参数有哪些?如何测定这些参数?

【实验原理】

由于常温下气体热运动的能量不大,不会自发电离,因此在我们生活的环境中物质都以固、液、气三态的形式存在.随着温度的升高,物质一般会经历从固态、液态到气态的相变过程.如果温度继续升高到 $10^4$ K 甚至更高,将会有越来越多的物质分子或原子被电离.这时,物质就会变成一团由电子、离子和中性粒子组成的混合物,称为等离子体.也正是因为如此殊异于寻常物态,等离子体常被称作物质的第四态.

天体物理学家萨哈给出了热平衡的气体中电离度 $\alpha$ 与温度 $T$ 的方程:

$$\alpha \approx \frac{n_i}{n_0} \approx 2.4 \times 10^{15} \frac{T^{3/2}}{n_i} e^{-\frac{\varepsilon_i}{kT}}. \qquad (9-16-1)$$

电离度 $\alpha$ 即电离部分粒子数占总粒子数的比,常温下可近似为电离部分粒子数与未电离部分粒子数的比.式 (9-16-1) 中 $n_i$ 代表电离的分子数密度,$n_0$ 代表未电离的中性分子数密度,$T$ 为气体热力学温度,$\varepsilon_i$ 为气体电离能,单位是 eV.以室温下空气为例,$n_0 = 3 \times 10^{19}$ cm$^{-3}$,$T = 300$ K,氮气电离能 $\varepsilon_1 = 14.53$ eV,玻尔兹曼常量 $k = 1.38 \times 10^{-23}$ J/K,代入上述方程,得到 $n_i/n_0$ 约为 $10^{-122}$ 的量级.可见,室温下气体中电离的成分微乎其微.如果温度上升,则电离度 $\alpha$ 将增加.若要使电离度达到千分之一以上,则必须使温度 $T$ 高于 $10^4$ K.

尽管在人类生活的环境中,物质不会自发地以等离子体的形式存在,但根据萨哈的计算,宇宙中 99% 以上的可见物质都处于等离子状态.从炽热的恒星、灿烂的气态星云、浩瀚的星际物质,到多变的电离层和高速的太阳风,它们都是等离子体.地球上,人们最早见到的等离子体是火焰、闪电和极光.随着科学技术的发展,各类人造等离子体在生活、生产和研究中的应用越来越广泛,如荧光灯、霓虹灯、等离子体显示屏中彩色的放电、电焊中的弧光放电和核聚变装置中燃烧的等离子体等.

从物质的状态空间来看,固、液、气三态仅存在于低温高密度的参数区域,而等离子体存在的参数空间非常宽广.从星际空间的稀薄等离子体到太阳核心的致密等离子体,离子的数密度 $n_i$ 从 $10^3$ m$^{-3}$

到 $10^{33}$ m$^{-3}$ 跨越了 30 个数量级;从火焰中的低温等离子体到核聚变实验中的高温等离子体,温度 $T$ 从 $10^{-1}$ eV 到 $10^{6}$ eV 跨越了 7 个数量级(在等离子体物理中常用 eV 描述温度).

**1. 电离的主要方式**

(1) 热电离:在高温下,气体分子或原子的热运动速度很大,相互之间的碰撞会使分子或原子中的电子获得足够大的能量,电子的能量一旦超过电离能就会产生电离.

(2) 光电离:当气体受到光的照射时,原子或分子会吸收光子的能量,如果光子的能量足够大,也会引起电离.光电离主要发生在气体稀薄的情况下.

(3) 碰撞电离:气体中的带电粒子在电场中加速获得能量,这些能量大的带电粒子跟气体分子或原子碰撞进行能量交换,从而使气体电离.

**2. 等离子体的特性**

发生电离的气体达到一定的电离度后,将处于导电状态,呈现集体效应,带电粒子之间的相互作用表现为长程库仑力,任何带电粒子的运动都会影响到其周围的带电粒子,同时也受到其他带电粒子的约束.此时电离气体整体上表现出电中性,即电离气体内正负电荷的总数相等.由于等离子体具有很高的电导率,因此它与电磁场存在强烈的耦合作用.

等离子在宏观上呈现电中性,但在小尺度上则呈现出电磁性.由于电子的热运动,电离气体局部会偏离电中性;又由于电荷之间的库仑相互作用,这种偏离电中性的范围不会无限扩大,且电中性会动态得到恢复.偏离电中性区域的最大尺度可以用德拜长度 $\lambda_D$ 表示,当系统尺度 $L$ 大于 $\lambda_D$ 时,系统呈现电中性;当 $L$ 小于 $\lambda_D$ 时,系统可能出现非电中性.

集体效应突出地反映了等离子体和普通气体的区别.理想气体模型中,气体分子之间的相互作用只在碰撞的时候才会存在.但在等离子体中,带电粒子之间的相互作用是长程库仑力,任何带电离子的运动均受到其他带电粒子的影响.带电粒子的运动可以形成局域的电荷集中,从而产生电场,同时带电离子的运动又会产生电流,进而产生磁场,这些电磁场又会影响其他带电粒子的运动.

**3. 等离子体粒子间的相互作用**

等离子体中的电子、离子以及中性粒子之间发生着各种类型的相互作用.由于静电作用力的存在,使得问题比理想气体中粒子间的相互作用要复杂得多.总的来说,等离子体中粒子间的相互作用可分为两大类:一类是弹性碰撞,另一类是非弹性碰撞.

(1) 弹性碰撞:碰撞过程中粒子的总动能保持不变,碰撞粒子的内能不发生变化,也没有新的粒子或光子产生,碰撞只改变粒子的速度.

(2) 非弹性碰撞:在碰撞过程中引起粒子内能的改变,或者伴随着新的粒子、光子产生.非弹性碰撞可以导致激发、电离、复合、电荷交换、电子吸附,甚至核聚变.

**4. 等离子体的主要参量**

(1) 等离子体粒子数密度.

$n_i$ 表示正离子数密度,$n_e$ 表示电子数密度.

(2) 等离子体温度.

处于平衡态的等离子体(高温等离子体)的温度是各种粒子热运动的平均量度;对于处于非平衡态的等离子体(低温等离子体),由于电子、离子可以达到各自的平衡态,故要用双温模型予以描述.一般用 $T_i$ 表示离子温度,$T_e$ 表示电子温度,常用 eV 作单位.电子温度 $T_e$ 是等离子体的一个主要参量,因为在等离子体中电子碰撞电离是主要的,而电子碰撞电离与电子的能量有直接关系,即与电子的温度相关联.

(3) 轴向电场强度.

轴向电场强度表征为维持等离子体的存在所需要的能量.

(4) 电子平均动能.

(5) 德拜长度.

德拜长度为等离子体内电荷被屏蔽的半径,表示等离子体能保持的最小尺度. 当电荷置于等离子体内部时就会在其周围形成一个带异号电的"鞘层",其厚度可用德拜长度 $\lambda_D$ 来描述,即

$$\lambda_D = \sqrt{\frac{kT_e}{4me^2}}. \tag{9-16-2}$$

(6) 等离子体振荡.

等离子体中发生轻微的电荷分离形成电场,由于电子和正离子间的静电吸引力,使得等离子体有强烈的回复宏观电中性的趋势. 因为离子的质量远大于电子的质量,可以近似认为离子不动. 当电子相对于离子往回运动时,其在电场作用下不断加速. 由于惯性的作用它会越过平衡位置,又造成相反方向的电荷分离,从而又产生相反方向的电场,使电子再次向平衡位置运动. 这个过程不断重复就形成了等离子体内部电子的集体振荡,也叫作朗缪尔振荡. 等离子体频率(或称为朗缪尔频率)可表示为

$$\omega = \sqrt{\frac{ne^2}{\varepsilon_0 m_e}}. \tag{9-16-3}$$

(7) 等离子体辐射.

等离子体中存在大量的以各种形式运动的带电粒子,因而由此引起的辐射过程也是多种多样的. 等离子体除了会产生极光、闪电、霓虹灯等奇异多彩的可见光辐射外,还会发出肉眼看不见的紫外线,甚至 X 射线. 根据光谱的连续性,等离子体辐射光谱可以分为连续光谱和线光谱(不连续的特征谱)两类. 根据辐射过程的微观特性,等离子体辐射可以分为轫致辐射、复合辐射、回旋辐射、激发辐射以及切连科夫辐射等.

**5. 研究等离子体的方法**

(1) 单粒子轨道理论.

单粒子轨道理论的出发点是把等离子体看作由大量独立的带电粒子所组成的一个系统. 当然,实际上等离子体中的带电粒子之间存在着相互作用,本质上它是一种集体效应,因而单粒子轨道理论是一种近似理论,只适用于非常稀薄的等离子体. 但是它有明显的优点:处理问题简单明了,形象直观,有助于解释等离子体的许多性质.

(2) 磁流体力学描述.

当等离子体中离子运动的特征长度远大于带电粒子的平均自由程,特征时间远大于粒子间的平均碰撞时间时,可以将等离子体看成是含有大量带电粒子的导电流体,即等离子体既遵守电磁场的基本运动规律,又满足流体力学的运动规律,也即可以用磁流体力学的方法来描述等离子体.

(3) 动力学描述.

如果既要考虑单个粒子的运动,又要考虑粒子间的相互作用(集体效应),则必须用动力学理论来描述等离子体,即用统计力学的方法求出大量微观粒子的平均行为来描述等离子体的宏观性质. 这里,大量粒子的运动用分布函数来描述,带电离子间的相互作用归结为近距离作用和远距离作用两类. 远距离作用用一个自洽的等效场来描述,即由等离子体运动产生的反过来又影响等离子体运动的电磁场,而近距离作用则由两个粒子间的碰撞项来描述,针对不同的研究对象和研究内容,可以对碰撞项做出不同的假设,形成各种有用的简化模型.

**6. 直流辉光等离子体**

气体放电可以采用多种能量激励形式,如直流、微波、射频等能量形式. 其中直流放电因为结构简单、成本低而受到广泛应用,下面主要研究直流辉光等离子体. 将一定量的气体密封在一个圆柱形玻璃管内,保持管内压强 $10 \sim 100$ Pa,两极间加上直流高压,当电压达到阈值时,放电管被明亮发光的等离子体充满,发生辉光放电现象. 整个放电空间被分割为明暗相间的 8 个光层,图 9-16-1 显示了管内两个电极间的光强、电势和场强分布情况,其中正辉区即为等离子区.

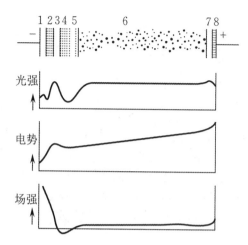

1—阿斯顿暗区;2—阴极辉区;3—阴极暗区;4—负辉区;5—法拉第暗区;6—正辉区;
7—阳极辉区;8—阳极暗区

**图 9 - 16 - 1　辉光放电形成的 8 个区域及光强、电势和场强分布**

(1) 阿斯顿暗区:它是阴极前面很薄的一层暗区,是阿斯顿于1968年在实验中发现的.在本区中,电子刚刚离开阴极,飞行距离尚短,从电场得到的能量不足以激发气体分子或原子,因此没有发光.

(2) 阴极辉区:阴极辉区紧邻阿斯顿暗区,由于电子通过阿斯顿暗区后已具有足以激发分子或原子的能量,因此会在飞行的过程中造成分子或原子的激发,当处于激发态的分子或原子恢复为基态时就发光.

(3) 阴极暗区:又称克鲁克斯暗区.经过前两个区域后,绝大部分电子没有和气体分子碰撞,因此在这区域内的电子具有很大的能量,会产生很强的电离.电子较轻,受电场作用后跑掉,留下大量正离子,使得这里具有很高的正离子数密度,形成极强的正电荷空间,造成电场的严重畸变,结果绝大部分管压都集中在这一区域和阴极之间.在这样强的电场作用下,正离子以很大的动能打向阴极产生显著的二次电子过程,而电子又以很大的加速度离开阳极,向前运动产生雪崩效应.在这一区域中,电离作用很强,激发发光概率很小,是气体获得能量产生电离的区域,因此形成一个暗区.阴极暗区的长度 $d$ 与气体压强 $p$ 的乘积是一个常数,即 $pd =$ 常数.

(4) 负辉区:负辉区紧邻阴极暗区,且与阴极暗区有明显的分界.负辉区中的电子能量减少,数量增多,这一区域有较强的负空间电荷,形成负的电场.由于电子速度很小,很容易被气体分子吸附形成负离子,并与由阴极暗区扩散而来的正离子产生复合而发光.在这两个区域的交界面处复合效应特别强,所以交界面处光度很强,而离开分界面后,复合减少,光强减弱最后消失.

(5) 法拉第暗区:负辉区到正辉区的过渡区域,法拉第暗区与负辉区界限不明显,与正辉区之间有明显的界限.电子在负辉区中已损失了大部分能量,进入这一区域内已经没有足够的动能来使气体分子激发,所以形成暗区.在这一区域中的电子由于不断的弹性碰撞,运动方向改变,电子由定向运动而变为杂散运动,最后按麦克斯韦速度分布规律进入正辉区.

(6) 正辉区:正辉区为均匀或层状光柱,与法拉第暗区有明显的边界,是电子在法拉第暗区中受到加速,具备了激发和电离的能力后在本区中激发电离原子形成的,发光明亮,又称正辉柱.正辉区中电子和正离子的粒子数密度很高($10^{15} \sim 10^{16}$ m$^{-3}$),且两者的粒子数密度相等,又由于电子迁移率很高,正辉区在导电性上接近良导体.在正辉区存有一定的电势降落,用以维持状态的平衡,电势降落的大小取决于电离、消电离即扩散过程.对放电的自持来说,正辉区不是必要的区域.在短的放电管中,正辉区甚至消失;在长的放电管中,它几乎可以充满整个管子.正辉区轴向电场强度很小,且沿轴向为恒定值,带电粒子的无规则热运动(扩散运动)胜过它们的定向运动,它们基本上服从麦克斯韦速度分布律. 由其具体分布可得到一个相应的温度, 即电子温度. 由于电子质量小, 它在跟离子或原子发生弹性碰撞时能量损失很小, 所以电子的平均动能比其他粒子大得多. 电子的温度虽然很高, 但放电气体的整体温度并不明显升高, 放电管的玻璃并不会因温度升高而软化.

（7）阳极区：阳极区包括阳极辉区和阳极暗区, 这是一个可有可无的区域, 它的存在取决于外线路电流大小及阳极面积和形状.

作为指示用的氖管、数字显示管, 以及一些保护用的放电管, 都是利用辉光放电. 近代微电子技术中的等离子体涂覆、等离子体刻蚀, 也是利用辉光放电过程. 辉光放电各区域中最早被利用的是正辉区. 正辉区的发光和长度可无限延伸的性质被利用于制作霓虹灯. 在气体激光器中, 毛细管放电的正辉区是获得激光的基本条件. 从正辉区的研究发展起来的等离子体物理, 对核聚变、等离子体推进、电磁流体发电等尖端科学技术有重要意义. 辉光放电中的负辉区, 由于电子能量分布比正辉区的宽, 如今被成功地用于制作白光激光器.

**7. 等离子体参数测试**

测试等离子体参数的方法有试探电极法和霍尔效应法等.

（1）试探电极法.

① 单探极法.

所谓试探电极（简称探极）是在放电管里引入一个不太大的金属导体, 导体的形状有圆柱的、平面的、球形的等, 以放电管的阳极或阴极作为参考点, 改变探极电势, 测出相应的探极电流, 得到探极电流与其电势之间的关系, 即探极伏安特性曲线, 如图 9-16-2 所示. 由图可见, 电压较小时, 电流随之线性变化；电压较大时, 电流随之指数变化.

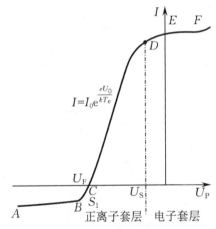

$$I = I_0 e^{\frac{eU_0}{kT_e}}$$

**图 9-16-2　单探极伏安特性曲线**

等离子区中的正离子依靠热运动穿过鞘层抵达探极, 形成图中 AB 段的探极电流. AB 段探极电流为正离子流, 其值很小. 随着探极负电势的减小, 电场对电子的拒斥作用减弱, 有一些快速电子能够克服电场拒斥作用到达探极, 这些电子形成的电流抵消了部分正离子流, 使探极电流减小, 所以 BC 段的电流随探极负电势的减小而变小, 其构成是正离子流加电子流.

在 C 点, 电子流刚好等于正离子流, 相互抵消, 探极电流为零. 此时探极电势就是悬浮电势 $U_F$. 继续减小探极电势绝对值, 则到达探极的电子数多于正离子数, 探极电流转为正向, 并且迅速增大.

当探极电势 $U_P$ 和等离子体的空间电势 $U_S$ 相等时, 正离子鞘消失, 全部电子都能到达探极, 这对应于图 9-16-2 中曲线上的 D 点, 此时电流达到饱和. 如果探极电势进一步增大, 探极周围的气体也被电离, 使探极电流迅速增大, 甚至可能烧坏探极.

对于图 9-16-2 中曲线的 CD 段, 由于电子受到减速电势 $U_0$ 的作用, $U_0$ 是探极电势 $U_P$ 与该点

空间电势 $U_S$ 的差,即 $U_0 = U_P - U_S$,只有能量比 $eU_0$ 大的那部分电子才能够到达探极.假定等离子区内电子的速度服从麦克斯韦分布,则减速电场中靠近探极表面处的电子数密度为

$$n_e = n_0 e^{eU_0/kT_e}, \tag{9-16-4}$$

式中 $n_0$ 为等离子区中的电子数密度,$T_e$ 为等离子区中电子温度,$k$ 为玻尔兹曼常量.

设电子平均速率为 $\overline{v}_e$,则在单位时间内落到表面积为 $S$ 的探极上的电子数为

$$N_e = n_e \overline{v}_e S/4. \tag{9-16-5}$$

由式(9-16-4)和(9-16-5)可得探极上的电子电流为

$$I = eN_e = \frac{1}{4} en_e \overline{v}_e S = I_0 \exp\left[\frac{e(U_P - U_S)}{kT_e}\right], \tag{9-16-6}$$

式中 $I_0 = n_0 \overline{v}_e eS/4$.

式(9-16-6)两边取对数可得

$$\ln I = \ln I_0 - \frac{eU_S}{kT_e} + \frac{eU_P}{kT_e}, \tag{9-16-7}$$

其中 $\ln I_0 - \dfrac{eU_S}{kT_e}$ 为常量,故

$$\ln I = \frac{eU_P}{kT_e} + 常量.$$

由上式可知,电子电流的对数和探极电势 $U_P$ 呈线性关系.作如图9-16-3所示半对数曲线,由直线 $CD$ 的斜率 $\tan\varphi$ 可得到电子温度 $T_e$,即

$$T_e = \frac{e}{k\tan\varphi}. \tag{9-16-8}$$

计算出电子温度 $T_e$ 后,可得到电子的平均速率 $\overline{v}_e$、平均动能 $\overline{E}_e$ 及等离子区的电子数密度 $n_0$:

$$\overline{E}_e = \frac{3}{2}kT_e, \quad \overline{v}_e = \sqrt{\frac{8kT_e}{\pi m_e}}, \quad n_0 = \frac{4I_0}{eS\overline{v}_e} = \frac{I_0}{eS}\sqrt{\frac{2\pi m_e}{kT_e}}. \tag{9-16-9}$$

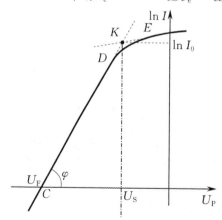

**图9-16-3 单探针电子电流的对数特性**

② 双探极法.

由于用单探极测量电子温度和电子数密度时,探极的电压破坏了气体的放电状态,因此使用单探极法测量时其误差较大.

双探极法是在放电管中靠近阳极附近装有两个悬浮的探极,两个探极相隔一段距离,探极间的电压可调节.双探极法的伏安特性曲线如图9-16-4所示.

在坐标原点,如果两个探极之间没有电势差,则外电流为零.然而,由于两个探极所在位置的等离子体电势稍有不同,所以外加电压为零时,电流并不是零.随着外加电压的增加,电流趋于饱和,此时的电流称为饱和离子电流,用 $I_{S1}$, $I_{S2}$ 表示.

对于双探极法,流到系统的总电流不可能大于饱和离子电流,这是因为流到系统的电子电流总是与相等的离子电流平衡,从而探极对等离子体的干扰大为减小.

**图 9-16-4  双探极伏安特性曲线**

由双探极伏安特性曲线可得电子温度为

$$T_e = \frac{e}{k} \frac{I_{i1} \cdot I_{i2}}{I_{i1} + I_{i2}} \frac{1}{\frac{dI}{dU}\Big|_{U=0}}. \qquad (9-16-10)$$

式中 $I_{i1}$ 和 $I_{i2}$ 分别为流到探极 1 和探极 2 的正离子电流.得到电子温度后可由下式计算电子数密度 $n_e$:

$$n_e = \frac{2I_S}{eS} \sqrt{\frac{M}{kT_e}}, \qquad (9-16-11)$$

式中 $M$ 是放电管所充气体的离子质量,$S$ 是两个探极的平均表面面积,$I_S$ 是正离子饱和电流.

由双探极法可测定等离子体内的轴向电场强度.分别测定两个探极所在处的等离子体电势 $U_1$ 和 $U_2$,则轴向电场强度为

$$E_l = \frac{U_1 - U_2}{l}, \qquad (9-16-12)$$

式中 $l$ 是两探极间的距离.

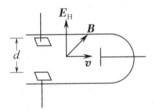

**图 9-16-5  霍尔效应法原理图**

(2) 霍尔效应法.

如图 9-16-5 所示,在等离子体中,当磁场方向、电子漂移方向和平行板法线方向三者相互垂直时,则漂移速度为 $v$ 的电子在磁场中受到的洛伦兹力大小为

$$F_L = evB, \qquad (9-16-13)$$

式中 $B$ 为磁感应强度.

洛伦兹力使电子向平行板法线方向偏转,从而在平行板间产生一个电场——霍尔电场 $E_H$,这个电场对电子产生的作用力大小为

$$F_e = eE_H = e\frac{U_H}{d}, \qquad (9-16-14)$$

式中 $d$ 是平行板间距,$U_H$ 是霍尔电压.

当洛伦兹力与电场力相等,即 $F_L = F_e$ 时,有

$$v = \frac{E_H}{B} = \frac{U_H}{Bd}. \qquad (9-16-15)$$

对弱磁场,式(9-16-15)要修改为

$$v = \frac{8U_H}{Bd}. \qquad (9-16-16)$$

通过放电管的电流为

$$I = n_e e\pi r^2 v, \qquad (9-16-17)$$

式中 $r$ 是放电管半径.

由式(9-16-16)和(9-16-17)可求得电子数密度为

$$n_e = \frac{I}{e\pi r^2 v} = \frac{IBd}{8\pi er^2 U_H}, \qquad (9-16-18)$$

式中 $B$ 是亥姆霍兹线圈轴中央的磁感应强度,可表示为

$$B = 0.72\frac{\mu_0 Ni}{R},\qquad (9-16-19)$$

其中 $\mu_0$ 是真空磁导率,$N$ 是线圈匝数,$i$ 为线圈电流,$R$ 为线圈半径.

**【实验仪器】**

DL-1 型等离子体物理实验组合仪、TJ-2001(A,O,P) 型等离子体放电管.

DL-1 型等离子体物理实验组合仪面板如图 9-16-6 所示.等离子体放电管的阳极和阴极由不锈钢片制成,霍尔电极(平行板)用不锈钢片或镍片制成,管内充汞或氩,其主要参数如表 9-16-1 所示.

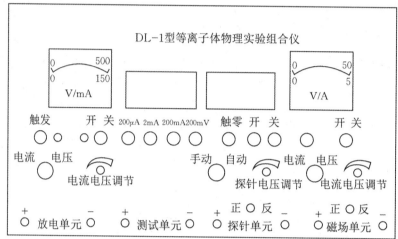

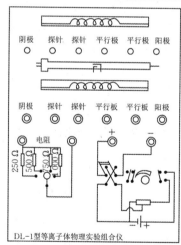

**图 9-16-6　DL-1 型等离子体物理实验组合仪**

**表 9-16-1　等离子体放电管主要参数**

| 探极面积 | $(0.45\ \text{mm})^2\pi/4$ | 探极轴向间距 | 30 mm |
| --- | --- | --- | --- |
| 放电管内径 | 6 mm | 平行板尺寸 | 4 mm × 7 mm |
| 平行板间距 | 4 mm | 亥姆霍兹线圈直径 | 200 mm |
| 亥姆霍兹线圈间距 | 100 mm | 亥姆霍兹线圈匝数 | 400 匝 |

**【实验内容与步骤】**

1. 单探极法.

(1) 单探极法实验原理图如图 9-16-7 所示,实验时按图 9-16-8 所示连接好线路.

(2) 接通仪器总电源.

(3) 接通测试单元、探极单元电源.

(4) 接通放电单元电源,将显示开关置"电压"显示挡,调节输出电压,使输出电压为 300 V 左右,再把显示开关置"电流"显示挡.

(5) 确认显示开关位于"电流"显示挡,按高压"触发"按钮数次,放电管即被触发并进入正常放电状态. 此时,可将放电电流调节至 100 mA 左右,数分钟后再将放电电流调到本次实验所需的 30～40 mA,待稳定后,即可开始实验.

**注意**:如果按高压"触发"数次后,放电管不能正常放电,可把显示开关置于"电压"显示挡再将输出电压调高一些,但不要忘了把显示开关置回"电流"显示挡再进行高压触发.

(6) 接通探极单元电源,将输出开关置于"正"向输出. 将选择开关置于"自动",探极电压自动输出扫描电压,观察电流随电压变化情况,根据伏安特性曲线制定合理的电压测量步长.

(7) 为测试单元设置合适的量程,缓慢调节电位器旋钮,逐点记录测得的探极电压和电流值,直至完成伏安特性曲线(等离子体电势在几分钟内可以有 25% 的漂移).

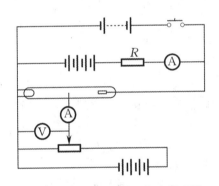

图 9-16-7　单探极法实验原理图

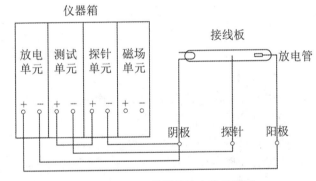

图 9-16-8　单探极法实验接线图

2. 双探极法.

双探极法实验方法和单探极法相同,其原理图和接线图分别如图 9-16-9 和图 9-16-10 所示.

**注意**:双探极的探极电流要比单探极小两个数量级,在 $10^{-5}$ A 以内.

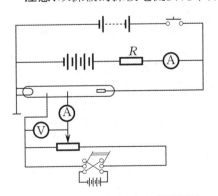

图 9-16-9　双探极法实验原理图

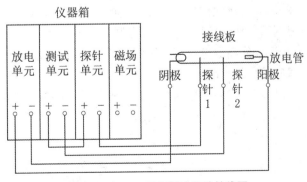

图 9-16-10　双探极法实验接线图

3.霍尔效应法.

（1）按图 9-16-11 所示连接好线路,然后使放电管触发放电,电流调到 $30 \sim 40$ mA.

（2）接通补偿电源、测试单元和磁场单元.

（3）在线圈电流为零时,先调节补偿电源,使霍尔电压为零.然后逐点增加线圈电流,记录每点的电流值和霍尔电压值.

由于霍尔平行板相对阴极不完全对称以及本身形状的不均匀性,在未加磁场时,平行板之间会有一定的电势差,图 9-16-11 中,在接线板上可用一个可调的补偿电源将它抵消掉,以使读数更加直观.

注意:放电管的霍尔平行板应与线圈的磁场方向垂直,并对准线圈中心孔,两只线圈必须是串联连接,并保持磁场方向相同.改变磁场方向重复上述实验时,应稍等一些时间,并调节补偿电源,以使初始霍尔电压为零.

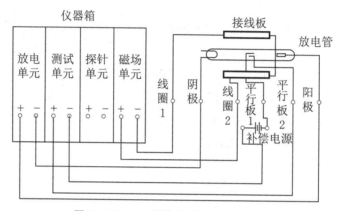

图 9-16-11 霍尔效应法实验接线图

【注意事项】

1.放电单元输出的是高压,所以实验中应先将所有的实验线路接好后再接通放电单元,一旦放电单元接通后,就不要再用手去碰任何电极.

2.高压触发时间不要太长,一般可在数秒之内,但可重复数次,直至使放电管起辉放电.

3.放电管在放电前,要把显示开关置于"电流"显示挡,然后才可以进行触发.

4.磁场单元的显示开关一般要置于"电流"显示挡,只有在接上负载后才能置于"电压"显示挡.

5.磁场单元切换显示开关和换向开关时,一定要切断电源后才可以进行,否则会烧毁开关.

6.不要使加在探极上的电压超过 $U_P$ 太多,否则会烧毁放电管.

【数据表格及数据处理要求】

1.根据实验内容自拟表格记录实验数据.

2.记录每点的探极电势和相应的探极电流数值,然后在直角坐标纸或半对数纸上描出 $I - U_P$ 曲线,根据特性曲线计算等离子体参数.

3.记录线圈的电流值和霍尔电压值,采用霍尔效应法计算等离子体参数.

【实验后思考题】

1.比较本实验所用的几种测量等离子体参数方法的优缺点.

2.探极法对探极有什么要求?

# 9.17　用光拍法测量光速

光在真空中的传播速度是一个重要的基本物理常量,历史上围绕运动介质对光的传播速度的影响问题,曾做过许多重要实验,同时在实验和理论上做过各种探讨,并最终促成了爱因斯坦狭义相对论的建立.对光的本质的认识,体现了人们对客观事物的认识往往是一个循序渐进的过程.

本实验利用激光束通过声光移频器获得具有较小频差的两束光,它们叠加则得到光拍,利用半透镜将这束光拍分成两路,测量这两路光拍到达同一空间位置的光程差(当相位差为 $2\pi$ 时光程差等于光拍的波长)和光拍的频率,从而测得光速.

**【实验目的】**

1. 了解声光频移法获得光拍的方法.
2. 掌握光拍法测量光速的原理和实验方法.
3. 通过测量光拍的波长和频率来计算光速.

**【预习思考题】**

1. 什么是光拍频波?
2. 斩光器的作用是什么?
3. 为什么要采用光拍法测光速?

**【实验原理】**

**1. 光拍频波**

本实验是利用声光频移法来获得光拍,通过测量光拍的波长和频率来确定光速.根据振动叠加原理,频差较小、速度相同的两列同向传播的简谐波叠加即形成拍.

对于振幅都为 $E_0$,角频率分别为 $\omega_1$ 和 $\omega_2$ 且沿相同方向(假设都沿 $x$ 轴方向)传播的两束单色光,$\varphi_1$ 和 $\varphi_2$ 分别为两列光波在坐标原点的初相位,即

$$\begin{cases} E_1 = E_0 \cos\left[\omega_1\left(t - \dfrac{x}{c}\right) + \varphi_1\right], \\ E_2 = E_0 \cos\left[\omega_2\left(t - \dfrac{x}{c}\right) + \varphi_2\right]. \end{cases} \qquad (9\text{-}17\text{-}1)$$

若这两列光波的偏振方向相同,则两列光波叠加后可得

$$\begin{aligned} E &= E_1 + E_2 \\ &= 2E_0 \cos\left[\frac{\omega_1 - \omega_2}{2}\left(t - \frac{x}{c}\right) + \frac{\varphi_1 - \varphi_2}{2}\right] \cos\left[\frac{\omega_1 + \omega_2}{2}\left(t - \frac{x}{c}\right) + \frac{\varphi_1 + \varphi_2}{2}\right]. \end{aligned} \qquad (9\text{-}17\text{-}2)$$

当 $\omega_1 > \omega_2$,且 $\Delta\omega = \omega_1 - \omega_2$ 较小时,合成光波是带有低频调制的高频波,振幅为 $2E_0 \cos\left[\dfrac{\omega_1 - \omega_2}{2}\left(t - \dfrac{x}{c}\right) + \dfrac{\varphi_1 - \varphi_2}{2}\right]$,角频率为 $\dfrac{\omega_1 + \omega_2}{2}$.由于合成光波的振幅以频率 $\Delta f = \dfrac{\omega_1 - \omega_2}{2\pi}$ 周期性缓慢变化,因此我们将之称为光拍频波,$\Delta f$ 称为拍频.光拍频波如图 9-17-1(a) 所示.

**2. 拍频信号的检验**

在实验中,我们用光电探测器来接收光信号.光电探测器所产生的电流 $I_c$ 与接收到的光强(电场强度 $E$ 的平方)成正比,即

$$I_c = gE^2, \qquad (9\text{-}17\text{-}3)$$

式中 $g$ 为光电转换系数.光电探测器光敏面上光照反应与光强成反比,由于光的频率 $f$ 极高(大于 $10^{14}$ Hz),光敏面来不及反应如此快的光强变化,因此实际得到的光电流 $I_c$ 近似为响应时间

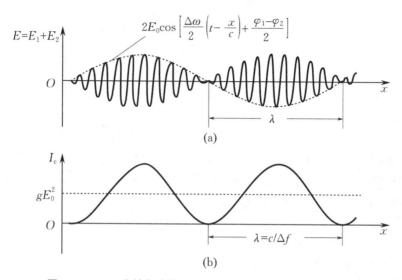

**图 9 - 17 - 1** 光拍频波的形成及光拍信号在某一时刻的分布

$\tau(1/f < \tau < 1/\Delta f)$ 内光电探测器接收到的光强平均值,即

$$I_c = \frac{1}{\tau}\int_t^{t+\tau} g\left\{2E_0\cos\left[\frac{\omega_1-\omega_2}{2}\left(t-\frac{x}{c}\right)+\frac{\varphi_1-\varphi_2}{2}\right]\right\}^2 dt$$

$$= gE_0^2\left\{1+\cos\left[\Delta\omega\left(t-\frac{x}{c}\right)+(\varphi_1-\varphi_2)\right]\right\}, \qquad (9-17-4)$$

式中 $\Delta\omega$ 是与拍频 $\Delta f$ 对应的角频率,$(\varphi_1-\varphi_2)$ 为初相位. 可见,光电探测器输出的光电流包含有直流和光拍信号两种成分. 滤去直流成分,即得频率为拍频 $\Delta f$,且相位和空间位置有关的简谐拍频信号.

光拍信号的相位又与空间位置 $x$ 有关,即处在不同位置的光电探测器所输出的光拍信号具有不同的相位,因此可用比较相位法间接地测出 $\Delta\omega$. 图 9 - 17 - 1(b) 显示光拍信号 $I_c$ 在某一时刻 $t$ 的空间分布,设空间某两点之间的光程差为 $\Delta L$,该两点的光拍信号的相位差为 $\Delta\varphi$,根据式(9 - 17 - 4)应有

$$\Delta\varphi = \frac{\Delta\omega \cdot \Delta L}{c} = \frac{2\pi\Delta f \cdot \Delta L}{c}. \qquad (9-17-5)$$

如果将光拍频波分为两路,使其通过不同的光程后入射同一光电探测器,则该探测器所输出的两个光拍信号的相位差 $\Delta\varphi$ 与两路光程差 $\Delta L$ 之间的关系仍由式(9 - 17 - 5)确定. 当 $\Delta\varphi = 2\pi$ 时,$\Delta L = \lambda$,即光程差恰为光拍波长,此时式(9 - 17 - 5)简化为 $c = \Delta f \cdot \lambda$. 可见,只要测出 $\lambda$ 和 $\Delta f$,即可确定光速 $c$. 本实验中 $\Delta f = 2F$,$F$ 为高频信号发生器的信号输出频率.

上述方法测出的光速是光在空气中的速度,若要计算真空中的光速,还应乘以空气的折射率. 空气的折射率由下式确定:

$$n-1 = \frac{n_g-1}{1+\alpha t} \cdot \frac{p}{p_0} - \frac{be}{1+\alpha t}, \qquad (9-17-6)$$

式中 $n$ 是空气的折射率,$t$ 是室温(℃),$p$ 是大气压(Torr,1 Torr = 1 mmHg),$e$ 是水蒸气压(Torr),$\alpha = (1/273)$ ℃,$p_0 = 760$ Torr,$b = 5.5\times10^{-8}$ Torr$^{-1}$,$n_g$ 由下式决定:

$$n_g - 1 = A + \frac{3}{\lambda^2}B + \frac{5}{\lambda^4}C, \qquad (9-17-7)$$

其中 $A = 2876.04\times10^{-7}$,$B = 16.288\times10^{-7}\,\mu m^2$,$C = 0.136\times10^{-7}\,\mu m^4$,$\lambda$ 为载波波长,单位为 $\mu m$. 对于氦氖激光器,$\lambda = 632.8$ nm.

【实验仪器】

GY - Ⅲ 型光速测定仪、示波器、数字频率计.

**1. 光拍法测光速的电路原理**

光拍法测光速的实验装置如图 9-17-2 所示,整个线路主要包含以下三个部分.

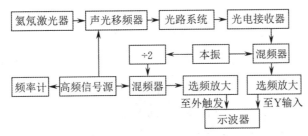

**图 9-17-2　光拍法测光速的实验装置结构图**

(1) 发射部分:长 250 mm 的氦氖激光器输出波长为 632.8 nm,功率大于 1 mW 的激光束射入声光移频器,同时高频信号源输出频率为 15 MHz 左右、功率为 1 W 左右的正弦信号加在声光移频器的晶体换能器上,在声光介质中产生声驻波,使介质产生相应的疏密变化,形成一相位光栅,此时出射光具有两种以上的光频,其产生的光拍信号频率为高频信号源频率的两倍.

(2) 光电接收和信号处理部分:由光路系统出射的拍频光,经光电二极管接收并转化为频率为光拍频的电信号,输入至混频电路盒. 该信号与本机振荡信号混频,选频放大,输出到示波器的 Y 输入端. 与此同时,高频信号源的另一路输出信号与经过二分频后的本振信号混频,选频放大后作为示波器的外触发信号. 需要指出的是,如果使用示波器内触发,将不能正确显示两路光波之间的相位差.

(3) 电源:激光电源采用倍压整流电路,工作电压部分采用大电解电容,使之有一定的电流输出,触发电压采用小容量电容,利用其时间常数小的性质,使该部分电路在有工作负载的情况下形同短路,结构简洁有效. ±15 V 电源采用三端固定集成稳压器件,输出电流大于 300 mA,供给光电接收器和信号处理部分以及功率信号源. ±15 V 电源降压调节处理后供给斩光器的小电机.

**2. 光拍法测光速的光路**

如图 9-17-3 所示,实验中用斩光器依次切断光束 1 和 2,则在示波器屏上同时显示光束 1 和 2 的拍频信号. 调节两路光的光程差使其恰好等于一个拍频波长 $\lambda$ 时,两正弦波的相位差恰好为 $2\pi$,波形完全重合. 由光路测得 $\lambda$,用数字频率计测得高频信号源输出频率 $F$,即可得出空气中的光速 $c = \Delta f \cdot \lambda = 2F \cdot \lambda$.

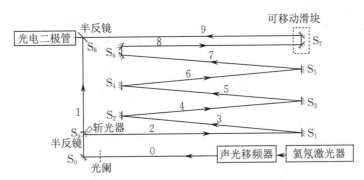

**图 9-17-3　GY-Ⅲ 型光速测定仪光路图**

**【实验内容与步骤】**

1.仪器连接与调试.

(1) 按图 9-17-2 所示布置实验线路.

(2) 调节光速测定仪底脚螺丝,使仪器处于水平状态.

(3) 使示波器处于外触发工作状态,Y 输入扫描速度按输入信号适当选择. 注意必须使示波器处于外触发工作状态,否则不能准确比较光拍信号的相位差.

(4)接通激光电源,调节电流指针至 5 mA,预热 15 min,待激光器输出稳定.

(5)接通 ±15 V 直流稳压电源.

(6)使激光束水平通过光阑并与声光介质中的声驻波场充分相互作用(已调好不用再调),调节高频信号源的频率微调旋钮,使其产生二级以上最强衍射光斑.

2.光路调节(见图 9-17-3).

(1)调节光阑的高度使其与反射镜 $S_0$ 的中心等高,并使声光介质的0级或1级衍射光通过光阑入射到反射镜 $S_0$ 的中心.调节斩光器的位置,使两光束均能从斩光器的开槽中心通过.

(2)用斩光器挡住远程光,调节反射镜 $S_0$ 和半反镜 $S_8$,使近程光沿光电二极管前透镜的光轴入射到光电二极管的光敏面上,打开光电接收器上的窗口可观察激光是否进入光敏面.常规调节示波器,并使其处于外触发状态,这时示波器屏上应有与近程光束相应的经分频的光拍信号,微调功率信号源频率,使波形幅度最大.

(3)用斩光器挡住近程光,调节半反镜 $S_9$、反射镜 $S_1$ 至 $S_5$ 和正交反射镜组 $S_6$,$S_7$,使远程光经半反镜 $S_8$ 与近程光同路入射到光电二极管的光敏面上.这时示波器屏上应有与远程光束相应的经分频的光拍信号.上述两步应反复调节以达到实验要求.

(4)接通斩光器的电机开关(在 ±15 V 稳压电源上),调节微调旋钮使斩波频率为 30 Hz 左右,借助示波管的余辉可在屏上同时显示近程光、远程光和零信号的波形.

(5)在光电接收器上有两个旋钮,调节这两个旋钮可以改变光电二极管的方位,使示波器屏上显示的两个波形振幅最大且相等,如不相等,可调节最后一个半反镜的倾角,以改变远程光进入光电接收器的光通量,使两波形的幅度相等;若远程光发散强度太小,必要时可调节光电二极管前的透镜,使远程光会聚起来后再入射到光电接收器,以使近程光束和远程光束的幅值相等.

(6)缓慢移动导轨上装有正交反射镜的滑块 $S_7$,改变远程光束的光程,使示波器中两束光的正弦波形完全重合(相位差为 $2\pi$).此时,两路光的光程差等于拍频波的波长.

(7)测出拍频波的波长,从数字频率计上读出高频信号发生器的输出频率 $F$.

(8)重复上述调节步骤5次,记录相关数据.

【注意事项】

1.切勿用眼睛直视激光束.

2.不得用手接触光学元件表面.

3.调整光路时禁止打开机壳,不得带电触摸激光管电极等高压部位,防止触电.

4.声光移频器引线及冷却铜块请注意不能拆卸.

5.光路一定要调正确,防止产生虚假相移.入射光要通过声光移频器,远程光和近程光必须保证都进入光电二极管.

【数据表格及数据处理要求】

1.根据实验内容自拟表格记录实验数据.

2.测出拍频信号的频率.

3.测出近程光和远程光的长度,其中图 9-17-3 中第8,9两条光线要测5次并求平均值.

4.根据测量数据计算光速及其不确定度.

【实验后思考题】

1.本实验采取哪一种方法获得光拍频波?

2.使示波器上出现的两个正弦拍频信号的振幅相等,应如何操作?

3.分析本实验的主要误差来源,并讨论提高测量精确度的方法.